# 深埋长隧洞勘察与 TBM 掘进关键工程地质问题研究

薛云峰　杨继华　等编著

黄河水利出版社
·郑州·

## 内 容 提 要

　　针对深埋长隧洞勘察与 TBM 掘进关键工程地质问题，以青海省引黄济宁工程、兰州市水源地建设工程、龙岩市万安溪引水工程为依托，开展了深埋长隧洞勘察方法、青海省引黄济宁工程勘察、龙岩市万安溪引水工程勘察、TBM 施工隧洞地质适宜性评价方法及选型、适合双护盾 TBM 施工的隧洞快速围岩分类方法、适合 TBM 施工隧洞的不良地质体预测预报系统、不同地质条件下 TBM 施工速度预测模型及应用、TBM 施工隧洞地质灾害预防及快处理方法等的研究。

　　本书可供从事隧洞与地下工程行业的勘察、设计、施工及科研工作的技术人员参考，也可供大专院校相关专业师生阅读。

**图书在版编目(CIP)数据**

深埋长隧洞勘察与 TBM 掘进关键工程地质问题研究/
薛云峰等编著. —郑州:黄河水利出版社,2022.3
ISBN 978-7-5509-3253-1

Ⅰ.①深… Ⅱ.①薛… Ⅲ.①深埋隧道-长大隧道-水
工隧洞-工程地质-研究 Ⅳ.①TV554

中国版本图书馆 CIP 数据核字(2022)第 053049 号

组稿编辑:王路平　 电话:0371-66022212　 E-mail:hhslwlp@126.com
　　　　 韩莹莹　　　　　　 66025553　　　　 hhslhyy@126.com

出 版 社:黄河水利出版社　　　　　　　　网址:www.yrcp.com
　　　　 地址:河南省郑州市顺河路黄委会综合楼 14 层　 邮政编码:450003
发行单位:黄河水利出版社
　　　　 发行部电话:0371-66026940、66020550、66028024、66022620(传真)
　　　　 E-mail:hhslcbs@126.com
承印单位:河南新华印刷集团有限公司
开本:787 mm×1 092 mm　 1/16
印张:21
字数:490 千字
版次:2022 年 3 月第 1 版　　　　印次:2022 年 3 月第 1 次印刷
定价:168.00 元

# 前　言

近年来,在我国的水利水电、铁路、公路等行业兴建了或拟建大批国家重点工程,这些工程在穿越山岭地区时,往往布置了大量的深埋长隧洞。

水利水电工程方面:拟建的南水北调西线工程下移方案中,隧洞总长约 674 km,共分为 4 段,每段单洞长度均在 100 km 以上,其中雅砻江—双江口段长 258.01 km,隧洞埋深 195~2 163 m,白水江—洮河段长 155.0 km,隧洞埋深 100~2 052 m;青海省引黄济宁工程引水线路布置隧洞一座,总长 74.05 km,平均埋深在 600 m 以上,最大埋深 1 350 m;在建的云南滇中引水工程香炉山隧洞全长 63.4 km,最大埋深约 1 500 m;陕西引汉济渭工程秦岭隧洞全长 81.6 km,隧洞最大埋深 2 012 m。

铁路工程方面:在建的川藏铁路工程,全线共设计隧道 198 座,总长约 1 223.5 km,其中特别长隧道 46 座,长 724.4 km,折多山隧道 20.008 km、海子山隧道 32.541 km、芒康山隧道 30.534 km、业拉山隧道 23.243 km、伯舒拉岭隧道 28.000 km,隧道最大埋深 2 600 m;大瑞铁路高黎贡山隧道全长约 34.5 km,最大埋深 1 155 m;兰新铁路增建二线乌鞘岭隧道全长 20.05 km,最大埋深约 1 100 m。

目前常用的隧洞施工方法主要有钻爆法和 TBM 法两种。由于深埋长隧洞多处于山岭地区,受地形限制大,且近年来环境保护要求提高,难以布置较多的施工支洞,钻爆法很难实施,而 TBM 法由于独头掘进距离长、安全、环保的优点,正成为深埋长隧洞施工的首选。

深埋长隧洞由于洞线长、埋深大,穿越的地形地貌单元、地层单元、地质构造单元、水文地质单元多,地质条件复杂,断层破碎带围岩失稳塌方、软岩大变形、岩爆、涌水突泥、高地温、有害气体及放射性等不良地质条件发育,施工过程易发生隧洞地质灾害,造成人员伤亡、投资增加、工期延误等严重后果。TBM 隧洞施工时,由于 TBM 设备庞大,对不良地质条件的适应性较差,相同的不良地质条件对 TBM 的影响远大于钻爆法。

因此对于深埋长隧洞特别是 TBM 施工隧洞,必须准确掌握隧洞的地质条件,根据地质条件进行隧洞选线、施工方法比选、施工方案设计、TBM 设备选型及配置,对于保障深埋长隧洞快速、安全施工具有重要的意义。这就要求在前期的勘察中,对隧洞的不良地质条件进行定性或半定量的识别,在施工过程中对掌子面前方的围岩进行定量预报,并针对不同地质条件提出相应的处理方案。

影响 TBM 掘进效率的主要因素有设备性能、人员的技术水平及地质条件,其中前两者是主观条件,可通过设备升级改造、人员培训等做到最优,而地质条件是客观条件,TBM 掘进过程中,只能去适应各种地质条件,并针对相关的工程地质问题进行研究并提出对策,以提高 TBM 的掘进效率。

本书以青海省引黄济宁工程、兰州市水源地建设工程、龙岩市万安溪引水工程等深埋长隧洞为背景,结合黄河勘测规划设计研究院有限公司自主研究开发项目"TBM 高效掘进关键工程地质问题研究"(2019-ky14),开展了深埋长隧洞勘察方法、隧洞 TBM 施工地质适宜性评价方法及 TBM 选型、适合双护盾 TBM 施工的隧洞快速围岩分类方法、适合 TBM 施工隧洞的不良地质体预测预报系统、不同地质条件下 TBM 施工速度预测模型及应用、TBM 施工隧洞地质灾害预防及快处理方法等深埋长隧洞勘察及 TBM 掘进关键工程地质问题相关的研究并进行了工程应用,研究方法及成果可为类似工程提供参考。

本书共分为 10 章,编写分工如下:第 1 章由杨继华、薛云峰编写;第 2 章由薛云峰、杨继华、马若龙编写;第 3 章由姚阳、郭卫新、薛云峰编写;第 4 章由杨继华、姚阳编写;第 5 章由杨继华、苗栋编写;第 6 章由杨继华、苗栋编写;第 7 章由薛云峰、杨继华、马若龙编写;第 8 章由杨继华编写;第 9 章由杨继华、苗栋编写;第 10 章由薛云峰、杨继华编写。全书由薛云峰、杨继华统稿。

在本书的写作过程中,中国水利水电第四工程局有限公司、中国水利水电第三工程局有限公司、福建省梁禹工程有限公司-中国水利水电第十一工程局有限公司联合体、中铁工程装备集团有限公司、中国铁建重工集团有限公司、山东大学提供了部分的资料和数据,在此深表感谢!黄河勘测规划设计研究院有限公司的万伟锋正高级工程师、齐三红正高级工程师、杨风威高工、邓伟杰高工、姜文龙高工、崔晋华高工、李今朝高工、张党立高工、李广超高工、周项通工程师等提供了部分资料和图片,并参与了资料整理,在此深表感谢!书中引用了较多专家、学者的论著,在此一并表示感谢!

本书涉及内容较多,由于编著者水平有限,错误之处在所难免,恳请广大专家、读者批评指正。

编著者

2021 年 12 月

# 目 录

# 第 1 章 概 述

## 1.1 研究背景及研究意义

近年来,随着西部大开发战略及"一带一路"的实施和持续投入,我国在水利水电、铁路、公路等领域兴建或拟建大批的重点工程。如水利水电领域的南水北调西线工程、青海省引黄济宁工程、云南滇中引水工程、陕西引汉济渭工程等;铁路领域的青藏铁路工程、川藏铁路工程、大瑞铁路工程等;公路领域的雅安—西昌高速公路工程、雅安—康定高速公路工程、京昆高速公路工程等。这些工程在穿越山岭地段时,受地形条件限制,布置有较多的隧洞(道)工程,当隧洞洞线长、埋深大时,往往地质条件复杂、地质灾害发育,会对工程投资、工期等造成较大的影响。如大瑞铁路大柱山隧道,全长约 14.5 km,由于存在断层破碎带、岩溶、暗河等不良地质条件,施工中经常遇到突泥、突水和围岩失稳等地质灾害,工期延误达到了 8 年;兰渝铁路胡麻岭隧道,全长约 13.6 km,2009 年 3 月开工以来的前 3 年隧道掘进顺利,每个月掘进近百米,2011 年 8 月开始遇到富水粉细砂层,施工中极易发生涌水、涌砂事故,平均每月只能掘进四五米,导致工期延误数年。

目前针对深埋长隧洞常用的施工方法主要有钻爆法和 TBM(隧洞掘进机)法。由于 TBM 具有快速、高效、优质、环保的技术特点,独头掘进可达 10 km 以上,在深埋长隧洞的施工中得到了广泛的应用。但 TBM 对不良地质条件的适应性差,不良地质条件对其的影响远大于钻爆法。如青海省引大济湟工程,隧洞长约 24.17 km,受区域性大断层的影响,发生了涌水、突泥、塌方等隧洞地质灾害,出口段 TBM 累计受阻和卡机 10 次,造成工程进度严重滞后,随后出口段 TBM 掘进处于停滞状态达 6 年之久。

隧洞的工程地质条件已成为深埋长隧洞施工的主要影响因素,在良好的地质条件下,能获得较高的施工速度,但在极端不良地质条件下,即使采用对不良地质条件适应性较好的钻爆法,也面临较大的困难。目前由于技术条件的限制,在前期的地质勘察中,无法完全查清隧洞的地质条件,常出现对不良地质条件的误判或漏判。当施工中突遇不良地质条件时,往往会措手不及,造成隧洞地质灾害。因此,研究深埋长隧洞的勘察技术,针对不同勘察技术的特点,结合隧洞的地质条件,提出合适的勘察方法,查明隧洞的地质条件并提出不良地质条件施工处理建议,对保障隧洞安全、快速施工具有重要的意义。同时结合 TBM 施工技术特点,研究 TBM 施工条件下的关键工程地质问题,对于提高 TBM 的掘进效率、避免隧洞地质灾害的发生或降低地质灾害的影响程度同样意义重大。

## 1.2 国内水利水电领域深埋长隧洞概况

国内的水利水电领域,特别是跨流域调水行业及引水发电工程中布置有大量的深埋长隧洞,如南水北调西线工程、四川锦屏二级水电站工程、辽宁大伙房水库引水工程、吉林省中部城市引松供水工程、云南滇中引水工程、陕西引汉济渭工程、北疆供水二期工程、甘肃引大入秦工程、甘肃引洮工程、山西万家寨引黄工程等。

(1)南水北调西线工程。

南水北调西线工程一期从雅砻江、大渡河上游调水入黄河上游河道。引水工程主要由引水枢纽和深埋长隧洞组成。输水线路总长 325.6 km,其中隧洞长 321.1 km,隧洞自然分段长度最小 3.7 km,最大 72.4 km,隧洞最大埋深 1 150 m,平均埋深约 500 m。隧洞穿越的地层岩性以三叠系(T)的砂岩板岩为主,局部分布有岩浆侵入岩体,隧洞沿线穿过数十条区域性断层,其中部分有活动性断层,主要的工程地质问题有涌水、软岩大变形、岩爆等。

(2)四川锦屏二级水电站工程。

锦屏二级水电站位于雅砻江下游四川省凉山州境内,装机容量 4 800 MW,库容 $1.92 \times 10^7$ m³,电站最大引用流量 465 m³/s。电站利用雅砻江下游河段 150 km 长大河湾的天然落差,通过引水隧洞,截弯取直,获得水头约 310 m。引水系统由进水口、引水隧洞、上游调压室、高压管道、尾水事故闸门室及尾水隧洞等建筑物组成,为一低闸、长隧洞、高水头、大容量引水式电站。引水隧洞共 4 条,单洞长约 16.7 km,隧洞开挖洞径 12.40~14.30 m,其中 2 条引水隧洞及 1 条施工排水洞采用 TBM 施工。隧洞一般埋深为 1 500~2 000 m,最大埋深为 2 525 m。隧洞穿越的地层岩性主要有盐塘组大理岩($T_{2y}$)、白山组大理岩($T_{2b}$)、三叠系上统砂板岩($T_3$)、杂谷脑组大理岩($T_{2z}$)、三叠系下统绿泥石片岩和变质中细砂岩($T_1$)等。主要工程地质问题有岩溶地下水、高地应力及岩爆等。

(3)辽宁大伙房水库引水工程。

大伙房水库引水工程特长隧洞长 85.32 km,开挖洞径 8.03 m,属大断面特长隧洞。其位于辽宁省东部本溪市桓仁县和抚顺市新宾县境内,主要是将浑江上桓仁县境内桓仁水库发电尾水,利用西江和凤鸣两座电站作为调节池,经特长隧洞自流引水至新宾县境内苏子河汇入大伙房水库;再通过水库取水头部,经有压输水隧洞和下游输水管线向辽宁省中、南部地区 7 城市输送生活及工业用水。隧洞进水口端前 24.58 km 为钻爆法施工标段,出水口端后 60.84 km 为 TBM 施工标段。特长隧洞穿越两大向斜构造、多个地质单元、十几种岩性、几十条断裂构造,地质条件极为复杂,具有山高、坡陡、谷深、埋深大、洞线长等特点。主要不良地质问题有围岩稳定性差、隧洞涌水、石英砂岩的掘进效率低及岩爆等,对 TBM 施工造成了一定的影响。

(4)吉林省中部城市引松供水工程。

吉林省中部城市引松供水工程输水总干线采用自流输水,从丰满水库取水口向西南经过永吉县城南侧,穿过温德河、岔路河,从星星哨水库上游通过,至饮马河处设置分水口,分水入饮马河,自流入石口水库,经水库调节后向长春市东部城区、九台市、德惠市供水。输水总干隧洞丰满水库取水口—饮马河自然段长近 72 km,采取圆形断面设计,平均成洞洞径 6.8 m,主要采用 3 台开敞式 TBM 施工,TBM 开挖洞径 7.93 m。隧洞区岩性主要有泥岩、砂岩、凝灰岩、砂砾岩、花岗岩等,区内断裂宽度以小于 20 m 为主,宽度大于 100 m 的大断裂有 4 条。主要工程地质问题有断裂构造带围岩稳定性、地应力与岩爆、地下水与涌水、地温、放射性及有害气体等。

(5)云南滇中引水工程。

滇中引水工程由水源工程、输水总干渠工程组成。输水工程自香炉山进口向南至大理,然后转向东,经楚雄至昆明,转向东南至玉溪、红河;总干渠总长663.23 km,由输水隧洞、暗涵、渡槽、倒虹吸等输水建筑物组成,其中隧洞长度占92.03%。香炉山隧洞埋深汝南河槽谷以北一般为600~1 000 m,最大埋深约1 138 m;槽谷以南埋深一般为900~1 200 m,最大埋深约1 512 m。隧洞断面为圆形,结合施工及地质条件,隧洞分别采用钻爆法和TBM法两种施工方法。其中,TBM段隧洞拟采用开敞式TBM施工,现浇混凝土衬砌,开挖断面直径为9.8 m。线路穿(跨)越变质岩、岩浆岩、沉积岩及第四系覆盖层长度分别为12.696 km、25.104 km、24.269 km、0.380 km,线路占比分别为11.08%、40.20%、38.86%、0.61%。香炉山隧洞两侧150 km范围内深大断裂共23条。主要的工程地质问题有硬岩岩爆问题、软岩大变形问题、高外水压力问题等。

(6)陕西引汉济渭工程。

引汉济渭工程为规划的陕西省内南水北调跨流域调水工程之一,即从秦岭南侧的汉江向秦岭北侧的渭河调水工程。本工程地跨长江、黄河两大流域,穿越秦岭屏障,主要由黄金峡水利枢纽、秦岭输水隧洞和三河口水利枢纽等三大部分组成。秦岭隧洞位于陕西省佛坪县、宁陕县及周至县境内,穿越秦岭分水岭,长达81.779 km,设计流量70.0 m³/s。过水断面采用钻爆法和TBM法施工。其中,TBM法施工长度39.021 km,钻爆法施工长度42.758 km。秦岭隧洞埋深普遍较大,大多在600 m以上,最大埋深约2 000 m。区内主要地层岩性包括白垩系变质砂岩、千枚岩,三叠系变质砂岩,石炭系变质砂岩、千枚岩,泥盆系变质砂岩、千枚岩,志留系片岩、大理岩,中—上元古界变质粒岩、片岩、石英岩、大理岩,下元古界混合片麻岩,上太古界片麻岩等,并伴有印支期花岗岩、华力西期闪长岩、加里东晚期花岗岩和闪长岩体的侵入。与隧洞有关的大小断裂多达40条。主要工程地质问题有高地应力条件下坚硬岩石岩爆、高地温及热害、放射性及有害气体、围岩失稳、突水涌泥、软岩变形等。

(7)北疆供水二期工程。

北疆供水二期工程,由西二、喀—双、双—三等三段组成,输水总长540.28 km。西二隧洞长139.04 km,喀—双隧洞单洞长283.27 km,双—三隧洞全长92.15 km。隧洞计划采用18台TBM分段掘进。工程区出露的地层岩性有:华力西晚期侵入的片麻花岗岩,泥盆系黑云母片麻岩,奥陶系黑云母石英片岩,华力西晚期侵入的黑云母花岗岩,二叠、三叠系泥岩,砂岩夹砂砾岩,泥盆系和石炭系凝灰质砂岩,泥岩;西二段发育断层44条,喀—双段发育断层77条,双—三段发育断层16条。主要的工程地质问题有断层破碎带围岩稳定性问题、涌水问题、软岩大变形问题、高地温问题、放射性问题、有害气体问题、穿活断层抗断问题等。

(8)甘肃引大入秦工程。

甘肃引大入秦工程位于兰州市以北永登县境内,是将大通河水引入秦王川的一项大型跨流域调水工程。其总干渠全长86.9 km,其中隧洞33座,共长75.11 km,30A和38#隧洞采用全断面双护盾TBM施工,隧洞全长分别为11.649 km和5.400 km。隧洞穿越的地层岩性主要有前震旦系结晶灰岩、板岩夹千枚岩、第三系漂石砾岩、砂砾岩、泥质粉砂岩及砂岩。隧洞沿线分布有较大的断层破碎带 23 条。主要的工程地质问题有断层破碎带围岩稳定性问题、软弱围岩大变形问题、涌水问题等。

(9) 甘肃引洮工程等。

甘肃引洮供水一期工程计划从洮河九甸峡水利枢纽调水至甘肃省中部干旱地区定西市一带,线路全长 238.18 km。其中,7# 隧洞全长 17.30 km,设计开挖洞径 5.75 m,衬砌后洞径 4.96 m。采用一台单护盾 TBM 自出口向上游逆坡掘进施工,预制钢筋混凝土管片衬砌,7# 隧洞是单护盾 TBM 在国内的首次应用。隧洞进口段 3.60 km 洞身岩性为白垩系砂岩、泥质页岩夹泥质粉砂岩,单斜岩层;其余 13.7 km 围岩由上第三系临夏组(N₂L)红色碎屑岩构成,主要岩性包括泥质粉砂岩、砂质泥岩、细砂岩、粉细砂岩、砂砾岩、含砾砂岩等。施工中掌子面多次发生大范围涌砂,发生了 3 次卡机事故,对工期造成了影响。

(10) 山西万家寨引黄工程。

山西万家寨引黄工程位于山西省西北部,由万家寨水利枢纽、总干线、南干线、连接段和北干线等组成。引黄工程从万家寨水利枢纽库区取水,年引水总量 12 亿 m³。TBM 施工隧洞总长约 120 km,共采用 6 台双护盾 TBM,开挖洞径 4.82~6.13 m。TBM 施工过程中遇到了溶洞、断层破碎带塌方、围岩塑性变形等工程地质问题,经处理后均顺利通过。

# 1.3　深埋长隧洞勘察研究现状

TBM 施工的隧洞多为深埋长隧洞,穿越的地形地貌单元、地层单元、构造单元、水文地质单元多,地质条件复杂,TBM 隧洞施工工法对地质条件敏感,对不良地质条件适宜性差,在施工前详细掌握隧洞的地质条件,可有针对性地进行 TBM 设备选型、设计及施工方案布置,进而提高 TBM 的掘进效率、减轻不良地质条件的影响程度。在国内外的 TBM 隧洞施工中,不乏前期勘察精度低或重大工程地质问题遗漏造成的 TBM 选型失误或采用错误施工方案的实例,这就要求在施工前对隧洞进行针对 TBM 工法的地质勘察工作。

目前,隧洞常用的勘察方法主要有遥感、地质测绘、钻探、物探、试验等方法,各种方法在关键工程地质问题勘察的适应性、勘察成本、勘察周期及实施的难易程度等方面差异较大,因此应根据深埋长隧洞的工程地质条件并结合各种勘察方法的优缺点,有针对性地选择勘察方法及勘察工作量。

针对深埋长隧洞的勘察问题,国内较多的学者开展了相关问题的研究。底青云等以南水北调西线一期 20 km 长隧洞为背景,利用以可控源音频大地电磁法为主,甚低频法、部分地段激发极化法和瞬变电磁法为辅助的手段进行了地球物理综合勘探,并对可能影响工程的断层、破碎带及异常区进行了评价。

司富安等在全面分析国内外深埋长隧洞勘察资料的基础上,总结了深埋长隧洞可能存在的主要工程地质问题,提出了深埋长隧洞工程地质勘察的基本思路和原则,即勘察设计阶段以遥感、地面地质测绘、深钻孔与孔内测试、长探洞、大地电磁测深等综合手段进行深埋长隧洞勘察。

王希友等以辽宁省大伙房水库 85.3 km 深埋长隧洞为背景,应用了遥感、化探、综合物探、地质超前预报等技术,通过综合利用多种勘察技术等级,互相验证,进行了点线面结合,多层次多参数的立体综合物探,为工程地质条件分析与评价、设计与施工提供了可靠的地质资料。

宋嶽等介绍了深埋长隧洞存在的主要不良工程地质问题和勘察方法,指出人们对不良地质问题的认识、把握和解决能力的综合水平是解决深埋长隧洞问题的关键。

目前,国内水利水电、铁路、公路等工程领域的隧洞勘察规程规范中,多针对的是钻爆法施工,并未对 TBM 施工隧洞提出具体的勘察要求。在勘察中,采用的勘察方法及勘察工作量多以钻爆法隧洞为主,但实际上 TBM 施工的隧洞地质勘察工作相对于钻爆法隧洞有更高的要求。

实际上,受目前勘察技术、勘察费用及勘察周期等条件的限制,深埋长隧洞的地质条件在前期的勘察工作中很难完全查清,但前期的勘察工作必不可少,通过前期的勘察,对隧洞的地质条件做到宏观把握,对隧洞的不良地质条件做出有效识别,并以此为基础对 TBM 地质适宜性进行评价并提出 TBM 选型、设备配置及施工方案即可满足勘察工作的要求。因此,需要研究 TBM 施工条件下的深埋长隧洞勘察方法。

## 1.4 深埋长隧洞 TBM 施工关键工程地质问题研究现状

### 1.4.1 TBM 地质适宜性评价与 TBM 选型

TBM 性能的发挥在很大程度上依赖于工程地质条件和水文地质条件,如岩体的节理、裂隙发育程度、岩石的单轴抗压强度和硬度等将决定 TBM 的掘进效率和工程成本,隧洞埋深、围岩的类别、涌水大小等涉及掘进后的支护方法、形式和种类。适应地质条件的需要和可能的变化,是对 TBM 设备的基本要求。

例如,对于硬岩隧洞,应首先选择开敞式 TBM,但当围岩非均一时,需要开敞式 TBM 具备通过软弱围岩的能力,因为软弱地层岩体稳定性差,TBM 上的支护设备就显得十分重要,如使用锚杆设备、临时喷混凝土设备、架设钢拱架等;当通过的软弱地层的距离较长时,应考虑是否加大上述设备的数量和能力;当通过断层或特殊困难洞段时,也可以使用超前支护设备,对刀盘前部地层进行预加固处理。

明确的地质资料及必要的预处理措施,是 TBM 掘进成功的基础和保证。国内外的 TBM 施工中,地质条件不清导致的 TBM 事故时有发生,如印度 Dul Hasti 水电站工程引水隧洞,总长 7.58 km,开挖直径 7.70 m,采用一台开敞式 TBM 施工,历时 12 a,平均进尺仅为 36 m/月,施工期间,断层破碎带塌方、岩爆、突水、突泥等地质灾害频繁发生,导致多次停机,最长一次停机长达 3 a。我国台湾地区北宜高速公路雪山隧道,隧道总长 12.9 km,开挖直径 11.74 m,采用两台双护盾 TBM 施工,北上线 TBM 仅掘进 456 m,遭遇突水、塌方,TBM 被掩埋,不得不将 TBM 拆除,改为钻爆法施工,南下线仅掘进了 654 m,遭遇泥层,无法正常掘进;我国云南昆明掌鸠河引水工程上公山隧洞,隧洞总长 13.77 km,开挖洞径 3.665 m,采用一台双护盾 TBM 施工,施工期间发生了 8 次大的工程事故,TBM 卡机、突水、管片破裂和护盾损坏,每次停工 2~10 个月不等,最终掘进不到一半时,TBM 拆除,改用钻爆法。这三项工程均处于现代构造活动强烈地区,地质条件极其复杂,前期的勘察中未完全查清不良地质条件和分布范围、规模及特征,低估了不良地质条件对 TBM 的影响程度,当 TBM 施工中遇到这些不利条件时,依靠现有的技术手段无法有效地解决问题,三项工程的地质条件均不适合采用 TBM 施工,在没有论证清楚的情况下错误地采用了 TBM 法,造成了工期延误、施工投资剧增的严重后果。

针对 TBM 选型问题,国内较多学者与工程技术人员开展了相关问题的研究。吴世勇等根据锦屏二级水电站 12.4 m 直径引水隧洞的工程特点及工程地质条件,选取了开敞式 TBM,并对施工中的关键技术进行了研究;琚时轩研究了不同类型 TBM 的适用范围并对其特点进行了比较;张军伟等、叶定海等、毛拥政等分别对大伙房输水工程特长隧洞、南水北调西线工程引水隧洞、引红济石工程长隧洞的工程特点和工程地质条件进行了研究,并选取了合适的 TBM 机型。尚彦军等则对国内外 3 个 TBM 选型失败的案例进行了分析并从中得到了深刻的经验和教训。

如果 TBM 对不同地质条件有良好的地质适宜性,则 TBM 施工效率高,获得的经济性好,因此在隧洞施工前对 TBM 适宜性评价非常重要,这对 TBM 选型、工期安排、投资估算等具有重要的意义。目前国内仅有水利行业的《引调水线路工程地质勘察规范》(SL 629—2014)及铁路行业的《铁路隧道全断面岩石掘进机法技术指南》(铁建设〔2007〕106号)对 TBM 地质适宜性评价进行了相关规定,但这两种方法主要依据相关工程经验进行定性评价,无法做到定量评价,且选取的指标在进行综合评价时往往存在矛盾的问题,难以进行准确的地质适宜性分级,因此需要研究 TBM 地质适宜性定量评价方法。

## 1.4.2　TBM 施工隧洞围岩稳定性分类方法

隧洞围岩稳定性分类是隧洞支护、衬砌及其他围岩处理措施的基础,在施工过程中一般采用一定的围岩分类标准,如 Q 系统分类法、RMR 分类法、国标《工程岩体分级标准》(GB/T 50218—2014)、水利水电工程围岩分类法 (GB 50487—2008) 等,在隧洞开挖现场或通过室内试验等方法获取围岩分类所需要的定性或定量指标,按照一定的评分标准进行围岩分类,进而进行围岩稳定性评价。

目前,隧洞施工中常用的 TBM 主要有开敞式及护盾式两种机型,护盾式又可分为双护盾和单护盾。开敞式 TBM 施工时,围岩出护盾后,在未喷混凝土支护前,可采用与钻爆法施工隧洞相同的地质素描及试验的方法获取围岩分类指标,进而进行围岩分类;而护盾式 TBM 施工时,受刀盘、护盾及管片的遮挡,掌子面及洞壁暴露的围岩非常有限,地质素描无法进行,现场试验或采取原状岩样进行室内试验也较为困难,很多钻爆法或开敞式 TBM 施工隧洞围岩分类指标无法获取,亦无法进行系统的围岩分类。

针对护盾式 TBM 施工隧洞围岩分类问题,国内的学者开展了相关问题的研究。靳永久等通过对双护盾 TBM 掘进产生的渣料进行分级,利用渣料形态与节理的相关性,获取围岩分类所需要的节理信息;陈恩瑜等基于 TBM 现场实际掘进参数与岩石强度的相关性,提出一种现场岩石强度快速估算模型,该模型研究了岩石单轴抗压强度与推力、掘进比能、扭矩等的关系,最后确定采用贯入度指标快速估算岩石强度;刘跃丽等根据 TBM 开挖渣料、掘进参数,通过 TBM 刀头和护盾窗口对岩体的观察,结合已掌握的地质资料、水量大小,综合确定围岩类型,并预测前方岩体情况;刘冀山等以引黄入晋隧洞双护盾 TBM 施工为例,提出了隧洞 TBM 施工地质编录的概念和实施要点,论述了其软件系统的开发构想;许建业等从现场施工要求的角度出发,概述了 TBM 施工特征,以渣料的地质编录为重点,阐述了 TBM 施工中地质编录方法及应用条件,总结了掘进信息与围岩的对应关系;黄祥志在山西引黄工程双护盾 TBM 施工中,根据渣料和 TBM 掘进参数与围岩稳定性对应关系,应用可拓学理论,建立了隧洞围岩稳定分类的可拓评价方法,编制了相应的计算程序,并在引黄工程的应用实例中取得了与客观实际相符的合理结果,而且根据其关联度值的变化能够预测临近掌子面前方围岩的稳定情况;孙金山等在工程实践和前人研究成果的基础上,综合分析了 TBM 法隧洞的围岩地质条件对 TBM 掘进过程的影响,提出了一种基于 TBM 掘进参数和渣料特征的围岩质量指标(RMR)辨识方法,并在此基础上,对岩体基本力学参数的估计方法进行了研究。

但以上的研究多集中在获取围岩分类的一个指标或几个指标方面,各个指标参数对地质人员的经验有较高的要求,围岩分类所采用的指标较少,不能全面反映围岩的实际情况,未建立围岩分类指标体系,不同地质人员分类结果有一定的差异,围岩分类方法不能满足 TBM 快速施工的需要。

## 1.4.3 TBM 施工速度预测

TBM 施工速度($AR$)预测包括两个大的方面:一是净掘进速率($PR$),二是设备利用率($U$)。其中,净掘进速率取决于岩体可掘进性,预测 TBM 净掘进速率 $PR$ 应考虑岩体可掘进性参数。岩体可掘进性主要受岩石强度、岩体完整性、岩石脆性、硬度与耐磨性等因素影响。而 TBM 设备利用率及 TBM 净掘进速率预测的准确性对准确预测施工速度有着决定性的作用。

影响 TBM 设备利用率及 TBM 净掘进速率的因素众多,包括围岩地质条件、TBM 机械性能参数及管理操作水平等,其中地质条件是最主要的因素。例如,岩石越坚硬,岩体完整性越好,TBM 破岩效率越低,因此净掘进速率越小。Blindheim O T 在详细分析 $Q_{TBM}$ 模型中每项参数对 TBM 性能的影响后,发现 $Q_{TBM}$ 模型没有阐明岩机之间的相互作用关系,且过于复杂,包含 21 个不同输入参数,同时一些输入参数与 TBM 性能无关,因此不推荐使用 $Q_{TBM}$ 模型来进行 TBM 性能预测。Yagiz S 基于调查纽约皇后隧道 TBM 施工性能数据和地质资料,对获得的 151 组有效数据进行统计分析后,运用 4 个岩体参数得到了一个 TBM 净掘进速率预测模型。研究结果表明岩体性质强烈影响 TBM 净掘进速率。Macias F J 等应用岩体破碎系数 $k_s$ 来表示岩体裂隙对 TBM 掘进性能的影响,分析表明当 $k_s$ 较小时,$k_s$ 对掘进速率的影响较小;Paltrinieri E 等根据岩体破碎程度和风化程度建立了一个分级系统,将破碎岩体共分为 4 个级别,并通过分析得出岩体破碎有助于 TBM 掘进,随着岩体破碎程度增加,转速显著减小,净掘进速率($PR$)相应降低,降低最明显的是施工速度($AR$)。

但目前的研究多集中在与掘进相关的岩体参数方面,实际上,岩体参数较为复杂、离散性较大,且不同的参数会有一定的相关性,因此难以获得准确的数据,导致预测与实际情况往往有较大的差异,需要探索一种综合考虑不同岩体参数的 TBM 施工速度预测方法。

## 1.4.4　TBM 施工隧洞超前地质预报

TBM 施工的隧洞多为长大隧洞,受地形地貌条件、勘察技术、勘察经费及勘察周期等的限制,在前期的勘察中地质条件是无法完全查清的。由于 TBM 对地质条件的适应性差,在没有预警时突遇不良地质条件,易发生隧洞地质灾害,造成人员伤亡、设备损坏、投资增加及工期延误等严重后果,这就要求在隧洞施工期间进行超前地质预报,根据预报结果采取针对性的措施,避免地质灾害的发生或减轻地质灾害的影响程度。

针对 TBM 施工隧洞超前地质预报问题,叶智彰针对兰渝铁路西秦岭隧洞开敞式 TBM 施工,采用 HSP 声波反射法对掌子面前方的断层、不整合接触带进行了预报;刘斌等对辽宁省大伙房水库输水工程 TBM1 施工段所采用的 TSP、HSP、CSAMT 及 BEAM 四种预报系统的预报实例进行对比,分析四种方法的预报准确度及对 TBM 施工的适用程度;周振广等以巴基斯坦某深埋长隧洞 TBM 施工超前地质预报为例,系统介绍了 TST 超前地质预报技术的基本原理、观测系统、现场测试参数设置、数据处理方法及其处理过程,最终获得隧洞掌子面前方 100~150 m 范围内待开挖岩体的地震波偏移图像和地震波速度曲线;程怀舟以冲击钻机和岩芯钻机相结合的地质预报方法为核心,详细讨论了冲击钻机冲击旋转破岩机制和岩芯钻机地质预报原理,分析确定了钻进过程中的敏感参数,并设计了 TBM 隧洞施工超前地质预报系统的总体结构,构建了钻机钻进敏感参数实时数据采集分析系统;高振宅采用激发极化 BEAM 超前地质探测系统,对锦屏二级水电站 1 号引水隧洞开敞式 TBM 掌子面前方的岩体结构及坍塌情况进行预测;杨智国以西南线桃花铺一号隧道,介绍了 R24 浅层地震仪超前地质预报系统的技术特点和基本预报机制、步骤,并将超前地质预报结果与隧道开挖实际进行对比。

目前的 TBM 施工隧洞超前地质预报存在以下问题:针对 TBM 施工隧洞的超前地质预报研究较少;在实际预报过程中,采用的预报方法单一,缺少相互印证,预报精度不高;部分预报方法占用 TBM 的掘进时间,降低了 TBM 掘进速度。因此,需要研究 TBM 施工条件下的超前地质预测预报系统,提高 TBM 的掘进效率,保障 TBM 的安全掘进。

## 1.4.5　TBM 施工隧洞地质风险处理

根据国内外隧洞施工经验,无论是钻爆法还是 TBM 法施工,隧洞地质灾害主要包括围岩失稳塌方、软岩大变形、岩爆、涌突水、高地温、有害气体等六个方面。对于 TBM 施工来说,庞大的 TBM 主机和后配套设备占用了隧洞工作面大部分空间,一旦发生灾害,很多钻爆法可实施的处理手段在 TBM 隧洞实施起来十分困难或者不可行,同样的地质灾害对 TBM 隧洞的危害程度要远大于钻爆法隧洞。

针对 TBM 施工隧洞地质灾害及不良地质条件处理问题,喻伟等以深圳地铁双护盾 TBM 工法隧道工程为依托,基于 MIDAS/GTS NX 有限元软件,采用摩尔-库仑弹塑性模型,根据刚度折减法建立三维数值模型,分析断层不良地质条件对隧道稳定性的影响,并与隧道净空收敛现场监测结果进行对比分析,得到了断层对隧道结构竖向位移影响范围,并根据研究结果针对断层不良地质条件提出几点加固施工措施,确保双护盾 TBM 顺利施工;徐虎城以新疆某引水工程大坡度施工支洞开敞式 TBM 施工大断层构造破碎带塌方卡机为例,采用超前预报方法探明前方地质情况,之后加固已支护段的围岩,然后采用流动性大、早强、高性能的化学注浆材料,对护盾上方及前方围岩进行固结灌浆,将刀盘和护盾周围的松散岩石加固成一个稳定的整体,进而清除刀盘及护盾周围的虚渣,并缓慢转动刀盘向前推进,最终使 TBM 安全脱困;陈方明等以巴基斯坦 N-J 水电站深埋引水隧洞开敞式 TBM 施工为例,通过一系统试验获得围岩的相关力学参数,包括砂岩的抗压强度、抗拉强度、凝聚力、内摩擦角及破碎角等,然后运用多判据对岩爆倾向性进行了判定分析。

由于隧洞的地质条件具有复杂性、多变性及难以预测性的特点,不同隧洞工程之间的地质条件相差较大,且采用的 TBM 设备与施工方法均有所差别,在某项工程采用的处理方法与技术对其他工程并不一定完全适用,因此需要根据具体工程具体分析,采用适合本工程的处理技术。

# 1.5 主要研究内容

以青海省引黄济宁工程引水隧洞、CCS 水电站工程输水隧洞、兰州市水源地建设工程输水隧洞、龙岩市万安溪引水工程为背景,开展如下问题的研究:

(1)针对 TBM 施工深埋长隧洞工程地质勘察问题,以引黄济宁工程、龙岩市万安溪引水工程为依托,在工程地质条件分析和不同勘察方法比选的基础上,采用综合勘察方法及勘察新技术,对 TBM 施工条件下的隧洞不良地质条件进行精细化勘察,对影响 TBM 施工的关键工程地质问题进行识别和评价,准确获取隧洞的各项地质指标,为 TBM 选型、设备配置及施工方案布置等提供地质依据。

(2)针对 TBM 隧洞施工中的地质适宜性问题,以 CCS 水电站输水隧洞、兰州市水源地建设工程输水隧洞、福建龙岩市万安溪引水工程隧洞、青海引黄济宁工程引水隧洞为基础,广泛收集国内外 TBM 施工隧洞资料,结合岩石耐磨性试验、岩矿分析、室内强度试验,确定岩石的单轴抗压强度、岩石的耐磨性指数、岩体的完整性系数、围岩强度应力比及地下水渗流量 5 个指标作为 TBM 掘进效率地质影响因素的评价指标,将 TBM 掘进效率分为 5 个等级,建立面向 TBM 掘进效率的地质因素指标体系。采用专家系统或层次分析法对评价指标进行重要性排序,确定各指标的权重系数,根据模糊综合评判方法,通过隶属度计算确定各地质条件的 TBM 掘进效率等级。对不同地质条件下的地质适宜性进行综合评价,为 TBM 选型、设备配置及施工方案选择等提供依据,为 TBM 超高效掘进提供基础条件。

在不同类型 TBM 技术特点分析的基础上,结合兰州市水源地建设工程输水隧洞地质条件,进行 TBM 选型,并根据选型结果,提出针对不同地质条件的设备配置建议。

(3)针对双护盾 TBM 施工时围岩受到刀盘、护盾和管片的遮挡,无法直接进行地质素描、现场试验及采取原状岩样进行室内试验的特点,选择岩石回弹测试、掌子面及洞壁围岩观察、地下水流量测试、掘进参数及岩渣分析等手段,获取围岩分类的相关信息,建立双护盾 TBM 施工围岩分类指标体系,并运用到兰州市水源地建设工程输水隧洞双护盾 TBM 施工中。

（4）在研究影响 TBM 设备利用率及净掘进速率影响因素的基础上，以水利水电围岩分类法（HC 法）评分值为基础，选择常用的函数对 HC 值与 TBM 设备利用率及净掘进速率进行拟合，选择相关性最高的拟合函数，建立 TBM 施工速度预测模型，并进行模型的有效性验证。

（5）以兰州市水源地建设工程输水隧洞双护盾 TBM 施工、福建龙岩市万安溪引水工程隧洞开敞式 TBM 施工为背景，根据 TBM 施工隧洞裸露围岩少、电磁干扰严重的技术特点，在分析不同超前地质预报方法优缺点的基础上，选择以地面地质分析、掌子面围岩观察、掘进参数及岩渣分析、地震反射波法、电法及超前钻探等多源信息为主的方法。根据不同预报方法的特点，提出 TBM 施工的综合超前地质预报方法及综合解释方法，并提出基于超前地质预报结果的 TBM 施工技术。

（6）采用工程调研、理论分析、数值计算等方法，研究在 TBM 施工条件下隧洞的岩爆、软岩大变形、断层破碎带塌方、涌水、突泥、高地温、有害气体等地质灾害的致灾机制及其对 TBM 的危害程度。结合 TBM 隧洞施工的技术特点及不同类型隧洞地质灾害的危害特征，进行隧洞地质灾害危险性分级，提出基于分级结果的 TBM 施工技术及不良地质条件快速处理方法。

# 第 2 章　深埋长隧洞勘察方法

## 2.1　引　言

深埋长隧洞由于洞线长、埋深大、地质条件复杂,勘察难度较大,在前期的勘察中实际上很难查明隧洞所有地质条件,但并不代表前期的勘察工作不重要。特别是 TBM 施工的隧洞,其对隧洞地质条件的准确性要求更高。因此,需要通过前期的勘察工作,对隧洞的地质条件进行宏观的把握,对不良地质条件进行识别和判断,为隧洞的洞线比选、施工方案比选、投资概算设计等提供依据。

深埋长隧洞的勘察方法较多,如工程地质测绘、工程地质钻探、工程地质物探、工程地质坑探、工程地质遥感、现场试验、室内试验等,各种方法都有一定的优缺点及适用条件,如何在有限的勘察经费及勘察周期内,采用合适的勘察方法,取得最大的勘察成果是一个重要的研究方向。本章首先介绍了深埋长隧洞的特点及常用的施工方法,接着介绍了分阶段勘察的目的和任务,然后分析了目前常用的勘察方法的技术特点,最后提出了深埋长隧洞勘察思路和方法选择。

## 2.2　深埋长隧洞特点及施工方法

### 2.2.1　深埋长隧洞特点

《水利水电工程地质勘察规范》(GB 50487—2008)对深埋长隧洞的定义如下:埋深大于 600 m、钻爆法施工长度大于 3 km、TBM 法施工长度大于 10 km 的隧洞。

深埋长隧洞由于埋深大、洞线长,往往会穿越多个地形地貌单元、地层单元、地质构造单元及水文地质单元,地质条件复杂,施工中地质风险大。如青海省引大济湟工程引水隧洞,隧洞全长 24.8 km,最大埋深 1 000 m,隧洞区地层岩性十分复杂,地层从元古界、古生界、中生界和新生界均有分布,岩性有火成岩、沉积岩和变质岩,隧洞区主要断裂有 6 条,断裂及其影响带宽达数百米;滇中引水工程香炉山隧洞总长 63.4 km,隧洞一般埋深 600~1 000 m,最大埋深约 1 138 m,隧洞沿线变质岩、岩浆岩、沉积岩及第四系覆盖层均有分布,隧洞两侧 150 km 范围内深大断裂共 23 条。

由于深部地质情况具有模糊性、复杂性及不确定性的特点,深埋长隧洞工程是高风险的地下工程,隧洞施工过程中经常遭遇各种程度的地质灾害,如软岩大变形、硬岩岩爆、高地温及瓦斯突出、高压涌水等,这些灾害如处理不当将造成人员伤亡、工期延长、设备损毁等重大工程事故,所以只有及时采取措施,采用快速、准确的勘察手段,在勘察阶段对隧洞一定范围的溶洞、断层、地下水等不良地质进行探测,才能保证施工的安全。对深埋长隧洞进行精确的地质勘察是国内外工程界亟待解决的技术难题。

### 2.2.2　深埋长隧洞施工方法

目前国内外深埋长隧洞的施工开挖方法主要有两种,即钻爆法和 TBM 法。

(1)钻爆法开挖作业程序包括测量、钻孔、装药、爆破、通风、出渣、支护(锚杆、立钢拱架、挂网、喷混凝土)等工序,但各工序顺序作业,每天只能实施 2~3 个开挖循环,进尺 5~10 m,月进尺一般不超过 300 m。钻爆法施工中,人工劳动强度大、洞内环境差、人员设备安全性差、超欠挖较严重。另外,由于通风、出渣及材料运输等的限制,钻爆法独头掘进长度一般不超过 2 km。对于深埋长隧洞,当采用钻爆法施工时,需要布置大量的施工支洞、竖井、斜井,以新开工作面,实现"长洞短打",如兰新铁路兰州—武威南乌鞘岭特长隧道,隧道正线全长约 20.05 km,为实施钻爆法施工,共布置有 13 座斜井、2 座竖井、1 座横洞,累计长度 19.1 km,与正洞长度基本相当。钻爆法施工布置灵活,当遭遇隧洞不良地质条件或地质灾害时,可采用的处理手段较多。

(2)TBM 是一种系统化、智能化、工厂化的高效能隧洞开挖施工机械,可一次成洞,同时完成开挖掘进、岩渣运输、通风除尘、导向控制、支护衬砌、超前处理、风水电及材料供应等工序,并实现了自动化控制,适应于长距离隧洞的施工。其最大特点是广泛使用电子、信息、遥控等高新技术对全部作业进行控制。相对于传统钻爆法具有高效、快速、优质、安全等优点,其掘进速度一般是传统钻爆法的 3~10 倍,最高月进尺可达 1 000 m 以上。同时采用 TBM 技术还有利于环境保护、节省劳动力、提高施工效率,整体上比较经济。因此,TBM 技术已广泛应用于交通、市政、水利水电、矿山等隧洞工程的掘进开挖。对深埋长隧洞,如采用钻爆法开挖,必须开挖若干支洞以供主洞施工时出渣、通风等之用,当地形条件、环境条件等不允许开挖支洞时,TBM 法则成为唯一的选择,其独头掘进长度可达 15 km 以上。但 TBM 设备庞大,占用了施工工作面的绝大部分空间,当遭遇隧洞不良地质条件或地质灾害时,所能采用的处理方法少,同样的不良地质条件对 TBM 法的影响远大于钻爆法,因此采用 TBM 法时需要掌握地质条件的精确性要高于钻爆法,这就对地质勘察的精确性有更高的要求。

# 2.3　深埋长隧洞地质勘察目的和要求

## 2.3.1　勘察阶段

我国的公路、铁路、水利水电等行业的相关规范规定了隧洞工程的工程地质勘察分阶段进行。如《铁路工程地质勘察规范》(TB 10012—2007/J 124—2007)规定,新建铁路隧道工程地质勘察应按踏勘、初测、定测、补充定测开展工作,并与预可行性研究、可行性研究、初步设计、施工图四个设计阶段相适应;《公路工程地质勘察规范》(JTG C20—2011)规定,新建公路隧道工程地质勘察分为可行性研究阶段工程地质勘察、初步勘察、详细勘察三个阶段;《水力发电工程地质勘察规范》(GB 50287—2006)规定,水力发电隧洞工程地质勘察与各设计阶段相适应,分为选点规划阶段、预可行性研究阶段、可行性研究阶段、招标设计阶段、施工详图设计阶段共 5 个阶段;《水利水电工程地质勘察规范》(GB 50487—2008)、《引调水线路工程地质勘察规范》(SL 629—2014)、《水利水电工程水文地质勘察规范》(SL 373—2007)、《中小型水利水电工程地质勘察规范》(SL 55—2005)等均规定了不同的勘察阶段。

在不同的阶段,勘察的内容和具体的要求均不相同,如引调水线路工程的隧洞,在可行性研究阶段就应进行 TBM 法施工的适宜性评价及和钻爆法施工的方案对比,在初步设计阶段进行 TBM 的选型和 TBM 施工组织设计等,勘察工作也应与各阶段相适应,有针对性地布置勘察和研究工作。

## 2.3.2　勘察目的和内容

隧洞各研究阶段的勘察目的和内容均有所不同,在勘察工作中,受经济条件、设计方案、地质条件、勘察条件、勘察工期、勘察经费等多因素的影响,深埋长隧洞在各阶段的勘察工作中会有一些交叉和反复。在每个阶段,要有明确的勘察目的和内容,以解决相应的工程地质问题为目标。

《引调水线路工程地质勘察规范》(SL 629—2014)对各勘察阶段的勘察目的和内容规定如下。

### 2.3.2.1　规划阶段

(1)勘察目的。规划阶段工程地质勘察应对引调水线路规划方案进行地质论证,为规划设计提供工程地质资料。

(2)勘察内容。①了解区域地形地貌形态、成因类型及剥夷面、地表水系分布,划分地貌单元;了解区域内大型滑坡、泥石流、移动沙丘等不良地质现象的分布,分析对工程规划的影响。②了解区域内地层的出露条件、地质年代、成因类型、接触关系、分布范围及岩性、岩相特征、划分地层单位。③了解区域构造单元或构造体系的格架特征及区域性断裂的性质、产状、规模、展布特征和构造发展史,分析区域构造特征,确定线路规划方案所处大地构造单元及大地构造环境。④了解区域地下水的赋存条件及补给、径流、排泄条件和主要含水层、隔水层的分布,划分地下水类型和水文地质单元,分析区域水文地质特征。⑤了解区域内历史和现今地震情况及地震动参数区划,初步分析区域地震活动特征。⑥了解地形地貌类型及河流、湖塘等地表水体的分布和流量、水位等水文特性,碳酸盐岩区应调查岩溶埋藏条件及岩溶地貌和岩溶发育特征。⑦调查滑坡、泥石流、移动沙丘和采空区等不良地质现象的分布、成因、规模;了解地层岩性的分布情况和变化规律,第四系地层尚应调查沉(堆)积物的成因类型。⑧了解断裂、褶皱等地质构造的分布、性质、规模。⑨了解主要含水层、隔水层的分布及地下水补给、径流、排泄条件,初步划分地下水类型和水文地质单元。⑩分析、评价地形地貌、地层岩性、地质构造、水文地质、环境地质条件及其可能存在的主要工程地质问题对输水线路规划方案的影响。

### 2.3.2.2    项目建议书阶段

(1)勘察目的。项目建议书阶段工程地质勘察应在规划阶段勘察的基础上进行,提出线路比选地质意见,对推荐线路及主要建筑物地段进行工程地质初步评价,为项目建议书设计提供工程地质资料。

(2)勘察内容。①分析引调水线路区域构造背景,分析区域性活断层的活动性质和空间分布规律,分析区域地震的分布及其活动性,初步评价工程区区域构造稳定性,提出地震动参数;②调查、了解隧洞沿线气象、水文情况,调查、了解隧洞场区地应力的分布情况;③初步查明隧洞沿线地形地貌的类型、分布特征和滑坡、泥石流等不良地质现象的分布、成因、规模,可溶岩区应初步查明岩溶发育情况;④初步查明隧洞沿线的地层岩性、成因类型、产状、分布情况,初步查明隧洞沿线断裂、褶皱等地质构造的性质、产状、分布、规模;⑤初步查明隧洞沿线地下水的类型、分布特征、化学性质和含水层、隔水层的分布及岩(土)体的透水性,初步查明环境水的腐蚀性;⑥初步查明隧洞沿线岩体风化、卸荷的深度和强度,初步进行风化带、卸荷带划分;⑦初步查明主要岩(土)体的物理力学性质,初步确定主要物理力学参数建议值,基本查明隧洞进出口边坡的稳定条件;⑧调查、了解隧洞沿线有害气体和放射性物质的存在情况;⑨分析各比选洞线的工程地质、水文地质条件和可能存在的主要工程地质问题,提出比选意见;⑩对推荐洞线进行工程地质初步评价。

### 2.3.2.3    可行性研究阶段

(1)勘察目的。可行性研究阶段工程地质勘察应在项目建议书阶段勘察的基础上进行,提出线路比选地质意见,对选定线路及主要建筑物进行工程地质评价,为可行性研究设计提供工程地质资料。

(2)勘察内容。①研究引调水线路区域地质构造背景,研究引调水线路区域性断裂、褶皱构造的规模、性质、展布特征及断层活动性和分布规律,查明引调水线路地震活动特征,评价引调水线路区域构造稳定性,确定地震参数;②基本查明隧洞地段地表水系的分布、水位、流量和大气降水、地面蒸发及地表径流、地下径流等气象、水文情况,基本查明隧洞地段山地及次级地貌的类型、分布特征;③基本查明滑坡、泥石流、崩塌等不良地质现象、潜在不稳定体的分布规模、类型性质、物质组成、结构特征和天然稳定状态,对傍山浅埋洞段、过沟段,应基本查明山体边坡的稳定性和山前冲洪积扇的形态特征、物质组成;④基本查明隧洞地段地层结构、岩性类别、产状、分布特征,对基岩地层,应基本查明软弱、膨胀、易溶和岩溶化岩层的分布及其工程地质性质,对松散地层,应基本查明成因类型、分布厚度、物质组成及其工程地质性质;⑤基本查明隧洞地段断层、破碎带、节理裂隙密集带和主要结构面的产状、性质、分布特征;⑥基本查明隧洞地段地下水的类型、分布、补排条件和含水层、汇水构造、强透水带的分布、规模、富水程度等,基本查明隧洞地段岩(土)体的透水性,进行岩(土)体渗透性分级;⑦基本查明隧洞地段岩体风化、卸荷的深度和强度,进行岩体风化带、卸荷带划分;⑧浅埋洞段应基本查明上覆岩土层的厚度、成因类型、物质组成及含水性和透水性;⑨可溶岩区应基本查明下列内容:岩溶地貌形态特征及埋藏条件,可溶岩的类别、化学成分、分布规律及层组类型,岩溶现象、发育程度及岩溶洞穴的规模、连通性、充填情况,岩溶地下水的类型、分布条件及水动力条件、水文地质结构特征,进行岩溶工程地质评价;⑩黄土区应基本查明下列内容:岩土潜蚀地貌的类型、规模及分布特征,黄土的形成时代及湿陷性,黄土裂隙的成因及发育特征,地下水的类型、分布情况,进行黄土隧洞工程地质评价;⑪基本查明隧洞围岩各类岩(土)体的物理力学性质,基本确定岩(土)体物理力学参数及有关工程地质参数;⑫基本查明隧洞地段地应力的状态和条件,基本查明隧洞地段有害气体和放射性物质的赋存条件,评价其存在的可能性;⑬进行围岩工程地质初步分类,初步评价 TBM 施工工程地质条件及适宜性;⑭分析隧洞地段地质构造和水文地质条件,估算隧洞外水压力;⑮分析隧洞工程地质条件,评价隧洞进出口边坡和围岩稳定性,预测其可能变形破坏的形式,提出改善处理措施初步建议;⑯分析隧洞地段水文地质条件及围岩充水条件,评价隧洞施工发生涌水、突水(泥)的可能性,概略预测涌水、突水量,评价隧洞施工涌水、突水对周边环境和生态的影响,提出预防和处理措施初步建议。

#### 2.3.2.4　初步设计阶段

(1)勘察目的。初步设计阶段工程地质勘察应在可行性研究阶段勘察的基础上进行,评价工程地质问题,提出局部线路比选的工程地质意见,为初步设计提供工程地质资料。

(2)勘察内容。①必要时对区域构造稳定性进行复核;②查明隧洞进出口、浅埋段、过沟段不良地质现象和潜在不稳定体的分布规模、性质类型、物质组成、结构特征及边界条件,分析可能变形破坏趋势,对滑坡应查明滑坡要素及滑带的物理力学性质,对泥石流应查明其形成条件、发育阶段及形成区、流通区、堆积区的范围和地质特征;③查明隧洞地段的地层岩性,主要查明软弱、膨胀、易溶和岩溶化等不良岩体的分布、结构特征及工程地质性质,进出口、浅埋段、过沟段应查明覆盖层的分布、成因类型、物质组成;④查明隧洞地段的地质构造,主要查明软弱结构面、缓倾结构面等不良结构面的规模、自然特征、组合关系及其工程地质性质;⑤查明进出口段岩体风化、卸荷的深度和强度及其工程地质性质,进行风化带、卸荷带划分;⑥查明隧洞地段地下水的类型、分布特征及补径排条件,划分水文地质单元,主要查明含水层(带)、含水构造的分布特征、性质、含水性及其水力联系,查明与地表溪沟相连的断层、破碎带、裂隙密集带等的规模及连通性、透水性,查明隧洞围岩的透水性,进行渗透性分级;⑦可溶岩区应查明下列内容:碳酸盐岩的层组类型、分布特征,溶洞、溶隙等岩溶现象的分布、规模、发育程度、连通性、充填情况及溶洞堆积物的物质组成和状态,岩溶水文地质结构类型、地下水动力条件、动态规律和分带特征,划分地下水系统;⑧黄土区应查明冲沟、陷穴等黄土地貌形态、规模、发育特征和湿陷性黄土的分布及工程地质特征;⑨查明隧洞围岩及主要结构面的物理力学性质,确定物理力学参数及有关工程地质参数;⑩高地应力场区应进一步查明地应力的状态、量级和方向,评价对隧洞围岩稳定的影响;⑪可能存在有害气体和放射性物质的洞段应查明其生成、聚集条件、分布规律及种类、强度,评价其对隧洞施工的影响;⑫进行围岩详细分类,评价 TBM 施工的工程地质条件适宜性;⑬分析隧洞工程地质、水文地质条件,论证、评价隧洞进出口边坡稳定性、洞身围岩稳定性、外水压力等工程地质问题,提出改善处理工程措施;⑭分析隧洞围岩的充水条件—富水程度,预测隧洞施工发生涌水、突水(泥)洞段和最大涌水量,评价对隧洞施工和周边环境的影响,提出预防、处理措施;⑮岩溶区隧洞尚应分析、评价产生岩溶渗漏及岩溶洞穴对围岩稳定的影响;⑯提出隧洞施工超前地质预报设计,提出隧洞线路局部优化的建议并进行工程地质论证。

#### 2.3.2.5 招标设计阶段

(1)勘察目的。招标设计阶段工程地质勘察应在审查批准的初步设计报告基础上,复核初步设计阶段的地质资料与结论,补充论证主要工程地质问题,为完善、优化设计及编制工程招标文件提供工程地质资料。

(2)勘察内容。①复核初步设计阶段的主要勘察成果;②补充论述初步设计阶段工程地质勘察报告审查中提出的工程地质问题;③提供与优化设计和招标文件编制有关的工程地质资料。

#### 2.3.2.6 施工详图设计阶段

(1)勘察目的。施工详图设计阶段工程地质勘察应在招标设计阶段基础上,检验、核定前期勘察的工程地质资料与结论,补充论证专门性工程地质问题,进行施工地质工作,为施工详图设计、优化设计、工程建设实施、竣工验收等提供工程地质资料。

(2)勘察内容。①招标设计阶段遗留的工程地质问题;②施工中出现的工程地质问题;③优化设计需要进行的工程地质勘察;④施工地质工作;⑤提出施工期和运行期工程地质监测内容、方案布置和技术要求的建议。

引调水线路工程的 6 个勘察阶段,即规划阶段、项目建议书阶段、可行性研究阶段、初步设计阶段、招标设计阶段、施工详图设计阶段,分别经过了了解→初步查明→基本查明→查明→复核→补充等过程,可以看出,勘察工作是循序渐进、由浅入深的过程。其中,大部分勘察工作集中在项目建议书、可行性研究、初步设计 3 个阶段,大部分的工程地质问题也是在这 3 个阶段给予解决的。

目前,深埋长隧洞采用 TBM 法施工的越来越多,TBM 隧洞勘察内容除满足一般钻爆法施工隧洞的要求外,还需要满足 TBM 隧洞的特殊要求,也就是说,TBM 隧洞勘察要求高于一般钻爆法隧洞,主要体现在以下几个方面:①查明隧洞工程地质条件和主要工程地质问题,为合理确定 TBM 隧洞线路、TBM 施工洞段和钻爆法洞段提供重要的依据,同时也是规避 TBM 地质风险、确定处理方案等不可或缺的资料;②为 TBM 隧洞设计、TBM 选型和 TBM 制造提供合理的地质参数与资料,因为地质资料是 TBM 隧洞开挖断面、衬砌厚度、管片厚度等设计的重要依据,TBM 制造和辅助设备的配置同样需要详尽的地质资料。

# 2.4 深埋长隧洞勘察方法

## 2.4.1 工程地质测绘

工程地质测绘是工程地质勘察的基础工作。工程地质测绘的任务是调查与工程建设有关的各种地质现象,分析其性质和规律,为研究工程地质条件和问题,初步评价测区工程地质环境提供基础地质资料,并为勘探、试验和专门性勘察工作提供依据。

#### 2.4.1.1　地貌调查内容

地貌调查应包括下列基本内容:形态特征,分布规律、地貌类型及地貌单元划分;地貌与地层岩性、地质构造、第四纪地质及新构造活动的关系,地貌与侵蚀、搬运及堆积作用的关系;水系的分布特征及其与地貌的关系;植被的种类、分布及其与地貌的关系;分析地貌环境对工程的影响。

区域地貌概况调查宜利用已有地形地貌资料和遥感图像资料。工程区地貌应进行实地调查。

河谷地貌调查应包括以下内容:河谷类型、河谷结构、纵横剖面形态等发育特征及其与地层岩性、地质构造的关系;谷底和河床的宽度,谷坡的形态、坡度和高度,峡谷与宽谷交替分布特征及向分水岭过渡地带的地貌形态,两岸山体的发育特征和差异性;河床沙坡、浅滩、沙洲、深槽、岩槛、壶穴等分布特征及其与地层岩性、地质构造、物理地质作用、水流条件的关系;河漫滩的分布特征、物质组成及古河床、牛轭湖、决口口门等的分布形态;阶地的成因类型、级数,各级阶地的分布高程、形态特征、物质组成、结构及沿河谷方向分布的延续性。

河间地块地貌调查应包括下列内容:相对高度、宽度、对称性、切割程度等地形特征及相邻河谷的关系;物质组成及地质结构特征;古河床、古冲沟、古风化壳、古喀斯特的分布特征及埋藏条件;分析地貌结构对地表水和地下水的分布、埋藏、循环条件的影响。

河口地貌调查应包括下列内容:河口区的形态特征,近口段、河口段、口外海滨段的分段范围及其与洪水位、枯水位和潮流的关系;河口湾、三角洲的类型及形态特征;河道分叉及心滩、沙坝等形态特征。

冲沟地貌调查应包括下列内容:分布、密度、规模、形态特征及其与地层岩性、地质构造的关系;沟床、沟口高程,沟壁稳定性,堆积物的组成,堆积形态及分布特征;与河床或大一级冲沟的交汇形态;产生崩塌、滑坡、泥石流的可能性。

山前地貌调查应包括下列内容:洪积扇、坡积裙等的形态特征、分布范围及其与山体谷坡和洪流、片流的关系;堆积物的组成及堆积结构特征;物理地质现象的发育规律和分布特征;地下水的埋藏情况及泉水分布特征。

平原地貌调查应包括下列内容:成因类型、形态特征、分布范围及其与河流、河谷的关系;沉(堆)积物的地层岩性及结构特征;古河道、砂堤、牛轭湖、沼泽、水洼地等地貌的分布及形态。

水文网调查应包括下列内容:分布特征及其与地貌、地层岩性、地质构造的关系;干流和支流的交汇形态,河流袭夺、变迁情况;古河床、古泥石流、冰川等的分布和埋藏条件。

地貌调查中应重视异常地貌现象和明显差异的地形形态,并分析其形成原因。工程区应分析微地貌特征及其与地层岩性、地质构造和不良地质现象的关系;线状工程应分析穿越不同地貌单元的形态组合关系、不同地貌单元特有的地貌地质环境条件,以及不利地貌地质条件对工程建筑物的影响。

#### 2.4.1.2　地层岩性调查内容

地层岩性调查应包括下列内容:地层年代及岩性类型、名称;地层的分布、变化规律,层序与接触关系;标志层的岩性特征及分布、发育规律;岩层的分布、岩性、岩相、厚度及其变化规律;岩体和岩石的基本工程地质特性。

各类岩层的调查描述应包括年代、成因类型、产状、岩相、厚度及变化规律、特征标志、层序接触关系,岩石名称、颜色、主要矿物成分、结构构造、物性特征,以及一般工程地质特性等。

沉积岩应分析研究其沉积环境、沉积韵律、层理面结构构造及岩组特征等,并调查描述:碎屑岩类—碎屑矿物组成、颗粒大小、形状及分选性、胶结物、胶结类型、胶结程度及结构构造特征等;黏土岩类—矿物成分、结构构造特征、泥化特性、崩解特性等;化学岩及生物岩类—结晶程度、胶结物、胶结类型、结构构造特征及缝合线、溶蚀构造等特殊结构构造现象;工程区应重点调查软质岩、膨胀岩等特殊岩类的分布规律、结构、性状及膨胀、崩解、软化等特性,分析其工程地质条件。

岩浆岩应分析研究其成因类型、产状、规模、序次、与围岩的接触关系等,并调查描述:侵入岩—产状特征,所处构造部位及其围岩的接触关系,流线、流层、析离体、捕房体等特征,脉岩的产状、延展和厚度变化等发育规律;喷出岩—喷发、溢流形式,岩性、岩相的分异变化特征,原生和次生构造、原生节理、捕房体特征,韵律、层序以及喷发间断、喷发旋回特征,与围岩的相互关系;工程区侵入岩应重点研究侵入体的蚀变带及边缘接触带,平缓的原生节理、岩床、岩墙、岩脉的内化和破碎情况,软弱矿物富集带等,喷出岩应重点研究喷发间断面,凝灰岩及其软化特征,玄武岩中的熔渣、气孔、柱状节理等,分析其工程地质特性。

变质岩应分析研究其变质类型、变质程度、变质带划分及结构构造特征、矿物成分、矿物的共生组合和交代作用等,并调查描述:片麻岩类—片麻理构造,岩石的均一性和变化规律,软弱矿物的含量及其风化特征;片岩类—片理、原岩层理的产状及其发育程度,软弱矿物或片状矿物的富集特征;千枚岩、板岩类—原岩层理,片理、板理发育特征,千枚状构造、板状构造特征及其软化、泥化特性;混合岩类—混合岩化程度,混合岩的类型,残留体的岩生和构造等。

地层岩性调查中应正确判定地层间的层序和接触关系,区分整合、假整合、不整合。判定侵入体与围岩接触关系,区分侵入接触、沉积接触或断层接触。调查各类接触面或接触带的形态、产状、厚度、风化破碎程度及分布变化规律。

### 2.4.1.3　第四纪地层调查内容

第四纪地层调查应包括下列基本内容:第四纪沉(堆)积物成因类型、沉(堆)积环境及地貌单元;第四纪沉(堆)积物地层年代、岩性类别、颗粒组成;特殊土的分布、成因类型、沉积环境(古气候、物理化学环境)、微地貌特征,以及对已有建筑物的影响强度和破坏形式。

各类土的调查描述应包括土层年代、微地貌形态、成因类型、分布特征及岩性、颜色、颗粒组成、颗粒形态、结构、密实程度、天然湿度、稠度等物理特征。必要时进行物理、化学及特性指标试验,并分析其工程地质条件。

膨胀土、湿陷性土、红黏土、软土、冻土、盐渍土及分散性土等特殊土的调查还应包括下列内容:膨胀土应调查土体沉(堆)积介质环境、地表膨胀变形特征、土体结构构造特征、裂隙发育特征及干缩开裂、遇水膨胀软化特性,并进行膨胀性判别;湿陷性土应调查地表湿陷变形特征、土体结构构造特征、古土壤及淋漓淀积层分布规律,并进行湿陷性判别;红黏土应调查土体沉堆积介质环境、地表收缩变形及地裂特征、土体结构构造特征、裂隙发育特征,并进行成因类型和土体结构分类;软土应调查土体及沉积环境特征、土体成层条件及层理特征、表层硬壳层的分布及性状,并了解其触变性、压缩性及强度特性;冻土应调查地表冻胀及融陷变形特征、土体结构构造特征、冻土层和冻融层的分布埋深、气候条件及地表水和地下水分布状况,并进行冻土工程地质分类及多年冰冻土融陷分级;盐渍土应调查地表松胀、溶陷及盐渍化特征、土体结构和毛细水作用特征、植被生长状况、地表水和地下水的分布及性质,并进行含盐性质和含盐量分类;分散性土应调查土体沉堆(积)介质环境、冲沟及孔洞发育特征、土体结构特征,观察暂时性水沟和积水洼地水是否浑浊或干涸后沉积物的失水龟裂特征,并进行分散性判别。

第四纪地层调查中应分析第四纪沉(堆)积物与地形地貌及地表水径流的关系、与物理地质作用的关系。对第四纪沉(堆)积物分布异常地段应分析其原因。

#### 2.4.1.4　地质构造调查内容

地质构造调查应包括下列基本内容:根据区域资料分析区域构造背景,确定所属地构造单元;各类地质构造的性质、分布、形态、规模、级别序次及组合关系;各类地质构造的形成年代和发展过程;构造结构面的发育程度、分布规律、性质和形态特征,构造岩的物质组成、结构特征和工程地质特性;第四纪以来构造活动迹象、特点,识别、判断活断层。

褶皱调查应包括下列内容:褶皱的基本要素;组成褶皱的地层、岩性和两翼岩层厚度变化;褶皱的类型、规模、形态特征;褶皱内部低序次小构造发育特征;褶皱的形成机制、形成时期、与其他构造的组合关系;工程区应注意轴部岩层的破裂脱空、两翼层间次级褶皱、挠曲及层间错动现象,分析地工程建筑物的影响。

断层调查应包括下列内容:断层的基本要素;断层的位置、类型、性质、规模、形态及展布特征;断层构造岩的分类及其物质组成、结构、性状和胶结、充填特征;断层破碎带和影响带的划分及其宽度、形态和结构特征;断层两盘岩层层位、相对错动方向及断距的空间变化情况;断层的序次及组合关系、断层面及旁侧构造特征,分析断层的形成机制和活动期次;工程区应重点调查区域性断层、活断层、缓倾角断层、顺河向断层和断层交汇带。着重研究层破碎带、影响带和构造岩的工程地质、水文地质特性,研究缓倾角断层的展布特征及其与建筑物的关系。

节理裂隙、劈理、片理调查应包括下列内容:小比例尺地质测绘节理裂隙调查,可结合区域构造调查,了解不同岩性地区和不同构造部位主要节理裂隙的产状、组数和性质;大、中比例尺地质测绘节理裂隙调查,应结合工程建筑物的特点及地质条件,选择有代表性地段进行详细调查,内容包括节理裂隙的产状、成因、张开度、延伸长度、充填物及充填胶结程度,节理裂隙间距及发育程度;节理裂隙面的粗糙状态及起伏、风化、蚀变等特征;节理裂隙分组并分析各节理裂隙组的相互切割关系,以及节理裂隙密集带的分布情况;缓倾角节理裂隙的产状、分布、延伸长度,填充物的泥化程度及与其他节理裂隙、断层的组合形式;对节理裂隙的调查结果进行统计并绘制分析图表;劈理、片理调查内容应包括构造部位、产状、性质、规模、发育程度及与其他结构面的组合关系等。

层间剪切带应调查下列内容:产状、厚度、延伸长度、起伏差等分布形态特征;物质组成、结构特征及软(泥)化程度;与其他构造的组合关系;与上、下岩层的关系;工程区应重点调查其发育程度及分布范围,分析其对工程建筑物的影响。

地质构造调查中应分析研究下列构造形式:倒转构造地区的缓倾角叠瓦式断裂;褶皱发育或软硬岩石相间分布地区的揉皱和固态塑流变形及折叠层构造;塑性岩层分布区,应注意区别岩体蠕变与构造作用形成的褶曲现象;物理地质现象发育地区,应注意区别构造变形与非构造变形。

第四纪以来构造及地震地质调查应包括下列内容:第四纪以来断层的活动情况,分析研究活断层的延伸方向、规模、性质,调查断层沿线微地貌特征及地层出露关系,分析其活动性,必要时应取样鉴定其最新活动时期;在地震强烈活动地区,根据工程需要应进行专门地震地质调查,分析区域构造稳定性对工程建筑物场区的影响。

### 2.4.1.5　水文地质调查内容

水文地质调查应包括下列基本内容:地下水天然露头(泉)、人工露头(水井、钻孔、矿坑等)及地表水体(河流、湖泊、沼泽、池塘等)的分布;地下水的类型、分布情况和埋藏条件;相对隔水层、透水层和含水层的分布;环境水的物理性质、化学成分;分析水文地质条件对工程建筑物的影响;预测水文地质条件的改变对环境的影响。

水文地质调查应着重调查透水层和相对隔水层的数目、层位、岩性、埋藏条件、分布情况及是否有尖灭或被构造断裂错开等现象。分析透水层的透水性和相对隔水层的阻水性及其对工程建筑的影响。

在可能产生渗漏地段应结合地貌、地层岩性、地质构造和水文地质点调查,初步分析地下水分水岭的位置和高程。

工程区应初步分析工程施工和运行引起的水文地质条件改变及其对工程和环境的影响。

### 2.4.1.6　物理地质现象调查内容

物理地质现象调查应包括下列基本内容:各种物理地质现象(岩体风化、卸荷、滑坡、崩塌、蠕变、泥石流、黄土喀斯特等)的分布位置、地层岩性、形态特征、规模、类型和发育规律;各种物理地质现象的成因、分布规律,分析其发展趋势及对工程建筑物的影响。

岩体风化调查应包括下列内容:风化岩体的岩性、颜色,结构构造变化,风化裂隙发育特征,充填物、充填程度及风化蚀变特征等;风化层的分布和形态特征,岩体风化程度分带;对易风化岩石,应研究其风化速率及特征,必在时,进行专门性试验;分析影响岩体风化的因素。

卸荷调查应包括下列内容:卸荷裂隙、卸荷带的产状、分布、形态特征及充填物性质;卸荷裂隙、卸荷带与地形地貌、地层岩性及地质构造的关系;工程区应分析卸荷带、卸荷松动体的发育特征及其对工程建筑物的影响。

滑坡调查应包括下列内容:滑坡地段的地形地貌、地层岩性、地质构造,植被生长特征,气象条件,地表径流和地下水分布;滑坡体的位置、分布、规模、物质组成及形态特征;滑坡的成因、类型及要素特征;滑坡体的边界条件,滑动面的埋藏条件、滑动带的结构特征及滑坡裂隙的分布特征等;滑坡体的活动历史、稳定现状和后缘山体的稳定性;工程区应重点调查邻近建筑物的滑坡,分析其稳定性、发展趋势及对工程建筑物的危害。

崩塌调查应包括下列内容:崩塌区的地形地貌、地层岩性、地质构造和水文地质条件;崩塌体的位置、分布、规模、物质组成、结构特征及崩(堆)积体的形态特征;崩塌的成因及变形破坏特征;工程区应重点调查邻近建筑物的崩塌体,分析崩塌区岩体和崩塌体的稳定性、发展趋势及其对工程建筑物的影响。

蠕变(倾倒)调查应包括下列内容:蠕变体的位置、分布、范围及形态特征;蠕变体的岩性、构造和结构特征;蠕变的成因类型及变形破坏特征;工程区应分析其稳定性、变形发展趋势及其对工程建筑物的影响。

泥石流调查应包括下列内容:泥石流形成的地形、地质、水文气象和其他(土壤、植被、人类活动等)条件;泥石流的类型、范围、规模和活动性;泥石流堆积物的物质组成,规模及稳定性;工程区应着重调查与建筑物有关的泥石流,分析其发展趋势及对工程建筑物的影响。

黄土喀斯特调查应包括下列内容:地形地貌特征及水文、气象条件;地层层位及黄土的物理、化学性质和结构特征;黄土喀斯特的分布、规模、形态及发育特征,对地下洞穴、盲目沟应追索调查,分析其对工程建筑物的影响。

### 2.4.1.7　喀斯特调查内容

喀斯特调查应包括下列基本内容:喀斯特区地貌、地层及地质构造特征;可溶岩的分布、岩性、产状和化学成分;喀斯特区水文地质条件和喀斯特水文地质现象;喀斯特形态特征及其空间分布、规模和组合形式;喀斯特发育历史、发育程度和发育规律;分析喀斯特对工程建筑物地段的不良影响和可能产生的环境地质问题。

喀斯特洞穴调查应包括下列内容:分布位置、洞口高程、所在层位、岩性及构造特征;纵横剖面形态特征和延伸变化情况;洞穴地下水状态、充填情况和充填堆积物性质及洞体稳定性;不同形态洞穴的规模、数量、密度和成层性等空间分布规律,以及垂直、水平方向的连通性,落水洞、竖井等垂直洞穴的发育特征及地表水排泄、入渗情况;分析研究洞穴与各级剥蚀面及阶段地的对应关系、洞穴充填物的年代、判定洞穴与各级剥蚀面及阶段的对应关系、洞穴充填物的年代,判定洞穴形成时期;测定地下河(暗河)的流量、流速、流向,调查地下河的入口、出口及发育方向,观察地下河中的生物情况,必要时,可做连通试验。

喀斯特泉调查应包括下列内容:出露位置、高程、所在层位及岩性;流量、物理化学性质及其变化规律;反复泉、多潮泉、涌泉的分布特征及其动态变化规律。

对其他喀斯特现象(溶沟、溶槽、溶蚀裂隙、石芽等)应调查岩性、分布、规模、特征、延伸方向、充填情况及其与洞穴的关系。

喀斯特调查中应分析喀斯特发育与下列因素的关系:与地形地貌的关系,夷平面、沟谷、河流、阶地等地形地貌条件对喀斯特发育的影响;与岩性和岩组的关系,可溶岩的矿物组成、化学成分、结构、构造等对喀斯特发育的影响,应特别注意相对隔水层的岩性、厚度、分布情况和完整程度;与地质构造的关系,岩层产状、褶皱、断层和节理裂隙的产状、性质、分布密度,以及不同构造部位对喀斯特形态和发育方向的控制,不同构造单元与喀斯特类型的关系,后期构造对古喀斯特的影响;与水文网、水文地质条件的关系,喀斯特发育的深度与地下水动力条件和排泄基准面的关系,基准面的改变与地下分水岭位置迁移的关系,降水量、气温及水的侵蚀性对喀斯特发育的影响。

工程区应重点调查喀斯特的分布范围和天然封闭条件,分析对库、坝、堤防等工程建筑物渗漏、稳定性影响,预测可能产生的突然涌水、塌陷、触发地震等环境地质问题。

### 2.4.2　工程地质物探

工程地质地球物理勘探(geophysics in engineering geology)是指用综合物探方法进行区域工程地质评价、区域地质构造稳定性评价、地质构造勘察、岩石土壤力学测定,以及研究自然或人为因素引起的灾害性工程地质问题,简称工程地质物探。第二次世界大战期间,物探曾用于军事工程和重大工程的地质勘察。战后,军用和民用工程建设广泛采用物探方法进行勘察。20 世纪 70 年代以来,由于工业化及国家大规模的建设要求,用于工程地质物探的投资显著增加。工程地质物探主要用于以下几个方面。

#### 2.4.2.1　工程地质勘察

采用物探方法探测基岩面的埋深、产状和性质,勘察断层走向、性质和断距,是工程地质勘察中的两项基本任务。①基岩面的埋深(覆盖层厚度)包括基岩岩性地质填图,冰川、冻土、滑坡的厚度,岩石软弱夹层、沙层、黏土和膨胀土的层厚度等,可以采用电测深或浅层折射法来探测。②采用电剖面法或用浅层折射法查明断层,特别是隐伏断层,进行速度填图;勘察岩溶裂隙、溶洞和暗河,在地面采用各种电剖面法,在井中采用无线电波透视或声波透视法。在一定条件下,物探方法可以为分析断层活动性提供间接的依据。

#### 2.4.2.2　环境工程地质勘察

自然和人为因素使环境地质状况发生改变,可能造成工程上的损失或其他灾害,如水库的渗漏,岩溶区建筑物、铁路和矿山由于大规模抽水或采矿而造成塌陷,水库诱发地震、滑坡和泥石流等。对于环境工程地质勘察,除采用电法和浅层折射法外,还可选用自然电场法、浅层测温法、微地震和地噪声测量、井中透视、电视和井下超声成像方法。

#### 2.4.2.3　岩石、土壤力学参数的原位测量

在工程建设的预选地区,用物探方法进行岩石和土壤力学参数的测量,是工程地质物探的一项重要工作。

(1)岩石力学测定:包括岩石的纵波和横波速度测定,计算波速比、泊松比、弹性模量、岩石孔隙度、裂隙密度,测定岩石不同深度的波速,以计算岩石风化程度和风化层厚度。一般采用浅层折射法在地面岩石露头上进行,在井下或坑道、岩洞中则用声波测量或用声波测井方法进行。

(2)土壤力学参数测定:采用浅层地震折射法和地震测井法,特别是跨井地震法,测定土壤等软弱地基不同层位纵波速度,以代替贯入试验计算抗压强度和抗剪切强度。

物探方法主要有电法、电磁法、地震法等,不同物探方法和应用范围及适用条件

见表2-1。

**表 2-1　不同物探方法和应用范围及适用条件**

| 方法名称 | | | 应用范围 | 适用条件 |
|---|---|---|---|---|
| 电法勘探 | 电阻率法 | 电阻率剖面法 | 探测地层岩性、地质构造在水平方向的电性变化,解决与平面位置有关的问题 | 被测地质有一定的宽度和长度,电性差异显著,电性界面倾角大于30°;覆盖层薄,地形平缓 |
| | | 电阻率测深法 | 探测地层在垂直方向的电性变化,解决与深度有关的地质问题 | 被测岩层有足够厚度,岩层倾角小于20°;相邻层电性差异显著,水平方向电性稳定;地形平缓 |
| | | 高密度电阻率法 | 探测浅层不均匀地质体的空间分布 | 被测地质体与围岩的电性差异显著,其上方没有极高阻或极低阻的屏蔽层;地形平缓,覆盖层薄 |
| | 充电法 | | 用于钻孔或水井中测定地下水流向流速,测定滑坡体的滑动方向和速度 | 含水层埋深小于50 m,地下水流速大于1 m/d;地下水矿化度微弱;覆盖层的电阻率均匀 |
| | 自然电场法 | | 判定在岩溶、滑坡及断裂带中地下水的活动情况 | 地下水埋藏较浅,流速足够大,并有一定的矿化度 |
| 电磁法勘探 | 激发极化法 | | 寻找地下水,测定含水层埋深和分布范围,评价含水层的富水程度 | 在测区内没有游散电流的干扰,存在激电效应差异 |
| | 频率测深法 | | 探测地层在垂直方向的电性变化,解决与深度有关的地质问题 | 被测地质体与围岩电性差异显著;没有极低屏蔽层,没有外来电磁干扰 |
| | 瞬变电磁法 | | 可在裸露基岩、沙漠、冻土及水面上探测断层、破碎带、地下洞穴及水下第四系厚度等 | 被测地质体相对规模较大,且相对围岩呈低阻;其上方没有极低阻屏蔽层;没有外来电磁干扰 |
| | 可探源音频大地电磁测深法 | | 探测中、浅部地质构造 | 被测地质体有足够的厚度及显著的电性差异;电磁噪声比较平静;地形开阔、起伏平缓 |
| | 探地雷达 | | 探测地下洞穴、构造破碎带、滑坡体;划分地层结构;管线探测等 | 被测地质上方没有极低阻的屏蔽层和地下水的干扰;没有较强的电磁场源干扰 |

续表 2-1

| 方法名称 | | 应用范围 | 适用条件 |
|---|---|---|---|
| 地震勘探 | 直达波法 | 测定波速,计算岩土层的动弹性参数 | — |
| | 反射波法 | 探测不同深度的地层界面、空间分布 | 被探测地层与相邻地层有一定的波阻抗差异 |
| | 折射波法 | 探测覆盖层厚度及基岩埋深 | 被测地层的波速应明显大于上覆地层波速 |
| | 瑞雷波法 | 探测覆盖层厚度和分层;探测不良地质体 | 被测地层的波速应明显大于上覆地层波速 |
| | 声波探测 | 测定岩体的动弹性参数;评价岩体的完整性和强度;测定洞室围岩松动圈和应力集中区的范围 | — |
| | 层析成像 | 评价岩体质量、划分岩体风化程度、圈定地质异常体、对工程岩体进行稳定性分类;探测溶洞、地下暗河、断裂破碎带等 | 被探测体与围岩有明显的物性差异;电磁波 CT 要求外界电磁波噪声干扰小 |
| | 管波探测 | 桩位岩溶勘察、评价桩基持力层完整性;钻孔岩土分层;钻孔含水层划分;桩基质量检测等 | 测试段无金属套管、有孔液 |
| 综合测井 | 电测井 | 划分地层、区分岩性,确定软弱夹层、裂隙破碎带的位置和厚度;确定含水层的位置、厚度;划分咸、淡水分界面;测定地层电阻率 | 无套管、清水洗孔 |
| | 声波测井 | 区分岩性,确定裂隙破碎带的位置和厚度;测定地层的孔隙度;研究岩土体的力学性质 | 无套管、清水洗孔 |
| | 放射性测井 | 划分地层;区分岩性,鉴别软弱夹层、裂隙破碎带;确定岩层密度、孔隙 | 钻孔有无套管及井液均可进行 |
| | 电视测井 | 确定钻孔中岩层节理、裂隙、断层、破碎带和软弱夹层的位置及结构面产状;了解岩溶洞穴的情况;检查灌浆质量和混凝土浇筑质量 | 无套管和清水钻中进行 |
| | 井径测量 | 划分地层;计算固井时所需的水泥量;判断套管井的套管接箍位置及套管损坏程度 | 有无套管及井液均可进行 |
| | 井斜测量 | 测量钻孔的倾角和方位角 | 在无铁套管的井段进行 |

## 2.4.3　工程地质钻探

工程地质钻探是指利用机械设备或工具,在岩(土)层中钻孔,并取出岩(土)芯(样),了解地质情况的手段,简称钻探。它是工程地质勘察的一种勘探方法,目的是了解与水工建筑物(坝、隧洞、厂房等)有关的工程地质和水文地质问题。钻探一般是在工程地质测绘和物探获得一定资料的基础上,为进一步探明地下地质情况而进行的。目前它仍是水电工程地质勘察工作的主要手段。钻进方法及机具种类较多,视其具体任务的需要采用。

### 2.4.3.1　钻探分类

按钻进方式可分冲击钻进、回转钻进和冲击-回转钻进三类。

**1. 冲击钻进**

利用钻具自重对孔底进行冲击而破碎岩(土)体的一种钻进方法。按使用的动力可分为人力冲击和机械冲击两种。人力冲击一般适用于浅孔和地下水位以上土层的钻进。机械冲击是采用机械向下冲击,适于各类土层钻进。在砂砾石层中钻进,为了获取砂砾石样品,通常采用平阀管钻冲击跟管钻进,还可采用打入法取样,即先将套管打入孔底下约40 cm,然后用带活门的套筒,取出砂砾石,再将套管打入,逐次取出砂砾石,直至要求深度。

**2. 回转钻进**

在轴心压力作用下的筒状钻头用回转研磨方式切削岩石的一种取芯钻进方法。适于各种岩石钻进,通称岩芯钻探。根据钻头研磨材料可分硬质合金钻进、钻粒钻进和金刚石钻进。硬质合金钻进是使用硬质合金钻头,以回转方式切削岩石的钻进方法,一般适用于可钻性分级7级以下的岩石。钻粒钻进是向孔底投入钻粒(铁砂或钢粒),由筒状钢质钻头在一定压力下回转,碾压破碎岩石的钻进方法,7级以上岩石适用。金刚石钻进是用金刚石钻头以回转方式切削岩石的钻进方法,可钻各种硬度岩石,尤其适用于极坚硬岩石,因取样效果较好,对查明断层、软弱夹层等有一定效果。黏土、砂质黏土等塑性土层通常用螺旋钻头;砂、黏土质砂及细颗粒地层一般采用勺形钻头,目前中国水电系统普遍采用全液压式钻机小口径金刚石钻进。随着钻探技术的发展,取芯质量也有所提高。为了减少钻杆升降次数,可采用绳索取芯钻进方法,绳索取芯是一种不提钻具从孔底采取岩芯的方法,可减少钻进的辅助时间,提高钻进效率。

**3. 冲击-回转钻进**

一种冲击和回转相结合的钻进方法,即钻头在孔底回转破碎岩石的同时,还施加冲击力(人力或机械力)。该方法适用于各种岩土层,尤其深孔或者孔径较小时,钻进效率较高。

水电工程地质钻孔一般要求做到一孔多用,除获取岩芯,抽、压水试验资料外,还根据需要进行物探综合测井、无线电波透视、钻孔电视、钻孔摄影、孔间 CT 扫描和钻孔原位测试等,为评价岩体质量提供更多的基础资料和定量资料。

### 2.4.3.2　钻探技术要求

工程地质钻探要求按《岩土工程勘察规范》(GB 50021—2001)(2009 年版)进行,并应满足以下要求：

（1）钻进深度和岩土分层深度的量测精度，不应低于±5 cm。

（2）应严格控制非连续取芯钻进的回次进尺，使分层精度符合要求。

（3）对鉴别地层天然湿度的钻孔，在地下水位以上应进行干钻；当必须加水或使用循环液时，应采用双层岩芯管钻进。

（4）岩芯钻探的岩芯采取率，对完整和较完整岩体不应低于 80%，较破碎和破碎岩体不应低于 65%；对需重点查明的部位（活动带、软弱夹层等）应采用双层岩芯管连续取芯；当需确定岩石质量指标 RQD 时，应采用 75 mm 口径 CN 型双层岩芯管和金刚石钻头。

（5）钻孔时应注意观测地下水位，量测地下水初见水位和静止水位。通常每个钻孔均应量测第一含水层的水位。如有多个含水层，应根据勘察要求决定是否分层量测水位。

（6）定向钻进的钻孔应分段进行孔斜测量。倾角和方位的量测精度应分别为±0.1°和±3.0°。

### 2.4.3.3　钻探编录

（1）野外记录应由经过专业训练的人员承担；记录应真实及时，按钻进回次逐段记录，严禁事后追记。

（2）钻探现场可采用肉眼鉴别和手触方法，有条件或勘察工作有明确要求时，可采用微型贯入仪等定量化、标准化的方法，如使用标准精度模块区分砂土类别，用孟塞尔（Munsell）色标比色法表示颜色，用微型贯入仪测定土的状态，用点荷载仪判别岩石风化程度和强度等。

（3）钻探成果可用钻孔野外柱状图或分层记录表示；岩土芯样可根据工程要求保存一定期限或长期保存，亦可拍摄岩芯、土芯彩照纳入勘察成果资料。

（4）各类岩土的野外描述应符合下列规定：碎石土宜描述颗粒级配、颗粒形状、颗粒排列、母岩成分、风化程度、充填物的性质和充填程度、密实度等；砂土宜描述颜色、矿物组成、颗粒级配、颗粒形状、细粒含量、湿度、密实度等；粉土宜描述颜色、包含物、湿度、密实度等；黏性土宜描述颜色、状态、包含物、土的结构等；特殊性土除应描述相应土类规定的内容外，尚应描述其特殊成分和特殊性质，如对淤泥尚需描述嗅味，对填土尚需描述物质成分、堆积年代、密实度和均匀性等；对具有互层、夹层、夹薄层特征的土，尚应描述各层的厚度和层理特征；需要时，可用目力鉴别描述土的光泽反应、摇振反应、干强度和韧性。

（5）各类岩石的野外描述应符合下列规定：文字描述包括岩性位置（回次中岩芯的开始深度由回次进尺深度减回次岩芯长度确定）、岩性名称、颜色、结构、构造、成分、圆度、分选性、胶结类型等情况及岩石的物理性质（光泽、颜色、条痕色、硬度、断口、裂隙等）、结构（条带状、均一状等）、构造（层状、块状）特征、岩芯采取率、RQD 等。

## 2.4.4　工程地质坑探

### 2.4.4.1　工程地质坑探及用途

工程地质勘察常用的坑探工程有探槽、探坑、浅井、平洞、竖井、斜井等，有时也会为了查明坝基河床底部地质结构而开挖河底平洞。探坑、探槽、浅井为轻型坑探工程，其他均为重型坑探工程。各种工程地质坑探用途见表 2-2。

表 2-2　各种工程地质坑探用途

| 名称 | 用途 |
|---|---|
| 探槽 | 剥除地表覆土,揭露基岩,划分地层岩性,研究断层破碎带;探查残坡积层的厚度和物质 |
| 探坑 | 局部剥除覆土,揭露基岩,做载荷试验、渗水试验,采集原状土样或天然建筑试样 |
| 浅井 | 确定覆盖层及风化层的岩性及厚度,做载荷试验、取原状土样等 |
| 平洞 | 调查斜坡地质条件,做原位岩体力学试验及取样等,布置在地形较陡的山坡地段 |
| 竖井 | 了解覆盖层的厚度和性质、风化壳的厚度和岩性、软弱夹层分布、断层破碎带及岩溶发育情况、滑坡体及滑动面等,布置在地形较平缓、岩层又较缓倾的地段 |
| 斜井 | 同竖井适用条件,与竖井相比,从有利于了解地质结构或方便施工作业等方面合理选择 |
| 河底平洞 | 了解河床底部地质结构,试验等,一般布置在坝基地段河床底部 |

### 2.4.4.2　坑探施工

**1. 平洞施工**

平洞断面形状一般为方形或拱形。平洞断面的规格应根据勘探目的、掘进长度、地质条件、施工方法等综合确定。

平洞施工要根据设计断面尺寸、自然环境、工作条件等因素,合理选用设备和施工方法。机械凿岩时,宜采用直径小于 45 mm 的钎头凿孔,一字钎头适用于坚硬完整的岩层,十字钎头适用于破碎的节理发育的岩层,球齿钎头适用于中硬和坚硬的岩层。

勘探平洞一般为临时性工程,需要根据平洞用途、使用年限、断面规格形状、围岩类别、开挖方法、围岩暴露时间及经济条件等因素进行支护。支护与掘进的时间间隔、施工顺序及相间距离,应根据地质条件、爆破参数、支护类型等因素确定,一般应在围岩出现有害松动变形之前完成支护。

**2. 竖井施工**

竖井断面形状一般为矩形或圆形。竖井的凿岩爆破一般采用角锥掏槽或楔形掏槽;勘探竖井支护应根据不同地层作业的技术要求,采用相应的支护形式。

沉井是竖井开挖施工中的一种特殊形式。即在松散地层开挖竖井,遇到地下水丰富而排水困难、砂砾石地层出现大量涌砂而难以超前支护和工程需要长期保留、用于监测等情况时,可用沉井代替。沉井适应深度宜为 10~30 m,沉井断面形状一般是圆形,内径宜为 1.5~3.0 m。

**3. 斜井施工**

工程地质坑探中,斜井泛指通常意义上的斜井、上山(上斜井)、下山(下斜井)等倾斜坑道。斜井井口选择应力求地形开阔,有足够的使用面积,满足井场布置的需要并避免干扰。在基岩地层开口掘进时,应平整井口;松散地层开口时,应按地层休止角确定边坡,明挖后进行可靠支护,再继续掘进;雨季施工应防止地表水倾入。

斜井支护除满足平洞支护有关要求外,还应注意一些特殊的要求:支护时,倾斜每增

加 6°,立柱迎山角增加 1°;坡度小于 12°时,与平洞支护相同;坡度为 12°~20°时,顶梁加
撑柱,设基础支架;坡度为 20°~30°时,顶梁和柱角应加支撑,并设基础支架;坡度为 30°~
45°时,应增加底梁,采用四角加撑柱,并设基础支架,基础支架深入岩石不少于 300 mm。

4. 河底平洞施工

河底平洞也称过河平洞。河底平洞施工前,应收集河床横断面、水深、流量、流速、最
高洪水位线等有关河流水文资料和河底平洞有关的地质剖面图、河床剖面上的钻孔柱状
图及钻孔水文地质试验资料等工程地质、水文地质资料,作为编制施工组织设计的依据,
尤其要注意有钻孔穿过的平洞段,应防止施工中因钻孔贯通河水酿成恶性涌水事故。河
底平洞一般以斜井或竖井作为施工导井,施工导井井位应在洪水位以上。

5. 探坑、浅井、探槽施工

探坑深度小于 3 m,断面呈倒梯形;浅井深度大于 3 m 小于 10 m,断面一般呈方形或
圆形。探坑、浅井的开挖方法一般采用人工开挖。由于浅井一般布置于较厚的覆盖层上,
地层松散、稳定性差,应进行必要的支护,可采用间隔支护、吊框支护、插板支护等支护方
法。探槽深度一般小于 3 m,采用人工开挖的施工方法。探槽一般不进行支护。

### 2.4.4.3　坑探地质编录

坑探观察、描述的主要内容有:①坑探工程部位所处地貌单元及周边地形特征;②岩
性:包括第四系和基岩的岩性、成分、结构特征,各岩性分层、厚度、产状及接触关系,岩石
的风化、卸荷特征及分带;③地质构造:对坑探揭露的断层、破碎带、软弱夹层、节理裂隙进
行详细描述,包括断层、破碎带的位置、产状、厚度、破碎带特征、相互切割关系、延伸情况,
以及节理裂隙的产状、性质、延伸情况及分组特征等;④水文地质:坑探工程揭露的地下水
性质、渗水点位置、涌水量及与地层、构造的关系等;⑤不良地质现象:坑探工程所揭露的
坍塌、掉块、溶洞、涌水、岩爆等不良地质现象。

## 2.4.5　原位测试

### 2.4.5.1　地应力测试

岩体地应力也称岩体初始应力、绝对应力或原岩应力,在工程界又称原地应力,其是
在天然状态下,存在于地层岩体内部中未受工程扰动的天然应力。岩体初始应力是三维
应力状态,一般为压应力。地应力场受埋深、构造运动、地形地貌、地壳剥蚀程度等多种因
素的影响。岩体地应力测试的目的,在于了解岩体存在的应力大小和方向,从而为确定隧
洞围岩力学性质,进行围岩稳定性分析,实现隧洞轴线方向、隧洞断面形状选择,支护及工
程开挖设计提供依据。

地应力测试方法可分为直接法和间接法两大类:直接法主要有平面千斤顶法、水压致
裂法、刚性包体应力计法和声发射法等;间接法主要有套孔应力解除法、局部应力解除法、
松弛应变测量法和地球物理探测法,其中套孔应力解除法是间接法发展较为成熟的一种。
工程上应用较多的方法是应力解除法、水压致裂法、应力恢复法(平面千斤顶法),其中水
压致裂法是钻孔内进行深部地应力测量较好的方法。

应力解除法又称套芯法,是在未经扰动的岩石中钻一个测量孔,将传感器放入测孔
内,然后在测孔外同心钻取岩芯,使岩芯与围岩脱离,岩芯上的应力被解除。20 世纪 50

年代以来,世界各国研制了各种用于应力解除法的测量传感器,大致有以下三类:钻孔位移传感器、钻孔应力传感器、钻孔应变传感器。

应力恢复法又称平面千斤顶法。将已解除了应力的岩石用平面液压千斤顶使其恢复到初始应力状态,这时从压力表上读出的液压千斤顶的压力就是岩石中的应力。

水压致裂法地应力测量是以弹性力学为基础,将水压致裂的力学模型简化为一个平面应变问题,通过理论计算和分析而获得一定范围内地应力的赋存规律和基本特征。首先,利用钻孔内封隔段压裂地应力测量的实测记录曲线进行分析,得到特征压力参数 $P_b$(临界破裂压力)、$P_r$(裂缝重新张开的压力)、$P_s$(瞬时关闭压力),再根据相应的理论计算公式,就可得到测点处的 $S_H$ 和 $S_h$(最大和最小水平主应力)量值及 $T_{hf}$(岩石的水压致裂抗张强度)等岩石力学参数。之后,用定向印模法即可进行裂缝方位的测定,以便确定最大水平主应力的方向。其次,根据地应力分布特征,结合隧洞围岩的力学参数,利用三维有限元法对工程隧洞区进行应力场模拟。最后,根据初始应力测量及三维计算结果进行综合分析研究,给出工程区地应力赋存规律和基本特征。

### 2.4.5.2　钻孔压水试验

在岩体内修建建筑物时,必须研究建筑物区及其影响范围内岩体的透水性。测定岩体透水性的方法有压水试验、注水试验、抽水试验等。其中,压水试验是最常用的在钻孔内进行的岩体原位渗透试验。具体做法是在钻进过程中或钻孔结束后,用栓塞将某一长度的孔段与其余孔段隔离开,用不同的压力向试段内送水,测定其相应的流量值,并据此计算岩体的透水率。压水试验成果主要用于评价岩体的渗透特性(透水率大小及其在不同压力下的变化趋势),并作为渗控设计的基本凭据。当条件简单时,也可用于渗漏计算。

1. 试验方法及试段长度

钻孔压水试验应随钻孔的加深自上而下地用单栓塞分段隔离进行。岩石完整、孔壁稳定的孔段,或有必要单独进行试验的孔段,可采用双栓塞分段进行。试段长度宜为 5 m。含断层破碎带、裂隙密集带、岩溶洞穴等的孔段,应根据具体情况确定试段长度。相邻试段应互相衔接,可少量重叠,但不能漏段。残留岩芯可计入试段长度之内。

2. 压力阶段与压力值

压水试验应按三级压力、五个阶段[即 $P_1—P_2—P_3—P_4(=P_2)—P_5(=P_1)$,$P_1<P_2<P_3$]。$P_1$、$P_2$、$P_3$ 三级压力分别为 0.3 MPa、0.6 MPa、1 MPa。当试段埋深较浅时,宜适当降低试段压力。试段压力的确定应遵守式(2-1)的规定:

$$P = P_p + P_z \tag{2-1}$$

式中:$P$ 为试段压力,MPa;$P_p$ 为压力计指示压力,MPa;$P_z$ 为压力计中心至压力计算零线的水柱压力,MPa。

当用安设在进水管上的压力计测压时,试验压力按式(2-2)计算:

$$P = P_p + P_z - P_s \tag{2-2}$$

式中:$P_s$ 为管路压力损失,MPa。

压力计算零线的确定应遵守下列规定:

(1)当地下水位在试段以下时,压力计算零线为通过试段中点的水平线。

（2）当地下水位在试段以内时，压力计算零线为通过地下水位以上试段中点的水平线。

（3）当地下水位在试段以上时，压力计算零线为地下水位线。

管路压力损失的确定应遵守下列规定：

（1）当工作管内径一致，且内壁粗糙度变化不大时，管路压力损失可用式（2-3）计算：

$$P_s = \lambda \frac{L_p}{d} \frac{v^2}{2g} \tag{2-3}$$

式中：$\lambda$ 为摩阻系数，$\lambda = 2\times10^{-4} \sim 4\times10^{-4}$ MPa/m；$L_p$ 为工作管长度，m；$d$ 为工作管内径，m；$v$ 为管内流速，m/s；$g$ 为重力加速度，取 9.8 m/s$^2$。

（2）当工作管内径不一致时，管路压力损失应根据实测资料确定。

3. 试验钻孔

压水试验钻孔的孔径宜为 59~150 mm。压水试验钻孔宜采用金刚石或合金钻进，不应使用泥浆等护壁材料钻进。在碳酸盐类地层钻进时，应选用合适的冲洗液。试验钻孔的套管管脚必须止水。在同一地点布置两个以上钻孔（孔距 10 m 以内）时，应先完成拟做压水试验的孔。

4. 试验用水与试验人员

试验用水应保持清洁，当水源的泥沙含量较多时，应采取沉淀措施。钻孔压水试验人员应经过专门培训，持证上岗。

5. 止水栓塞

止水栓塞应符合下列要求：栓塞长度不小于 8 倍钻孔直径；止水可靠、操作方便。宜采用水压式或气压式栓塞。

6. 供水设备

试验用的水泵应符合下列要求：工作可靠，压力稳定，出水均匀；在 1 MPa 压力下，流量能保持 100 L/min。水泵出口应安装容积大于 5 L 的稳定空气室，吸水龙头外应套有 1~2 层孔径小于 2 mm 的过滤网。吸水龙头至水池底部的距离不小于 0.3 m。供水调节阀门应灵活可靠、不漏水，且不宜与钻进共用。

7. 量测设备

测量压力的压力表和压力传感器应符合下列要求：压力表应反应灵敏，卸压后指针回零，量测范围应控制在极限压力值的 1/3~3/4；压力传感器的压力范围应大于试验压力。流量计应能在 1.5 MPa 压力下正常工作，量测范围应与水泵的出力相匹配，并能测定正向流量和反向流量。宜使用能测量压力和流量的自动记录仪进行压水试验。水位计应灵敏可靠，不受孔壁附着水或孔内滴水的影响，水位计的导线应经常检测。试验用的仪表应专门保管，不应与钻进共用，并定期检定。

8. 现场试验

现场试验工作应包括洗孔、下置栓塞隔离试验、水位测量、仪表安装、压力和流量观测等步骤。试验开始时，应对各种设备、仪表的性能和工作状态进行检查，发现问题立即处理。

洗孔应采用压力水法，洗孔时钻具应下到孔底，流量应达到水泵的最大出力。洗孔应至孔口回水清洁,肉眼观察无岩粉时方可结束,当孔口无回水时,洗孔时间不得少于15 min。

下栓塞前应对压力试验工作管进行检查,不得有破裂、弯曲、堵塞等现象,接头处应采取严格的止水措施。采用气压式或水压式栓塞,充气(水)压力应比最大试验压力 $P_3$ 大0.2~0.3 MPa,在试验过程中充气(水)压力应保持不变。栓塞应安设在岩石较完整的部位,定位应准确。当栓塞隔离无效时,应分析原因,采取移动栓塞、更换栓塞或灌制混凝土塞位等措施。移动栓塞时只能向上移,其范围不应超过上一次试验的塞位。

下栓塞前应首先观测 1 次孔内水位,试段隔离后,再观测工作管内水位。工作管内水位观测应每隔 5 min 进行 1 次。当水位下降速度连续 2 次均小于 5 cm/min 时,观测工作即可结束,用最后的观测结果确定压力计算零线。在工作管内水位观测过程中发现承压水时,应观测承压水位。当承压水位高出管口时,应进行压力和涌水量观测。

在向试段送水前,应打开排气阀,待排气阀连续出水后,再将其关闭。流量观测前应调整调节阀,使试段压力达到预定值并保持稳定。流量观测工作应每隔 1~2 min 进行 1次。当流量无持续增大趋势,且 5 次流量计数中最大值与最小值之差小于最终值的 10%,或最大值与最小值之差小于 1 L/min 时,本阶段试验即可结束,取最终值作为计算值。将试段压力调整到新的预定值,重复上述试验过程,直到完成该试验。在降压阶段,如出现水由岩体向孔内回流现象,应记录回流情况。在试验过程中,对附近受影响的露头、井、硐、孔、泉等应进行观测。在压水试验结束前,应检查原始记录是否齐全、正确,发现问题必须及时纠正。

9. 试验资料整理

试验资料整理应包括校核原始记录,绘制 P—Q 曲线,确定 P—Q 曲线类型和计算试段透水率等。绘制 P—Q 曲线时,应采用统一比例尺,即纵坐标(P 轴)1 mm 代表 0.01 MPa,横坐标(Q 轴)代表 1 L/min。曲线图上各点应标明序号,并依次用直线相连,升压阶段用实线,降压阶段用虚线。试段的 P—Q 曲线类型应根据升压阶段 P—Q 曲线的形状及降压阶段 P—Q 曲线与升压阶段 P—Q 曲线之间的关系确定。P—Q 曲线类型划分及曲线特点见图 2-1。

A(层流)型:升压曲线为通过原点的直线,降压曲线与升压曲线基本重合。

B(紊流)型:升压曲线凸向 Q 轴,降压曲线与升压曲线基本重合。

C(扩张)型:升压曲线凸向 P 轴,降压曲线与升压曲线基本重合。

D(冲蚀)型:升压曲线凸向 P 轴,降压曲线与升压曲线不重合,呈顺时针环状。

E(充填)型:升压曲线凸向 Q 轴,降压曲线与升压曲线不重合,呈逆时针环状。

试段透水率采用第三阶段的压力值($P_3$)和流量值($Q_3$)按式(2-4)计算,试段透水率取两位有效数字。

$$q = \frac{Q_3}{LP_3} \tag{2-4}$$

式中:q 为试段的透水率,Lu;L 为试段长度,m;$Q_3$ 为第三阶段的计算流量,L/min;$P_3$ 为第三阶段的试段压力,MPa。

当需要根据压水试验成果计算岩体渗透系数时,按式(2-5)计算:

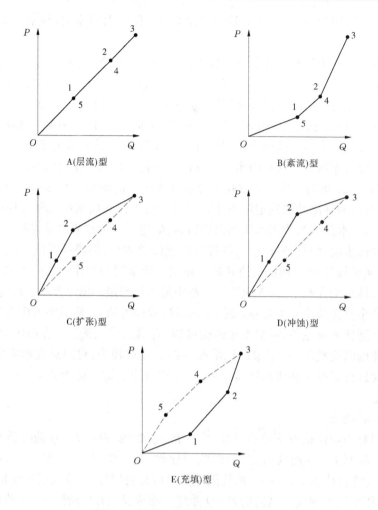

图 2-1　钻孔压水试验 $P$—$Q$ 曲线类型

$$K = \frac{Q}{2\pi HL}\ln\frac{L}{r_0}\qquad(2\text{-}5)$$

式中：$K$ 为岩体渗透系数，m/d；$Q$ 为压入流量，m³/d；$H$ 为试验水头，m；$L$ 为试段长度，m；$r_0$ 为钻孔半径，m。

### 2.4.5.3　地温测试

地球内部蕴藏着巨大的热能,这些热能通过火山爆发和地热泉的形式向地表散发。地温测量是地热学的一个应用分支,它是以地球内部介质的热物理性质为基础观测和研究地球内部各种热源形成的地热场随时间和空间的分布规律,从而解决有关地质问题的一种地球物理方法。

地温测量在地热调查中具有十分重要的意义,由于地温异常区的热量可以通过传导不断向地表扩散,测量地下一定深度的温度和天然热流量,便可以圈定热异常区,并大致推断地下水的分布范围。

　　地温测试是地温测量的一种方法,在大面积的地热勘察中,可以使用红外扫描的方法来圈定地热异常的范围,但区域或局部的地热调查,通常要在钻孔或浅孔中进行。钻孔测温使用的仪器主要有最高水银温度计、电阻温度计、半导体热敏电阻温度计等。它主要是利用这些地质温度测试仪测试孔中静止井液的温度,即同深度地层的地温。由于钻孔钻进过程中,原始岩体温度已受到钻探、井液或空气循环等技术活动的破坏,因此为使测得的地温梯度尽量接近于原始地温梯度,一般要求在终孔后相当一段时间(一般为数天至半月),待孔中气温和井壁岩层温度达到稳定平衡后,再进行地温测试,地温测试时采用自上而下方向进行,且 1 m 进行 1 次深度校正;温度探头放置到预定深度,稳定后开始采集。采集过程中温度变化较快的,需要多测量一段时间,待读取的温度稳定(变化量较小如 0.01 ℃/20 s)后,再进行下一个点的测试,直到进入孔底结束。此时井液中测量出的温度即为地温。

#### 2.4.5.4　钻孔光学成像

　　钻孔光学成像以视觉获取地下信息,具有直观性、真实性等优点,广泛应用于地质勘探和工程检测中。它可以用于定性地识别钻孔内的情况,还可以被用来定量地分析孔中的地质现象,同时可以用来准确地划分岩性,查明地质构造,确定软弱泥化夹层,检测断层、裂隙、破碎带,观察地下水活动状况等;在工程建设中可用来检查混凝土的浇筑质量、检查灌浆处理效果,协助地质力学试验及地质灾害的监测、检测,指导地下仪器设备的安装埋设,地下管道的检查探测,隧洞开挖的超前探测等。

　　钻孔光学成像系统的基本原理是在井下设备中采用了一种特殊的反射棱镜成像的CCD 光学耦合器件将钻孔孔壁图像以 360°全方位连续显现出来,利用计算机来控制图像的采集和图像的处理,实现模—数之间的转换。图像处理系统自动对孔壁图像进行采集、展开、拼接、记录并保存在计算机硬盘上,再以二维或三维的形式展示出来。即把从锥面反射镜拍摄下来的环状图像转换为孔壁展开图或柱面图(见图 2-2)。

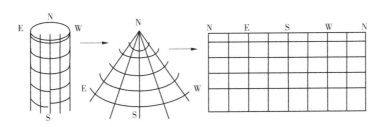

图 2-2　孔壁图像变换示意图

#### 2.4.5.5　钻孔波速测试

1.方法原理

　　振动在岩土体中传播形成弹性波,弹性波主要有纵波、横波、瑞利波和乐夫波,前两种波属体波,后两种波属面波。

　　纵波又称为压缩波(P 波)。纵波由介质的拉压变形产生,质点的振动方向和传播方向一致。横波又称剪切波(S 波),质点的振动方向和波的传播方向垂直,当质点振动平面与弹性半空间体自由表面平行时,称为 SH 波;当质点振动平面与弹性半空间体自由表面垂直时,称为 SV 波。

由弹性力学理论可知,纵波、横波、瑞利波在岩土体中的传播速度与地基土的动弹性模量、动剪切模量、动泊松比之间存在如下关系:

$$V_P = \sqrt{E_d(1-\mu)/\rho(1+\mu)(1-2\mu)}$$
$$= \sqrt{2G_d(1-\mu)/\rho(1-2\mu)} \qquad (2\text{-}6)$$
$$V_S = \sqrt{E_d/2\rho(1+\mu)} = \sqrt{G_d/\rho} \qquad (2\text{-}7)$$
$$G_d = \rho V_S^2 \qquad (2\text{-}8)$$
$$E_d = 2(1+\mu)\rho V_S^2 \qquad (2\text{-}9)$$
$$V_S = V_R/\eta_S \qquad (2\text{-}10)$$
$$\eta_S = (0.87+1.12\mu)/(1+\mu) \qquad (2\text{-}11)$$

式中:$V_P$ 为纵波(压缩波)波速,m/s;$V_S$ 为横波(剪切波)波速,m/s;$V_R$ 为瑞利波波速,m/s;$G_d$ 为动剪切模量,kPa;$E_d$ 为动弹性模量,kPa;$\rho$ 为岩土体的质量密度,t/m³;$\mu$ 为岩土体的动泊松比;$\eta_S$ 为与泊松比有关的系数。

单孔波速测试是在一个垂直钻孔中进行波速测试的方法,按激振和检波器在钻孔中所处的位置不同,单孔法又可分为四种:地表激发,孔中接收(下孔法);孔中激发,地表接收(上孔法);孔中激发,孔中接收;孔中激发,孔底接收。

对于深埋隧洞钻孔,由于钻孔较深,一般采用孔中激发,孔中接收的方法。单孔声波测试采用单发双收装置,两接收换能器固定间隔为 20 cm,测点间隔设置为 20 cm,逐点测试,现场工作如图 2-3 所示。测试时由发射换能器发射的超声波,经介质水沿孔中最佳路径传播,先后到达两接收换能器,波形分别被仪器记录。

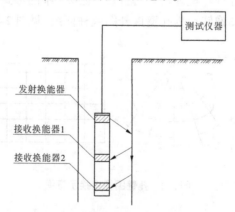

图 2-3 单孔声波测试示意图

2. 现场检测技术措施

(1)测试开始前检查仪器的参数设置,正确设置文件名,做好检测记录。

(2)检查换能器电缆深度标识是否准确明显。

(3)使用直径和重量略大于换能器的模拟探头对测试孔进行探孔,预防测试过程中出现卡孔现象。

（4）测试前，往孔中注满水，以水为耦合进行测试，保证接收信号清晰。

（5）准确放置一发双收换能器，并记录检测点距孔口的深度。

（6）测试点距 0.20 m，每测试 1.00 m 进行深度校对。

（7）检查观测不少于总量的 10%，对不合格的测点记录要立即进行复测。

#### 2.4.5.6　电阻率测井

电阻率测井是利用地层之间的导电性差异划分地质单元的，岩石电阻率反映的是岩石自身的导电能力，由岩石的矿物构成、孔隙率、含水率、连通性等所决定，因此通过电阻率测井可以反映各岩层之间的岩性、含水率等的差异。

岩层的导电能力大小或岩层的电阻率，只有当电流通过它的时候，才能表现出来。测井探管 A、B 电极向地层中供电，研究在一定供电电流情况下电场的分布问题，然后根据电场与电阻率的关系确定岩层电阻率，并划分出不同电阻率地层。M、N 是测量电极，当岩层电阻率变化时，由供电电极 A 和 B 在 M 和 N 处造成的电场也必然变化。反过来，也就可以根据电场的变化推断出岩层电阻率的变化。

从电极系列的组合和摆布来看，普通电极系有如下特点：

（1）三个电极布置在孔中，另一个是在地面上。

（2）电极间距小，勘察范围也小。

（3）近似于在全空间中测量。

（4）解释优于地面电阻率法。

普通电极系主要包括以下 2 个部分：

（1）供电部分。直流电源、变阻箱、换向器、导线及供电电极（A、B）。其中 B 极为无穷远极，供电后电流从 A 极流出，经过泥浆、地层，返回地面流向 B 极，构成电流回路，供电后保持电流强度不变。

（2）测量部分。电压表、测程电阻、换向器和测量电极（M、N）等。电流在岩石中产生的电场，随岩石或地层电阻率的不同而不同，测量岩石或地层中电场的分布就能了解岩石或地层电阻率的情况。测得 M、N 之间的电位差（$V_{MN}$），该电位差通过电缆送到地面，经换向器恢复成电压，最后记录的是随深度变化的视电阻率曲线。

放入井中的几个电极（A、M、N 或 A、B、M）组成所谓电极系。电极系通过电缆与地面上的电源和记录仪相连接。当电极系在钻井内移动时（通常是在提升的过程中测量），就可以记录出连续的电阻率测井曲线。

岩石和矿石的电阻率值随温度和压力的变化规律与矿物组分和结构构造有关。电阻率一般随温度升高而下降；随压力的变化趋势常因岩石种类而异。拉长形矿物呈定向排列的岩石、矿石和层状岩层，其电阻率值常显现各向异性。电流平行于矿物的拉长方向或岩层层面时所测定的电阻率值 $\rho_t$，常小于电流垂直于矿物的拉长方向或岩层层面时所测定的电阻率值 $\rho_n$。常见岩石和矿物电阻率值见表 2-3。

表 2-3　常见岩石和矿物的电阻率

| 类别 | 名称 | 电阻率 $\rho(\Omega \cdot m)$ | 名称 | 电阻率 $\rho(\Omega \cdot m)$ |
|---|---|---|---|---|
| 松散层 | 黏土 | $1 \sim 2 \times 10^2$ | 亚黏土含砾石 | $8 \times 10 \sim 2.4 \times 10^2$ |
| | 含水黏土 | $2 \times 10^{-1} \sim 1 \times 10$ | 卵石 | $3 \times 10^2 \sim 6 \times 10^3$ |
| | 亚黏土 | $1 \times 10 \sim 1 \times 10^2$ | 含水卵石 | $1 \times 10^2 \sim 8 \times 10^2$ |
| | 砾石加黏土 | $2.2 \times 10^2 \sim 7 \times 10^3$ | — | — |
| 沉积岩 | 泥质页岩 | $6 \times 10 \sim 1 \times 10^3$ | 泥灰岩 | $1 \times 10 \sim 1 \times 10^2$ |
| | 砂岩 | $1 \times 10 \sim 1 \times 10^3$ | 白云岩 | $5 \times 10 \sim 6 \times 10^3$ |
| | 泥岩 | $1 \times 10 \sim 1 \times 10^2$ | 破碎含水白云岩 | $1.7 \times 10^2 \sim 6 \times 10^3$ |
| | 砾岩 | $1 \times 10 \sim 1 \times 10^4$ | 硬石膏 | $1 \times 10^4 \sim 1 \times 10^6$ |
| | 石灰岩 | $6 \times 10^2 \sim 6 \times 10^3$ | 岩盐 | $1 \times 10^4 \sim 1 \times 10^6$ |
| 变质岩 | 片麻岩 | $6 \times 10^2 \sim 1 \times 10^4$ | 片岩 | $2 \times 10^2 \sim 5 \times 10^4$ |
| | 大理岩 | $1 \times 10^2 \sim 1 \times 10^5$ | 板岩 | $1 \times 10 \sim 1 \times 10^2$ |
| | 石英岩 | $2 \times 10^2 \sim 1 \times 10^5$ | — | — |
| 岩浆岩 | 花岗岩 | $6 \times 10^2 \sim 1 \times 10^5$ | 辉绿岩 | $1 \times 10^2 \sim 1 \times 10^5$ |
| | 正长岩 | $1 \times 10^2 \sim 1 \times 10^5$ | 辉长岩 | $1 \times 10^2 \sim 1 \times 10^5$ |
| | 闪长岩 | $1 \times 10^2 \sim 1 \times 10^5$ | 玄武岩 | $5 \times 10 \sim 1 \times 10^5$ |

### 2.4.5.7　岩石回弹测试

回弹试验使用回弹仪进行,回弹仪是一种可携带的简便测定岩石和混凝土表面硬度的仪器,国外称施密特锤(Schmidt Hammer)。其体积小,质量轻,操作方便,工作条件要求不高。在水利水电工程各勘测阶段,野外或室内均可使用,并能直接获得工程区内普遍性的大量测试成果,为评价工程地质条件提供定量参数。

回弹仪是地质人员可随身携带的代锤工具,能测得各类岩石(体)的表面硬度,尤其对软弱、破碎、风化岩石及裂隙面也可进行原位测试。取得回弹值可直接作为岩石(体)强度的分级指标,还可通过经验关系公式换算求得岩石的抗压强度和变形模量等力学参数。缪勒(奥地利)1965 年通过大量试验资料建立了岩石表面的回弹值与岩石单轴抗压强度之间的相关线和相关经验公式,见式(2-12):

$$\lg R_c = 0.000\,88rN + 1.01 \qquad (2\text{-}12)$$

式中:$N$ 为回弹值;$r$ 为岩石的干容重,$kN/m^3$;$R_c$ 为岩石单轴抗压强度,MPa。

该式适用范围在抗压强度 20~300 MPa,相当于 $N$ 为 10~60 的岩石(体),其可信度达 75% 以上。回弹测试在日本得到了广泛的应用。如菊地宏吉、斋藤和雄为评定岩体的承载性,把回弹值划分为>36、36~27、27~15 及<15 等几级,作为块状岩体的分级标准,并总结出回弹值与变形模量的关系,见式(2-13)。

$$\lg E_0 = 0.043\,1N + 3.114\,7 \qquad (2\text{-}13)$$

式中：$E_0$ 为变形模量，MPa。

回弹仪通过弹性加荷杆冲击岩石表面，其冲击能量的一部分转化为使岩石产生塑性变形的功，而另一部分能量则是冲击杆的回弹距离——回弹值。岩石的表面硬度不同，其回弹值亦不相同，回弹值越大，表明岩石表面硬度越大，其抗塑性变形能力越强。国际通用的回弹仪型号有 3 种，L 型、N 型、M 型，其锤击能量比为 1∶3∶40。L 型：轻型，可供轻质建筑材料和一般岩石测强度之用；N 型：中型，可供一般混凝土构件测强度之用，也可用于坚硬岩石测强度之用；M 型：重型，可供大型、重型混凝土构件测强度之用。一般岩石(体)强度测试常用的是 L 型回弹仪。

回弹测试时试件应尽可能利用规则岩块或钻孔岩芯，直径应在 50 mm 以上，岩芯长度应大于 10 cm。试件的支垫、岩芯须支承在专用的与岩芯相同半径的半圆槽支座或 V 型钢块中做试验，夹持在质量至少为 20 kg 的钢座上。因重力对回弹仪冲击杆的作用，当回弹仪垂直向下冲击时，其回弹值最小，向上冲击时回弹值最大，最好统一按水平方向冲击，非水平方向按不同倾斜度对成果进行修正。

野外测试时，应在了解现场地质条件和掌握已有的岩石物理力学性质的基础上，圈定量测回弹值的层位及范围，选择锤击平面。一般取岩块，清除测点表面的岩粉和泥沙等杂物。

回弹值计算时，将测得 10 个回弹值数据按递降排列，舍掉后一半小值，在前一半大值中求得平均值。国内目前常用方法是每个测点锤击 16 次，舍弃最大与最小值各 3 次，用剩下 10 次数据取平均值。

## 2.4.6　室内试验

深埋长隧洞一般为岩石隧洞，因此室内试验多为岩石试验和水质试验。岩石的物理力学指标是评价隧洞围岩稳定性、确定隧洞支护和衬砌形式、评价 TBM 掘进效率的重要依据。岩石试验项目一般包括岩石的密度、孔隙率、吸水率、饱和吸水率、抗压强度、抗拉强度、静弹性模量、动弹性模量、泊松比、纵波波速、弹性抗力系数、凝聚力、内摩擦角等。

### 2.4.6.1　岩石单轴抗压强度试验

试件可用钻孔岩芯的岩块制取。试验在采取、运输和制备过程中，应避免产生裂缝。对于各向异性的岩石，应按要求的方向制取试件。试件尺寸应符合下列要求：圆柱形直径宜为 48~54 mm；含大颗粒的岩石，试件的直径应大于岩石中最大颗粒直径的 10 倍；试件高度与直径之比宜为 2.0~2.5。试件精度应符合下列要求：试件两端面不平行度误差不应大于 0.05 mm；沿试件高度，直径的误差不应大于 0.3 mm；端面应垂直于试件轴线，最大偏差不应大于 0.25°。

试件含水状态可根据需要选择天然含水状态、烘干状态、饱和状态或其他含水状态，同一含水状态和同一加压方向下，每组试验试件的数量为 3 个。

主要仪器设备应包括下列各项：钻石机、切石机、磨石机、车床等；测量平台；烘箱、干燥器和设备；材料试验机；游标卡尺，量程 200 mm，最小分度值 0.02 mm。

试验应按下列步骤进行：将试件置于试验机承压板中心，调整球形座，使试件两端面与试验机上下压板接触均匀；以每秒 0.5~1.0 MPa 的速率加载直至破坏，记录破坏载荷及加载过程中出现的现象;记录加载过程及破坏时出现的现象,并对破坏后的试件进行描述。

按式(2-14)计算岩石单轴抗压强度,计算值取 3 位有效数字。

$$\sigma_{c} = \frac{P}{A} \tag{2-14}$$

式中:$\sigma_c$ 为岩石单轴抗压强度,MPa;$P$ 为最大破坏载荷,N;$A$ 为垂直于加载方向的试样横截面面积,$mm^2$。

单轴抗压强度试验记录应包括工程名称、取样位置、试件编号、试件描述、含水状态、受力方向、试件尺寸、破坏载荷。

### 2.4.6.2　单轴压缩变形试验

试验采用电阻应变片或千分表法,适用于能制成规则试件的各类岩石。试件应符合单轴抗压强度试验的要求。

主要仪器设备应包括下列各项:静态电阻应变仪;惠斯顿电桥、兆欧表、万用电表;电阻应变片、千(百)分表;千分表架、磁性表架。

电阻应变片法试验应按下列步骤进行:选择电阻应变片时,应变片阻栅长度应大于岩石最大矿物颗粒直径的 10 倍,并应小于试件半径;同一试件所选定的工作片与补偿片的规格、灵敏系数等应相同,电阻值允许误差为±0.2 Ω;贴片位置应选择在试件中部相互垂直的两对称部位,以相对面为一组,分别粘贴轴向、径向应变片,并应避开裂隙或斑晶;贴片位置应打磨平整光滑,并用清洗液清洗干净。各种含水状态的试件,应在贴片位置的表面均匀地涂一层防底潮胶液,厚度不宜大于 0.1 mm,范围应大于应变片;应变片应牢固粘贴在试件上,轴向或径向应变片的数量不应少于 2 片,其绝缘电阻值应大于 200 MΩ;在焊接导线后,可在应变片上做防潮处理;将试件置于试验机承压板中心,调整球形座,使试件受力均匀,并测初始读数;加载采用一次连续加载法。以每秒 0.5~1.0 MPa 的速率加载,逐级测读载荷与各应变片应变值,直至试件破坏,记录破坏载荷。测值不宜少于 10 组。记录加载过程及破坏时出现的现象,并对破坏后的试件进行描述。

千分表法试验应按下列步骤进行:千分表架应固定在试件预定的标距上,在表架上的对称部位分别安装量测试件轴向或径向变形的千分表;对于产生较大变形的试件,应将试件置于试验机承压板中心,将磁性表架对称安装在下承压板上,量测试件轴向变形的测表表头直接与上承压板接触,量测试件径向变形的测表表头直接与试件中间表面接触。轴向测表和径向测表应分别安装在试件直径方向的对称位置上;量测轴向或径向变形测表不应少于 2 只。

按式(2-15)计算各级应力:

$$\sigma = \frac{P}{A} \tag{2-15}$$

式中:$\sigma$ 为各级应力,MPa;$P$ 为与所测各组应变值相应的载荷,N。

按式(2-16)、式(2-17)计算千分表法轴向应变值与径向应变值:

$$\varepsilon_{1} = \frac{\Delta L}{L} \tag{2-16}$$

$$\varepsilon_2 = \frac{\Delta D}{D} \qquad (2\text{-}17)$$

式中：$\varepsilon_1$ 为各级应力的轴向应变值；$\varepsilon_2$ 为与 $\varepsilon_1$ 同应力的径向应变值；$\Delta L$ 为各级载荷下的轴向变形平均值，mm；$\Delta D$ 为与 $\Delta L$ 同载荷下径向变形平均值，mm；$L$ 为轴向测量标距或试件高度，mm；$D$ 为试件直径，mm。

按下列公式计算岩石平均弹性模量和岩石平均泊松比：

$$E_{av} = \frac{\sigma_b - \sigma_a}{\varepsilon_{1b} - \varepsilon_{1a}} \qquad (2\text{-}18)$$

$$\mu_{av} = \frac{\varepsilon_{db} - \varepsilon_{da}}{\varepsilon_{1b} - \varepsilon_{1a}} \qquad (2\text{-}19)$$

式中：$E_{av}$ 为岩石平均弹性模量，MPa；$\mu_{av}$ 为岩石平均泊松比；$\sigma_a$ 为应力与轴向应变关系曲线上直线段始点的应力值，MPa；$\sigma_b$ 为应力与轴向应变关系曲线上直线段终点的应力值，MPa；$\varepsilon_{1a}$ 为应力为 $\sigma_a$ 时的轴向应变值；$\varepsilon_{1b}$ 为应力为 $\sigma_b$ 时的轴向应变值；$\varepsilon_{da}$ 为应力为 $\sigma_a$ 时的径向应变值；$\varepsilon_{db}$ 为应力为 $\sigma_b$ 时的径向应变值。

按下列公式计算岩石割线弹性模量及相应的岩石泊松比：

$$E_{50} = \frac{\sigma_{50}}{\varepsilon_{150}} \qquad (2\text{-}20)$$

$$\mu_{50} = \frac{\varepsilon_{d50}}{\varepsilon_{150}} \qquad (2\text{-}21)$$

式中：$E_{50}$ 为岩石割线弹性模量，MPa；$\mu_{50}$ 为岩石泊松比；$\sigma_{50}$ 为相当于岩石单轴抗压强度 50% 时的应力值，MPa；$\varepsilon_{150}$ 为应力为 $\sigma_{50}$ 时的轴向应变值；$\varepsilon_{d50}$ 为应力为 $\sigma_{50}$ 时的径向应变值。

岩石弹性模量取 3 位有效数字，泊松比计算值精确至 0.01。单轴压缩变形试验记录应包括工程名称、取样位置、试件编号、试件描述、试件尺寸、含水状态、受力方向、试验方法、各级载荷下的应力及轴向和径向变形值或应变值、破坏载荷。

### 2.4.6.3 岩石三轴试验

试验采用等侧向压力，适用于能制成圆柱形试件的各类岩石。试件应符合下列要求：圆柱形试件直径应为试验机承压板直径的 0.98~1.00；试件高度与直径之比宜为 2.0~2.5；同一含水状态和同一加压方向下，每组试件的数量为 5 个。

主要仪器设备应包括下列各项：钻石机、切石机、磨石机、车床等；测量平台；三轴试验机；游标卡尺，量程 300 mm，最小分度值 0.02 mm。

试验应按下列步骤进行：各试件施加的侧压力可按等差级数或等比级数进行选择，最大侧压力应根据工程需要和岩石特性确定；根据三轴试验机要求安装试件和轴向变形测表，试件应采用防油措施；以每秒 0.05 MPa 的加载速度同步施加侧向压力和轴向压力至预定的侧压力值，记录试件轴向变形值并作为初始值，应使侧向压力在试验过程中始终保持为常数；加载采用一次连续加载法，以每秒 0.5~1.0 MPa 的加载速率施加轴向载荷，逐级测读轴向载荷及轴向变形，直至试件破坏，记录破坏载荷，测值不宜少于 10 组；应对破坏后的试件进行描述，进行其余试件在不同侧压力下的试验。

按下列公式计算不同侧压条件下破坏载荷时的最大主应力：

$$\sigma_1 = \frac{P}{A} \qquad (2-22)$$

式中：$\sigma_1$ 为不同侧压条件下破坏载荷时的最大主应力，MPa；$P$ 为不同侧压条件下的试件轴向破坏载荷，N；$A$ 为垂直于加载方向的试样横截面面积，$mm^2$。

根据计算的最大主应力 $\sigma_1$ 及相应施工加的侧向压力 $\sigma_3$，在 $\tau—\sigma$ 坐标图上绘制莫尔应力圆，根据莫尔–库仑强度准则确定岩石在三向应力状态下的抗剪强度参数、摩擦系数 $f$ 和黏聚力 $c$ 值。

抗剪强度参数也可采用下述方法予以确定。在以 $\sigma_1$ 为纵坐标和 $\sigma_3$ 为横坐标图上，根据各试件的 $\sigma_1$、$\sigma_3$ 值，点绘出各试件的坐标点，并建立下列线性方程：

$$\sigma_1 = F\sigma_3 + R \qquad (2-23)$$

式中：$F$ 为 $\sigma_1$、$\sigma_3$ 关系曲线的斜率；$R$ 为 $\sigma_1$、$\sigma_3$ 关系曲线在 $\sigma_1$ 轴上的截距，等同于试件的单轴抗压强度，MPa。

根据参数 $F$、$R$，按下列公式计算莫尔–库仑强度准则参数：

$$f = \frac{F-1}{2\sqrt{F}} \qquad (2-24)$$

$$c = \frac{R}{2\sqrt{F}} \qquad (2-25)$$

岩石三向应力状态下的应变按下式计算，绘制（$\sigma_1$、$\sigma_3$）与轴向应变关系曲线。

$$\varepsilon_1 = \frac{\Delta L}{L} \qquad (2-26)$$

式中：$\varepsilon_1$ 为各级应力的轴向应变值；$\Delta L$ 为各级载荷下的轴向变形平均值，mm；$L$ 为轴向测量标距或试件高度，mm。

岩石三轴试验记录应包括工程名称、取样位置、试件编号、试件描述、试件尺寸、含水状态、受力方向、各侧压力下的各级轴向载荷及轴向变形、破坏载荷。

#### 2.4.6.4　劈裂法抗拉强度试验

劈裂法抗拉强度试验适用于能制成规则试件的各类岩石。试件应采用圆柱体，直径宜为 48~54 mm，厚度宜为直径的 0.5~1.0。试件的厚度应大于岩石中最大颗粒直径的 10 倍。

试验应按下列步骤进行：根据要求的劈裂方向，通过试件直径的两端，沿轴线方向画两条相互平行的加载基线，将 2 根垫条沿加载基线固定。垫条可根据试件岩性选择直径为 1 mm 的钢丝垫条，或宽度与试件直径之比为 0.08~0.10 的胶板垫条；将试件置于试验机承压板中心，调整球形座，使试件均匀受力，并使垫条与试件在同一加载轴线上；以每秒 0.3~0.5 MPa 的速率加载直到破坏，软质岩宜适当降低加载速率；记录破坏载荷及加载过程中出现的现象，并对破坏后的试件进行描述。

按下列公式计算岩石抗拉强度：

$$\sigma_t = \frac{2P}{\pi Dh} \qquad (2-27)$$

式中：$\sigma_t$ 为岩石抗拉强度，MPa；$D$ 为试件直径，mm；$h$ 为试件厚度，mm。

劈裂法抗拉强度试验的记录应包括工程名称、取样位置、试件编号、试件描述、试件尺寸、含水状态、受力方向、破坏载荷。

### 2.4.6.5　轴向拉伸法抗拉强度试验

轴向拉伸法适用于能制成规则试件的各类岩石。试验应按下列步骤进行：选择适用于试件烘干状态和含水状态的高强度黏结胶；试件与夹具胶结前，应将试件端面与夹具用清洗剂清洗干净，然后将黏结胶均匀地涂在两者的面上，施加压力，使试件与夹具结合紧密，根据黏结胶要求进行养护；胶结时，应严格对准中心，使试件与夹具保持在同一轴线上，其偏差不应超过 0.5 mm；试件安装时，用试验机的夹头直接夹持夹具，使试件与试验机拉力方向处于同一轴线上；以每秒 0.3~0.5 MPa 的速率加载直到破坏，软质岩宜适当降低加载速率；记录破坏载荷及加载过程中的现象，并对破坏后的试件进行描述。

按下列公式计算岩石抗拉强度：

$$\sigma_t = \frac{P}{A} \tag{2-28}$$

轴向拉伸法抗拉强度试验记录应包括工程名称、取样位置、试件编号、试件描述、试件尺寸、含水状态、受力方向、破坏载荷。

### 2.4.6.6　直剪试验

直剪试验包括岩石、岩石结构面及混凝土与岩石接触面直剪试验，适用于各类岩石，直剪试验采用平推法。

试样应在现场采取，在采取、运输、储存和制备过程中，应防止产生裂隙和扰动。岩石直剪试验的试件可采用立方体或圆柱体。立方体试件的边长不宜小于 150 mm，圆柱体试件的直径不宜小于 150 mm，试件高度不应小于直径。

混凝土与岩石黏结面直剪试验的试件应符合下列要求：试件宜为正方体，边长不应小于 150 mm，黏结面应位于试件中部；试件剪切面的超伏差宜为边长的 1%~2%；混凝土骨料的最大粒径不应大于边长的 1/6；在岩石试件上浇灌混凝土，其尺寸应与岩石试件尺寸相等；配制混凝土的材料及配合比应根据要求确定；在浇灌混凝土的同时，应制备标准混凝土试件 3 块；将制备好的试件置于室内进行养护，在达到规定的龄期强度后进行试验；试验的含水状态可根据需要采用天然含水状态和饱和状态；每组试件的数量为 5 个。

主要仪器设备应包括试件制备设备、试件饱和与养护设备、直剪试验仪、位移测表。

试件安装应符合下列规定：根据直剪试验仪的要求，安装试件和加载设备；将试件置于直剪仪的剪切盒内，试件与剪切盒内壁的间隙用填料填实，使其成为一个整体，预定剪切面应位于剪切缝中部，试件受剪方向应与预定受力方向一致；安装试件时，法向载荷和剪切载荷的作用方向应通过预定剪切面的几何中心，法向位移测表和剪切位移测表应对称布置，各测表数量不宜少于两只。预留剪切缝宽度为试件剪切方向长度的 5%，或为结构面的厚度。

法向载荷施加应符合下列规定：在施加法向载荷前，测读各位移测表的初始值，每 10 min 测读一次，各个测表三次读数差值不超过 0.02 mm 时，可施加法向载荷；在每个试件上分别施加不同的法向载荷，所施加的法向应力最大值不宜小于预定的法向应力，各试件的法向应力,宜等分施加;对于岩石结构面中含有充填物的试件,最大法向应力以不挤出充填物为宜;对于不需要固结的试件,法向载荷可一次施加完毕,测读法向位移,5 min 后再测读一次,即可施加剪切载荷;对于需要固结试件,宜按充填物的性质和厚度分 1~3 级施加,在法向载荷施加完毕后的第一小时内,每隔 15 min 读数一次,然后 30 min 读数一次,当各个测表每小时法向位移不超过 0.05 mm 时,即认为固结稳定,可施加剪切载荷;剪切过程中,应使法向载荷始终保持为常数。

剪切载荷施加应符合下列规定:测读各位移测表读数,必要时调整测表读数,根据需要,调整剪切千斤顶位置;按预估最大剪切载荷,宜为 8~12 级施加,每级载荷施加后,即测读剪切位移和法向位移,5 min 后再读一次,即可施加下一级剪切载荷直至破坏,当剪切位移量大时,可适当加密剪切载荷分级;试件破坏后,应继续施加剪切载荷,直至测出趋于稳定的剪切载荷值。

试验结束后,应对试件剪切面进行描述:准确量测剪切面,确定有效剪切面积;记录剪切面的破坏情况,擦痕的分布、方向和长度;测定剪切面的起伏差,绘制沿剪切方向断面高度的变化曲线;当结构面内有充填物时,应准确判断剪切面的位置,并记述其组成成分、性质、厚度、结构构造、含水状态,根据需要,测定充填物的物理性质和黏土矿物成分。

按下列公式计算各法向载荷下的法向应力和剪应力:

$$\sigma = \frac{P}{A} \tag{2-29}$$

$$\tau = \frac{Q}{A} \tag{2-30}$$

式中:$\sigma$ 为作用于剪切面上的法向应力,MPa;$\tau$ 为作用于剪切面上的剪应力,MPa;$P$ 为作用于剪切面上的法向载荷,N;$Q$ 为作用于剪切面上的剪切载荷,N;$A$ 为剪切面上的有效剪切面积,$mm^2$。

绘制各法向应力下的剪应力与剪切位移及法向位移关系曲线,根据曲线确定各剪切阶段特征点的剪应力。根据各剪切阶段特征点的剪应力和法向应力关系曲线,按库仑-奈维表达式确定相应的岩石抗剪强度参数。

直剪试验记录应包括工程名称、取样位置、试件编号、试件描述、含水状态、混凝土配合比和强度等级、剪切面积、各法向载荷下各级剪切载荷时的法向位移及剪切位移、剪切面描述。

### 2.4.6.7　点荷载强度试验

点荷载强度试验适用于各类岩石,试件可采用钻孔岩芯或从岩石露头、勘探坑槽和洞室中采取岩块。试件在采取和制备过程中,应避免产生裂缝。试件尺寸应符合下列规定:做径向试验的岩芯试件,长度与直径之比应大于 1.0,做轴向试验的岩芯试件,长度与直径之比宜为 0.3~1.0;方块体或不规则体试件,其尺寸宜为(50±35) mm,两加载点间距与加载处平均宽度之比宜为 0.3~1.0。

试件含水状态可根据需要选择天然含水状态、烘干状态、饱和状态或其他含水状态;同一含水状态下和同一加载方向下的岩芯试件数量每组不应少于 10 个,方块体或不规则块体试件数量每组不应少于 20 个。

主要仪器设备应包括下列各项:点荷载试验仪;游标卡尺,量程 200 mm,最小分度值 0.02 mm。

试验应按下列步骤进行:径向试验时,将岩芯试件放入球端圆锥之间,使上下锥端与试件直径两端紧密接触,量测加载点间距,加载点距试件自由端的最小距离应不小于加载两点间距的 0.5;轴向试验时,将岩芯试件放入球端圆锥之间,加载方向应垂直试件两端面,宜使上下锥端连线通过岩芯试件中截面的圆心处并与试件紧密接触,量测加载点间距及垂直于加载方向的试件宽度;方块体与不规则块体试验时,选择试件最小尺寸方向为加载方向,将试件放入球端圆锥之间,使下锥端位于试件中心处并与试件紧密接触,量测加载点间距及通过两加载点最小截面的宽度或平均宽度,加载点距试件自由端的距离不应小于加载两点间距的 0.5;稳定地施加载荷,使试件在 10~60 s 内破坏,记录破坏载荷;试验结束后,应描述试件的破坏形态,破坏面贯穿整个试件并通过两加载点为有效试验。

按下列公式计算岩石点荷载强度:

$$I_s = \frac{P}{D_e^2} \tag{2-31}$$

式中:$I_s$ 为未经修正的岩石点荷载强度,MPa;$P$ 为破坏载荷,N;$D_e$ 为等价岩芯直径,mm。

径向试验时,应按下列公式计算等价岩芯直径:

$$D_e^2 = D'^2 \tag{2-32}$$

$$D_e^2 = DD' \tag{2-33}$$

式中:$D$ 为加载点间距,mm;$D'$ 为上下锥端发生贯入后试件破坏瞬间的加载点间距,mm。

轴向、方块体或不规则块体试验时,应按下列公式计算等价岩芯直径:

$$D_e^2 = \frac{4WD}{\pi} \tag{2-34}$$

$$D_e^2 = \frac{4WD'}{\pi} \tag{2-35}$$

式中:$W$ 为通过两加载点最小截面的宽度或平均宽度,mm。

当等价岩芯直径不为 50 mm 时,应对计算值进行修正;当其试验数据较多,且同一组试件中的等价岩芯直径具有多种尺寸而不等于 50 mm 时,应根据试验结果,绘制 $D_e^2$ 与破坏载荷 $P$ 的关系曲线,并在曲线上查找 $D_e$ 为 2 500 mm² 时对应的 $P_{50}$ 值,按下式计算岩石点荷载强度指数:

$$I_{s(50)} = \frac{P_{50}}{2\ 500} \tag{2-36}$$

式中:$I_{s(50)}$ 为等价岩芯直径为 50 mm 的岩石点荷载强度指数,MPa;$P_{50}$ 为根据 $D_e^2$、$P$ 关系曲线求得的 $D_e^2$ 为 2 500 mm² 时的 $P$ 值,N。

当等价岩芯直径不是 50 mm,且试验数据较少时,应按下列公式计算岩石点荷载强度指数:

$$I_{s(50)} = FI_s \tag{2-37}$$

$$F = \left(\frac{D_e}{50}\right)^m \qquad\qquad (2\text{-}38)$$

式中：$F$ 为修正系数；$m$ 为修正指数，由同类岩石的经验值确定。

按下列公式计算岩石点荷载强度各向异性指数：

$$I_{a(50)} = \frac{I'_{s(50)}}{I''_{s(50)}} \qquad\qquad (2\text{-}39)$$

式中：$I_{a(50)}$ 为岩石点荷载强度各向异性指数；$I'_{s(50)}$ 为垂直于弱面的岩石点荷载强度指数，MPa；$I''_{s(50)}$ 为平行于弱面的岩石点荷载强度指数，MPa。

计算垂直和平行弱面岩石点荷载强度指数应取平均值。平均值的计算：当一组有效的试验数据不超过 10 个时，应舍去最高值和最低值，再计算其余数据的平均值；当一组有效的试验数据超个 10 个时，可舍去前两个高值和后两个低值，再计算其余数据的平均值。

点荷载强度试验记录应包括工程名称、取样位置、试件编号、试件描述、含水状态、试验类型、试件尺寸、破坏载荷。

## 2.4.7　工程地质遥感

### 2.4.7.1　遥感的基本概念

遥感是不直接接触目标物或现象而收集信息，通过对信息的分析、研究，确定目标物的属性或目标物之间的相互关系。它是根据电磁辐射的理论，应用现代技术中的各种探测器，对远距离目标辐射来的电磁波信息进行接收的一种技术。

从地面到高空的各种对地球、天体观测的综合性技术系统称为遥感技术。它通过信号传递到地面接收站加工处理成图像或数据（遥感资料）来探测、识别目标物。遥感图像解译是根据人们对客观事物所掌握的解译标志和实践经验，通过各种手段和方法，对图像进行分析，达到识别目标物的属性和含义的过程。利用地质学、工程地质学等知识来识别与工程建设有关的地形地貌、地层岩性、地质构造、不良地质作用、水文地质条件等地质作用或地质现象的过程，称为遥感图像的工程地质解译。

### 2.4.7.2　遥感的类型

1. 根据遥感的运载工具（遥感平台）划分

（1）航空遥感。用飞机等作运载工具的遥感，又称机载遥感。飞机灵活性大，航高小，获得的图像清晰度好，分辨力高，简便。

（2）航天（星载）遥感。指在地球高空或太阳系内各行星之间，用太空飞行器做运载工具的遥感。航天遥感能系统地收集地面及其周围环境的各种信息，并能对同一地区同时成像或周期性重复成像。

2. 根据电磁辐射的来源划分

被动式遥感：利用遥感仪器（传感器）直接接收、记录目标物反射太阳的或目标物本身反射的遥感。目标物反射的电磁波以可见光为主。

主动式遥感：利用仪器主动向目标物发射一定频率的电磁波，然后接收、记录被测物反射的回波的遥感。

3.根据传感器的波段划分

紫外遥感:探测波段在 0.05~0.38 μm。

可见光遥感:探测波段在 0.38~0.76 μm。

红外遥感:探测波段在 0.76~1 000 μm。

微波遥感:探测波段在 1~1 000 mm。

多波段遥感:指探测波段在可见光波段和红外波段范围内,再分成若干窄波段探测目标物。

### 2.4.7.3　工程地质遥感技术的适用范围

遥感技术适用于下列地区:地形、地质条件复杂的山区,不良地质作用发育、水文地质条件复杂的地区;水文网密布、河流变迁频繁的平原地区;沙漠、石漠、荒漠地区和干旱、半干旱地区;目标物解释标志明显的其他地区。

### 2.4.7.4　遥感影像在工程地质中的应用

在工程地质测绘中,遥感主要用于:划分地貌单元,确定地貌类型、形态、特征,以及地形地貌与地质构造的关系;判定新构造活动情况和区域构造(大型构造断裂、环状构造)的位置和性质,推定断层破碎带、隐伏断层、节理密集带的位置和延伸方向;划分地层岩性的界线,确定地层的展布、厚度;大致确定岩层的产状要素;不良地质作用类型、范围、成因、规模及其动态分析;特殊岩土的类型和分布范围;地下水露头(泉、井)的位置,地下水与地形地貌、地层岩性、地质构造的关系;工程地质、水文地质条件的初步评价,查明工程地质、地质构造的关系;圈定火山位置,查明火山喷发中心与构造的关系;圈定蚀变岩及查明矿化远景地段,等等。

### 2.4.7.5　遥感解译的内容和方法

1.准备工作

准备工作包括资料收集、遥感图像的质量检查和编录、整理等内容。资料收集应包括下列内容:收集所需比例尺的地形图;各种陆地卫星图像或图像数字磁带;各种航空遥感图像(包括黑白航空像片和其他航空遥感图像),热红外扫描图像(注意成像时间、气象条件、扫描角度、温度灵敏度、地面测温等资料);典型的地物波谱特性资料。

航空遥感图像的质量检查的内容应包括范围、重叠度、成像时间、比例、影像清晰度、反差、物理损伤、色调和云量等。

2.初步解译

初步解译前应根据工程需要、地质条件、遥感图像的种类及其可解译程度等,确定解译范围和解译工作量,制定解译原则和技术要求,建立区域解译标志。基岩和地质构造的可解译程度可按表 2-4 划分。

遥感图像解译成果需用航测仪器成像时,应按规划划定调绘面积。调绘范围应在像片调绘面积内或在压平线范围内;当像片上无压平线时,距像片边缘不应小于 1.5 cm。

遥感图像解译的方法和技术要求应满足下列几点:对立体像对的图像,应利用立体解译仪器进行观察;遥感图像,应利用立体解译仪器进行观察;遥感图像的解译过程中,应按"先主后次,先大后小,从易到难"的顺序,反复解译、辨认;重点工程应仔细解译和研究;应按规定的图例、符号和颜色,在航片上进行地质界线勾绘和符号注记。

表 2-4　基岩和地质构造的可解译程度划分

| 可解译程度 | 测区条件 |
| --- | --- |
| 良好 | 植被和乔木很少,基岩出露良好,解译标志明显而稳定,能分出岩类和勾绘出构造轮廓,能辨别绝大部分的地貌、地质、水文地质细节 |
| 较好 | 虽有良好的基岩露头,但解译标志不稳定,或地质构造较复杂,乔木植被和第四纪覆盖率小于 50%,基岩和地质构造线一般能勾绘出来 |
| 较差 | 森林(植被)和第四纪地层覆盖率达 50%以上,只有少量基岩露头,岩性和构造较复杂,解译标志不稳定,只能判别大致轮廓和个别细节 |
| 困难 | 大部分面积被森林(植被)和第四纪地层覆盖,或大片分布湖泊、沼泽、冰雪、耕地、城市等,只能解译一些地貌要素和地质构造的大体轮廓,一般分辨不出细节 |

遥感图像调绘和解译应包括下列内容:居民点、道路、山脊线、垭口等一般地物、地貌;水系、地貌、地层、岩组、地质构造、不良地质作用与特殊性岩土、水文地质条件等。

水系的解译应包括下列内容:水系形态的分类、水系密度和方向性的统计,冲沟形态及其成因;河流袭夺现象、阶地分布情况及特点;水系发育与岩性、地质构造的关系;岩溶地区的水系应标出地表分水岭的位置。

地貌的解译应包括下列内容:各种地貌形态、类型及地貌分区界线;地貌与地层(岩性)、地质构造之间的关系;地貌的个体特征、组合关系和分布规律。

地层、岩性(岩组)的解译应包括下列内容:根据已有的地质图,确定地层、岩性(岩组)的类型,并进行地层、岩性(岩组)划分,估测岩层产状;对工程地质条件有直接影响的单层岩石应单独勾绘出来;确定第四纪地层的成因类型和时代;不同地层、岩性(岩组)的富水性和工程地质条件等的评价。

地质构造的解译应包括下列内容:褶皱的类型,褶皱轴的位置、长度和倾伏方向;断层的位置、长度和延伸方向,断层破碎带的宽度;节理延伸方向和交接关系,节理密集带分布范围;隐伏断层和活动断层的展布情况。

不良地质作用与特殊岩土的解译应包括下列内容:各种不良地质作用的类型及其分布范围;不良地质作用的分布规律、产生原因、危害程度和发展趋势;特殊岩土的类型及其分布范围。

水文地质条件解译应包括下列内容:大型泉水点或泉群出露的位置和范围;湿地的位置和范围;潜水分布与第四纪地层的关系。

初步解译后,应编制遥感地质初步解译图,其内容应包括各种地质解译成果、调查路线和拟验证的地质观测点等。

3. 外业验证调查与复核解译

外业验证调查主要解决下列问题:对工程有影响或有疑问的地质现象或地质体;对工

程有影响的重大不良地质作用和特殊性岩土;尚未确定的地层、岩性(岩组)界线、地质构造线等;解译结果和现有资料有矛盾的地质问题。

外业验证调查点的平均密度应符合下列规定:在遥感图像上,每条地质界线应布设 1 个验证点,当地质界线显示不清晰时应增设验证点;航空遥感工程地质外业验证点平均密度可按表 2-5 确定;外业验证调查中应收集和验证遥感图像的地质样片。

表 2-5　航空遥感工程地质外业验证点平均密度

| 测图比例 | 验证点数(个/km²) | |
| --- | --- | --- |
| | 第四纪覆盖地区 | 基岩裸露区 |
| 1:50 000 | 0.1~0.3 | 0.5~1.0 |
| 1:25 000 | 0.2~1.0 | 1.0~2.5 |
| 1:10 000 | 0.5~2.0 | 1.5~4.5 |
| 1:2 000~1:5 000 | 2.0~5.0 | 6.0~15.0 |

4. 最终解译和资料编制

外业验证调查结束后,应进行遥感图像的最终解译,全面检查遥感解译成果,并应做到各种地层、岩性(岩组)、地质构造、不良地质作用等的定名和接边准确。遥感图像和遥感工程地质成图的比例关系应符合有关规定。

## 2.5　深埋长隧洞勘察思路和方法选择

深埋长隧洞的综合勘察,要始终坚持以地质为基础,充分发挥遥感在区域地质研究和地质选线中的宏观作用,利用航片进行大面积地质调绘,在此基础上开展以大地电磁法等先进物探技术为主导的综合物探,发挥其信息丰富、数据连续及对地质钻探的指导作用,对重大物探异常和关键地质部位进行必要的钻探验证,并加强对各种资料的综合分析研究。综合勘察技术合理应用,使各种勘察方法取长补短、相互印证、对比复解、融汇贯通,从而取得显著的勘察效果。

深埋长隧洞综合勘察应遵循以下原则:

(1)合理采用航测遥感、物探、深孔钻探、综合测井等综合勘探手段,系统评价隧洞区的工程地质条件及水文地质条件。在航测遥感判译的基础上,勘察工作以工程地质测绘、综合物探为主,辅以钻探等综合测试方法验证。

(2)对特长或地质条件复杂的隧洞宜采用 2 种以上物探方法全洞段测试,重要地段布设 2 条以上测线或增加横向断面,应充分发挥每一种物探方法的优势和特点。

(3)在充分研究工程地质测绘、物探成果基础上布置勘探点;隧洞洞身应视地貌、地质单元布置勘探点,主要的地质界线,重要的不良地质、特殊岩土地段,可能产生突水(突泥)地段、重要物探异常等处应有钻孔控制,位置宜在中线以外 8~10 m。埋深小于 100 m 或洞身段沟谷发育的隧洞,勘探点间距不宜大于 500 m。要充分利用勘探孔进行综合物探测井、水文地质试验、岩芯波速测试等,必要时进行地应力测试。

(4)深埋隧洞的钻孔布置应根据地质调绘和物探成果专门研究确定。深孔钻探应综合利用,做好观察、取样、测试、试验工作。

(5)洞身地质条件复杂,通过岩溶、滑坡、膨胀(岩)土、有害气体、矿床等对工程有较大影响的不良地质体或特殊岩土时,应开展专项或深入的勘察和测试。

(6)通过调查难以查明地质条件、覆土较厚的隧道进出口、浅埋地段,应布置勘探孔。辅助坑道以地质测绘、物探测试为主,布置适量勘探测试孔。

(7)对 TBM 施工的隧洞,勘察的要求和内容要高于钻爆法施工的隧洞,在施工之前,重大的工程地质问题必须查明,应重点研究不良地质条件对 TBM 施工的影响程度,提出处理措施和对策。

# 2.6　小　结

(1)深埋长隧洞的勘察应根据工程设计的要求,分阶段进行,不同的阶段对应不同的目的和任务。

(2)目前深埋长隧洞常用的勘察方法主要有工程地质测绘、工程地质物探、工程地质钻探、工程地质坑探、原位试验、室内试验及工程地质遥感等,每种方法的勘察目的、勘察深度、勘察成本、适用条件均有较大的差别,应根据不同勘察阶段的目的和任务综合选择。

# 第 3 章　青海省引黄济宁工程勘察

## 3.1　引　言

　　青海省引黄济宁工程是国家西部开发战略的重大水资源配置工程,其从黄河干流龙羊峡水库向西宁海东东部城市群调水,连通黄河与湟水两大水系,对构筑青海东部水资源配置骨架网络、破解制约区域经济社会发展和生态建设的水资源瓶颈具有重大意义。工程建成后将形成 200 km 生态经济带长廊,对支持国家兰西城市群建设及西部生态战略实施具有重要作用。引黄济宁工程涉及调水规模、工程方案、深埋长隧洞工程地质、设计及施工等关键技术问题。

　　引黄济宁工程布置有深埋长隧洞,隧洞总长约 74 km,洞线长,埋深大,穿越的地层单元、构造单元、水文地质单元多,地质条件复杂,在前期的地质勘察中,如何选择合适的勘察方法,查明隧洞的地质条件,对工程设计与施工具有重要的意义。

## 3.2　工程概况

### 3.2.1　工程目的及建筑物

　　引黄济宁工程从黄河干流龙羊峡水库引水至湟水流域西宁海东地区。项目涉及青海省西宁市、海东市、海南州等三市(州)10 县(区)。

　　工程开发任务为城镇生活工业供水、农业灌溉供水及改善生态环境。供水对象包括青海省西宁海东城市群城市生活工业、湟水南岸 40 万亩(1 亩 =1/15 hm²)农田及 55 万亩生态林带灌溉和退还挤占的生态水量等。2030 年、2040 年调水量分别为 5.11 亿 m³、7.90 亿 m³。

　　工程由引水工程和供水工程组成(见图 3-1)。引水工程自龙羊峡水库大坝上游左岸约 5.0 km 处引水,经引水隧洞穿越拉脊山自流输水至湟水右岸支流教场河前窑村。引水隧洞设计引水流量 38.78 m³/s,隧洞为压力洞,设计洞径 5.5 m,全线隧洞长约 74.04 km。隧洞出口布设消能电站,电站装机 28.5 MW。

　　供水工程自引水隧洞教场河出口位置(高程 2 490 m)由西向东新建一条供水工程干线。干线以下采用自流供水,供水对象主要包括西宁海东城市群、干线控制高程以下 62.7 万亩农田及林带;干线上直接设分水口补充置换挤占的生态水量。供水工程由供水工程干线、城市群供水支线及灌溉支渠(管)组成。供水工程干线自隧洞出口由西向东布置至民和县隆治沟,首部设计引水流量 29.81 m³/s,长 135.43 km。城市群供水支线 6 条,全长 76.67 km;灌溉支渠(管)34 条,总长 724 km;供水干支线总长 936.1 km。

**图 3-1　引黄济宁工程总体布局示意图**

根据《水利水电工程等级划分及洪水标准》及《调水工程设计导则》（SL 430—2008），确定本工程等别为Ⅰ等,工程规模为大(1)型。

### 3.2.2　工程地质条件

#### 3.2.2.1　区域构造稳定性与地震

根据《中国地震动参数区划图》（GB 18306—2015）及《引黄济宁工程场地地震安全性评价报告》,工程区场地 50 年超越概率为 10% 的地震动峰值加速度为$(0.10\sim0.15)g$,相应的地震基本烈度为Ⅶ度,基本地震动加速度反应谱特征周期为 $0.4\sim0.45$ s。依据《水电工程区域构造稳定性勘察规程》（NB/T 35098—2017）分级标准（区域构造稳定性分为三级:稳定性好、稳定性较差及稳定性差）,引水隧洞区属区域构造稳定性差区。

#### 3.2.2.2　地形地貌

引水隧洞区涉及三大地貌类型,分别是构造剥蚀、侵蚀高山—中高山地貌,构造侵蚀中山丘陵地貌和侵蚀堆积河谷地貌。隧洞埋深大于 600 m 洞段约 55 km,占 75%,最大埋深 1 415 m,为深埋长隧洞。

#### 3.2.2.3　地层岩性

隧洞区分布的地层岩性主要有前震旦系尕让群上亚群( $AnZgr_2$ )黑云母石英片岩、角闪片岩、黑云母斜长片麻岩、黑云母片麻岩夹大理岩及石英岩透镜;震旦系(Z)含炭质云母石英片岩、石英云母片岩、石英二云母片岩、硅质千枚岩、千枚状板岩、变质砂岩、粉砂岩及少量灰白色石英岩白云岩、白云质灰岩等;三叠系(T)紫红、青灰色中—厚层砂岩、板岩为主,局部夹砂砾岩、砾岩及灰岩;侏罗系(J)由陆相含煤砂页岩组成,下部为淡黄色石英细砂岩、砾状砂岩、灰色砂岩,夹砂质页岩;白垩系(K)暗紫红色或杂色砾岩、砂砾岩、砂岩、泥质粉砂岩及少量的粉砂质泥岩;古近系(E)橘红色砂砾岩、砂岩夹泥质粉砂岩、泥岩;新近系(N)灰褐—橘红色砂砾岩、砂岩夹泥质粉砂岩、粉砂质泥岩或黏土岩;印支期花岗闪长岩( $\gamma T_2$ )和二长花岗岩( $\eta\gamma T_2$ );加里东期花岗闪长岩( $\gamma\delta S\text{-}O_3$ );第四系(Q)上更新统($Q_3^{eol}$)风积黄土,上更新统($Q_3^{pl}$)冲—洪积含漂砂砾石层、全新统($Q_4^{al}$)冲积砂砾石层、全新统($Q_4^{pl}$)洪积砂砾石、碎块石、砾质土、碎石土、亚砂土,全新统($Q_4^{pdl}$)洪坡积碎块石土、砾质土、含砾亚砂土及黄土状亚砂土,全新统($Q_4^{dl}$)坡积亚砂土、含砾亚砂土、碎石土、砾质土、黄土状土。

#### 3.2.2.4　地质构造

工程区地处祁连山、青海南山—拉脊山两大山系的交接处,区域大地构造上属祁连加里东皱褶系和柴达木准地台两大地质构造单元,区内构造线方向主要以 NWW 向和 NNW 向为主,构造较为复杂。沿线相交各种规模断层 17 条,其中本工程密切相关规模较大、具活动性的主要有 8 条。分别为多隆沟断裂(F1)、青海南山北缘断裂(F2)、倒淌河—循化断裂(F3)、哈城断裂(F4)、拉脊山南缘断裂带(F5)、拉脊山北缘断裂带(F6)、雪隆—拉盘断裂(f8)、隆和—折欠断裂(f11),其中 4 条区域活动断裂(F2、F3、F5、F6)存在发生 7 级地震的构造条件,对引水主干线有一定影响。

#### 3.2.2.5　水文地质条件

区域内地下水按其赋存形式、水理性质及水动力特征可分为基岩裂隙水、碎屑岩孔隙水、松散岩类孔隙水和岩溶裂隙水三种类型。地下水的运动和含水层富水性受岩性、地形和地质构造的控制。

#### 3.2.2.6　物理地质现象

工程沿线物理地质现象主要有崩塌、滑坡、泥石流、冻胀和塌岸等。其中,崩塌、滑坡、泥石流不良地质仅对隧洞支洞洞口局部有一定的影响,对隧洞影响不大。

## 3.3　勘察工作布置

### 3.3.1　勘察内容

本阶段为可行性研究阶段的地质勘察,具体勘察内容如下:

(1)初步查明引水隧洞沿线地形地貌、地层岩性和覆盖层厚度等。

(2)初步查明引水隧洞地段的褶皱、断层、破碎带等各类结构面的产状、性状、规模、延伸情况及岩体结构等,初步评价其对隧洞围岩稳定的影响。

(3)初步查明引水隧洞岩体风化、卸荷特征,初步评价其对隧洞进出口、傍山浅埋段硐室稳定性的影响。

(4)初步查明隧洞与地表溪沟连通的断层破碎带通道的分布,初步评价掘进时突水(泥)、涌水的可能性及对围岩稳定和周边环境的可能影响。

(5)对隧洞可能存在的高地温、放射性、有害气体及深埋段可能存在的岩爆和软岩大变形等工程地质问题进行评价。

(6)进行岩土体物理力学性质试验,初步提出有关物理力学参数。

(7)进行隧洞围岩工程地质初步分类。

### 3.3.2　勘察方法

(1)工程地质测绘。对引水隧洞进出口进行 1∶2 000 平面工程地质测绘及 1∶2 000

实测工程地质剖面;对引水隧洞其他洞身段地表两侧各 1 000 m 进行 1∶10 000 平面工程地质测绘,进行 1∶2 000 实测工程地质剖面。

(2)钻探。隧洞进出口地质条件较差处、穿越河流、傍山浅埋段、过沟段、穿越断层带及工程地质条件复杂地段可布置工程地质钻探,钻孔间距视地质条件而定,钻孔深度应穿过隧洞设计底板高程以下 10~30 m,至少应大于 1.5 倍洞径。选取典型深孔进行地应力及地温测试;钻孔内洞身段附近进行压水试验,浅埋段和前池土体应进行标贯或动探测试。

(3)物探。为初步查明隧洞沿线的地质构造、岩体特征及不良地质条件,进出口及浅埋段地表布置高密度电法测试覆盖层厚度情况;洞身深埋段地表采用 EH4 或 CSAMT 等物探方法探测岩体的风化、地下水位和隐伏断层等。钻孔洞身段进行综合测井(电阻率、波速),局部钻孔进行静弹性模量测试、放射性测试和全孔壁光学成像;前池钻孔进行剪切波测试。

(4)室内试验。取岩土样进行岩土物理力学试验,取沿线水样进行水质简分析试验,浅埋段及出水池钻孔取土样进行土腐蚀性分析试验。

### 3.3.3　勘察工作量

引黄济宁工程引水隧洞可行性研究阶段布置的勘察工作量如表 3-1 所示。

**表 3-1　引黄济宁工程引水隧洞可行性研究阶段勘察工作量**

| 序号 | 项目 | 单位 | 计划工作量 |
|---|---|---|---|
| 一 | 地质测绘 | | |
| 1 | 1∶50 000 地质测绘复核 | km² | 300 |
| 2 | 1∶10 000 地质测绘 | km² | 585 |
| 3 | 1∶2 000 地质测绘 | km² | 43 |
| 4 | 1∶1 000 地质测绘 | km² | 38 |
| 二 | 勘探 | | |
| 1 | 勘探孔 | m/孔 | 11 135/46 |
| 2 | 井探 | m | 1 330 |
| 3 | 坑槽探 | m³ | 1 230 |
| 三 | 物探 | | |
| 1 | EH4 | 点 | 2 520 |
| 2 | CSAMT 大地电磁法 | 点 | 1 300 |
| 3 | 瞬变电磁法 | 点 | 360 |
| 4 | 高密度电法 | 点 | 7 835 |
| 5 | 钻孔综合测井 | m | 4 200 |

续表 3-1

| 序号 | 项目 | 单位 | 计划工作量 |
|---|---|---|---|
| 6 | 钻孔波速测井 | m | 4 600 |
| 7 | 钻孔光学成像 | m | 4 500 |
| 8 | 钻孔剪切波 | m | 895 |
| 四 | 现场试验 | | |
| 1 | 动力触探 | 段次 | 675 |
| 2 | 标贯试验 | 段次 | 1 050 |
| 3 | 压水试验 | 段次 | 540 |
| 4 | 注水试验 | 段次 | 245 |
| 5 | 地应力测试 | 孔 | 16 |
| 6 | 地温测试 | m | 6 900 |
| 7 | 砂砾石密度试验 | 组 | 65 |
| 五 | 取样 | | |
| 1 | 粗粒土颗分样 | 组 | 360 |
| 2 | 细粒土原状样 | 组 | 370 |
| 3 | 岩石样 | 组 | 400 |
| 4 | 水样 | 组 | 140 |
| 六 | 室内试验 | | |
| 1 | 粗粒土颗分样 | 组 | 340 |
| 2 | 细粒土原状样 | 组 | 370 |
| 3 | 岩石物理力学试验 | 组 | 240 |
| 4 | 水质全分析 | 组 | 60 |
| 5 | 水质简分析 | 组 | 60 |
| 6 | 土化学分析 | 组 | 80 |
| 7 | 石料原岩全分析 | 组 | 50 |
| 8 | 天然及商品砂砾石料全分析 | 组 | 40 |

## 3.3.4　勘察技术路线

首先根据引水隧洞设计线路情况,参考区域工程地质图、区域构造纲要图、区域震中分布图及区域水文地质图,确定区域地形地貌、地层岩性、地质构造,进行区域大地构造单元划分,分析新构造运动及现代构造应力场,进行区域构造稳定性评价,确定区域地震动参数;采用地质测绘、地球物理勘探、工程钻探、现场试验、室内试验等方法,获取隧洞的基本地质条件;针对隧洞的关键工程地质问题,开展引水隧洞断层活动性专题研究、引水隧洞穿越活断层抗震抗断专题研究、隧洞突涌水问题专题研究、隧洞高地应力与岩爆问题专题研究、隧洞软岩大变形问题专题研究及隧洞高地温问题专题研究,获取引水隧洞的地震动参数、隧洞地应力场参数、隧洞围岩的物理力学参数、隧洞分段围岩分类、隧洞地温场特征、隧洞涌水量预测及隧洞地质灾害类型及分布等,实现隧洞的精细化勘察,为隧洞的TBM 施工提供地质依据。具体勘察技术路线如图 3-2 所示。

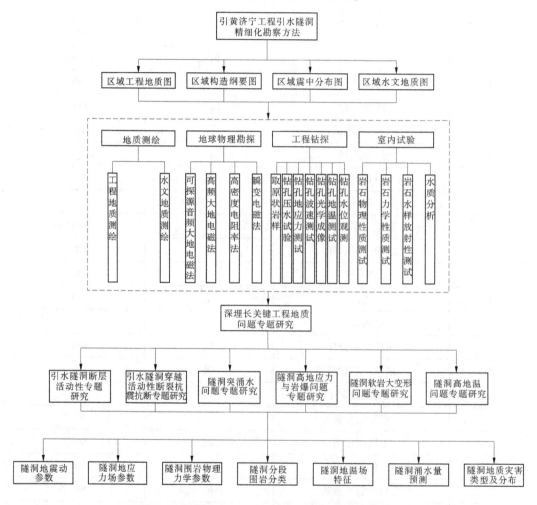

图 3-2　引黄济宁工程引水隧洞精细化勘察技术路线

# 3.4　典型勘察技术与方法

## 3.4.1　深孔钻探

　　引黄济宁工程引水隧洞埋深大、洞线长,工程地质、水文地质条件复杂,工程地质问题突出,勘察过程中,布置了多个深度大于 600 m 的钻孔,其中大于 800 m 的钻孔 3 个,最大孔深 980 m。深孔钻探成为引黄济宁工程隧洞勘察的难点,如何保障快速安全钻进成为亟待解决的问题,钻孔施工过程中采取了如下工艺。

### 3.4.1.1　钻孔结构设计

工区地层上部多为风积黄土层、松散冲—洪积含漂砂砾石层等第四系地层,下部多为云母石英片岩、千枚状泥炭质板岩、片麻岩、砂砾岩、石英细砂岩、砂岩、泥质粉砂岩、砾岩、白云岩、花岗岩、闪长岩等复杂地层;上部常常易出现塌孔,下部易出现地层缩径、承载力低、破碎、掉块、漏失、塌孔、卡钻等一些复杂问题。不同钻探方法的钻孔结构设计如图 3-3 所示。

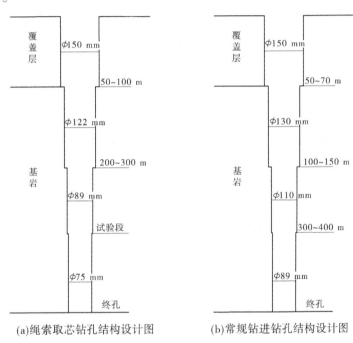

(a)绳索取芯钻孔结构设计图　　　(b)常规钻进钻孔结构设计图

**图 3-3　钻孔结构设计**

### 3.4.1.2　钻探方法

1. 绳索取芯钻探

为了有利于处理孔内隐藏问题,采用绳索取芯钻进工艺的生产机组通常采用四级孔径结构。

(1)一级采用 $\phi$150 mm 硬质合金短钻具开孔,钻进 10 m 改换 $\phi$150 mm 长钻具(钻具长 10 m)钻进,钻进 50~100 m 不等,视覆盖层厚度而定,然后跟进 $\phi$146 mm 薄壁套管,穿过第四系完整稳定基岩面 1~2 m,下部 5 m 采用水泥固定,上部焊接固定孔口,维持稳定,隔离松散覆盖层,预防塌孔。

(2)二级采用 $\phi$122 mm 金刚石绳索取芯钻具钻进 200~300 m,下入 $\phi$122 mm 绳索取芯外管充当套管,并固定孔口。

(3)三级采用 $\phi$89 mm 金刚石绳索取芯钻具钻进至试验段,下入 $\phi$89 mm 绳索取芯外管充当套管,并固定孔口。

（4）四级采用 $\phi$ 75 mm 金刚石绳索取芯钻具钻进至终孔。

**2. 常规钻探**

采用常规钻进的生产机组通常采用四级孔径结构，便于解决常见问题。

（1）一级采用 $\phi$ 150 mm 硬质合金钻具开孔，钻进 50～70 m，视覆盖层厚度而定，然后跟进 $\phi$ 146 mm 薄壁套管，穿过第四系完整稳定基岩面 1～2 m。下部 5 m 采用水泥固定，上部焊接固定孔口，维持稳定，隔离松散覆盖层，预防塌孔。

（2）二级采用 $\phi$ 130 mm 金刚石常规钻具钻进，钻进 100～150 m 后，下入 $\phi$ 127 mm 薄壁套管，并固定孔口。

（3）三级采用 $\phi$ 110 mm 金刚石常规钻具钻进，钻进 300～400 m 后，下入 $\phi$ 98 mm 薄壁套管，并固定孔口。

（4）四级采用 $\phi$ 89 mm 金刚石常规钻具钻至终孔。

### 3.4.1.3　钻进工艺

**1. 覆盖层钻进**

在达到地质要求的情况下，采用泥浆钻进和套管护壁的方法。

开孔孔径根据覆盖层厚度及钻孔孔深选择 $\phi$ 150 mm 硬质合金短钻具开孔。

根据工区的地质情况，多是覆盖层较松散、易坍塌、有掉块，因此覆盖层钻进使用膨润土＋纯碱冲洗液，每钻入约 1 m 跟入 $\phi$ 219 mm 的厚壁套管或 $\phi$ 146 mm 的薄壁套管来维持孔壁稳定。为防止因地层软硬不均造成孔斜，在钻进 10 m 以后采用 $\phi$ 150 mm 长钻具（钻具长 10 m）钻进，并跟下 $\phi$ 146 mm 薄壁套管，直至穿越覆盖层入稳定基岩 1～2 m，将套管坐稳固牢。

**2. 基岩钻进**

（1）穿越覆盖层后，采用 $\phi$ 122 mm 金刚石绳索取芯钻具钻进，钻进至 300 m 左右，下入 $\phi$ 122 mm 绳索取芯外管充当套管，并固定孔口。下入 $\phi$ 122 mm 套管的主要目的是保持孔壁稳定，防止绳索取芯钻杆孔内环状间隙大，在钻孔内摆动幅度过大，对孔壁不停冲击及钻杆摆弯、摆断等问题发生。300 m 后采用 $\phi$ 89 mm 金刚石绳索取芯钻具钻进，钻进至试验段，下入 $\phi$ 89 mm 套管保持孔壁稳定。最后采用 $\phi$ 75 mm 金刚石绳索取芯钻具，钻进至终孔。

（2）常规钻进方法类似于绳索取芯钻进工艺，穿过覆盖层后采用 $\phi$ 130 mm 金刚石常规钻具钻进 100～150 m 后，下入 $\phi$ 127 mm 薄壁套管，并固定孔口。然后采用 $\phi$ 110 mm 金刚石常规钻具钻进，钻进 300～400 m 后，下入 $\phi$ 98 mm 薄壁套管，并固定孔口。最后采用 $\phi$ 89 mm 金刚石常规钻具钻至终孔。钻进后下入薄壁套管，在保护孔壁稳定的情况下也减轻了套管重量，降低了起拔难度，便于后期套管回收，从而节约资源降低成本。

**3. 基岩钻进采用三级级配的目的**

（1）缩小孔内环状间隙，提高孔内岩屑的携返能力，保持孔内清洁，预防钻杆因环装间隙过大导致弯曲，从而造成孔斜、钻杆断裂等常见问题的发生。

（2）分级下入套管保护孔壁完整，预防孔壁失稳所造成的缩径、扩径、掉块、塌孔等问题发生。因不同规格的钻具、套管质量不同，采用三级级配可以提高钻进效率，降低起拔难度。

#### 3.4.1.4　钻进参数

根据绳索取芯和常规钻进工艺,确定钻进参数如表 3-2 和表 3-3 所示。

表 3-2　深孔绳索取芯钻进参数

| 钻进方法 | 钻头直径<br>（mm） | 钻压<br>（kN） | 转速<br>（r/min） | 泵量<br>（L/min） | 地层岩性 |
|---|---|---|---|---|---|
| 硬质合金 | $\phi$ 150 | 20 | 163~237 | 50~70 | 松散覆盖层 |
| 绳索取芯 | $\phi$ 122 | 20~25 | 240~394 | 70~90 | 完整基岩内,300 m 以内 |
| 绳索取芯 | $\phi$ 98 | −20~−35 | 567~831 | 90~100 | 完整基岩内,600~700 m |
| 绳索取芯 | $\phi$ 77 | −35~−55 | 567~831 | 90~150 | 完整基岩内,1 000 m |

表 3-3　深孔常规钻进参数

| 钻进方法 | 钻头直径<br>（mm） | 钻压<br>（kN） | 转速<br>（r/min） | 泵量<br>（L/min） | 地层岩性 |
|---|---|---|---|---|---|
| 硬质合金 | $\phi$ 150 | 20 | 163~237 | 50~70 | 松散覆盖层 |
| 常规钻进 | $\phi$ 130 | 20~30 | 240~394 | 70~90 | 完整基岩内,200 m 以内 |
| 常规钻进 | $\phi$ 110 | −10~−20 | 240~394 | 70~90 | 完整基岩内,300~400 m |
| 常规钻进 | $\phi$ 89 | −20~−35 | 240~394 | 70~90 | 完整基岩内,600 m |

#### 3.4.1.5　钻头选择

根据绳索取芯和常规钻进工艺,选择的钻头参数如表 3-4 和表 3-5 所示。

表 3-4　现场绳索取芯钻头常用选型

| 岩石名称 | 岩石可钻等级 | 研磨性 | 钻头类型及参数 | 备注 |
|---|---|---|---|---|
| 松散覆盖层 | 1~2 | 弱 | $\phi$ 150 mm 硬质合金钻头<br>$\phi$ 150 mm 金刚石钻头 | |
| 完整基岩 | 3~5 | 中等 | $\phi$ 122 mm 金刚石绳索取芯钻头:<br>胎体硬度 HRC30、HRC18<br>$\phi$ 98 mm 金刚石绳索取芯钻头:胎体硬度 HRC30、HRC18、HRC10~15 | HRC30、HRC18 唐山金石。<br>HRC10~15 老地标 |
| 完整基岩 | 5~7 | 强 | $\phi$ 122 mm 金刚石绳索取芯钻头:胎体硬度 HRC18、HRC12、HRC10~15 | HRC18、HRC12 唐山金石。<br>HRC10~15 老地标 |

表 3-5　现场常规钻头常用选型

| 岩石名称 | 岩石可钻等级 | 研磨性 | 钻头类型及参数 | 备注 |
|---|---|---|---|---|
| 松散覆盖层 | 1~2 | 弱 | φ150 mm 硬质合金钻头<br>φ150 mm 金刚石钻头 | |
| 完整基岩 | 3~5 | 中等 | φ130 mm 金刚石钻头:胎体硬度 HRC40、HRC30、HRC18<br>φ110 mm 金刚石钻头:胎体硬度 HRC30、HRC18、HRC25、HRC20、HRC10~15 | HRC40、HRC30、HRC18、HRC25、HRC20、HRC10~15 老地标 |
| 完整基岩 | 5~7 | 强 | φ89 mm 金刚石钻头:胎体硬度 HRC18、HRC12、HRC10~15 | HRC18、HRC12、HRC10~15 老地标 |

### 3.4.1.6　泥浆配方

钻进过程中采用的泥浆配方如表 3-6 所示。

表 3-6　现场泥浆应用统计

| 岩石类型 | 配方 | 性能参数 | 备注 |
|---|---|---|---|
| 松散覆盖层 | 1 m³ 水+膨润土 5%+纯碱 1% | 酸碱度:10<br>漏斗黏度:27.97 Pa·s<br>比重:1.03~1.04 g/cm³<br>失水量:13 mL<br>泥皮厚度:约 3 mm<br>泥皮韧性:差<br>含沙量:1% | 参照回水携返及孔壁稳定性实时微调 |
| 砾岩、白云岩地层 | 1 m³ 水+膨润土 2%+火碱 1%+煤系抑制剂 3%+封堵润滑解卡剂 3%+广谱护壁剂 2% | 酸碱度:10<br>漏斗黏度:34.32 Pa·s<br>比重:1.06~1.07 g/cm³<br>失水量:11 mL<br>泥皮厚度:3 mm<br>泥皮韧性:中<br>含沙量:3% | 参照回水携返及孔壁稳定性实时微调 |
| 砂岩、砂砾岩 | 1 m³ 水+火碱 1%+封堵润滑解卡剂 5%+煤系抑制剂 5%+广谱护壁剂 2%+高黏防塌剂 0.2% | 酸碱度:9<br>漏斗黏度:23.58 Pa·s<br>比重:1.1~1.11 g/cm³<br>失水量:10 mL<br>泥皮厚度:2 mm<br>泥皮韧性:中<br>含沙量:4% | 参照回水携返及孔壁稳定性实时微调 |

续表 3-6

| 岩石类型 | 配方 | 性能参数 | 备注 |
|---|---|---|---|
| 泥岩、泥砂岩 | 1 m³ 水+低黏增效粉 3%+包被剂 0.2% +接枝淀粉 0.7% +铵盐 1%+改性沥青防塌剂 1% | 酸碱度:8~9<br>漏斗黏度:24 Pa·s<br>比重:1.01~1.03 g/cm³<br>失水量:13 mL<br>泥皮厚度:3 mm<br>泥皮韧性:中 | 参照回水携返及孔壁稳定性实时微调 |
| 试验段 | 清水 | | |

## 3.4.2　水上钻探

引黄济宁工程引水工程取水口位于龙羊峡水库大坝上游 5.0 km 左岸岸边,龙羊峡水库正常蓄水位 2 600 m,死水位 2 530 m,设计洪水位 2 602.25 m,校核洪水位 2 607 m。最高引水位 2 600 m,最低引水位 2 540 m。取水口底板高程 2 530 m。

根据设计,取水口共有两种方案:第一个方案为小钻孔方案,主要建筑物包括取水竖井、取水廊道、隧洞及闸门竖井等;第二个方案为开挖+岩塞爆破方案,主要建筑物包括地下开挖段、岩塞段、隧洞及闸门竖井等。其中水下隧洞长约 700 m,是本次勘察的重点与难点。

龙羊峡水库每年春季多大风天气,3、4 月为水库风浪最大月份,风力可达 5 级以上,最大浪高可达 2.0 m 左右。故青海省海事部门认定龙羊峡库区为 A 级航区,所有作业船只必须满足 A 级船舶适航要求。

### 3.4.2.1　水下钻孔布置

根据青海省引黄济宁引水工程(龙羊峡水库取水方案)的设计要求,为了查明取水口地层情况,了解岩层渗漏信息等情况,在龙羊峡水库库区左岸,距离大坝上游 5 km 的取水口位置共布置水上钻孔 8 个,主要为引水洞进口、引水洞洞身段等部位,钻孔深度 80~105 m,总进尺约 685 m。

### 3.4.2.2　水上钻探平台组装及定位

根据现场生产条件,决定采用 A 级双铁驳船搭建的方案组建水上钻探施工平台。机台的安装与布置应根据钻孔深度、覆盖层厚度、地质情况、船的承载能力、自然环境和现场条件等因素来确定。钻船与基台必须捆绑成一体。

(1)钻孔位置布置于两船体中间,并适当靠后安放钻机。

(2)横枕木须根据钻机类型摆放。本次勘探使用 XY-2 型钻机,在机枕木(4.5 m)下面摆放 3~5 根横枕木(要特别注意钻孔位置前后的横枕木要紧靠钻孔位置)。其他 4 根横枕木按位置均匀摆放。

(3)钻塔必须用直径 11 mm 的钢丝绳作为防风绳,将其与船体锚固,防风绳数量不少于 4 道。

平台安装好后,上面的布置十分重要,要根据钻船实际配备,按照相对平衡的原则布置设备及生产材料。平台设备布置情况见图3-4。

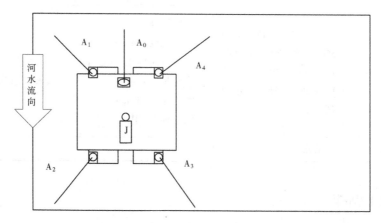

A₁、A₂、A₃、A₄—绞车及锚绳;A₀—主锚绳;J—钻机。

**图3-4　钻探平台布置示意图**

勘探钻孔布置前,应摸清钻孔部位河床地形地貌,由于距离岸边最远钻孔靠近黄河古河道,且水深为 80 m 左右,因此需要准确探查钻孔位置的地形地貌,以确定锚绳的长度和锚绳的固定方式。钻孔布置应避开陡壁地形,若避不开陡壁地形,应布置于陡壁下方。根据钻孔的位置,首先在图纸上设计出每个锚的位置(坐标)并计算出每个锚的重量及锚绳的长度等。

一般锚位的确定原则:锚位距孔位 100~200 m,并且一个锚位可以被多个钻孔重复利用。若设计合理,可以最大限度地减少锚的使用量。

因锚箱自重较大,需使用专门的抛锚船进行抛锚,船上配有手持 GPS 进行导航,每次携带一只锚箱,锚箱上用钢丝绳连接一个空油桶作为浮漂。根据 GPS 显示,当船行至设计锚位时,击发挂着的锚箱瞬间脱钩,将锚箱沉入水底。按照先抛主锚、后前锚、再后锚的顺序依次抛锚,直至完成所有锚位的布设。

为保证钻探船稳定,计划采用五个“重力锚”加以固定。重力锚为镀锌钢丝网片制成的笼子,笼子规格 1.5 m×1.0 m×0.8 m,里面装满石块。主锚箱和前两个边锚的重量在 2 t 左右,后锚重量可控制在 1 t 左右。平台的前端安装有绞盘,四角安装有绞车,分别用钢丝绳与锚箱连接并拉紧,主锚钢丝绳直径 25 mm,前锚、后锚钢丝绳直径为 22 mm,长度控制在 200~300 m(具体依据现场钻孔水深情况确定)。

利用拖船将平台拖至预定位置。水上平台前端先用绞盘与主锚连接,初步确定钻孔位置,然后用钢丝绳将四边锚与平台及四角绞车连接,稳固船体,粗略定位。岸上测量人员利用全站仪等测量设备复核孔口坐标位置,读取钻机立轴处坐标信息,指挥平台的调整方向。利用锚索绞车收紧或放松主锚、四边锚钢丝绳的长度,从而调整平台位置,直至钻机对准设计孔位。对准后,使用绞盘、绞车将各个锚的钢丝绳拉紧固定。

### 3.4.2.3　钻孔结构及钻进工艺

龙羊峡库区水深较大,且春季风浪大。护管选择 φ 168 mm×12 mm 的厚壁套管作为护井管,连接螺纹必须满足密封要求,防止钻进过程中污水泄漏污染水体。为保证下入套管垂直度,可采用保护绳把套管的下部拉住,另一端固定在钻探船的绞车上,使套管保持垂直。套管接近孔口处应用 0.2~1.0 m 的短管连接,便于因水位涨落随时卸载,保持套管口高于基台面 20~40 cm。套管固定后,用全站仪或 GPS 测量仪器对实际孔位进行坐标复测,保证孔位精度要求;若有偏差,可通过绞车松紧锚绳调整。

护管应深入淤泥层不小于 2.0 m,护管下入完成后,根据地层情况,采用薄壁跟管的形式下入 $\phi$127 mm 薄壁套管,套管下入深度应满足穿越隔离风化层进入完整基岩的要求。采用 $\phi$91 mm 或 $\phi$75 mm 钻具钻进至终孔。钻孔结构见图 3-5。

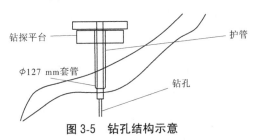

图 3-5　钻孔结构示意

根据前期相关资料,采用 $\phi$168 mm 厚壁套管作为护管进行护壁止水,使用 $\phi$130 mm 金刚石单管钻具掏孔至基岩;下入 $\phi$127 mm 薄壁套管进行护壁止水,防止流沙进入钻孔,造成埋钻等孔内事故;采用 $\phi$91 mm 或 $\phi$75 mm 金刚石(复合片)钻头双管钻具钻进至设计孔深。钻孔结构见图 3-6。

覆盖层使用金刚石单管钻具;基岩采用金刚石(复合片)钻头单动双管钻具回转钻进工艺,确保岩芯采取率。钻进全过程采用清水钻进。

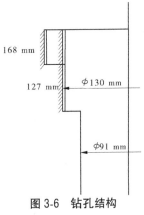

图 3-6　钻孔结构

### 3.4.2.4　钻孔质量保障措施

(1)在基岩弱、微风化层中钻进时,每回次进尺不超过 2 m;基岩全强风化层、黏性土、粉土、砂类土一般不大于 1.0 m。

(2)取芯必须保证在不塌孔、不混层的前提下进行,及时采取原状土样。回次进尺、岩芯采取率和分层应达到规定要求,做到不混层、不漏层。软土、饱和黏性土中如有缩孔、塌孔,应注明其位置及严重程度,并采取防缩孔、塌孔措施。

(3)样品编号要求符合有关要求及规定。

(4)石样应及时封样,样品标签一一对应,内容标识清楚,并填写工整、清晰。标明样品上下方向和取样深度、日期等。

(5)水样必须澄清,不得含泥沙、杂质和油污。水样瓶必须干净,用所取水样的水洗涤 3 次后方可盛取水样。采用矿泉水瓶取样,瓶中应保留 1/5 空间,随即加盖并蜡封,贴水样标签。

(6)易风化的石样应及时蜡封、及时送样,样品标签一一对应,内容标识清楚,并填写工整、清晰。样品盖上下须有标识。

（7）严格按照要求采取、包装、保存和运送岩、水样。岩土样必须及时封样、及时送样，并填写好样签，标明样品上下方向。

（8）钻孔验收岩芯采取率必须满足任务的要求。

### 3.4.3　可控源音频大地电磁法（CSAMT）

#### 3.4.3.1　CSAMT 方法的理论基础

1. 电磁法中的基本方程及电磁量参数

1）麦克斯韦方程组与基本电磁量

麦克斯韦方程组是描写电磁场的一组基本的经验公式，含有以下四个彼此独立的方程，分别反映了四条基本的物理定律：

$$rotE = -\frac{\partial B}{\partial t} \quad （法拉第定律） \tag{3-1}$$

$$rotH = J + \frac{\partial D}{\partial t} \quad （安培定律） \tag{3-2}$$

$$divD = q \quad （库仑定律） \tag{3-3}$$

并且　　　　　　　$$divB = 0 \quad （磁通量连续性原理） \tag{3-4}$$

$$D = \varepsilon E$$
$$B = \mu H \tag{3-5}$$
$$J = \sigma E$$

式中：$E$、$D$ 为电场强度矢量和电感应强度矢量；$\varepsilon$ 为介质的介电常数；$H$、$B$ 为磁场强度矢量和磁感应强度矢量；$\mu$ 为介质的导磁率；$J$ 为电流密度矢量；$\sigma$ 为介质的电导率；$q$ 为电荷密度。

在地球物理勘探中，常采用 $\sigma$ 的倒数 $\rho$，$\rho = \frac{1}{\sigma}$，称为电阻率。这些便是磁场的基本物理量。

对式（3-2）两边取散度，由于旋度的散度恒为零，故有

$$divJ + div\frac{\partial D}{\partial t} = 0$$

上式第二项中，对坐标的微分和对时间的微分互不相关，可以交换它们的顺序，并注意到

$$divD = q$$

则有　　　　　　　$$divJ + \frac{\partial q}{\partial t} = 0 \tag{3-6}$$

式（3-6）称为连续性方程，它是电量守恒定律的数学表示。

2）波动方程

在介质中，$\varepsilon$、$\mu$、$\sigma$ 都是常数。可以证明，在均匀介质中，除场源所在处外，可变电荷密度 $q$ 实际上等于零。故在场源以外，麦克斯韦方程组中式（3-3）可写为

$$divD = \varepsilon divE = 0$$

即 $$divE = 0 \tag{3-7}$$

为了分别研究电场或磁场的性质,有必要从式(3-1)和式(3-2)中消去电场矢量 $E$ 或者消去磁场矢量 $H$,使之变为只含一个场矢量的方程式。为此,对式(3-1)取旋度

$$rotrotE = -\mu \frac{\partial}{\partial t} rotH \tag{3-8}$$

把式(3-2)代入式(3-8),有

$$rotrotE = -\sigma\mu \frac{\partial E}{\partial t} - \varepsilon\mu \frac{\partial^2 E}{\partial t^2} \tag{3-9}$$

利用矢量分析中的已知恒等式

$$rotrotE = grad\ divE = \nabla^2 E$$

并注意到在场源外, $divE = 0$,得到

$$\nabla^2 E = \varepsilon\mu \frac{\partial^2 E}{\partial t^2} + \sigma\mu \frac{\partial E}{\partial t} \tag{3-10}$$

对式(3-2)进行同样的运算,得到关于磁场强度 $H$ 的形式完全相同的方程式

$$\nabla^2 H = \varepsilon\mu \frac{\partial^2 H}{\partial t^2} + \sigma\mu \frac{\partial H}{\partial t} \tag{3-11}$$

式(3-10)和式(3-11)称为波动方程,它把场矢量随空间的变化和随时间的变化联系起来,说明电磁场是以波动方式在空间传播的。

3)亥姆霍兹方程

在 CSAMT 方法中,人工供给场源的电源是谐变电流,可以写成指数函数的形式

$$I = I_0 e^{-i\omega t} \tag{3-12}$$

式中: $I_0$ 为电流的幅值; $\omega$ 为谐变电流的圆频率; $t$ 为时间。

谐变电流产生的电磁场也是谐变的,同样可以写为

$$E = E_0 e^{-i(\omega_t - \varphi_E)} \tag{3-13}$$

$$H = H_0 e^{-i(\omega_t - \varphi_H)} \tag{3-14}$$

式中: $E_0$、$H_0$ 分别为电场及磁场强度的幅值; $\varphi_E$、$\varphi_H$ 分别为电场和磁场相对于电流的相位差。

不难验证,式(3-12)~式(3-14)对时间的微分具有下列规律:

$$\frac{\partial}{\partial t} = -i\omega \qquad \frac{\partial^2}{\partial t^2} = -\omega^2$$

据此,式(3-10)和式(3-11)可以分别写为

$$\nabla^2 E = -\varepsilon\mu\omega^2 E - i\sigma\mu\omega E = -(\varepsilon\mu\omega^2 + i\sigma\mu\omega)E$$

$$\nabla^2 H = -\varepsilon\mu\omega^2 H - i\sigma\mu\omega H = -(\varepsilon\mu\omega^2 + i\sigma\mu\omega)H$$

令

$$k^2 = \varepsilon\mu\omega^2 + i\sigma\mu\omega \tag{3-15}$$

上两式变为

$$\nabla^2 E + k^2 E = 0 \tag{3-16}$$

$$\nabla^2 H + k^2 H = 0 \tag{3-17}$$

式(3-16)和式(3-17)称为亥姆霍兹方程,也称为波动方程。实际上,它们是由波动方程式(3-10)和式(3-11)在谐变电流条件下导出的结果。式中 $k$ 称为波数或传播常数。

2. 准静态极限($\sigma \gg \varepsilon\omega$)条件下电磁法的探测深度

当大地的导电性占支配地位时,大地物质电导率的常见值为 $\sigma > 10^{-4}$ [相当于 $\rho < 10^4(\Omega \cdot m)$],介电常数的常值 $\varepsilon = 8.85 \times 10^{-12}$ F/m,当频率不超过 100 kHz 时有 $\sigma \gg \varepsilon\omega$,这种状态称为准静态极限。在准静态条件下,趋肤深度

$$\delta = \sqrt{\frac{2}{\mu\omega\sigma}} \tag{3-18}$$

而波长 $\lambda = 2\pi\delta$。

如果取大地中 $\mu = 1.256 \times 10^{-6}$ H/m,并以 $f$ 和 $\rho$ 分别代替上式中的 $\omega$ 和 $\sigma$,则可把趋肤深度 $\delta$ 写成与电阻率 $\rho$ 有关的形式

$$\delta = 503\sqrt{\frac{\rho}{f}} \quad (m) \tag{3-19}$$

虽然趋肤深度在某种意义上来说与电磁波在介质中穿透的深度有关,但它并不代表实际的有效探测深度。穿透深度 $D$ 是一个比较模糊的概念,它大体上是指某种测深方法的体积平均探测深度。对穿透深度 $D$ 较好的经验公式是

$$D = \delta/\sqrt{2} = 356\sqrt{\frac{\rho}{f}} \quad (m) \tag{3-20}$$

该式说明,穿透深度仅取决于两个参数:大地电阻率 $\rho$ 和使用信号频率 $f$。随着电阻率的减小或频率增高,穿透深度变浅;反之,随着电阻率增大或频率降低,穿透深度加深。大地电阻率结构一定时,改变信号频率,便可以得到连续的垂直深测。

3. 在准静态条件下,地表电磁场各分量的表达式

设偶极矩为 $dL$ 的水平电偶极子位于均匀大地的表面,供给它强度为 $I$ 的谐变电流 $I = I_0 e^{-i\omega t}$。选取坐标原点位于偶极子中心,$z$ 轴垂直向下的柱坐标系统 $r$、$\varphi$、$z$,并选取偶极矩的方向为直角坐标中 $x$ 轴的方向,也就是柱坐标中 $\varphi = 0$ 的方向。

在准静态条件下,柱坐标系统中地表电磁场各分量的表达式为

$$E_r = \frac{IdL\cos\varphi}{2\pi\sigma r^3}[1 + e^{ikr}(1 - ikr)] \tag{3-21}$$

$$E_\varphi = \frac{IdL\sin\varphi}{2\pi\sigma r^3}[2 - e^{ikr}(1 - ikr)] \tag{3-22}$$

$E_z = 0$(当观察点从下半空间趋近地表时)或者 $E_z = \frac{IdL}{2\pi r}\cos\varphi i\omega\mu_0 I_1(\frac{ikr}{2})K_1(\frac{ikr}{2})$(当观察点从下半空间趋近地表时)

$$\tag{3-23}$$

$$H_r = -\frac{3IdL\sin\varphi}{2\pi r^2}\left\{ I_1(\frac{ikr}{2})K_1(\frac{ikr}{2}) + \frac{1}{6}ikr\left[ I_1(\frac{ikr}{2})K_0(\frac{ikr}{2}) - I_0(\frac{ikr}{2})K_1(\frac{ikr}{2}) \right] \right\}$$

$$\tag{3-24}$$

$$H_\varphi = \frac{IdL\cos\varphi}{2\pi r^2}\left[ I_1(\frac{ikr}{2})K_1(\frac{ikr}{2}) \right] \tag{3-25}$$

$$H_z = -\frac{3IdL\sin\varphi}{2\pi k^2 r^4}\left[1 - \mathrm{e}^{ikr}\left(1 - ikr - \frac{1}{3}k^2 r^2\right)\right] \tag{3-26}$$

式(3-23)~式(3-26)中,$\sigma$ 为下半空间介质的电导率;$\mu_0$ 为自由空间导磁率;$\omega$ 为谐变电流的圆频率;$I_0\left(\frac{ikr}{2}\right)$、$I_1\left(\frac{ikr}{2}\right)$ 和 $K_0\left(\frac{ikr}{2}\right)$、$K_1\left(\frac{ikr}{2}\right)$ 分别为以 $\frac{ikr}{2}$ 为宗量的第一类和第二类虚宗量贝塞尔函数,下角"0"或"1"表示贝塞尔函数的阶数,$k$ 为波数。必须指出,只有当观察点从上半空间趋近地表时,垂直分量 $E_0$ 才不等于零。而当观察点从下半空间趋近地表时,$E_z$ 等于零。在准静态条件下:

$$k = (1 + i)\sqrt{\frac{\mu\omega\sigma}{2}} \tag{3-27}$$

由式(3-23)~式(3-25)可看出,电磁场各分量的强度与观察点到偶极源中心的距离 $r$ 与波数 $k$ 的乘积有关,而波数 $k$ 中又包含了介质性质和工作频率等参数,并且以趋肤深度的形式表现出来。显然:

$$kr = (1 + i)r/\delta$$

令

$$p = r/\delta \tag{3-28}$$

称为"电距离"或者"感应数",它实质上是以趋肤深度 $\delta$ 为单位来表示的观察点到场源的距离,于是

$$ikr = p(-1 + i) = p\sqrt{2}\,\mathrm{e}^{i\frac{3\pi}{4}} \tag{3-29}$$

现在可借助参数 $p$ 来对距场源的远近、介质性质和工作频率做综合性的统一考虑,把:

$p \ll 1$,即电距离"近"时的场称为"近区";

$p \gg 1$,即电距离"远"时的场称为"远区"或平面波场区;

$p \approx 1$,即介于前两者之间的区域称为"过渡带"。

由于 $p = r/\delta = r\sqrt{\dfrac{\sigma\mu\omega}{2}}$,不难理解,感应数 $p$ 的"大"或"小",也就是场区的"远"或"近",不但与观察点到场源的距离有关,而且与大地的电导率和使用的频率有关。在不改变 $r$ 和大地电导率 $\sigma$ 的条件下,改变频率 $\omega$,可以获得不同的穿透深度,以便满足"远区"或"近区"的要求;当在导电介质中,即使使用低频,也不得不使 $r$ 相当大才能满足"远区"的条件。

在电磁法中,测量的是彼此正交的电场和磁场水平分量,并且计算它们的模的比,这个模的比值称为波阻抗,用符号 $|Z|$ 表示波阻抗 $Z$ 的模,记作

$$|Z| = \frac{|E|}{|H|} \tag{3-30}$$

而 $Z$ 的相位则定义为 $E$ 和 $H$ 间的相位差。

1)近区响应($p \ll 1$)

当 $r \ll \delta$,即 $p \ll 1$ 时,式(3-21)~式(3-22)的渐近表达式是

$$E_r \approx \frac{IdL}{\pi\sigma r^3}\cos\varphi \tag{3-31}$$

$$E_{\varphi} \approx \frac{IdL}{2\pi\sigma r^3}\sin\varphi \tag{3-32}$$

$$E_z \approx \frac{IdL}{4\pi\sigma r}i\omega\cos\varphi \tag{3-33}$$

$$H_r \approx -\frac{IdL\sin\varphi}{4\pi r^2} \tag{3-34}$$

$$H_{\varphi} \approx \frac{IdL\cos\varphi}{4\pi r^2} \tag{3-35}$$

$$H_z \approx \frac{IdL\sin\varphi}{4\pi r^2} \tag{3-36}$$

比较式(3-31)~式(3-36)可以看出,在近区,电场水平分量按 $\frac{1}{r^3}$ 衰减,而磁场按 $\frac{1}{r^2}$ 衰减,此时波阻抗的模为

$$|Z| = \frac{|E_{\varphi}|}{|H_r|} = \frac{2}{\sigma r} \tag{3-37}$$

或者写成视电阻率的形式

$$\rho = \frac{r}{2}\frac{|E_{\varphi}|}{|H_r|} \tag{3-38}$$

可见在近区视电阻率与几何因素有关。

表达式(3-31)~式(3-36)说明,电场 $E$ 的水平分量在近区直接正比于地下电阻率,并且与频率无关;与此相比,磁场 $H$ 与电阻率和频率二者均无关。$E$ 和 $H$ 与频率无关,称为测深曲线的饱和部分。因此,在近区进行 CSAMT 测量是有问题的。除非只是根据电场数据来计算视电阻率。而且,近区视电阻率是 $r$ 的函数,因为 $E$ 和 $H$ 分别按 $\frac{1}{r^3}$ 和 $\frac{1}{r^2}$ 衰减。近区测量的实际结果与直流电阻率测深相类似,测量结果和穿透深度由排列的几何参数决定。所以,在真正的近区最好是不测 $H$ 而测 $E$,就像在标准电阻率和激发极化法中那样,改变排列的几何尺寸来改变测深深度。

2)远区响应($p\gg1$)

当 $r\gg\delta$,即 $p\gg1$ 时,式(2-31)~式(2-36)的渐近表达式是

$$E_r \approx \frac{IdL}{2\pi\sigma r^3}\cos\varphi \tag{3-39}$$

$$E_{\varphi} \approx \frac{IdL}{\pi\sigma r^3}\sin\varphi \tag{3-40}$$

$$E_z \approx \frac{IdL}{2\pi r^2}\sqrt{\frac{\omega\mu_0}{\sigma}}\cos\varphi e^{i\frac{\pi}{4}} \tag{3-41}$$

$$H_r \approx \frac{IdL\sin\varphi}{\pi r^3\sqrt{\sigma\mu\omega}}e^{-i\frac{\pi}{4}} \tag{3-42}$$

$$H_{\varphi} \approx -\frac{IdL\cos\varphi}{2\pi r^3 \sqrt{\sigma\mu\omega}}e^{-i\frac{\pi}{4}} \tag{3-43}$$

$$H_z \approx -\frac{IdL\sin\varphi}{2\pi r^4 \sqrt{\sigma\mu\omega}}e^{-i\frac{\pi}{2}} \tag{3-44}$$

比较式(3-39)~式(3-44)可以发现,$E$ 的水平分量与频率无关,直接与电阻率成正比。远区的 $E_r$ 分量为近区的 $\frac{1}{2}$,但 $E_\varphi$ 分量却为近区的 2 倍。与近区磁场不同,远区水平磁场与频率有关,并且与电阻率的平方根成正比。因此,在远区磁场是不会"饱和"的。

从远区 $E_r$、$E_\varphi$ 和 $H_r$、$H_\varphi$ 的表达式还可看出,所有的水平场都按 $\frac{1}{r^3}$ 衰减。因此,阻抗与发收距无关,与大地电阻率的平方根成正比

$$|Z| = \frac{|E_\varphi|}{|H_r|} = \sqrt{\frac{\mu\omega}{\sigma}} = \sqrt{\mu\omega\rho} \tag{3-45}$$

故对于导电大地来说,在低频时阻抗是很小的。例如,当地下电阻率为 10 Ω · m 和频率等于 1 Hz 时,阻抗为 0.003 Ω。相反,对于电阻率很高的介质或高的频率,阻抗很大。例如,当大地电阻率为 1 000 Ω · m,频率为 10 kHz 时,阻抗是 8.9 Ω。

式(3-32)说明,远区视电阻率可以用在某一特定频率的正交的电场和磁场强度来定义

$$\rho = \frac{1}{\mu\omega}\frac{|E_\varphi|^2}{|H_r|^2} \tag{3-46}$$

在均匀大地条件下,电场和磁场之间的相位差是 π/4。

当采用直角坐标时

$$E_x = E_r\cos\varphi - E_\varphi\sin\varphi = \frac{I\rho dL}{2\pi r^3}(1 - 3\sin^2\varphi) \tag{3-47}$$

$$E_y = H_r\sin\varphi + H_\varphi\cos\varphi = \frac{-IdLe^{-i\frac{\pi}{4}}}{2\pi\sqrt{\sigma\mu\omega r^3}}(1 - 3\sin^2\varphi) \tag{3-48}$$

$$|Z| = + \sqrt{\rho\mu\omega} \tag{3-49}$$

也可以得到同样的电阻率

$$\rho = \frac{1}{\mu\omega}\frac{|E_x|^2}{|H_y|^2} = \frac{1}{2\pi\mu f}\frac{|E_x|^2}{|H_y|^2} \tag{3-50}$$

在实际工作中,多使用 MKS 制单位。此时 $E$ 以 mV/km 为单位,$H$ 以 V(1 V = $10^{-2}/4\pi A/m$)为单位,这对野外工作是很方便的。此时

$$\rho = \frac{1}{5f}\frac{|E_x|^2}{|H_y|^2} \quad (\Omega \cdot m) \tag{3-51}$$

式(3-51)就是以卡尼亚(Cagniard)命名的计算视电阻率的公式。卡尼亚是一位法国地球物理学家,他在 20 世纪 50 年代对发展大地电磁法做出了开拓性的贡献。卡尼亚电阻率对远区,也就是说在满足平面波的条件下是有效的,并且是在 MT 法和满足远区条件

的电磁法中常用的关系。

3）过渡带响应（$p \approx 1$）

此时 $r \approx \delta$，$p \approx 1$，电磁场各分量由式（2-31）～式（2-36）严格地描述。当大地为均匀导电介质时,在这个带场强各分量从近场的特性均匀地过渡到远场的特性。对于非均匀大地,过渡带场的性质变得很复杂,与受地质条件制约的电性分布有关。此时波阻抗性质也很复杂,与收发距、大地电阻率、频率及方位角都有关系。

### 3.4.3.2　CSAMT 应用技术

1. 方法原理

可控源音频大地电磁法（CSAMT）是在大地电磁法（MT）和音频大地电磁法（AMT）的基础上发展起来的人工源频率域测深方法。由于不同频率的电磁波在地下传播有不同的趋肤深度,通过对不同频率电磁场强度的测量就可以得到该频率所对应深度的地电参数,从而达到测深的目的。它通过沿一定方向（设为 $X$ 方向）布置的供电电极 AB 向地下供入某一音频 $f$ 的谐变电流 $I = I_0 e^{-i\omega t}$（$\omega = 2\pi f$）,在一侧 $60°$ 张角的扇形区域内,沿 $X$ 方向布置测线（见图 3-7）,沿测线逐点观测相应频率的电场分量 $E_x$ 和与之正交的磁场分量 $H_y$,进而计算卡尼亚视电阻率和阻抗相位

$$\rho_a = \frac{1}{\mu\omega} \frac{|E_x|^2}{|H_y|^2}$$ 　　　　　（3-52）

$$\varphi_z = \varphi_{Ex} - \varphi_{Hy}$$

式中：$\varphi_{Ex}$、$\varphi_{Hy}$ 为 $E_x$ 和 $H_y$ 的相位。$\mu$ 是大地的磁导率,通常取 $\mu_0 = 4\pi \times 10^{-7} \text{H/m}$。在音频段（$n \times 10^{-1} \sim n \times 10^3 \text{Hz}$）逐次改变供电电流和测量频率,便可测出卡尼亚视电阻率和阻抗相位随频率的变化,从而得到卡尼亚视电阻率、阻抗相位随频率的变化曲线,完成频率测深观测。

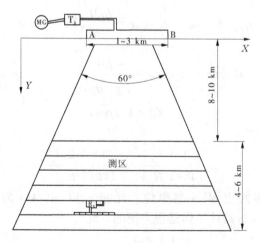

MG—发电机；$T_x$—发射机；A、B—供电电极；$R_x$—接收机

图 3-7　CSAMT 法原理示意图

2. 仪器标定

为了保证野外数据的质量,对本次工作中所用到的仪器及磁探头进行了标定,标定曲线正常,证明仪器功能正常,可以保证正常进行野外数据采集。仪器及探头标定曲线如图 3-8、图 3-9 所示。

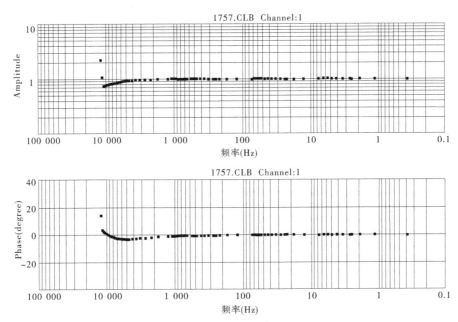

图 3-8　V8 主机标定曲线

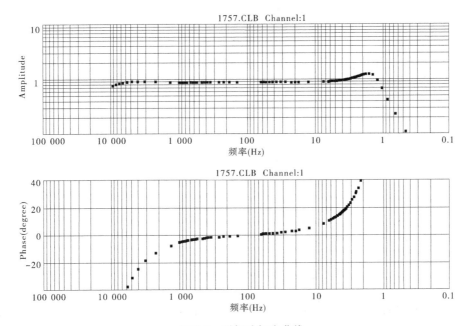

图 3-9　磁探头标定曲线

3. 测点定位

V8 的 CSAMT 观测系统在每个排列上都有一台仪器主机和一台盒子,而且仪器都配有 GPS,GPS 锁定后才开始数据采集,即 GPS 记录时间等于数据采集时间(约 40 min),足以保证测点位置的精度。

工作过程中严格按照规范要求进行控制,使用森林罗盘测定测线方位及电磁场方位角。另外,通过手持 GPS 实测测点坐标,在每个数据采集排列起始点定点,然后将坐标落在平面图上,完成上图工作。通过这种办法,基本上能够满足物探勘探的测量要求。

4. 资料处理

对于 CSAMT 原始数据,在尽可能保存有用信号的基础上,去伪存真,力求能够最真实地反映地下介质的物性。数据处理流程见图 3-10。

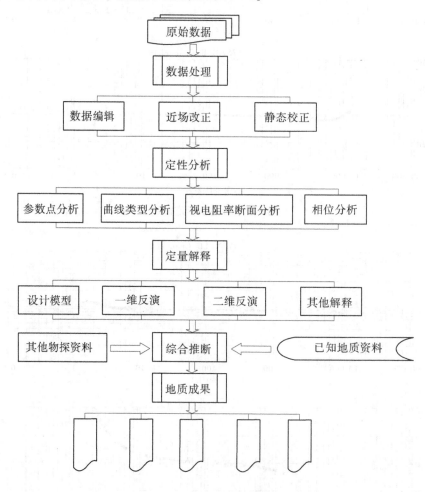

图 3-10　CSAMT 数据处理流程

所用的数据处理软件是 Geosystem 公司的 WINGLINK,该软件是一个综合性的地球物理(非地震)解释软件。通过与国内外其他电磁软件的对比,认为是目前特别是在工程物探领域中比较实用且效果较好的数据处理软件。该软件具有带地形二维反演和静态校正等功能,能很好地消除地形对反演结果的影响及静态影响。

5.成果解释

物探资料解释主要结合 CSAMT 二维反演电阻率断面图及已知钻孔、地质资料进行综合解释。原始数据经过反演处理,得到的是地层电阻率的分布情况,根据覆盖层、强风化层、弱风化基岩之间的电阻率差异,可以划分层位,如果有断层构造存在,根据断层破碎带和围岩之间的电阻率差异可以确定断层的位置。

## 3.4.4　大地电磁法(EH-4)

### 3.4.4.1　方法原理

大地电磁法 EH-4 又称 Stratagem MT,由美国 EMI 公司和 Geometrics 公司在 20 世纪 90 年代联合研制,又称电磁成像系统。EH-4 电磁成像系统场源主要为天然场,辅以人工磁偶极子产生的高频电磁场来观测正交的两个电场分量($E_x$、$E_y$)和两个磁场分量($H_x$、$H_y$)。采用天然场源与人工场源的目的是加强高频信号,补偿高频天然信号的不足,增加采集数据的可靠性和提高分辨率。

EH-4 电磁成像系统包括两部分:接收机系统和发射机系统。接收机系统包括主机、前置转换器、磁探头、传输电缆、不锈钢电极(用于高频探头)、不极化电极(用于低频探头)、接地电缆、12 V 蓄电池;发射机系统包括发射天线、发射机、控制器、12 V 蓄电池。

EH-4 电磁成像系统包括高、低频两种探头,每一种探头有不同的频组,兼顾探测目标层的深浅,可根据探测目标体的深度来选择频组或探头。低频探头分两个频组:1 频组 50~1 000 Hz,3 频组 0.1~75 Hz,探测深度约 2 000 m;高频探头分 3 个频组:1 频组 10~1 000 Hz,4 频组 500~3 000 Hz,7 频组 750~92 000 Hz,其探测深度为 10~1 000 m。发射机系统采用标准功率的发射器(400 $Am^2$),发射频率为 800~64 000 Hz,目的是加强高频信号,增加浅部采集数据的可靠性和提高分辨率。

通过测量发射频率从 1 Hz 到 100 kHz 相互正交的电场和磁场分量,接收 X、Y 两个方向的磁场和电场。由 18 位高分辨率多通道全功能数据采集、处理一体机完成所有的数据合成。

大地电磁法(EH-4),其工作原理基于麦克斯韦方程组完整统一的电磁场理论。利用天然场源,在探测目标体地表的同时测量相互正交的电场分量和磁场分量,然后用卡尼亚电阻率计算公式得出视电阻率。根据大地电磁场理论可知,电磁波在大地介质中穿透深度与其频率成反比,当地下电性结构一定时,电磁波频率越低穿透深度越大,能反映出深部的地电特征;电磁波频率越高,穿透深度越小,则能反映浅部地电特征。利用不同的频率,可得到不同深度上的地电信息,以达到频率测深的目的。

### 3.4.4.2　质量控制措施

(1)工作前对仪器进行平行试验,确保仪器稳定、一致。

(2)在风大时,应将电缆埋到土里,以减少其影响。

(3)磁棒与前置放大器距离应大于 5 m,2 个磁棒水平并相互垂直埋在地下,其深度至少为 5 cm,方向误差夹角应在±2°以内,同时两磁棒距离大于 2 m。

(4)人员要距磁棒距离大于 10 m,尽量选择远离房屋、电缆、大树的地方布置磁棒电极方位,磁探头方位角偏差不大于 3°。

(5)前置放大器(AFE)放在测量点上,即 2 个电偶极子的中心,为了保护电、磁道,应将 AFE 接地,并远离磁棒,与其相距至少 5 m。

(6)主机要放置在远离前置放大器和磁棒至少 10 m 的位置。

(7)采用电极浇水等措施,确保电极接地电阻尽可能小。

(8)数据采集过程中,及时从窗口观察数据和曲线,以设置合适的叠加次数,确保数据采集质量。

### 3.4.4.3 资料处理解释

EH-4 大地电磁法资料的处理步骤如下:

(1)剔除干扰信号。在信号采集过程中,由于外界的各种原因,采集到的信号有可能包含随机干扰,影响着视电阻率曲线,在某个频点发生突变,如果不进行剔除,会影响最后的反演结果。

(2)选取适合的圆滑系数。在多数情况下一个圆滑系数不能够获得理想的二维反演结果,需要使用多个圆滑系数进行反演对比,挑选出可靠的一个作为结果。

(3)进行地形修正与插值。EH-4 的理论基础是将大地看作水平介质,但在实际工作中多数是不平坦的,需要进行地形修正,修正的方法是利用每一个测点的实际高程作为.dat 文件该测点的第一个频点的高程,其他的频点高程做相应的加减运算。对于测点深部数据点比较稀少的情况,利用外延法计算出某些深部没有数据点的电阻率值,通过插值能够圆滑数据曲线,形成的图像更加完美。

(4)在 surfer 下进行数据网格化,利用 surfer 的网格化绘制图件。

不同岩性的地层具有不同的电阻率。影响电阻率高低的因素有岩性、孔隙度、孔隙充填物的性质、含水率和断裂、破碎等引起的地层结构变化等。根据反演电阻率断面中所反映的电性层分布规律可以划分岩性,确定断层破碎带位置和规模,以及探测岩溶发育情况。电阻率—深度剖面图上,断裂层表现为两侧电阻率等值线明显错动;覆盖层由于岩性及含水率不同,电阻率也有差异,结合剖面整体形态并参考钻孔来划分基岩与覆盖层。

分析绘制的图件,划分出异常段,把异常和其他辅助物探方法取得的资料做对照,结合已知的地质资料进行综合推断,形成最后地质结果,绘制物性地质断面图,并得出各地质构造(断层和岩性分界)的特征和性质,填绘综合成果平面图。

## 3.4.5 深孔地应力测试

### 3.4.5.1 水压致裂法测试简介

水压致裂法是国际岩石力学学会测试方法委员会于 1987 年颁布的测定岩体应力的建议方法之一,该建议方法还包括 USBM 型钻孔孔径变形计的钻孔孔径变形测量法、CSIR(CSIRO)型钻孔三轴应变计的钻孔孔壁应变测量法和岩体表面应力的应力恢复测量法,均已录入水利水电行业规程《水利水电工程岩石试验规程》(SL 264—2001)(已作废)。与其他三种测量方法相比,水压致裂法具有以下突出优点:

(1)可测量深度深。

(2)资料整理时不需要岩石弹性参数参与计算,可以避免因岩石弹性参数取值不准引起的误差。

(3)岩壁受力范围较广(钻孔承压段长),可以避免"点"应力状态的局限性和地质条件不均匀性的影响。

(4)操作简单,测试周期短。

因此,水压致裂法被广泛应用于水利水电、交通、矿山等行业岩石工程及地球动力学研究的各个领域。水压致裂法地应力测试原理是利用一对可膨胀的橡胶封隔器,在预定的测试深度封隔一段钻孔,然后泵入液体对该段钻孔施压,根据压裂过程曲线的压力特征值计算地应力。图 3-11 为水压致裂装备示意图。

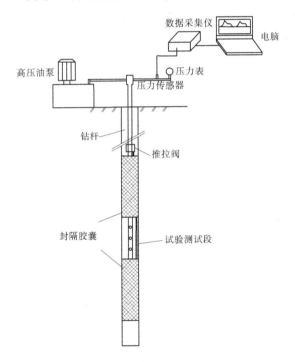

图 3-11  水压致裂测试装备

### 3.4.5.2  水压致裂法测试原理

水压致裂原地应力测量是以弹性力学为基础,并以下面三个假设为前提的:①岩石是线弹性和各向同性的;②岩石是完整的,压裂液体对岩石来说是非渗透的;③岩层中有一个主应力分量的方向和孔轴平行。在上述理论和假设前提下,水压致裂的力学模型可简化为一个平面应力问题,如图 3-12 所示。

这相当于有两个主应力 $\sigma_1$ 和 $\sigma_2$ 作用在一个半径为 $a$ 的圆孔的无限大平板上,根据

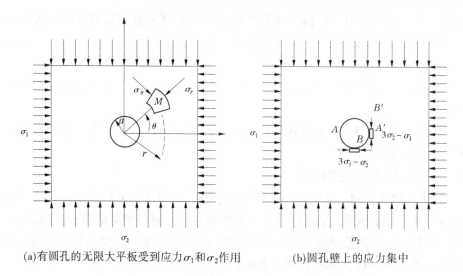

(a)有圆孔的无限大平板受到应力$\sigma_1$和$\sigma_2$作用　　(b)圆孔壁上的应力集中

**图 3-12　水压致裂应力测量的力学模型**

弹性力学分析,圆孔外任何一点 $M$ 处的应力为:

$$\begin{cases} \sigma_r = \dfrac{\sigma_1 + \sigma_2}{2}\left(1 - \dfrac{a^2}{r^2}\right) + \dfrac{\sigma_1 - \sigma_2}{2}\left(1 - \dfrac{4a^2}{r^2} + \dfrac{3a^4}{r^4}\right)\cos 2\theta \\[3mm] \sigma_\theta = \dfrac{\sigma_1 + \sigma_2}{2}\left(1 + \dfrac{a^2}{r^2}\right) - \dfrac{\sigma_1 - \sigma_2}{2}\left(1 + \dfrac{3a^4}{r^4}\right)\cos 2\theta \\[3mm] \tau_{r\theta} = \dfrac{\sigma_1 - \sigma_2}{2}\left(1 + \dfrac{2a^2}{r^2} - \dfrac{3a^4}{r^4}\right)\sin 2\theta \end{cases} \quad (3\text{-}53)$$

式中:$\sigma_r$ 为 $M$ 点的径向应力;$\sigma_\theta$ 为切向应力;$\tau_{r\theta}$ 为剪应力;$r$ 为 $M$ 点到圆孔中心的距离。

当 $r=a$ 时,即为圆孔壁上的应力状态:

$$\begin{cases} \sigma_r = 0 \\ \sigma_\theta = (\sigma_1 + \sigma_2) - 2(\sigma_1 - \sigma_2)\cos 2\theta \\ \tau_{r\theta} = 0 \end{cases} \quad (3\text{-}54)$$

由式(3-54)可得出如图 3-12(b)所示的孔壁 $A$、$B$ 两点及其对称处($A'$、$B'$)的应力集中分别为:

$$\sigma_A = \sigma_{A'} = 3\sigma_2 - \sigma_1 \quad (3\text{-}55)$$

$$\sigma_B = \sigma_{B'} = 3\sigma_1 - \sigma_2 \quad (3\text{-}56)$$

若 $\sigma_1$ $\sigma_2$,由于圆孔周边应力的集中效应,则 $\sigma_A$ $\sigma_B$。因此,在圆孔内施加的液压大于孔壁上岩石所能承受的应力时,将在最小切向应力的位置上,即 $A$ 点及其对称点 $A'$ 处产生张破裂,并且破裂将沿着垂直于最小主应力的方向扩展。此时,把孔壁产生破裂的外加液压 $p_b$ 称为临界破裂压力。临界破裂压力 $p_b$ 等于孔壁破裂处的应力集中加上岩石的抗张强度 $T$,即:

$$p_b = 3\sigma_2 - \sigma_1 + T \quad (3\text{-}57)$$

进一步考虑岩石中所存在的孔隙压力 $p_0$,式(3-57)为

$$p_b = 3\sigma_2 - \sigma_1 + T - p_0 \tag{3-58}$$

在垂直钻孔中测量地应力时,常将最大、最小水平主应力分别写为 $S_H$ 和 $S_h$, 即 $\sigma_1 = S_H, \sigma_2 = S_h$。当压裂段的岩石被压破时, $p_b$ 可用下列公式表示:

$$p_b = 3S_h - S_H + T - p_0 \tag{3-59}$$

孔壁破裂后,若继续注液增压,裂缝将向纵深处扩展。若马上停止注液增压,并保持压裂回路密闭,裂缝将停止延伸。由于地应力场的作用,裂缝将迅速趋于闭合。通常把裂缝处于临界闭合状态时的平衡压力称为瞬时关闭压力 $p_s$, 它等于垂直裂缝面的最小水平主应力,即:

$$p_s = S_h \tag{3-60}$$

如果再次对封隔段增压,使裂缝重新张开,即可得到破裂重张的压力 $p_r$。由于此时的岩石已经破裂,抗张强度 $T = 0$, 这时即可把式(3-60)改写成:

$$p_r = 3S_h - S_H - p_0 \tag{3-61}$$

用式(3-59)减式(3-61)即可得到岩石的原地抗张强度:

$$T = p_b - p_r \tag{3-62}$$

根据式(3-59)~式(3-61)又可得到求取最大水平主应力 $S_H$ 的公式:

$$S_H = 3p_s - p_r - p_0 \tag{3-63}$$

垂直应力 $S_v$ 可根据上覆岩石的重量来计算:

$$S_v = \rho g d \tag{3-64}$$

式中: $\rho$ 为岩石密度; $g$ 为重力加速度; $d$ 为深度。

由于测量过程中一般把测量仪表和压力传感器放在地面上,测量值实际上为各压裂参数特征值 $p_b$、$p_r$ 和 $p_s$ 的名义值 $p_b'$、$p_r'$ 和 $p_s'$, 考虑到钻杆中静水压力 $p_H$ 影响,压裂参数特征值和名义值之间符合以下关系:

$$\begin{aligned} p_b &= p_b' + p_H \\ p_r &= p_r' + p_H \\ p_s &= p_s' + p_H \\ p_H &= \gamma_{水} H \end{aligned} \tag{3-65}$$

式中: $\gamma_{水}$ 为水的重度; $H$ 为测试点深度。

以上是水压致裂法地应力测量的基本原理及有关参数的计算方法。

### 3.4.5.3　地应力测试程序及数据分析方法

1. 水压致裂测试程序

概括地讲,水压致裂原地应力测量方法就是:利用一对可膨胀的封隔器在选定的测量深度封隔一段钻孔,然后通过泵入流体对该试验段(常称压裂段)增压,同时利用 X-Y 记录仪、计算机数字采集系统或数字磁带记录仪记录压力随时间的变化。对实测记录曲线进行分析,得到特征压力参数,再根据相应的理论计算公式,就可得到测点处的最大和最小水平主应力的量值及岩石的水压致裂抗张强度等岩石力学参数。

根据工程需要并结合岩芯分析,选择合适的压裂孔段,然后使用测试设备进行选定孔段的测量,测试系统分为单回路和双回路两种。单回路和双回路测试系统各有所长,前者适用于深钻孔和小口径钻孔测量,而后者多用于浅孔和大口径孔中,其测量结果都是可靠的。本次在工程区现场测试中选择了单回路系统。

单回路系统:首先将经高压检验的钻杆与封隔器连接起来,并将封隔器放置到压裂深度上,然后通过高压胶管将钻杆与地面高压泵相连,并以钻杆为导管向封隔器内加压,使两只封隔器同时膨胀,紧密地贴于孔壁上,形成封隔空间。再通过钻杆控制井下转换开关,使之封住封隔器进口道并切换到压裂段,继而对压裂段连续加压,直至将压裂段的岩石压裂,此后还要进行数次重张压裂循环,以便取得可靠的压裂参数。

水压致裂法的现场测试程序如下。

1) 选择试验段

试验段选取的主要依据是:根据岩芯编录、钻孔电视结果查校完整岩芯所处的深度位置及工程设计所要求的位置;为使试验能顺利进行,还要考虑封隔器必须放置在孔壁光滑、孔径一致的位置。为确保资料充分和满足技术合同要求,在钻孔条件允许的情况下应尽可能多选试验段。

2) 检验测量系统

在正式压裂前,要对测试所使用的钻杆及压裂系统进行检漏试验,一般试验压力不低于 15 MPa。为确保试验数据的可靠性,要求每个接头都不得有点滴泄漏,并对已试验钻杆进行编号,以便测试深度准确无误。另外,还要对所使用的仪器设备进行检验标定,以保证测试数据的准确性和可靠性。

3) 安装井下测量设备

用钻杆将一对可膨胀的橡胶封隔器放置到所要测量的深度位置。

4) 座封

通过地面的一个独立加压系统,给两个 1 m 长的封隔器同时增压,使其膨胀并与孔壁紧密接触,即可将压裂段予以隔离,形成一个封隔空间(即压裂试验段)。

5) 压裂

利用高压泵通过高压管线向被封隔的空间(压裂试验段)增压。在增压过程中,由于高压管路中装有压力传感器,记录仪表上的压力值将随高压液体的泵入而迅速增高,由于钻孔周边的应力集中,压裂段内的岩石在足够大的液压作用下,将会在最小切向应力的位置上产生破裂,也就是在垂直于最小水平主应力的方向开裂。这时所记录的临界压力值 $p_b$ 就是岩石的破裂压力,岩石一旦产生裂缝,在高压液体来不及补充的瞬间,压力将急剧下降。若继续保持排量加压,裂缝将保持张开并向纵深处延扩。

6) 关泵

岩石开裂后关闭高压泵,停止向测试段注压。在关泵的瞬间压力将急剧下降;之后,随着液体向地层的渗入,压力将缓慢下降。在岩体应力的作用下,裂缝趋于闭合。当裂缝处于临界闭合状态时记录到的压力即为瞬时关闭压力 $p_s$。

7) 卸压

当压裂段内的压力趋于平稳或不再有明显下降时,即可解除本次封隔段内的压力,连通大气,促使已张开的裂缝闭合。

8) 裂缝方位记录

在封隔段压裂测量之后即可进行裂缝方位的测定,以便确定最大水平主压应力的方向。常用的方法是定向印模法或钻孔电视方法。采用定向印模器时,应选择破裂压力明显的压裂段进行试验。

在测试过程中,每段通常都要进行 3~5 个回次,以便取得合理的应力参量,以准确判断岩石的破裂和裂缝的延伸状态。水压致裂测试程序如图 3-13 所示,水压致裂过程中所得到的压力-时间曲线如图 3-14 所示。

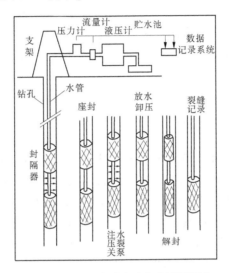

图 3-13　水压致裂法地应力测量程序

2. 数据分析方法

从如图 3-14 所示的压力-时间记录曲线中可直接得到岩石的破裂压力 $p_b$,瞬时关闭压力 $p_s$ 及裂缝的重张压力 $p_r$,根据这几个基础参数就可以计算出最大水平主应力 $S_H$ 和最小水平主应力 $S_h$ 及岩石的原地抗张强度 $T$。

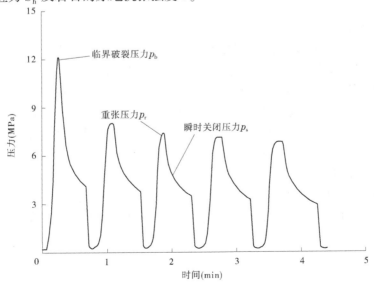

图 3-14　水压致裂应力测量记录曲线示例

各压力参数的判读及计算方法如下:

(1)破裂压力 $p_b$。一般比较容易确定,即把压裂过程中第一循环回次的峰值压力称为岩石的破裂压力(见图 3-14)。

(2)重张压力 $p_r$。$p_r$ 为后续几个加压回次中使已有裂缝重新张开时的压力。按照《水利水电工程岩石试验规程》(SL/T 264—2020),通常取压力-时间曲线上的最高点(见图 3-14)为破裂重新张开的压力值。为克服岩石在第一、二回次可能未充分破裂所带来的影响,和后几回次随着裂缝开合次数增加造成重张压力逐次变低的趋势,根据以往的经验通常取第三个循环回次的值为该测试段的重张压力值,或取第二、三、四循环回次的平均值。

(3)瞬时关闭压力 $p_s$。$p_s$ 的确定对于水压致裂应力测量非常重要。由式(3-60)可知,瞬时关闭压力 $p_s$ 等于最小水平主应力 $S_h$,也就是说水压致裂法可直接测出最小水平主应力值 $S_h$;另外,在计算最大水平主应力时,由于 $p_s$ 的取值误差可导致 $S_H$ 3 倍的计算误差,因而瞬时关闭压力的准确取值尤为关键。目前,比较常用和通行的 $p_s$ 取值方法有拐点法、单切线法、双切线法、$dt/dp$ 法、$dp/dt$ 法、Mauskat 方法、流量-压力法等。本次试验中,$p_s$ 的取值方法主要采用了常用的单切线方法,并根据 2003 年国际岩石力学学会试验方法委员会提出的建议,用上述其他方法进行校核,进行综合判读。

(4)孔隙压力 $p_0$。由式(3-63)可知,在计算最大水平主应力时,需要岩层的孔隙压力值。国内外大量的实际测量和研究表明,在绝大多数情况下,孔隙压力基本上等于静水压力。因此,在水压致裂法应力测量过程中,通常以测量段所处地下水位的静水压力作为该岩层的孔隙压力 $p_0$。

为保证测试顺利进行并取得可靠数据,测试严格按照相关的规范和要求进行,并对压力传感器和监测用压力表进行了严格标定和校验。

## 3.4.6　水面物探

### 3.4.6.1　方法原理

根据本次物探工作的任务和探测目的,取水口物探工作选用水上地震反射波法。地震反射的主要原理就是通过激发地震弹性波,利用检波器接收来自地层界面反射回来的地震波,通过电缆传输到宽频高灵敏度和大动态范围,宽频带和可选滤波,固有振动延续度尽可能小的接收设备(地震仪),然后通过处理手段消除干扰,提取有用信号。水上地震的原理也是一样的,只是多了上部的水体覆盖,在浅水域容易形成多次波干扰,需要对多次波进行压制处理(见图 3-15)。

### 3.4.6.2　测线布置

根据现场需要勘察的区域范围和水库地形的特点,共布置了 9 条垂直于库岸的测线,4 条顺河岸方向的测线,基本呈网格状,垂直库岸的测线间距在 200 m 左右。测线布置见图 3-16。

图 3-15　水上地震工作现场

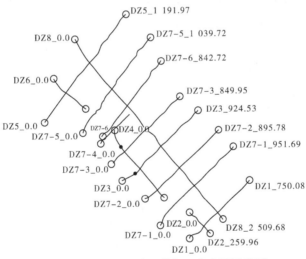

图 3-16　水库取水口物探工作布置示意图

水上地震反射波法物探应符合下列规定：

(1)进行导航定位,事先绘制好测线轨迹供航行探测导航使用,导航轨迹使用 RTK 差分定位仪。

(2)精确测量水听器和电火花震源中心的距离,并使用硬连接的方式确保间距不变。

(3)水听器和电火花震源距离船尾有足够的距离,不受船只发动机的影响。

(4)震源的气囊保持固定的气量,使震源入水的深度一致。

(5)船只匀速前进,保持时速 2~3 km,不突然加速,使浪花的干扰最小。

### 3.4.6.3　资料处理与解释

将地震数据导出后,利用水上地震系统的处理软件处理,首先进行带通滤波,主要滤掉电缆晃动、水波、发动机噪声的干扰,一般情况下选择 200~2 000 Hz 带通。滤波之后进行道内和道间能量均衡,确保深部弱信号能够识别出来,反射波能量均衡,便于追踪同相轴;如果地形有较大起伏,要进行偏移处理,使信号的反射波归位到真正的反射点。

震源激发的地震波在传播过程中遇到波阻抗界面发生反射,地面或水上的接收设备接收到来自检波器(水听器)的反射波。通过压制干扰、滤掉杂波、增强有效信号的能量,将信号偏移归位后,追踪反射波同相轴来拾取界面,拾取到的界面起伏也以时间的长短来表现,通过拾取地层速度,进行时—深转换,就可以得到反射界面的深度。反射界面可能有岩性分界面、断层上下盘、空腔溶洞等,根据反射波的特征进一步分析。

地震资料的解释是建立在波的阻抗理论基础上,电火花震源按照一定的频率发射振动信号,振动信号遇到波阻抗界面就会发生波的反射,根据反射波的特征和工区的地质资料,可以确定界面的属性。

### 3.4.6.4　成果分析

1. 测线 DZ1

垂直于库岸布置,测线长度 750.08 m,桩号 174 m 处和测线 DZ2 桩号 177 m 处相交,桩号 345 m 处与测线 DZ8 桩号 1 957 m 处相交。从库中向岸边探测,库底地形基本呈上升趋势,桩号 0~120 m 段地形有明显起伏,其余段平缓上升;覆盖层厚度相对较薄,深度范围为 1.76~6.39 m,靠近河岸段覆盖层较薄;弱风化基岩埋深 2.61~24.74 m,桩号 20~50 m 段埋深较深,靠近河岸段较浅。具体见图 3-17。

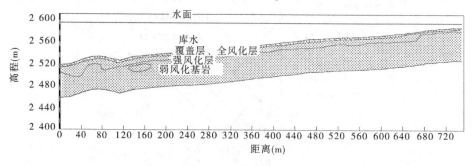

图 3-17　测线 DZ1 剖面

2. 测线 DZ2

平行于库岸布置,测线长度 259.96 m,桩号 177 m 处和测线 DZ1 桩号 174 m 处基本垂直相交。库底地形相对比较平缓,在桩号 20~40 m 处有一小山谷;覆盖层厚度相对较薄,深度范围为 1.57~8.01 m,最深段在桩号 43 m 左右;弱风化基岩埋深 3.91~16.00 m,最深段在桩号 51 m 左右。在桩号 130~158 m,高程 2 502~2 512 m 处有较强的反射,推测为破碎。具体见图 3-18。

3. 测线 DZ3

垂直于库岸布置,测线长度 924.53 m,桩号 190 m 处与测线 DZ4 桩号 418 m 处相交,桩号 437 m 处与测线 DZ8 桩号 1 216 m 处相交。从库中向岸边探测,库底地形没有明显

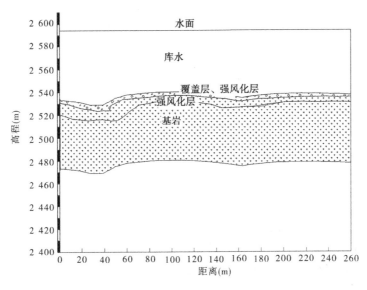

图 3-18　测线 DZ2 剖面

起伏,基本沿测线方向呈平缓上升趋势;覆盖层厚度相对较薄,深度范围为 1.11~5.61 m,测线的起点和终点段覆盖层较薄;弱风化基岩埋深 1.52~16.57 m,桩号 77~202 m 段埋深较深,靠近河岸段较浅。具体见图 3-19。

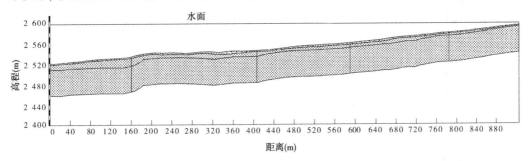

图 3-19　测线 DZ3 剖面

**4. 测线 DZ4**

平行于库岸布置,测线长度 748.89 m,桩号 418 m 处和测线 DZ3 桩号 190 m 处相交,桩号 211 m 处与测线 DZ7-3 桩号 161 m 处相交。库底地形有较小的起伏;覆盖层厚度相对较薄,深度范围为 2.45~8.45 m;弱风化基岩埋深 6.25~35.98 m,桩号 60~130 m、250~340 m、660~730 m 段埋深较深。具体见图 3-20。

**5. 测线 DZ5**

垂直于库岸布置,测线长度 1 191.97 m,桩号 318 m 处与测线 DZ6 桩号 162 m 处相交,桩号 657 m 处与测线 DZ8 桩号 240 m 处相交。从库中向岸边探测,库底地形没有明显起伏,基本沿测线方向呈平缓上升趋势;覆盖层厚度相对较薄,深度范围为 0.98~5.87 m,测线的终点段覆盖层较薄;弱风化基岩埋深 1.74~17.59 m,桩号 516~663 m 段埋深较深,靠近河岸段较浅。在桩号 118~305 m,高程 2 500~2 512 m 处有较强的反射同相轴,推测为破碎。

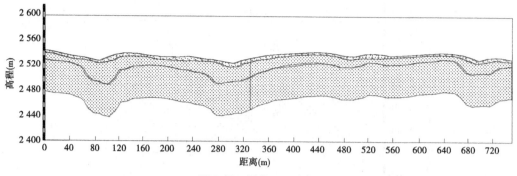

图 3-20　测线 DZ4 剖面

6. 测线 DZ6

平行于库岸布置,测线长度 391. 15 m,桩号 162 m 处和测线 DZ5 桩号 318 m 处相交。库底地形有较小的起伏,测线的中间段较高两端稍低;覆盖层厚度相对较薄,深度范围为 0. 73~3. 55 m;弱风化基岩埋深 2. 91~7. 01 m。具体见图 3-21。

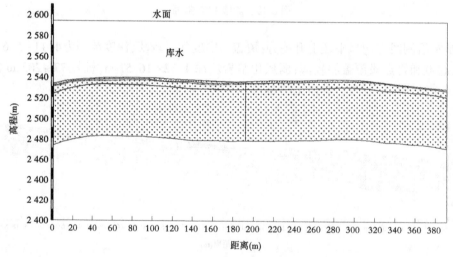

图 3-21　测线 DZ6 剖面

7. 测线 DZ7-1

垂直于库岸布置,测线长度 951. 69 m,桩号 461. 72 m 处与测线 DZ8 桩号 1 669 m 处相交。从库中向岸边探测,库底地形没有明显起伏,基本沿测线方向呈平缓上升趋势;覆盖层厚度相对较薄,深度范围为 0. 64~8. 51 m;弱风化基岩埋深 2. 91~24. 75 m,桩号 0~356 m 段埋深较深,靠近河岸段较浅。在桩号 204~240 m,高程 2 490~2 501 m 处有强弧形反射,推测为风化囊;在桩号 291~317 m,高程 2 501~2 509 m 处有强弧形反射,推测为风化囊。具体见图 3-22。

8. 测线 DZ7-2

垂直于库岸布置,测线长度 895. 78 m,桩号 197 m 处与测线 DZ4 桩号 658 m 处相交,桩号 466 m 处与测线 DZ8 桩号 1 466 m 处相交。从库中向岸边探测,库底地形没有明显起伏,基本沿测线方向呈平缓上升趋势;覆盖层厚度相对较薄,深度范围为 0. 85~6. 36 m;

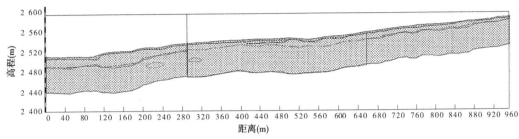

图 3-22   测线 DZ7-1 剖面

弱风化基岩埋深 3.91~27.34 m,桩号 0~292 m 段埋深较深,靠近河岸段较浅。具体见图 3-23。

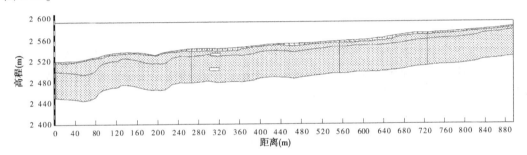

图 3-23   测线 DZ7-2 剖面

9. 测线 DZ7-3

垂直于库岸布置,测线长度 849.95 m,桩号 161 m 处与测线 DZ4 桩号 211 m 处相交,桩号 429 m 处与测线 DZ8 桩号 1 012 m 处相交。从库中向岸边探测,库底地形没有明显起伏,基本沿测线方向呈平缓上升趋势;覆盖层厚度相对较薄,深度范围为 1.50~8.13 m;弱风化基岩埋深 2.15~25.99 m,桩号 36~180 m 段埋深较深,靠近河岸段较浅。在桩号 326~347 m,高程 2 474~2 482 m 处存在弧形反射,推测为风化囊。具体见图 3-24。

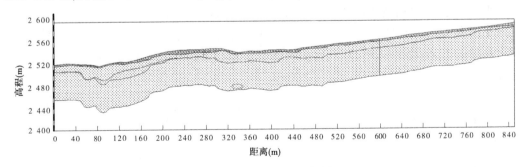

图 3-24   测线 DZ7-3 剖面

10. 测线 DZ7-4

垂直于库岸布置,测线长度 363.55 m。从库中向岸边探测,库底地形没有明显起伏,基本沿测线方向呈平缓上升趋势;覆盖层厚度相对较薄,深度范围为 1.37~6.92 m;弱风化基岩埋深 5.56~15.06 m。具体见图 3-25。

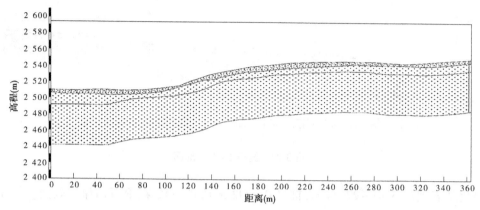

图 3-25　测线 DZ7-4 剖面

**11. 测线 DZ7-5**

垂直于库岸布置,测线长度 1 039.72 m,桩号 470 m 处与测线 DZ8 桩号 545 m 处相交。从库中向岸边探测,库底地形没有明显起伏,基本沿测线方向呈平缓上升趋势;覆盖层厚度相对较薄,深度范围为 0.66~7.82 m;弱风化基岩埋深 2.09~17.93 m。具体见图 3-26。

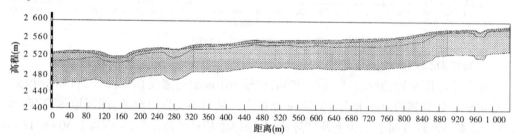

图 3-26　测线 DZ7-5 剖面

**12. 测线 DZ7-6**

垂直于库岸布置,测线长度 842.72 m,桩号 351 m 处与测线 DZ8 桩号 743 m 处相交。从库中向岸边探测,库底地形没有明显起伏,基本沿测线方向呈平缓上升趋势;覆盖层厚度相对较薄,深度范围为 1.29~11.51 m;弱风化基岩埋深 2.24~17.43 m。具体见图 3-27。

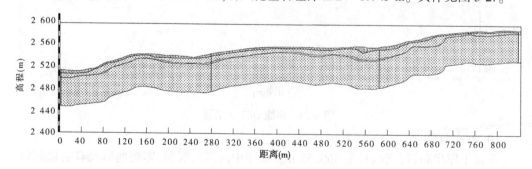

图 3-27　测线 DZ7-6 剖面

13. 测线 DZ8

平行于库岸布置,测线长度 2 509.68 m,和垂直库岸布置的测线 DZ1、DZ3、DZ5、
DZ7-1、DZ7-2、DZ7-3、DZ7-5、DZ7-6 相交,库底地形稍有起伏,在桩号 220~280 m、
400~460 m、630~720 m 有明显的沟槽;覆盖层厚度相对较薄,深度范围为 1.11~5.05 m;
弱风化基岩埋深 3.98~27.44 m。

# 3.5 勘察成果分析

## 3.5.1 隧洞断层带分析

隧洞区地处祁连山、青海南山—拉脊山两大山系的交接处,区域大地构造上属祁连加
里东皱褶系和柴达木准地台两大地质构造单元,区内构造线方向主要以 NWW 向和 NNW
向为主,构造较为复杂。沿线相交各种规模断层 17 条,与隧洞相交的主要断裂见表 3-7,
其中与本工程密切相关、规模较大、具活动性的主要有 8 条,分别为多隆沟断裂(F1)、青
海南山北缘断裂(F2)、倒淌河—循化断裂(F3)、哈城断裂(F4)、拉脊山南缘断裂(F5)、拉
脊山北缘断裂(F6)、雪隆—拉盘断裂(f8)、隆和—折欠断裂(f11)。其中,4 条区域活动断
裂(F2、F3、F5、F6)存在发生 7 级地震的构造条件,对引水主干线有一定影响,建议考虑抗
断设防。另外 2 条活动断裂(f8、f11)为拉脊山北缘断裂(F6)的分支断裂,活动性较弱,根
据相关规范,可不考虑地震引起的地表断错设防。

表 3-7 与隧洞相交的主要断裂性状

| 断裂编号 | 断裂名称 | 近场区长度(km) | 走向 | 倾向 | 性质 | 断层及影响带宽度(m) | 最新活动时代 | 引水线路相交部位 |
|---|---|---|---|---|---|---|---|---|
| F1 | 多隆沟断裂 | 18 | NNW | SW | 正断层 | 200 | $Q_{1-2}$ | 北段 |
| F2 | 青海南山北缘断裂 | 81 | NW | SW | 逆断层 | 400 | $Q_3$ | 东段 |
| F3 | 倒淌河—循化断裂 | 150 | NWW | NE | 逆断层 | 350 | 西段 $Q_3$ 东段 $Q_2$ | 西段 |
| F4 | 哈城断裂 | 5 | 近 EW | S | 逆断层 | 200 | $Q_{1-2}$ | 西段 |
| f5 | 窑台—卧事土断裂 | 16 | NWW | SW | 逆断层 | 100 | $Q_{1-2}$ | 东段 |
| F5 | 拉脊山南缘断裂 | 220 | 近 EW-NWW | NE | 逆冲左旋走滑 | 600 | $Q_3$ | 西段 |
| f6 | 拉脊山主脊断裂 | 32 | 近 EW-NWW | SW | 正断层 | 200 | $Q_{1-2}$ | 西段起始 |
| F6 | 拉脊山北缘断裂 | 230 | NWW | SW | 逆冲左旋走滑 | 500 | $Q_3$ | 西段 |
| f8 | 雪隆—拉盘断裂 | 20 | NWW | S | 逆断层 | 150 | $Q_3$ | 西段 |
| f11 | 隆和—折欠断裂 | 20 | NWW | S | 正断层 | 150 | $Q_3$ | 东段 |

#### 3.5.1.1 多隆沟断裂(F1)

该断裂沿多隆沟呈舒缓波状展布,总体走向 347°,倾向南西,倾角 45°~60°,全长约 18 km,为正断层,引水隧洞在北段穿越该断裂。

该断层在龙羊峡整当家寺东出露地表,可见花岗岩与下更新统砂砾石层直接接触。花岗岩中可见宽数米的破碎带,更新统则陡立、影响带宽达百米。

在黄河北岸的下多隆沟村西,见花岗岩与新近系砾岩直接接触,破碎带宽达 60 余米,带内可见斜向擦痕的小断面,断面产状为 265°∠50°,该断裂 CSAMT 物探测试剖面成果如图 3-28 所示。

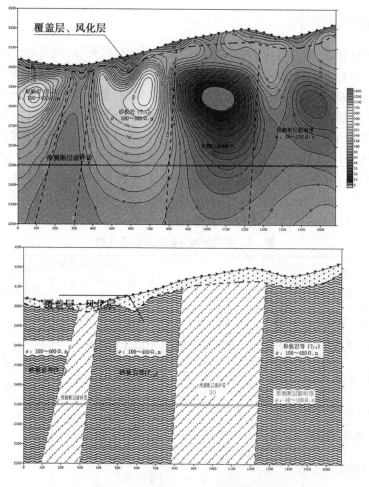

**图 3-28　多隆沟断裂(F1)物探测试剖面**

野外未见该断裂对多隆沟Ⅰ、Ⅱ阶地砂砾石层有扰动现象。断裂沿线卫星影像没有发现线性特征,也未发现冲沟位移现象。该断裂与引水隧洞于桩号 T13+600 左右相交。

#### 3.5.1.2 青海南山北缘断裂(F2)

该断裂为一多期活动的区域性深断裂,西起黑马河西,向东沿青海南山北缘与青海湖之间延至黄河边罗汉堂,并控制着青海湖盆地的形成与发展。总体呈 NW 向,突出的 S 形展布,全长 160 多 km,近场区内为该断裂的东段,长约 81 km。

断裂在卫星影像上断续出现,据钻探及物探资料,断裂南侧的三叠系及前三叠系向北逆冲到中—上更新统之上,青海湖渔场西见到上更新统湖相地层在断裂附近发生强烈揉皱并有次级逆冲断层发育,水系有左旋迹象。最新浅层物探资料证实,该断裂倾向 SW 或 S,具逆冲性质,在倒淌河附近断裂断至距地表 7.0 m 的上更新统中部($Q_3^2$)地层。

引水线路与该断裂交汇点地面在东卫一队南省道 210 拐弯处附近,可见断裂形成的槽谷地貌,槽谷西侧为晚更新统粉砂和细砂堆积物,东侧则为三叠系砂岩(见图 3-29)。东侧三叠系砂岩高出西侧晚更新统约 5 m,表现为逆冲性质。东侧晚更新统地层上覆盖全新统砂丘。该断裂 CSAMT 物探测试剖面成果如图 3-30 所示。

图 3-29　东卫一队南断裂通过处地貌(镜向北北西)

在省道 210 与县道 309 交会处以南,该断裂沿沟谷展布,沟谷两侧的早更新统台地东侧高、西侧低(见图 3-31),表明断裂具有逆冲性质;断裂通过处附近的三叠系砂岩和板岩较破碎,两侧地层产状陡立。综合认为,该断裂为晚更新世活动断裂。

引水主干线与青海南山北缘断裂地面交点位于东卫一队南省道 210 拐弯处附近(见图 3-32),交角约 65°,其与引水隧洞相交于桩号 T21+000 左右。

### 3.5.1.3　倒淌河—循化断裂(F3)

该断裂西起倒淌河以北的黑山城,向东经阿什贡、扎马山东缘、循化南山北缘到甘肃的韩集南,走向北西 290°~320°,倾向南西,倾角 40°~60°,全长 150 km,性质为逆冲断层。工程区所属的西段断裂西起倒淌河西北黑山城,沿南东东走向过索日格北、甘家、贵德国家地质公园大门,到黄河一带终止于贵德断裂,倾向北东,以挤压逆冲为主,兼有左旋走滑。

该断裂在倒淌河一带被晚更新统沉积物覆盖,最新浅层物探资料证实,该断裂与青海南山北缘断裂一起挟持着倒淌河谷地堑,断裂断至距地表 7.0 m 的上更新统中部($Q_3^2$)地层,地表断裂通过处未发现明显的陡坎或槽谷地貌,卫星影像也未发现明显的线性特征,表明断裂晚更新世晚期以来已不活动。

断裂在倒淌河镇尕孔塘附近穿过引水主干线,在尕孔塘村断面调查可见三叠纪青灰色板岩逆冲在第三纪(N)紫红色砂岩之上(见图 3-33),地貌上形成一垭口。

断裂在尕孔塘村一带南侧为三叠系砂岩组成的低山,山前发育清晰的断层三角面,断层线性特征明显[见图 3-34(a)],断裂通过的盆地内地势平坦,没有发现线性槽谷或陡坎[见图 3-34(b)],盆地东侧为中更新统冰川堆积台地,地面平缓,没有发现明显的槽谷或陡坎地貌[见图 3-34(c)]。该台地上的卫星影像也未见明显的线性影像,表明断裂在中

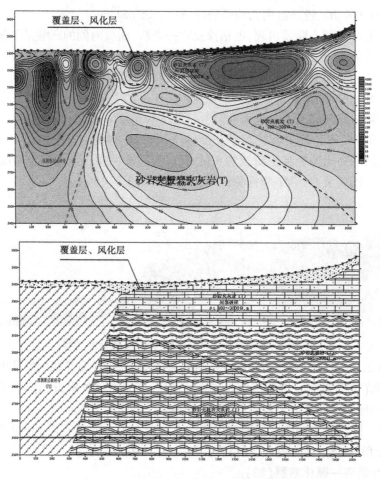

图 3-30　青海南山北缘断裂(F2)物探测试剖面

图 3-31　青海南山北缘断裂沟谷展布

更新统冰川堆积台地形成以来活动微弱。综上所述,倒淌河—循化断裂西段为晚更新世早期活动断裂。

　　该断裂物探测试剖面成果见图 3-35。引水主干线与倒淌河—循化断裂交点位于尕孔塘附近(见图 3-36),与引水隧洞于桩号 T27+600 左右相交。

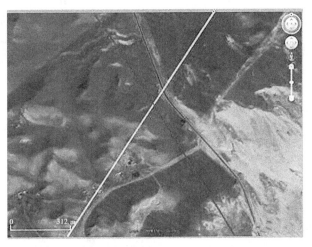

图 3-32　引水主干线与青海南山北缘断裂交汇处平面图

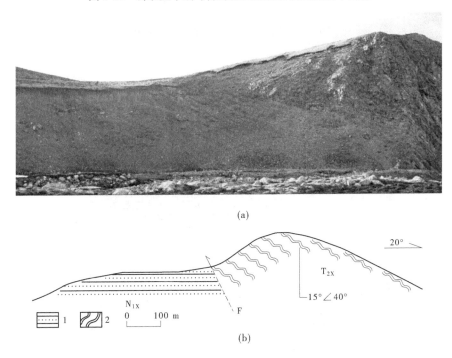

(a)

(b)

图 3-33　断层出露剖面图

#### 3.5.1.4　哈城断裂(F4)

　　该断裂西起南响河右岸,向东经尖沟、雪沟,东端在石沙沟与卧事土断裂相交,走向近东西转北东东,倾向南,全长约 5 km,断裂西段在尖沟右岸穿过引水主干线。

　　尖沟与雪沟汇合处一带,山前堆积有晚更系冰水堆积台地,调查通过处显示为垭口地貌,东侧元古代浅灰色变质岩逆冲到西侧侏罗系紫红色细砂岩与粉细砂岩互层之上(见图 3-37)。东侧断裂通过处附近的上盘台地面平直,没有发现变形现象,表明断裂晚更新世以来已不再活动,认为该断裂为早中更新世断裂。

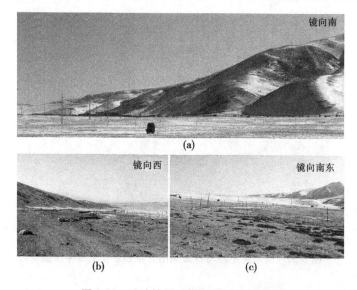

图 3-34　尕孔塘村一带断裂通过处地貌

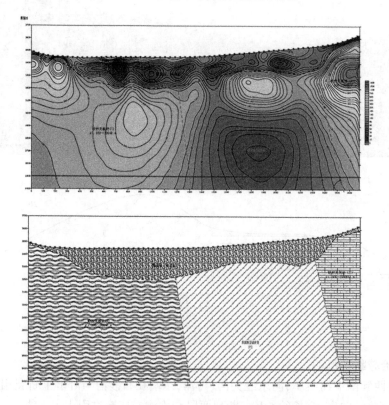

图 3-35　倒淌河—循化断裂(F3)物探测试剖面

　　引水主干线与哈城断裂交点位于日月乡哈城村东南,推测其与引水隧洞相交于桩号
T44+500 左右。

图 3-36　引水主干线与倒淌河—循化断裂交汇处平面图

图 3-37　尖沟与雪沟汇合处一带断层地貌(虚线为断裂位置)

#### 3.5.1.5　拉脊山南缘断裂(F5)

拉脊山南缘断裂西起日月山垭口的克素尔村,向东经青阳山、扎巴镇、沿洛忙沟和总洞,终止于临夏大河家以南的积石山前,长约 220 km。断裂西段在小茶石浪村东冲沟右岸山坡穿过引水主干线。

根据前期研究结果、卫星影像解译和野外地质调查,该断裂由多条规模不等的次级断裂组成,从西到东其总体走向由 EW 向转为 NNW 向,断裂西段(千户村以西)多为槽状负地形,控制着第四系松散堆积;断裂东段(千户村以东)则多为直线状陡壁断崖。纵观断裂全貌,断裂以北为高耸的拉脊山,海拔 4 000 多 m,为强烈的基岩隆起区,断裂以南则为低缓的贵德、化隆盆地。

克素尔村至青阳山一带,特别是从克素尔村及其东侧 10 km 一带,卫星影像线性特征清晰。青阳山以西,断裂从高山上通过,形成多个断层垭口,且多条大沟被左旋断错,断错位移为几十米至几百米。

据小茶石浪村内现场调查,拉脊山南缘断裂断层活动在地貌上形成槽谷,槽谷宽约 300 m;震旦系地层白云岩逆冲在白垩纪紫红色砂岩之上(见图 3-38)。

该断层通过处横切近东西向冲沟,冲沟发育 2 级阶地,I 级阶地拔河约 0.5 m,II 级阶地拔河高度为 4~5 m,断层经过处冲沟 I 级阶地平坦,未见变形迹象,冲沟 II 级阶地被

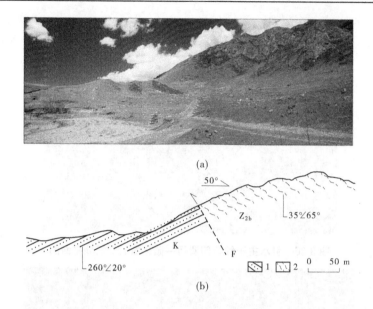

**图 3-38　小茶石浪村断层通过地貌**

断层错开。现场实测剖面揭示断层断错了层⑤、层⑥砾石层,断距约 20 cm,沿断层可见砾石定向排列,见图 3-39,其上覆层④砾石层未被断错。综上所述,拉脊山南缘断裂为晚更新世晚期活动断裂,活动性质是以挤压逆冲活动为主兼具左旋走滑。

1—表层土;2—阶地砂层;3—阶地砾石层;4—崩积楔

**图 3-39　拉脊山南缘断裂阶地断层剖面**

　　野外地质测绘及物探测试剖面成果见图 3-40,引水主干线与拉脊山南缘断裂交点位于日月乡小茶石浪村东附近山前半坡(见图 3-41),推测其与自流方案一隧洞相交于桩号 T51+500 左右。

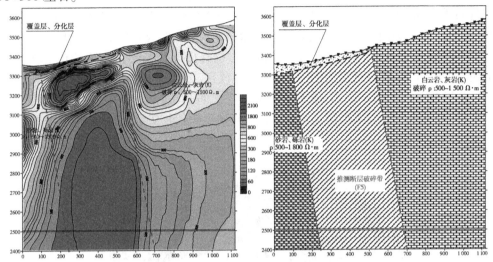

**图 3-40　拉脊山南缘断裂物探测试剖面**

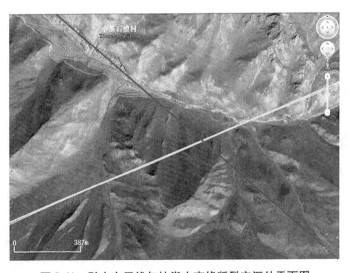

**图 3-41　引水主干线与拉脊山南缘断裂交汇处平面图**

### 3.5.1.6　拉脊山北缘断裂(F6)

　　拉脊山北缘断裂西起日月山垭口的山根村,向东沿拉脊山北缘的青石坡、石壁沿、红崖子、峡门到临夏的大河家镇以南止,全长约 230 km,自西向东其走向由 N60°W 转变为近 EW、NNW 向,断面总体倾向 SW,倾角 45°~55°,性质以挤压逆冲为主,局部地段有左旋走滑的形迹。该断裂南侧为高耸的拉脊山(海拔 4 400 余 m),北侧为相对低缓的西宁—民和盆地(海拔 1 900~2 900 m),地貌上高差显著,为典型的盆山边界断裂。

　　前期资料认为断裂在青石坡以西(约 30 km)有一定的线性特征,断裂通过处可见水系同步拐弯和山脊断错现象,断距为几十米至几百米,为晚更新世活动段。青石坡以东断裂性质以挤压逆冲为主,然而线性特征较差,多呈舒缓的波状,强烈的高山隆起与低缓的盆地凹陷形成鲜明的对比,前古近纪地质体逆冲到红色新近纪红层之上,反映了强烈的挤压逆冲特性,同时在第四纪坡洪积物上残存有较宽大的断层陡坎及断裂沟谷等,显示出断裂晚第四纪(主要为晚更新世)的新活动性(涂德龙等,1997;袁道阳等,2005)。

据和平乡堂堂村以北 1.5 km 处现场调查,拉脊山北缘断裂横切沿线南北向冲沟,并在冲沟两岸形成槽谷地貌(见图 3-42),在该区域用无人机对地貌进行了航拍测绘,形成了 DEM 地貌影像,断层经过处线性特征明显[见图 3-42(c)]。该冲沟发育 3 级阶地,断层通过处 T1 级阶地平坦,未见断错现象,冲沟左岸 T2 级阶地被断错[见图 3-42(b)、(d)]。

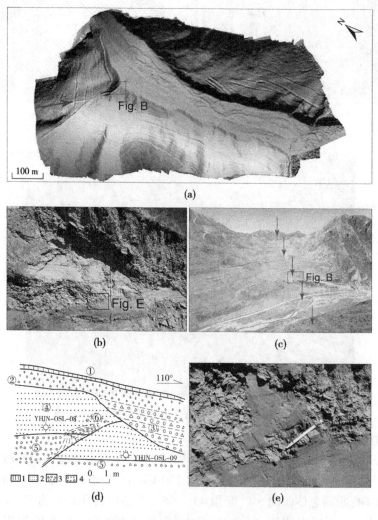

1—表层土;2—阶地砂层;3—砾石层;4—崩积楔

**图 3-42　堂堂村以北拉脊山北缘断裂剖面**

综上所述,拉脊山北缘断裂活动性质以挤压逆冲为主,具有一定的左旋走滑分量,为晚更新世活动断裂。

野外地质测绘及物探测试剖面成果见图 3-43,引水主干线与拉脊山北缘断裂相交于湟源县和平乡堂堂村附近(见图 3-44),推测其与自流方案一隧洞相交于桩号 T54+700 左右。

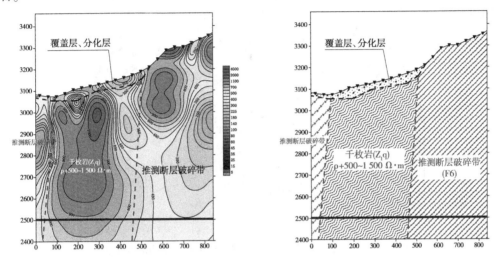

图 3-43　拉脊山北缘断裂物探测试剖面

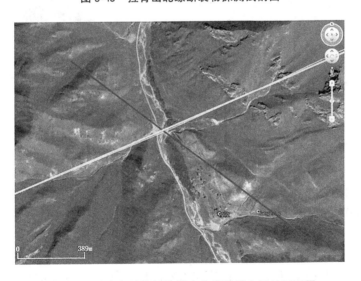

图 3-44　引水主干线与拉脊山北缘断裂交汇处平面图

### 3.5.1.7　雪隆—拉盘断裂(f8)

该断裂为拉脊山北缘断裂(F6)的分支断裂,该断裂西起雪隆村一带,向东经大北湾村南、折欠村南,终止于占林沟村西南山前,走向北西西,倾向南,全长约 20 km,走向北西西,倾向北,倾角 50°~60°,为逆断层。断裂西段在沿西岔村西南 4 km 处的冲沟谷地内穿过引水主干线。

雪隆村至大北湾村一带,卫星线性影像清晰,为断裂形成的陡坎和平台。卫星影像显示,断裂穿过的一系列冲沟上下游不协调,上游冲沟细小、下游冲沟宽广(见图 3-45),表明断裂对冲沟发育造成了影响,揭示断裂晚更新世以来仍在活动。雪隆村可见断层陡坎一侧(南侧)为石灰岩、平台一侧(北侧)为碎屑岩(见图 3-46)。断裂通过处沟谷两侧的第四系堆积物中没有发现陡坎或槽谷地貌,表明断裂全新世以来已不活动。综上所述,该断裂带为晚更新世活动断裂,活动性质以挤压逆冲为主。

图 3-45　大北湾村至雪隆村一带卫星影像(箭头所指为断层位置)

图 3-46　雪隆村东断层地貌(镜向东,箭头所指为断层位置)

引水主干线与雪隆—拉盘断裂交点位于西岔村西南附近,其地下与引水隧洞相交约在桩号 T57+500 左右。

### 3.5.1.8　隆和—折欠断裂(f11)

该断裂西起药水村东,向东经草沟村、西岔村南、折欠村,终止于大磨石沟村西,走向北西西,倾向南,全长约 20 km,断裂西段在沿西岔村东南 2.3 km 处的冲沟谷地内穿过引水主干线。隆和村南,断裂通过处的白水河Ⅱ级阶地没有发现变形现象(见图 3-47)。

雪隆村南,断裂通过处的冲沟Ⅱ级阶地下部可见断层出露(见图 3-48)。在该处公路揭露的冲沟Ⅱ级阶地剖面上[见图 3-48(a)],剖面上部的砾石层和黏土碎石层连续完整,下部的砂层、黏土含砾层和砾石层在断层通过处两侧明显不同,在断层通过处的右侧阶地下部的砾石层、中粗砂层、黏土碎石层均往下部弯曲[见图 3-48(b)],远离断层则变平缓,表明断裂在Ⅱ级阶地下部地层堆积后发生过逆冲运动,而在上部砾石层堆积后已不活动,

**图 3-47　隆和村南断裂通过处的冲沟 Ⅱ 级阶地（镜向南东）**

即断裂在晚更新世晚期仍在活动,而全新世以来已停止活动。综上所述,该断裂为晚更新世活动断裂,活动性质以挤压逆冲为主。

**图 3-48　雪隆村南断层地貌与剖面（箭头所指为断层位置）**

设计引水主干线与隆和—折欠断裂交点位于西岔村南附近,其与引水隧洞相交于桩号 T60+900 左右。

### 3.5.1.9　窑台—卧事土断裂(f5)

该断裂西北起窑台村西北上乌斯图一带,向南东经日月乡、卧事土村,东南终止于狼窝台南,走向近北西,倾向北东,全长约 16 km,断裂东段在卧事土村东穿过引水主干线桩号约 T48+820。

卧事土村一带,断裂通过处的新近系为垭口地貌(见图 3-49 左),其上覆的冲沟两侧的多级阶地也没有发现变形现象(见图 3-49 右),表明断裂晚更新世以来已不再活动。

日月乡一带,断裂穿过药水河,进入窑台村所在的冲沟。断裂在通过南响河时,没有发现对两岸的阶地造成变形现象。断裂在窑台村所在冲沟内也未见冲沟堆积阶地有构造变形现象。综合认为该断裂是早中更新世断裂。

### 3.5.1.10　拉脊山主脊断裂(f6)

在拉脊山南缘断裂和北缘断裂之间的拉脊山主脊,发育一系列逆冲断裂,这些断裂与拉脊山南缘断裂和北缘断裂斜交,主要活动时代应为拉脊山隆升时期。晚更新世以来,拉脊山地区的主要运动集中到南北两侧的南缘断裂和北缘断裂上,发育主脊范围内的断裂活动明显减弱,基本已不再活动。

图 3-49　卧事土村一带断层地貌(箭头所指为断裂位置)

拉脊山主脊断裂带西起克素尔村东,向东经堂堂南、柏水峡、白石头沟,烂弥湾附近终止于拉脊山北缘断裂,总体走向北西西,倾向南,全长约 32 km,断裂西段在南岔沟右岸一带横穿引水主干线桩号约 T53+000。

堂堂一带,断裂卫星线性影像清晰(见图 3-50 上)。堂堂南左岸的次级冲沟中,断裂通过处次级的冲沟 Ⅰ、Ⅱ 级阶地没有发现变形现象[见图 3-50(b)]。断裂在基岩中形成低洼槽谷,槽谷内堆积第四系冲洪积物,前缘堆积冲沟的 Ⅳ 级阶地(拔河高 40 m 左右)。前缘阶地堆积物与前古近纪基岩呈不整合接触。该处基岩受断裂影响严重破碎[见图 3-50(a)],断裂带被 Ⅳ 级阶地覆盖,阶地中的砂层和砾石层平缓,没有发现变形现象。依据前期资料,冲沟 Ⅰ 级阶地为全新世堆积物、Ⅱ 级阶地为晚更新世晚期堆积物、Ⅲ 级阶地形成于晚更新世中期、Ⅳ 级阶地形成于晚更新世中期之前。可以确定,断裂在晚更新世中期以来已不活动。该处断裂西北卫星线性影像清晰之处[见图 3-50(c)],为断裂形成的陡坎和平台,卫星影像显示,断裂穿过的一系列冲沟和山脊均未发生左旋位错现象,表明断裂与邻近的拉脊山北缘断裂运动特征不同,晚更新世以来可能已不再活动。

综合认为,拉脊山主脊断裂的最新运动特征与邻近的北缘或南缘断裂不一致,且没有对上覆第四系堆积物造成影响,也未造成横穿断裂的冲沟位错,为早中更新世断裂。

## 3.5.2　隧洞地应力分析

在工程区共已开展了 3 个钻孔的地应力测试工作,钻孔编号为 SZK03、SZK05 和SZK10。其中 SZK05 钻孔开展了 5 段压裂测量,SZK03 钻孔开展了 8 段压裂测量,SZK10钻孔开展了 2 段压裂测量,各测试段的曲线线型良好,如图 3-51～图 3-53 所示,各个试验段内的破裂压力、重张压力及闭合压力在各个循环清晰可见,重复性较好。因此,根据重张压力和闭合压力分别计算出各测段处的最大水平主应力值和最小水平主应力值。

按照理论计算求得破裂压力值 $p_b$、重张压力值 $p_r$ 和瞬时关闭压力值 $p_s$,并计算出最大水平主应力 $S_H$、最小水平主应力 $S_h$ 及岩石的抗拉强度 $T$。同时,根据 SZK03、SZK10 钻孔的岩石密度(暂取 2.60 g/cm³)和上覆岩层的厚度,按公式估算,给出了各测段的垂直主应力 $S_v$ 值。测试段均位于地下静水位以下,故孔隙水压力 $p_0$ 按静水压力计算。详细结果见表 3-8。

图 3-50　堂堂南拉脊山主脊断层地貌(箭头为断裂位置)

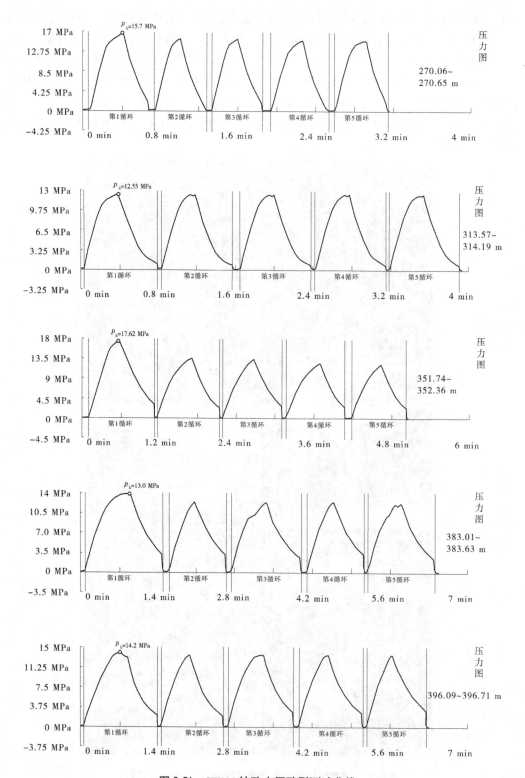

图 3-51   SZK05 钻孔水压致裂测试曲线

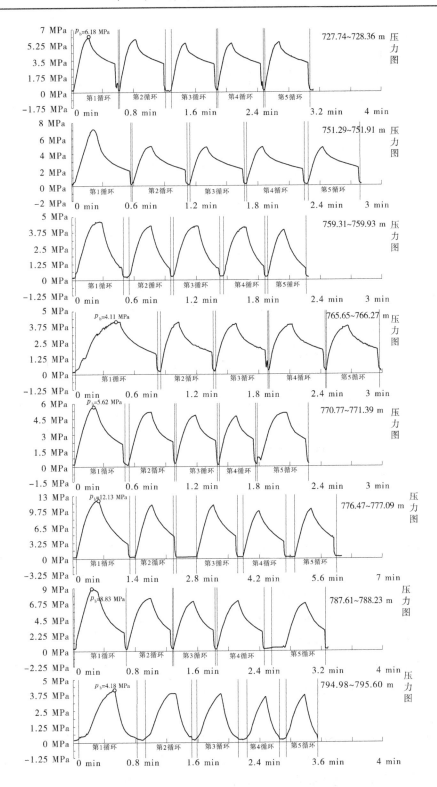

**图 3-52　SZK03 钻孔水压致裂测试曲线**

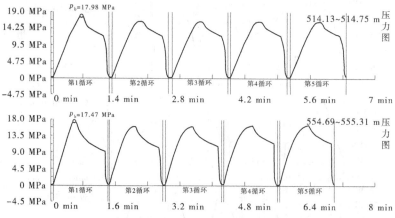

图 3-53　SZK10 钻孔水压致裂测试曲线

表 3-8　钻孔水压致裂应力测量结果

| 钻孔 | 测试段深度 (m) | 压裂参数（MPa） | | | | | 应力值（MPa） | | | 侧压力系数 | $S_H$ 方向 |
|---|---|---|---|---|---|---|---|---|---|---|---|
| | | $p_b$ | $p_r$ | $p_s$ | $p_0$ | $T$ | $S_H$ | $S_h$ | $S_v$ | | |
| SZK03 | 727.74~728.36 | 13.31 | 12.72 | 11.85 | 6.85 | 0.59 | 15.98 | 11.85 | 18.55 | 0.86 | N79°E |
| | 751.29~751.91 | 14.52 | 12.28 | 11.37 | 7.08 | 2.24 | 14.75 | 11.37 | 19.15 | 0.77 | |
| | 759.31~759.93 | 12.04 | 11.65 | 10.05 | 7.16 | 0.39 | 11.34 | 10.05 | 19.36 | 0.59 | |
| | 765.65~766.27 | 11.62 | 11.46 | 10.98 | 7.23 | 0.16 | 14.24 | 10.98 | 19.52 | 0.73 | |
| | 770.77~771.39 | 13.18 | 12.46 | 11.30 | 7.28 | 0.72 | 14.17 | 11.30 | 19.65 | 0.72 | |
| | 776.47~777.09 | 19.74 | 18.28 | 16.76 | 7.33 | 1.46 | 24.66 | 16.76 | 19.79 | 1.25 | |
| | 787.61~788.23 | 16.55 | 14.94 | 12.93 | 7.44 | 1.61 | 16.42 | 12.93 | 20.08 | 0.82 | |
| | 794.98~795.60 | 11.97 | 11.55 | 9.64 | 7.51 | 0.42 | 9.85 | 9.64 | 20.26 | 0.49 | |
| SZK05 | 270.06~270.65 | 19.36 | 18.10 | 11.44 | 2.65 | 1.26 | 13.57 | 11.44 | 6.89 | 1.97 | |
| | 313.57~314.19 | 15.40 | 11.20 | 3.08 | 15.40 | 0.33 | 15.12 | 11.20 | 8.00 | 1.89 | |
| | 351.74~352.36 | 21.05 | 16.69 | 12.23 | 3.45 | 4.36 | 16.56 | 12.23 | 8.97 | 1.85 | |
| | 383.01~383.63 | 17.67 | 16.18 | 13.15 | 3.76 | 1.49 | 19.53 | 13.15 | 9.77 | 2.00 | |
| | 396.09~396.71 | 18.07 | 17.49 | 14.55 | 3.88 | 0.58 | 22.29 | 14.55 | 10.10 | 2.21 | |
| SZK10 | 514.13~514.75 | 23.02 | 21.25 | 19.57 | 5.04 | 1.77 | 32.42 | 19.57 | 13.11 | 2.47 | N61°E |
| | 554.69~555.31 | 22.91 | 21.57 | 20.31 | 5.44 | 1.34 | 33.93 | 20.31 | 14.14 | 2.40 | |

　　从表 3-8 可以看出，SZK03 钻孔区域的最大水平主应力 $S_H$ 的方向为 N79°E，SZK10 钻孔区域的最大水平主应力 $S_H$ 的方向为 N61°E。试验结果表明，2 个钻孔附近应力场具有一定的统一性，测区现今水平应力场状态以 NNE 向挤压为主。

　　3 个钻孔区域的总体应力规律具有较大差异。具体表现在 SZK03 钻孔附近应力规律

满足 $S_v > S_H > S_h$，以自重应力为主；SZK05 和 SZK10 钻孔附近应力规律满足 $S_H > S_h > S_v$，以水平构造应力为主。试验结果表明工程区的应力存在一定的差异，其中 SZK10 钻孔附近的水平构造应力明显强于 SZK03 和 SZK05 钻孔代表的工程区域。3 个钻孔应力量值水平具有较大的差异，进一步说明工程建设区域的地质构造作用较为复杂，由于 3 个测孔数据较少，对区域应力场做出评价时，需要更多测试数据的支撑。

　　为更好地反映工程区的应力特征，绘制 SZK03 和 SZK05 钻孔的应力-深度曲线如图 3-54 和图 3-55 所示，对应力测试数据进行回归分析，得到应力量值与深度 $H$ 的回归方程如式（3-66）和式（3-67）所示。从图 3-54 和图 3-55 可以看出，应力量值与深度呈现一定的线性关系，随着深度增加应力量值随之增大，即深度与应力量值正相关，符合普遍的地壳应力场特征。

$$\left.\begin{aligned} S_H &= 0.062\,4H - 31.681 \\ S_h &= 0.044\,0H - 21.416 \end{aligned}\right\} \qquad (3\text{-}66)$$

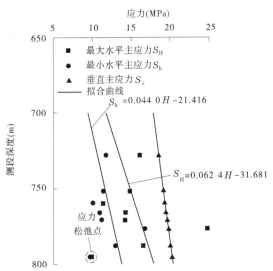

图 3-54　SZK03 钻孔水压致裂试验应力—深度曲线

$$\left.\begin{aligned} S_H &= 0.064\,0H - 4.551 \\ S_h &= 0.023\,3H + 4.535 \end{aligned}\right\} \qquad (3\text{-}67)$$

### 3.5.3　隧洞地下水分析

#### 3.5.3.1　地下水分布规律

　　工程区各类地下水在空间的赋存分布呈现着一定的规律性。海拔 3 800 m 以上的中山、高山区广泛发育着寒土、冻土和冻岩。强烈的寒冻风化剥蚀作用使各种基岩受到程度不同的破坏，其岩屑残留堆积在一些平缓的分水高地、古冰斗、山间宽谷及山前地带。这些松散堆积物的空隙、孔隙为地下水的赋存提供了空间。地下水的存在为冻土、冻岩的发育形成提供了水分条件。这里的地下水在浅部 10~20 m 深度内有液相、固相的季节性或多年性的相态变化。在岛状分布的多年冻土区存在着赋存于基岩裂隙和松散岩层孔隙中

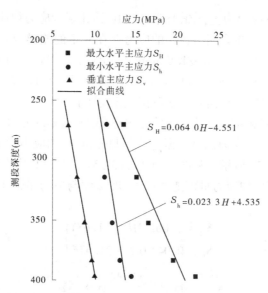

图 3-55　SZK05 钻孔水压致裂试验应力—深度曲线

的冻结层水。

**1. 第四系松散岩类孔隙水分布**

河谷结构特征在很大程度上控制着河谷潜水含水层分布、埋藏及补给、排泄条件。含水层两侧及底部多以砂泥质含量较高的白垩系、第三系红层为隔水边界。盆地边缘地带的河谷多以内叠阶地为主，松散碎屑沉积层较厚，利于地下水的赋存和富集。盆地中部，河流中下游地段河谷阶地类型为基座阶地，地下水主要赋存于河漫滩、I 级阶地及古河道分布区。

河谷地带第四系松散沉积物的厚度与松散岩类孔隙潜水含水层的厚度并不都是正相关。这种现象是高原地区河谷潜水在分布、埋藏方面的一大特点。区域资料中有不少钻孔揭露了厚度较大的第四系，而含水层厚度很薄。如民和东垣 33 号孔揭露的第四系厚度 47.92 m，而含水层厚度只有 5.58 m。这种情况多出现在被河流深切的山前及河谷较高级别的基座阶地上。

工程区虽然广泛分布着第四系松散岩层，但是对松散岩类孔隙水赋存有利的地段仅局限于各盆地边缘的山前平原及河谷平原地带。这些地带主要发育着较厚的砂砾卵石及含有黏土的卵砾石等粗碎屑物质。在以隆升为主的挽近构造作用下，它们在垂向上虽然呈粗细粒物质交变的多层结构，但均未能形成松散岩类承压自流水的蓄水构造，所以工程区松散岩类孔隙水主要是孔隙潜水。

被夹持在黄河、湟水河干支流间的黄土、红岩低山丘陵区的松散岩层主要是厚薄不一的黄土及下伏的中、晚更新世冰碛、冰水及冲洪积砂砾卵石层。它们在切割程度上的强弱影响着地下水的赋存。一般来说，在靠近盆地边缘的宽谷浅沟梁状低山丘陵地区，当补给条件较好时，在沟脑的宽谷、掌形、杖形地的松散岩层及红层风华带内赋存有较丰富的孔隙潜水。但在盆地的中部及黄河、湟水、大通河干流附近的深沟梁峁低山丘陵区，沟谷深切常切穿黄土及下伏的松散岩层，并把它们分割得支离破碎，破坏了地下水的赋存条件，不少地段的松散岩层成为透水不含水层。

2. 碎屑岩类裂隙孔隙水分布

工程区西宁、贵德、民和等盆地由厚逾千米的中生代侏罗纪以来的碎屑岩充填。西宁盆地碎屑充填厚度 3 500 m 左右,贵德盆地 1 300 m,至东部的民和盆地达 5 000 多 m。它们在成岩发育过程中又受到燕山期、喜马拉雅期构造运动的作用,在盆地内形成宽缓的向斜构造。在由盆地边缘向盆地中心的水平方向上,以及由深部到浅部的垂向上岩性粗细多有犬牙交错上下叠置的变化。粗碎屑岩组成的砾岩、砂砾岩、砂岩的孔隙,当地下水储存运动其间时,往往构成良好的含水层。较细碎屑组成的泥质岩层孔隙的连通性差,不利于地下水的赋存和运移,可视为不含水或相对隔水的岩层。因而各盆地均具备承压自流水赋存所需要的地质构造、地层岩性方面所提供的空间条件。盆地有利的储水构造在当地侵蚀基准面以上的部分,在不少地段又多被强烈发育的流水侵蚀作用所破坏,尤其是在黄土红岩组成的低山丘陵区,原来赋存的承压自流水已转化为潜水或层间无压水。而长期处于沉降的盆地,尤其是处于当地侵蚀基准面以下的盆地部分,在上覆有较厚的第四系沉积物保护之下,碎屑岩的储水构造保存得比较完好,往往赋存着多层承压自流水。

3. 基岩裂隙水、裂隙岩溶水的分布

山区广泛分布的前侏罗系层状、块状变质岩及侵入岩体,在地史发展期间曾受到多次构造运动及不同构造体系应力的作用,断裂及构造裂隙都较发育。层状岩层中走向为 11°~20°、50°~80°、90°~110°、121°~170°,侵入岩中走向 51°~80°、110°~130°、141°~150°等组裂隙,多是沟通不同时代岩层、岩体的比较发育的裂隙组。它们不少还是区域连通性较好的、倾角大于 45°的高角度张裂隙。地面调查在上元古界中曾测得裂隙率为 1.8%、寒武系及加里东期超基性岩体裂隙率 5.8%~12.5%,风化带厚度为 25~46 m。据拉脊山北麓上庄、元石山等矿区勘探资料,基岩裂隙发育深度多在 50~170 m,最深达 300 m,其中强、较强风化裂隙带的深度则多在 20~100 m 内。在一些继承性活动断裂的破碎带和影响带内,岩层、岩体的破碎程度和影响深度更大。因而在补给源较充沛的山区,广泛发育着基岩裂隙潜水及脉状承压水。在拉脊山两侧、龙羊峡曲乃亥及大通河谷西侧出露的矿泉、温泉、热泉及钻孔揭露的承压自流水都是循环在断裂破碎带不同深度内的脉状承压自流水。碳酸盐岩的可溶性较大,地下水在其循环运流过程中长期溶蚀、溶滤,致使其溶沟、溶隙、溶孔、溶洞等岩溶现象比较发育,为裂隙溶洞水的赋存创造了良好的条件。前人勘探的湟中县青石坡钻孔在 63.7 m,药水滩 29 号孔在 16.44 m 厚的第四系松散岩层覆盖下的硅质灰岩及白云质灰岩的岩芯中都有溶沟、溶槽、溶孔等岩溶现象,而且构造裂隙较发育。钻孔还揭露出承压自流水。在这些地段上还赋存着覆盖型的裂隙溶洞水。

### 3.5.3.2　地下水的补给、径流和排泄

地下水补给、径流和排泄的方式、强度决定着含水层内部径流、交替循环积极与否、富水程度和水质好坏。

工程区各类地下水的形成分布特征受气候、地形、水文及地质构造条件的制约,各个盆地均独自形成了从补给、径流到排泄比较完整的水文地质单元。日月山以西、倒淌河上游宽谷地区属青海湖内陆流域,那里的地下水靠大气降水及来自基岩山区的地表、地下径流的补给,以 2.8‰的水力梯度向西、北北西径流排泄于青海湖方向,消耗于沼泽地及青

海湖的子湖。日月、西宁、平安、乐都、民和、贵德等盆地都是半开启型盆地,各盆地的地下水仅能通过湟水河、黄河的贯串自上游至下游发生部分联系。

### 3.5.3.3　地下水的富水特征

对不同类型地下水富水性的分级,主要依据水文地质测绘中调查的泉流量和勘探钻孔的涌水量资料,并结合开采利用等实际情况进行。对含水介质比较均质的松散岩类孔隙潜水,在勘探钻孔(井)分布较多的河谷平原区,据抽水试验成果,统一换算成 10 in (1 in = 2. 54 cm) 口径,5 m 降深(如果潜水含水层厚度小于 10 m,则计算降深取含水层厚度的一半)的涌水量作为富水性分级的依据,丘陵山区钻孔资料较少,均按泉流量作为基岩裂隙水富水性分级的依据。对非均质的碎屑岩类裂隙孔隙承压水,主要依据钻孔资料统一换算成 6 in 口径,20 m 降深(如果承压水头小于 20 m,其计算降深取水头值)的涌水量作为富水性分级依据,碳酸盐类裂隙溶洞水,其富水性主要依据泉流量评价,如有钻孔资料,也适当考虑了钻孔实际涌水量和压水试验资料。同时,参考了前人地下径流模数作为地下水富水性分级的依据。

根据富水性等级划分方案,将松散岩类孔隙水分为五级,碎屑岩类裂隙孔隙水分为二级,碳酸盐岩类裂隙溶洞水分为二级,基岩裂隙水分为三级。富水性的大小很大程度上反映了岩体透水性强度及未来施工的隧洞涌水量强度(见表 3-9)。

**表 3-9　富水性等级划分表(据西宁幅区域 1:20 万水文地质报告)**

| 富水强度 | 松散岩类孔隙水 | | 碎屑岩类裂隙孔隙水 | | 碳酸盐岩类裂隙溶洞水 | 基岩裂隙水 |
|---|---|---|---|---|---|---|
| | 井、钻孔涌水量 (m³/d) | 单泉流量 (L/s) | 井、钻孔涌水量 (m³/d) | 单泉流量 (L/s) | 单泉流量 (L/s) | 单泉流量 (L/s) |
| 水量极丰富 | >5 000 | | | | | |
| 水量丰富 | 1 000~5 000 | | | | | >1 |
| 水量中等 | 100~1 000 | >1 | 100~1 000 | 0.1~1 | >1 | 0.1~1 |
| 水量贫乏 | 10~100 | 0.1~1 | <100 | <0.1 | <1 | <0.1 |
| 水量极贫乏 | <10 | <0.1 | | | | |

#### 1. 第四系松散岩类孔隙潜水富水性特征

松散岩类孔隙潜水在河谷平原,各盆地边缘及低山丘陵区均有分布。由于含水层补给条件、地貌、岩性特征等不相同,其地下水的分布、埋藏、合水层的富水性及其水化学特征也有差异。主要可分为河谷砂砾卵石层潜水和低山丘陵黄土及砂砾石层潜水。

河谷砂砾卵石层潜水在多数地区质淡量丰。主要赋存于黄河、湟水河等主要干支流的河漫滩及 Ⅰ、Ⅱ 级阶地的砂砾卵石层,泥质砂砾卵石层中,与河水有密切的水力联系。含水层多被镶嵌在以第三系红色泥岩为隔水底板和隔水边界的狭长槽形河谷中,分布宽度随所处地段河谷平原的宽窄而异,一般宽 1~3 km。富水性强—中等。

　　低山丘陵黄土及砂砾石层潜水主要赋存于第四系不同时代、不同成因砂砾卵石,含泥砂卵石及黄土层中,富水性一般较弱,多为水量贫乏—中等区。引水线路区除在倒虹吸工程部位涉及该类型地下水外,对深埋隧洞段基本无影响。

　　2.碎屑岩类裂隙孔隙水富水性特征

　　在盆地边缘及中央广泛裸露的碎屑岩层及风化裂隙带内部赋存着裂隙孔隙潜水。盆地边缘的潜水作为补给区的水源与承压自流水有着密切的生成联系,它们共同组成不可分割的补给、径流到排泄比较完整的交替循环系统。该类型地下水主要赋存于侏罗、白垩系、第三系和新近系的砂岩、砂砾岩和砾岩中,由于其中分布的多层泥岩为微—弱透水岩层,为相对隔水层,因此往往形成多层承压水。根据区域资料和本次勘探施工钻孔的压水试验资料,岩体透水性较弱,富水性总体上属于中等—贫乏。收集的区域资料中整理的碎屑岩类裂隙孔隙水钻孔水文地质试验资料如表3-10所示。

表 3-10　碎屑岩类裂隙孔隙水区域钻孔水文试验成果

| 孔号 | 位置 | 岩性及时代 | 含水层 | | | | 降深(m) | 涌水量(L/s) | 计算涌水量(m³/d) | 水温(℃) |
| | | | 埋深 | | 厚度(m) | 水头(m) | | | | |
| | | | 自(m) | 至(m) | | | | | | |
|---|---|---|---|---|---|---|---|---|---|---|
| 26 | 湟中西堡左署村 | 砂砾岩(Exn) | 95.0 | 107.0 | 12 | +1.43 | 1.43 | 4.123 | 498.2 | 13.8 |
| 14 | 乐都杏元52厂 | 含砾砂岩(K) | 70.0 | 75.0 | 5.0 | -0.5 | 5.0 | 0.49 | 161.0 | 12.5 |
| 60 | | 砂岩、砂砾岩(K) | 66.94 | 99.69 | 34.75 | -14.19 | 7.88 | 2.396 | 627.0 | 6.5 |
| 16 | 互助县高寨硝沟 | 砂质泥岩(Exn) | 85.56 | 104.26 | 18.00 | -42.94 | 19.87 | 0.000 69 | 0.07 | 13.0 |
| 31 | 平安县三合乡新庄村 | 砂岩、砂砾岩(K) | 241.05 | 277.26 | 36.21 | +19.50 | 60.00 | 0.755 | 25.0 | 14.5 |
| 18 | 平安县沙沟乡沙沟村 | 细砂砾岩(K) | 108.31 | 192.70 | 84.39 | -17.28 | 39.78 | 0.61 | 29.0 | 14.0 |
| 19 | 乐都县峰堆乡红村口村 | 泥岩(Exn) | 126.00 | 132.50 | 6.50 | -3.71 | 10.69 | 0.189 | 33.0 | 12 |
| (28) | 乐都县高庙乡新盛村 | 砂砾岩及砂岩(K) | 184.5 | 272.0 | 65.40 | -13.60 | 35.78 | 0.822 | 46.0 | 16 |
| 28 | 乐都县大石滩水库 | 砂岩(Exn) | 10.27 | 32.00 | 21.73 | +0.99 | 0.99 | 0.071 2 | | |

　　从表3-10中可以看出,碎屑岩类裂隙孔隙水富水性相对较差,砂砾岩、砂岩等的计算涌水量大者为161.0~627.0 m³/d,小者一般数十立方米每天。

　　新近系 N 和古近系 E 岩性为泥岩、泥质砂岩夹砾岩,透水性普遍较弱,本次勘察注水试验资料显示,渗透系数一般在 $10^{-5} \sim 10^{-7}$ cm/s 的量级,总体上为微—弱透水岩体。本次新近系地层中施工的钻孔注水试验资料如表 3-11 所示。

表 3-11　本次勘察钻孔注水试验资料(新近系泥岩、泥质砂岩夹砾岩)

| 钻孔及位置 | 地层代号及岩性 | 试验点编号 | 起深度(m) | 止深度(m) | 试段长度(m) | 孔径(mm) | 地下水位(m) | 渗透系数(cm/s) |
|---|---|---|---|---|---|---|---|---|
| SZK06 方案一距离出口约 12 km | $N_1x$ 泥岩、泥质砂岩 | SZK06-1 | 75.0 | 105.0 | 30.0 | 91.0 | 16.0 | $5.472\ 03 \times 10^{-6}$ |
| | | SZK06-2 | 75.0 | 111.0 | 35.0 | 91.0 | 17.0 | $5.896\ 55 \times 10^{-6}$ |
| | | SZK06-3 | 75.0 | 115.0 | 40.0 | 91.0 | 19.3 | $4.899\ 51 \times 10^{-6}$ |
| | | SZK06-4 | 75.0 | 120.0 | 45.0 | 91.0 | 20.5 | $5.090\ 33 \times 10^{-6}$ |
| | | SZK06-5 | 100.0 | 125.0 | 25.0 | 91.0 | 20.0 | $8.270\ 51 \times 10^{-6}$ |
| | | SZK06-6 | 100.0 | 130.0 | 30.0 | 91.0 | 22.0 | $6.734\ 81 \times 10^{-6}$ |
| | | SZK06-7 | 120.0 | 135.0 | 15.0 | 91.0 | 20.0 | $1.338\ 71 \times 10^{-5}$ |
| | | SZK06-8 | 120.0 | 140.0 | 20.0 | 91.0 | 21.7 | $1.010\ 31 \times 10^{-5}$ |
| | | SZK06-9 | 120.0 | 145.0 | 25.0 | 91.0 | 22.0 | $8.950\ 77 \times 10^{-6}$ |
| | | SZK06-10 | 120.0 | 150.0 | 30.0 | 91.0 | 21.0 | $8.979\ 74 \times 10^{-6}$ |
| | | SZK06-11 | 120.0 | 155.0 | 35.0 | 91.0 | 21.5 | $8.502\ 01 \times 10^{-6}$ |
| | | SZK06-12 | 140.0 | 160.0 | 20.0 | 91.0 | 22.1 | $9.488\ 94 \times 10^{-6}$ |
| | | SZK06-13 | 140.0 | 165.0 | 25.0 | 91.0 | 22.3 | $8.830\ 35 \times 10^{-6}$ |
| | | SZK06-14 | 140.0 | 170.0 | 30.0 | 91.0 | 23.0 | $7.906\ 08 \times 10^{-6}$ |
| SZK07 方案一距离出口约 2 km | $N_1x$ 泥岩、泥质砂岩,局部夹砾岩 | SZK07-1 | 15.0 | 20.0 | 5.0 | 110.0 | 8.3 | $7.308\ 68 \times 10^{-6}$ |
| | | SZK07-2 | 15.0 | 25.0 | 10.0 | 110.0 | 8.7 | $1.180\ 33 \times 10^{-5}$ |
| | | SZK07-3 | 15.0 | 30.0 | 15.0 | 110.0 | 8.0 | $2.281\ 89 \times 10^{-5}$ |
| | | SZK07-4 | 15.0 | 35.0 | 20.0 | 91.0 | 8.3 | $2.182\ 04 \times 10^{-5}$ |
| | | SZK07-5 | 15.0 | 40.0 | 25.0 | 91.0 | 8.7 | $1.901\ 27 \times 10^{-5}$ |
| | | SZK07-6 | 15.0 | 45.0 | 30.0 | 91.0 | 8.9 | $1.740\ 46 \times 10^{-5}$ |
| | | SZK07-7 | 15.0 | 50.0 | 35.0 | 91.0 | 7.5 | $1.965\ 52 \times 10^{-5}$ |
| | | SZK07-8 | 15.0 | 55.0 | 40.0 | 91.0 | 7.8 | $1.953\ 17 \times 10^{-5}$ |
| | | SZK07-9 | 15.0 | 60.0 | 45.0 | 91.0 | 8.1 | $1.756\ 77 \times 10^{-5}$ |

续表 3-11

| 钻孔及位置 | 地层代号及岩性 | 试验点编号 | 起深度（m） | 止深度（m） | 试段长度（m） | 孔径（mm） | 地下水位（m） | 渗透系数（cm/s） |
|---|---|---|---|---|---|---|---|---|
| SZK08<br>方案一近<br>出口部位 | N₁x<br>泥岩、泥质<br>砂岩 | SZK08-5 | 38.0 | 70.0 | 32.0 | 91.0 | 15.8 | 1.209 61×10⁻⁶ |
| | | SZK08-6 | 38.0 | 75.0 | 37.0 | 91.0 | 16.2 | 1.561 13×10⁻⁶ |
| | | SZK08-7 | 38.0 | 80.0 | 42.0 | 91.0 | 17.6 | 2.575 16×10⁻⁶ |
| | | SZK08-8 | 38.0 | 85.0 | 47.0 | 91.0 | 18.7 | 2.930 98×10⁻⁶ |
| | | SZK08-9 | 38.0 | 90.0 | 52.0 | 91.0 | 19.3 | 3.250 99×10⁻⁶ |
| | | SZK08-10 | 38.0 | 95.0 | 57.0 | 91.0 | 20.6 | 2.999 08×10⁻⁶ |
| | | SZK08-11 | 38.0 | 100.4 | 62.4 | 91.0 | 21.8 | 2.782 35×10⁻⁶ |
| SZK09<br>方案一<br>出口部位 | N₁x<br>泥岩、泥质<br>砂岩，局部<br>夹砾岩 | SZK09-1 | 25.0 | 30.0 | 5.0 | 110.0 | 6.7 | 1.358 11×10⁻⁵ |
| | | SZK09-2 | 25.0 | 35.0 | 10.0 | 91.0 | 7.1 | 1.205 27×10⁻⁵ |
| | | SZK09-3 | 25.0 | 40.0 | 15.0 | 91.0 | 7.3 | 1.333 71×10⁻⁵ |
| | | SZK09-4 | 25.0 | 45.0 | 20.0 | 91.0 | 7.7 | 2.104 48×10⁻⁵ |
| | | SZK09-5 | 25.0 | 50.0 | 25.0 | 91.0 | 8.0 | 1.969 17×10⁻⁵ |

**3. 基岩裂隙富水性特征**

工程区基岩裂隙水主要赋存于元古界、古生界的寒武系、奥陶系、志留系、泥盆系，中生界的三叠系变质岩及古生代、早古生代、晚古生代及中生代早期各种侵入岩的风化裂隙和构造裂隙中。在不同地貌、岩性、构造条件下地下水的富水性极不均匀，地下水位埋藏深度相差悬殊。根据区域资料收集、整理的基岩裂隙水的钻孔水文地质资料如表 3-12 和表 3-13 所示。

表 3-12　三叠系裂隙承压水钻孔抽水试验资料（区域资料收集）

| 孔号 | 孔深（m） | 含水层 | | 降深（m） | 涌水量（L/s） | 单位涌水量[L/(s·m)] | 渗透系数（m/d） |
|---|---|---|---|---|---|---|---|
| | | 厚度（m） | 水头（m） | | | | |
| 5 | 308.74<br>承压水 | 51.78 | -2.72 | 37.33 | 4.102 6 | 0.15 | 0.281 8 |
| 4 | 281.44 自流水 | 256.44 | +4.62 | 46.6 | 0.744 41 | 0.016 | 0.007 8 |

表 3-13　断裂带脉状裂隙水钻孔抽水试验资料(区域资料收集)

| 孔号 | 含水层 | | | 影响半径 (m) | 单位涌水量 [m³/(d·m)] | 计算涌水量 (m³/d) | 渗透系数 (m/d) | 水温 (℃) |
| --- | --- | --- | --- | --- | --- | --- | --- | --- |
| | 岩性 | 厚度(m) | 水头(m) | | | | | |
| 38 | 石英片岩 | 39.27 | -43.13 | 85.16 | 5.12 | 122.62 | 0.15 | 15.5 |
| 56 | 花岗岩 | 40.81 | -3.32 | 29.26 | 2.61 | 37.46 | 0.074 | 8 |
| 60 | 花岗岩 | 90.44 | -0.82 | 4.71 | 0.187 | 1.21 | 0.002 | 10 |

在隧洞进口附近施工的 SZK01 和 QZK01 钻孔,均揭露花岗岩地层,其中,QZK01 钻孔在进口岸坡,受风化作用较为强烈,为强—中等风化层。压水试验资料显示,透水率在 2.79~84.20 Lu,平均值 29.21 Lu。其中,大于 10 Lu 的占 73.3%,整体上为中等透水。距离进口处约 1 km 的 SZK01 钻孔,仅在洞身上下段进行了压水试验,在深度 120~135 m 揭露小断层,透水率 13.4~57.7 Lu,为中等透水,下部除 165~170 m 受构造裂隙影响透水率较大外,其他试段均小于 10 Lu,为弱透水(见表 3-14)。

表 3-14　本次勘察花岗岩地层钻孔压水试验资料统计

| 钻孔及位置 | 岩性 | 试段编号 | 起深度 (m) | 止深度 (m) | 试段长度 (m) | 透水率 (Lu) | 备注 |
| --- | --- | --- | --- | --- | --- | --- | --- |
| QZK01 方案一距 进口处 1 km | 花岗岩 | QZK01-1 | 24.6 | 29.6 | 5.0 | 12.75 | |
| | | QZK01-2 | 29.6 | 34.6 | 5.0 | 5.56 | |
| | | QZK01-3 | 34.6 | 39.6 | 5.0 | 2.79 | |
| | | QZK01-4 | 39.6 | 44.6 | 5.0 | 15.71 | |
| | | QZK01-5 | 44.6 | 49.6 | 5.0 | 7.62 | |
| | | QZK01-6 | 49.6 | 54.6 | 5.0 | 59.6 | |
| | | QZK01-7 | 54.6 | 59.6 | 5.0 | 84.2 | |
| | | QZK01-8 | 59.6 | 64.6 | 5.0 | 18.4 | |
| | | QZK01-9 | 64.6 | 69.6 | 5.0 | 67.4 | |
| | | QZK01-10 | 69.6 | 74.6 | 5.0 | 33.3 | |
| | | QZK01-11 | 74.6 | 79.6 | 5.0 | 42.3 | |
| | | QZK01-12 | 79.6 | 84.6 | 5.0 | 42.5 | |
| | | QZK01-13 | 84.6 | 89.6 | 5.0 | 24.2 | |
| | | QZK01-14 | 89.6 | 94.6 | 5.0 | 9.30 | |
| | | QZK01-15 | 94.6 | 100.0 | 5.0 | 12.5 | |

续表 3-14

| 钻孔及位置 | 岩性 | 试段编号 | 起深度<br>（m） | 止深度<br>（m） | 试段长度<br>（m） | 透水率<br>（Lu） | 备注 |
|---|---|---|---|---|---|---|---|
| SZK01 | 花岗岩 | SZK01-1 | 120.0 | 125.0 | 5.0 | 57.7 | 受构造影响，<br>岩体破碎 |
| | | SZK01-2 | 125.0 | 130.0 | 5.0 | 20.3 | |
| | | SZK01-3 | 130.0 | 135.0 | 5.0 | 13.4 | |
| | | SZK01-4 | 135.0 | 140.0 | 5.0 | 9.5 | |
| | | SZK01-5 | 140.0 | 145.0 | 5.0 | 7.9 | |
| | | SZK01-6 | 145.0 | 150.0 | 5.0 | 7.4 | |
| | | SZK01-7 | 150.0 | 155.0 | 5.0 | 5.6 | |
| | | SZK01-8 | 155.0 | 160.0 | 5.0 | 6.8 | |
| | | SZK01-9 | 160.0 | 165.0 | 5.0 | 7.5 | |
| | | SZK01-10 | 165.0 | 170.0 | 5.0 | 47.6 | 裂隙较发育 |
| | | SZK01-11 | 170.0 | 175.0 | 5.0 | 7.8 | |
| | | SZK01-12 | 175.0 | 180.0 | 5.0 | 6.8 | |
| | | SZK01-13 | 180.0 | 185.0 | 5.0 | 5.2 | |
| | | SZK01-14 | 185.0 | 190.0 | 5.0 | 4.2 | |

**4. 碳酸盐岩裂隙溶洞水富水性特征**

工程区的碳酸盐岩地层主要属上元古界中岩组的克素尔组,在拉脊山中段和西段的北麓呈北西向条带状分布,岩性以灰岩、白云岩为主,组成复式向斜构造。引水方案中四个方案均穿越了碳酸盐岩分布区。根据区域资料,分别位于湟源的克素尔、湟中的青石坡及药水滩等地的河谷中,以及本次勘探 SZK10 号孔所处的白水河河谷中,在不同深度上揭露出覆盖性裂隙溶洞承压水或自流水。

本次 SZK10 号孔在 40~500 m 深度揭露的承压水孔口自流涌水量最大,约 3.0 L/s,属于中等富水区;在 515 m 深度以下,岩体较为完整,根据 13 段钻孔压水试验资料,均小于或等于 1 Lu,平均值为 0.56 Lu,为微透水。区域水文地质资料中的(8)号钻孔,在12.3~51.7 m 裂隙溶洞发育的硅质结晶灰岩中,换算涌水量达 5 127 m³/d 的裂隙溶洞水,水头上升到地面以下 1.8 m,当降深 3.3 m 时,涌水量 9.1 L/s,该孔 51 m 深度以下,由于岩性及裂隙岩溶发育程度不同,钻孔涌水量显著变小。

碳酸盐岩地层在本工程区呈条带状分布,本次勘探仅 SZK10 号孔揭露,该孔所处的白水河河谷中,在 40~500 m 深度揭露承压水(见图 3-56),孔口流量约 3.0 L/s,属于中等透水区;在 515 m 深度以下,岩体较为完整,根据 13 段钻孔压水试验资料,均小于或等于1 Lu,平均值为 0.56 Lu,为微透水(见表 3-15)。

图 3-56　SZK10 钻孔承压水

表 3-15　碳酸盐岩裂隙溶洞水钻孔水文地质试验成果表(根据区域资料整理)

| 孔号 | 孔深和含水层性质 | 含水层 | | | | 降深(m) | 涌水量(L/s) | 单位涌水量[L/(s·m)] | 计算涌水量(m³/d) | 渗透系数(m/d) |
|---|---|---|---|---|---|---|---|---|---|---|
| | | 岩性及时代 | 埋深 | | 厚度(m) | 水头(m) | | | | | |
| | | | 自(m) | 至(m) | | | | | | | |
| (8) | 158.35 m 承压水 | 硅质灰岩、石英岩 | 12.36 | 51.76 | 39.40 | -1.82 | 3.36 | 9.179 | 2.732 | 5 127 | 5.083 |
| | | 硅质灰岩、石英岩 | 51.76 | 95.70 | 44.00 | -1.73 | 10.775 | 1.926 | 0.179 | | 0.182 |
| | | 硅质灰岩、石英岩 | 121.00 | 148.00 | 27.00 | -1.70 | 10.80 | 2.240 | 0.207 | | 0.136 |
| (14) | 218.34 m 承压水 | 硅质灰岩 | 74.95 | 206.10 | 131.05 | -3.17 | 31.34 | 2.789 | 0.089 | 522 | 0.075 4 |
| 29 | 62.89 m 自流水 | 白云质灰岩 | 20.44 | 52.68 | 32.24 | +17.5 | | 14.23 | | 1 229 | |
| 8403 | 201.94 m 自流水 | 白云质灰岩、断层泥 | 99.64 | 153.41 | 53.77 | -4.70 | 18.9 | 1.578 | 0.08 | | 0.158 |

#### 3.5.3.4　隧洞涌水量预测

**1. 隧洞涌水计算水文地质分段**

本次计算对隧洞参考前述围岩分类的成果,依照围岩分类进行分段计算。

**2. 水文地质参数选取**

水文地质参数的选取依据区域水文地质勘察成果、本次地质勘察成果及不同围岩类别岩体的渗透性经验值确定。详细的计算取值见涌水量计算成果表。

**3. 计算方法**

引水隧洞在施工期的涌水量可分为初期最大涌水量和长期稳定涌水量。

1) 初期最大涌水量估算

引水隧洞施工期在刚开挖时的涌水量是最大的,随着时间延长,涌水量总体上呈衰减趋势。初期最大涌水量采用大岛洋志和古德曼经验公式两种方法,计算方法分述如下。

(1) 大岛洋志法。

大岛洋志法估算初期最大涌水量的概化模型见图 3-57,计算方法见式(3-68)。

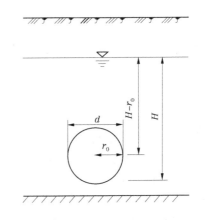

$$q_0 = \frac{2\pi m K (H - r_0)}{\ln\left[\dfrac{4(H - r_0)}{d}\right]} \quad (3\text{-}68)$$

图 3-57　大岛洋志法概化模型

式中:$q_0$ 为洞身通过含水体单位长度可能最大涌水量,$\text{m}^3/(\text{d} \cdot \text{m})$;$K$ 为岩体渗透系数,$\text{m/d}$;$H$ 为静止水位至洞底距离,m;$d$ 为洞身横断面等价圆的直径,m;$r_0$ 为洞身横断面等价圆的半径,m;$m$ 为转换系数,一般取值 0.86。

计算初期最大涌水量过程中,各洞段的地下水位与隧洞底板的距离由勘察成果取平均值得到。

(2) 古德曼经验公式。

$$Q_{\max} = \frac{2\pi K L H_0}{\ln(4H_0/d)} \quad (3\text{-}69)$$

式中:$Q_{\max}$ 为预测隧道通过含水体可能最大涌水量,$\text{m}^3/\text{d}$;$K$ 为岩体的渗透系数,m/d;$H_0$ 为原始静水位至洞身横截面等价圆中心的距离,m;$L$ 为隧道通过含水层的长度,m;$d$ 为隧道洞身横断面的等价圆直径,$\text{m},d = 2r$。

2) 长期稳定涌水量估算

引水隧洞施工工期较长,在不采取任何处理措施情况下,在无限长时间后,隧洞最终形成稳定的涌水量。长期稳定涌水量计算方法采用落合敏郎公式法和柯斯嘉科夫法。

(1) 落合敏郎公式法。

根据《水力发电工程地质手册》中长期稳定涌水量计算方法介绍,落合敏郎法适用于基岩山地穿越隧洞,含水体为无限潜水的条件,其表达式为

$$Q_s = KL\left[\frac{H^2 - h^2}{R - r} + \frac{\pi(H - h)}{\ln(4R/d)}\right] \tag{3-70}$$

式中：$Q_s$ 为隧洞正常涌水量，$m^3/d$；$K$ 为含水体的渗透系数，$m/d$；$H$ 为洞底以上潜水含水体厚度，$m$；$h$ 为洞内排水沟假设水深，$m$；$R$ 为隧洞涌水地段的引用补给半径，$m$，一般采用经验公式（潜水）和（承压水）计算补给半径；$d$ 为隧洞洞身净宽度，$m$；$L$ 为隧洞通过含水体的长度，$m$；$r = W/2$，$m$。

（2）柯斯嘉科夫法。

依据《水力发电工程地质手册》，在基岩山地越岭隧洞，含水体为无限含水体时可采用柯斯嘉科夫法。该方法计算式为

$$q_s = \frac{2\alpha KH}{\ln(R/r)} \tag{3-71}$$

式中：$\alpha$ 为修正系数，即

$$\alpha = \frac{\pi}{2 + (H/r)} \tag{3-72}$$

其他各符号意义同前。

前述初期最大涌水量与长期稳定涌水量的计算中，各参数取值均依据地质勘察成果。其中洞径采用开挖洞径，约为 7.5 m。

4. 涌水量预测结果

利用上述公式计算出的推荐方案龙羊峡自流方案一的隧洞初期单宽最大涌水量和单宽稳定涌水量分别如表 3-16 和表 3-17 所示。结果显示不同洞段差异较大，较大的涌水洞段均分布在主要断裂带，初期单宽最大涌水量不同方法计算结果存在一定差异，但基本相近。其中，大岛洋志计算断层带单宽涌水量为 3 805.24～13 475.95 $m^3/(d \cdot m)$，古德曼法计算出的断层带单宽涌水量为 4 457.3～15 766.3 $m^3/(d \cdot m)$，其余非构造带洞段单宽涌水量为 20～150 $m^3/(d \cdot m)$。

根据对长期稳定涌水量的估算，采用不同方法计算出的正常涌水量差异较大，构造带附近的单宽稳定涌水量由落合敏郎公式计算结果为 1 510.2～4 938.5 $m^3/(d \cdot m)$，柯斯嘉科夫法计算结果为 1 527.75～5 084.69 $m^3/(d \cdot m)$，其余非构造带洞段单宽涌水量为 26.79～780 $m^3/(d \cdot m)$ 不等。

根据上述计算结果，隧洞在几大区域断裂带内初期单宽最大涌水量约 561 $m^3/(h \cdot km)$。对于长期稳定涌水量，由于本工程所穿越的几大深大断裂带延伸长，洞身埋深大，断层也较宽，因此涌水量也大，考虑到地下水环境影响，不宜采用长期疏排，建议对主要断裂带采取工程措施进行提前封堵，在对产生较大涌水的断层带进行工程处理后，长期稳定涌水量将发生明显减小，经估算，整个隧洞长期稳定涌水量平均为 100～120$m^3/(h \cdot km)$。

因岩体裂隙、岩溶等发育的不均匀性，本次计算的隧洞涌水量仅是按照常用的隧洞涌水量公式进行的估算，在工程设计时，应对隧洞的排水能力留出一定的冗余度。

### 3.5.4　隧洞围岩稳定性分析

隧洞印支期、加里东期花岗岩及花岗闪长岩部分洞段主要为 Ⅱ 类围岩，围岩整体稳定，但由于裂隙切割，局部会形成不稳定楔形体，产生掉块，应对不稳定楔形体加强支护。

表3-16　引黄济宁工程引水隧洞初期最大涌水量计算成果

| 桩号 | 地层岩性 | 洞段长度 (m) | 静止水位至洞底距离 $H$ (m) | 渗透系数建议取值 (cm/s) | 渗透系数 $K$ (m/d) | 隧洞洞身净宽度 $W$ (m) | 洞身等价圆半径 $r$(m) | 转换系数 $m$ | 大岛洋志法 | | 古德曼经验公式法 | |
|---|---|---|---|---|---|---|---|---|---|---|---|---|
| | | | | | | | | | 单宽最大涌水量 $Q_s$ [m³/(d·m)] | 洞段总涌水量 $Q$ (m³) | 单宽最大涌水量 $Q_s$ [m³/(d·m)] | 洞段总涌水量 $Q$ (m³) |
| T0+000~T13+086 | 花岗岩 | 13 086 | 535 | $3.00\times10^{-4}$ | 0.259 | 7.5 | 3.75 | 0.86 | 131.71 | 1 723 495.2 | 154.1 | 2 016 721.9 |
| T13+086~T13+974 | 多隆沟断裂 | 888 | 450 | $1.00\times10^{-2}$ | 8.640 | 7.5 | 3.75 | 0.86 | 3 805.24 | 3 379 056.6 | 4 457.3 | 3 958 110.4 |
| T13+974~T20+885 | 三叠系砂岩、细砾岩夹板岩 | 6 911 | 850 | $2.00\times10^{-4}$ | 0.173 | 7.5 | 3.75 | 0.86 | 129.21 | 892 983.5 | 150.9 | 1 042 728.8 |
| T20+885~T21+373 | 青海南山北缘断裂 | 488 | 750 | $1.00\times10^{-2}$ | 8.640 | 7.5 | 3.75 | 0.86 | 5 816.83 | 2 838 615 | 6 795.5 | 3 316 207.5 |
| T21+373~T32+322 | 花岗闪长岩 | 10 949 | 800 | $1.00\times10^{-4}$ | 0.086 | 7.5 | 3.75 | 0.86 | 61.40 | 672 274.6 | 71.7 | 785 185.0 |
| T32+322~T32+834 | 倒淌河—循化断裂 | 512 | 800 | $1.50\times10^{-2}$ | 12.960 | 7.5 | 3.75 | 0.86 | 9 210.08 | 4 715 562.4 | 10 756.9 | 5 507 553.6 |
| T32+834~T38+844 | 华力西期花岗闪长岩 | 6 010 | 850 | $3.00\times10^{-4}$ | 0.259 | 7.5 | 3.75 | 0.86 | 193.82 | 1 164 845.3 | 226.3 | 1 360 179.5 |
| T38+844~T44+428 | 白垩系砾岩、砂岩,泥质粉砂岩 | 5 584 | 600 | $8.00\times10^{-5}$ | 0.069 | 7.5 | 3.75 | 0.86 | 38.63 | 215 704.1 | 45.2 | 252 249.8 |

续表 3-16

| 桩号 | 地层岩性 | 洞段长度 (m) | 静止水位至洞底距离 H (m) | 渗透系数建议取值 (cm/s) | 渗透系数 K (m/d) | 隧洞洞身净宽度 W (m) | 洞身等价圆半径 r (m) | 转换系数 m | 大岛洋志法 | | 古德曼经验公式法 | |
|---|---|---|---|---|---|---|---|---|---|---|---|---|
| | | | | | | | | | 单宽最大涌水量 $Q_s$ [m³/(d·m)] | 洞段总涌水量 $Q$ (m³) | 单宽最大涌水量 $Q_s$ [m³/(d·m)] | 洞段总涌水量 $Q$ (m³) |
| T44+428~T44+751 | 哈城断裂 | 323 | 600 | $1.10 \times 10^{-2}$ | 9.504 | 7.5 | 3.75 | 0.86 | 5 311.48 | 1 715 609.0 | 6 211.4 | 2 006 275.9 |
| T44+751~T51+202 | 白垩系砾岩、砂砾岩,砂岩、泥质粉砂岩 | 6 451 | 800 | $6.50 \times 10^{-5}$ | 0.056 | 7.5 | 3.75 | 0.86 | 39.91 | 257 461.7 | 46.6 | 300 703.1 |
| T51+202~T51+974 | 拉脊山南缘断裂 | 772 | 850 | $1.60 \times 10^{-2}$ | 13.824 | 7.5 | 3.75 | 0.86 | 10 336.95 | 7 980 127.1 | 12 070.4 | 9 318 323.3 |
| T51+974~T54+083 | 震旦系灰岩、白云质灰岩,千枚岩 | 2 109 | 850 | $2.00 \times 10^{-3}$ | 1.728 | 7.5 | 3.75 | 0.86 | 1 292.12 | 2 725 079.0 | 1 508.8 | 3 182 050.5 |
| T54+083~T54+949 | 拉脊山北缘断裂 | 866 | 550 | $3.00 \times 10^{-2}$ | 25.920 | 7.5 | 3.75 | 0.86 | 13 475.95 | 11 670 172.5 | 15 766.3 | 13 653 594.1 |
| T54+949~T59+645 | 震旦系灰岩、千枚岩,云质灰岩,白云质灰岩、石英岩 | 4 696 | 850 | $2.50 \times 10^{-3}$ | 2.160 | 7.5 | 3.75 | 0.86 | 1 615.15 | 7 584 738.7 | 1 886.0 | 8 856 631.7 |
| T59+645~T66+528 | 震旦系片岩、大理岩、千枚岩,千枚岩或绢云板岩状板岩等 | 6 883 | 450 | $1.00 \times 10^{-4}$ | 0.086 | 7.5 | 3.75 | 0.86 | 38.05 | 261 914.9 | 44.6 | 306 798.1 |
| T66+528~T74+037 | 第三系砂砾岩、砂岩及泥岩等 | 7 509 | 250 | $7.80 \times 10^{-5}$ | 0.067 | 7.5 | 3.75 | 0.86 | 18.37 | 138 215.7 | 21.6 | 162 741.9 |

表 3-17　引黄济宁工程引水隧洞长期稳定涌水量

| 桩号 | 地层岩性 | 洞段长度 (m) | 静止水位至洞底距离 H (m) | 排水沟水深 h (m) | 渗透系数建议取值 (cm/s) | 渗透系数 K (m/d) | 隧洞洞身净宽度 W(m) | 影响宽度 R (m) | 落合敏郎公式 单宽稳定涌水量 $Q_s$ [m³/(d·m)] | 落合敏郎公式 洞段总涌水量 Q (m³) | 柯斯嘉科夫公式 单宽稳定涌水量 $Q_s$ [m³/(d·m)] | 柯斯嘉科夫公式 洞段总涌水量 Q (m³) |
|---|---|---|---|---|---|---|---|---|---|---|---|---|
| T0+000~T13+086 | 花岗岩 | 13 086 | 435 | 0.15 | $3.00\times10^{-4}$ | 0.259 | 7.5 | 2 214.7 | 72.2 | 945 316.6 | 62.45 | 817 250.4 |
| T13+086~T13+974 | 多隆沟断裂 | 888 | 450 | 0.15 | $1.00\times10^{-2}$ | 8.640 | 7.5 | 13 227.2 | 1 510.2 | 1 341 094.8 | 1 527.75 | 1 356 638.8 |
| T13+974~T20+885 | 三叠系砂岩、细砾岩夹板岩 | 6 911 | 850 | 0.15 | $2.00\times10^{-4}$ | 0.173 | 7.5 | 3 533.4 | 96.5 | 667 241.5 | 77.70 | 536 980.0 |
| T20+885~T21+373 | 青海南山北缘断裂 | 488 | 750 | 0.15 | $1.00\times10^{-2}$ | 8.640 | 7.5 | 13 227.2 | 2 392.2 | 1 167 375.5 | 2 396.38 | 1 169 433 |
| T21+373~T32+322 | 花岗闪长岩 | 10 949 | 800 | 0.15 | $1.00\times10^{-4}$ | 0.086 | 7.5 | 2 351.5 | 54.0 | 591 075.1 | 41.01 | 449 068.4 |
| T32+322~T32+834 | 倒淌河—循化断裂 | 512 | 800 | 0.15 | $1.50\times10^{-2}$ | 12.960 | 7.5 | 28 800.0 | 3 666.4 | 1 877 203.5 | 3 705.19 | 1 897 058.1 |
| T32+834~T38+844 | 华力西期花岗闪长岩 | 6 010 | 850 | 0.15 | $3.00\times10^{-4}$ | 0.259 | 7.5 | 4 327.5 | 132.7 | 797 375.2 | 110.44 | 663 739.7 |
| T38+844~T44+428 | 白垩系砾岩、砂岩、泥质粉砂岩 | 5 584 | 600 | 0.15 | $8.00\times10^{-5}$ | 0.069 | 7.5 | 1 577.4 | 35.2 | 196 290.1 | 26.79 | 149 574.1 |
| T44+428~T44+751 | 哈城断裂 | 323 | 600 | 0.15 | $1.10\times10^{-2}$ | 9.504 | 7.5 | 18 497.1 | 2 132.4 | 688 780.8 | 2 150.21 | 694 517.9 |
| T44+751~T51+202 | 白垩系砾岩、砂岩、泥质粉砂岩 | 6 451 | 800 | 0.15 | $6.50\times10^{-5}$ | 0.056 | 7.5 | 1 895.8 | 39.4 | 254 120.9 | 28.76 | 185 543.5 |

续表 3-17

| 桩号 | 地层岩性 | 洞段长度(m) | 静止水位至洞底距离 $H$ | 排水沟水深 $h$(m) | 渗透系数建议取值 (cm/s) | 渗透系数 $K$ (m/d) | 隧洞洞身净宽度 $W$(m) | 影响宽度 $R$ (m) | 落合敏郎公式 | | 柯斯嘉科夫公式 | |
|---|---|---|---|---|---|---|---|---|---|---|---|---|
| | | | | | | | | | 单宽稳定涌水量 $Q_s$ [m³/(d·m)] | 洞段总涌水量 $Q$ (m³) | 单宽稳定涌水量 $Q_s$[m³/(d·m)] | 洞段总涌水量 $Q$ (m³) |
| T51+202~T51+974 | 拉脊山南缘断裂 | 772 | 850 | 0.15 | $1.60\times10^{-2}$ | 13.824 | 7.5 | 31 603.5 | 4 108.4 | 3 171 681.0 | 4 153.77 | 3 206 710.3 |
| T51+974~T54+083 | 震旦系兑灰岩、白云质灰岩,千枚岩 | 2 109 | 850 | 0.15 | $2.00\times10^{-3}$ | 1.728 | 7.5 | 11 173.5 | 642.5 | 1 355 058.8 | 604.76 | 1 275 448.2 |
| T54+083~T54+949 | 拉脊山北缘断裂 | 866 | 550 | 0.15 | $3.00\times10^{-2}$ | 25.920 | 7.5 | 28 001.4 | 4 938.5 | 4 276 751.0 | 5 084.69 | 4 403 342.7 |
| T54+949~T59+645 | 震旦系灰岩、白云质灰岩,千枚岩或石英岩 | 4 696 | 850 | 0.15 | $2.50\times10^{-3}$ | 2.160 | 7.5 | 12 492.4 | 780.0 | 3 662 779.9 | 741.92 | 3 484 062.2 |
| T59+645~T66+528 | 震旦系片岩、大理岩,千枚岩、板岩或片状板岩 | 6 883 | 450 | 0.15 | $1.00\times10^{-4}$ | 0.086 | 7.5 | 1 322.7 | 31.9 | 219 441.2 | 25.33 | 174 371.7 |
| T66+528~T74+037 | 第三系砂砾岩、砂岩及泥岩等 | 7 513 | 250 | 0.15 | $7.80\times10^{-5}$ | 0.067 | 7.5 | 649.0 | 15.6 | 117 155.0 | 12.79 | 96 197.7 |

震旦系大部分白云岩、灰岩、片岩、大理岩及石英岩地层、三叠系砂岩、板岩地层，以及部分印支期、加里东期花岗岩及花岗闪长岩地层洞段属Ⅲ类围岩，岩体较完整，围岩局部稳定性差。从节理裂隙调查情况看，部分围岩节理较发育，并且存在走向与洞线夹角小于30°或洞线基本平行的节理面，在几个节理面组合条件下，局部岩块失稳，可能产生掉块现象或小规模坍塌问题。

白垩系砂岩、砂砾岩地层、震旦系千枚岩、板岩及部分三叠系砂岩、板岩地层、不同的岩层接触带多属Ⅳ类围岩，岩体完整性差，不稳定，局部白垩系和侏罗系黏土岩及泥质砂岩遇水易崩解。对于不稳定的Ⅳ类围岩，施工时要特别注意分析结构面的组合形式及相互切割关系，对潜在的不稳定地质体要及时加强支护。

工程区构造较发育，和本工程密切相关的区域构造断裂带是青海南山北缘断裂、倒淌河—循化断裂、拉脊山南缘断裂、拉脊山北缘断裂、雪隆—拉盘断裂及隆和—折欠断裂，均为活动性断裂，区域性断裂延伸较远，影响带宽，岩体破碎，围岩稳定性差，同时隧洞后段第三系砂砾岩、砂岩及黏土岩为软岩，遇水易软化崩解，断层带和第三系软岩主要为Ⅴ类围岩，易产生变形破坏。对于不稳定的Ⅴ类围岩，在做好超前预报及超前支护的同时，及时加强系统支护措施，避免大规模坍塌和涌水给人身安全及正常施工造成重大影响。

### 3.5.5　隧洞软岩大变形分析

隧洞后段T68+400至出口为第三系地层，岩性以黏土岩和砂砾岩为主，单轴饱和抗压强度一般小于5 MPa，为极软岩地层。第三系软岩胶结程度差，颗粒较细，结构松散，含有亲水性黏土矿物及较大的比表面积，遇水后具有极强崩解特性，特别是泥质胶结的黏土岩在水的作用下短时间崩解为泥沙状，水理性质差，强度及变形模量低。第三系地层开挖暴露后受环境条件的影响极易风化，同时遇水软化崩解，强度大幅度降低，特别是在埋深较大，地质构造发育，地应力较高的洞段，易造成隧洞围岩失稳和涌水、突泥等地质灾害。

同时，隧洞局部洞段存在震旦系的变质岩千枚岩、板岩和白垩系的砂砾岩、泥质砂岩、断层破碎带、节理密集带、蚀变带及风化带等不良地质段，在地应力的作用下易发生收敛变形，造成围岩坍塌、支护破坏等不良后果，严重时可能造成TBM卡机。

### 3.5.6　隧洞岩爆分析

隧洞埋深多在600 m以上，最大埋深约1 415 m，工程区拉脊山一带构造应力较大，具备产生岩爆的埋藏和应力条件。从工程区各类岩石的基本特点看，花岗岩、灰岩、白云岩及大理岩等岩质硬脆，岩体总体较完整，围岩应力不易释放，发生岩爆的可能性较大。

根据钻孔地应力测试，结合《水利水电工程地质勘察规范》（GB 50487—2008）附录Q及条文说明，可用岩石强度应力比$R_b/\sigma_{max}$来判别岩爆等级，其中$R_b$为岩石饱和单轴抗压强度（MPa），$\sigma_{max}$为最大主应力，引水隧洞产生岩爆初步判别见表3-18，对可能产生岩爆问题的洞段进行分段评价，见表3-19。

从计算结果可以看出，隧洞线路中，可能产生岩爆的岩石，岩爆等级以轻微—中等岩爆为主。隧洞总长约74 037 m，其中可能发生轻微岩爆的洞段长为6 196 m，可能发生中等岩爆的洞段长11 019 m，可能发生强烈岩爆的洞段长2 079 m。建议在上述洞段，加强施工期监测及预报工作,必要时采取一定的工程措施,如超前钻孔减压、喷洒高压水、加强临时支护、设临时防护网(棚)等,以减轻或消除岩爆对施工人员和设备安全造成的不利影响。

表 3-18　龙羊峡水库自流方案一隧洞产生岩爆初步判别

| 岩性 | 岩石饱和单轴抗压强度计算值（MPa） | 可发生轻微岩爆的临界岩体厚度(m) | 可发生中等岩爆的临界岩体厚度(m) | 可发生强烈岩爆的临界岩体厚度(m) | 最大上覆岩体厚度（m） | 可发生的最大岩爆等级 |
|---|---|---|---|---|---|---|
| 花岗岩 | 80 | 690~828 | 828~1 148 | 1 148~1 210 | 1 148 | 中等 |
| 白云质灰岩 | 70 | — | — | 583~1 525 | 1 415 | 强烈 |
| 石英岩 | 100 | | 462~852 | 852~1 633 | | 中等 |

表 3-19　龙羊峡水库自流方案一隧洞围岩岩爆问题分段评价

| 桩号段 | 长度（m） | 地层岩性 | 埋深（m） | 最大主应力 $\sigma_{max}$（MPa） | 岩石饱和单轴抗压强度 $R_b$（MPa） | $R_b/\sigma_{max}$ | 岩爆等级 |
|---|---|---|---|---|---|---|---|
| T6+213~T9+144 | 2 931 | 花岗闪长岩 | 690~828 | 11.3~20.0 | 80 | 4~7 | 轻微 |
| T9+144~T11+180 | 2 036 | 花岗闪长岩 | 828~940 | 20.0~27.0 | 80 | 2.97~4 | 中等 |
| T11+540~T11+828 | 288 | 二长花岗岩 | 690~828 | 11.3~20.0 | 80 | 4~7 | 轻微 |
| T22+366~T24+250 | 1 884 | 花岗闪长岩 | 804~828 | 18.5~20.0 | 80 | 4~4.3 | 轻微 |
| T24+250~T27+353 | 3 103 | 花岗闪长岩 | 828~916 | 20.0~25.5 | 80 | 3.1~4 | 中等 |
| T33+312~T37+775 | 4 463 | 花岗闪长岩 | 828~1 148 | 20.0~40.0 | 80 | 2~4 | 中等 |
| T37+775~T38+868 | 1 093 | 花岗闪长岩 | 768~828 | 16.2~20.0 | 80 | 4~4.9 | 轻微 |
| T55+443~T57+522 | 2 079 | 白云质灰岩 | 655~1 100 | 37.6~53.8 | 70 | 1.3~1.86 | 强烈 |
| T58+227~T59+644 | 1 417 | 石英岩 | 640~852 | 36.4~50 | 100 | 2~2.75 | 中等 |

### 3.5.7　隧洞地温分析

引水隧洞埋深大,易产生高地温,同时断裂构造带易引起地温升高异常,影响隧洞施工。钻孔地温测试成果见表 3-20,可以看出,随着深度的增加,地温梯度也随之增加,特别是 SZK03 钻孔附近 300 m 以下地温梯度每 100 m 增加 3.7~4.5 ℃,洞身段 830 m 处约 40 ℃,随着隧洞埋深的增大,地温也随之增加。根据区域资料分析,进口至日月山之间的花岗岩分布区,属于高地温区,隧洞施工时需采取降温措施。

此外,根据区域水文地质资料,在拉脊山北缘断裂的日月乡药水沟、湟中县的药水滩一线,分布有多处温泉,主要出露在岩溶地层中,多为上升泉,水温 16.5~25 ℃不等,附近施工的水文地质钻孔,孔深 52.68 m,水温达 41 ℃,分析其主要构造成因,表明该地段接受了拉脊山脉地下水沿断裂带的深部运移补给。由此分析,在方案一穿越拉脊山北缘断裂带的洞段,也可能分布有中低温热水,会对隧洞工程施工产生一定影响。其他洞段由于埋深和岩性不同,高地温不突出。

表 3-20　龙羊峡水库自流方案一钻孔地温测试成果

| SZK03 | | SZK04 | | SZK05 | | SZK10 | |
|---|---|---|---|---|---|---|---|
| 深度(m) | 地温(℃) | 深度(m) | 地温(℃) | 深度(m) | 地温(℃) | 深度(m) | 地温(℃) |
| 300 | 17.5 | 300 | 12.1 | 300 | 13.2 | 300 | 15.1 |
| 320 | 18.4 | 310 | 12.6 | 310 | 13.5 | 310 | 15.1 |
| 340 | 19.3 | 320 | 12.9 | 320 | 13.7 | 320 | 15.2 |
| 360 | 20.3 | 330 | 13.4 | 330 | 13.9 | 330 | 15.3 |
| 380 | 21.1 | 340 | 13.8 | 340 | 14.2 | 340 | 15.4 |
| 400 | 22 | 350 | 14.1 | 350 | 14.6 | 350 | 15.6 |
| 420 | 22.8 | 360 | 14.6 | 360 | 14.9 | 360 | 15.7 |
| 440 | 23.6 | 370 | 15 | 370 | 15.1 | 370 | 15.8 |
| 460 | 24.6 | 380 | 15.4 | 380 | 15.3 | 380 | 15.9 |
| 480 | 25.4 | 390 | 15.8 | 390 | 15.5 | 390 | 15.9 |
| 500 | 26.2 | 400 | 16.1 | 400 | 15.8 | 400 | 15.9 |
| 520 | 27 | 410 | 16.5 | 410 | 16.0 | 410 | 15.9 |
| 540 | 27.9 | 420 | 16.9 | 420 | 16.2 | 420 | 15.9 |
| 560 | 28.7 | 430 | 17.3 | 427 | 16.3 | 430 | 16 |
| 580 | 29.5 | 440 | 17.7 | | | 440 | 16 |
| 600 | 29.9 | 450 | 18.1 | | | 450 | 16 |
| 620 | 31.1 | 460 | 18.5 | | | 460 | 16 |
| 640 | 31.9 | 470 | 18.8 | | | 470 | 16 |
| 660 | 32.6 | 480 | 19.3 | | | 480 | 16.1 |
| 680 | 33.4 | 490 | 19.6 | | | 490 | 16.1 |
| 700 | 34.3 | 500 | 20 | | | 510 | 16.3 |
| 720 | 34.8 | 510 | 20.3 | | | 520 | 16.4 |
| 740 | 35.8 | 520 | 20.6 | | | 530 | 16.6 |
| 760 | 36.6 | 530 | 20.8 | | | 540 | 16.8 |
| 780 | 37.5 | 540 | 21 | | | 550 | 17.1 |
| 800 | 38 | 550 | 21.1 | | | 560 | 17.3 |
| 820 | 38.8 | | | | | 570 | 17.4 |
| 822 | 39 | | | | | | |

## 3.5.8　隧洞硬岩分析

隧洞西岔—东岔沟段(T58+113~T59+644、T60+904~T64+230)地层岩性主要为震旦系磨石沟组($Z_1m$)石英岩夹硅质千枚岩和震旦系东岔沟组($Z_1d^1$)片岩夹石英岩、大理岩,其中石英岩强度和石英含量高(见表3-21),石英含量高达97%,实测单轴抗压强度最大值244 MPa,属于超硬岩。同时,隧洞取水口—多隆沟段(T0+000~T13+998)、倒淌河段(T21+780~T27+377)和那果尔沟段(T32+826~T38+867)地层岩性主要为印支期及加里东期花岗闪长岩和花岗岩,岩石石英含量多在20%~35%,目前实测单轴抗压强度最大值 143 MPa,局部花岗岩石英含量高者也可能属于超硬岩。高硬度及高强度的岩石易导致 TBM 滚刀严重损耗。盘形滚刀是 TBM 最主要的破岩工具,大量损耗会造成两方面的不良后果:一是滚刀价格高,大量的滚刀更换会显著增加施工成本;二是大量的滚刀更换会占用 TBM 的正常掘进时间,导致 TBM 掘进效率低下,破岩时间增长,延长工期。

表 3-21　隧洞沿线硬岩强度及石英含量统计

| 隧洞位置 | 地层岩性 | 单轴抗压强度实测最大值(MPa) | | 石英含量(%) |
|---|---|---|---|---|
| | | 干 | 饱和 | |
| 西岔—东岔沟段 | 震旦系磨石沟组、东岔沟组石英岩 | 244 | 220 | 97 |
| 取水口—多隆沟段、倒淌河段、那果尔沟段 | 印支期及加里东期花岗闪长岩和花岗岩 | 143 | 116 | 20~35 |

### 3.5.9　隧洞围岩放射性分析

本工程隧洞侵入岩洞段岩性主要为花岗岩,位于进口段—多隆沟以及倒淌河一段,在隧洞洞身段分别取岩样 4 组、水样 2 组进行放射性元素分析,岩样测试结果见表 3-22,水样测试结果见表 3-23。

表 3-22　岩样放射性测试

| 检测位置 | 氡析出率[Bq/(m²·s)] | 铀-238(Bq/kg) | 钍-232(Bq/kg) | 钾-40(Bq/kg) | 镭-226(Bq/kg) | γ辐射吸收剂量率(μSv/h) |
|---|---|---|---|---|---|---|
| SZK03-1 | 0.001 | 14.0 | 54.3 | 851.3 | 26.4 | 0.083 |
| SZK03-5 | 0.001 | <5 | 53.8 | 889.0 | 35.9 | 0.082 |
| SZK01-10 | 0.001 | 71.2 | 61.9 | 1 294.3 | 52.3 | 0.087 |
| QZK02-10 | 0.001 | <5 | 89.0 | 1 106.6 | 30.5 | 0.084 |

表 3-23　水样放射性测试

| 检测位置 | 钍-232(Bq/L) | 钾-40(Bq/L) | 镭-226(Bq/L) | 铀-238(Bq/L) | 总α放射性(Bq/L) | 总β放射性(Bq/L) |
|---|---|---|---|---|---|---|
| SY103 | $7.59\times10^{-4}$ | 0.16 | <0.002 | $6.9\times10^{-2}$ | 0.05 | <0.05 |
| SY12 | $6.52\times10^{-4}$ | 1.32 | 0.036 | $6.1\times10^{-4}$ | 0.14 | 0.18 |

根据《生活饮用水卫生标准》(GB 5749—2006)、《城市供水水质标准》(CJ/T 206—2005)、《电离辐射防护与辐射源安全基本标准》(GB 18871—2002)、《核辐射环境质量评价一般规定》(GB 11215—89)、《民用建筑工程室内环境污染控制规范》(GB 11215—89)可知,水质中总α浓度、总β浓度要求完全符合相关规范要求,岩块等其他检测项目也符合相关规范要求。

由于花岗岩中放射性元素铀本底一般比其他岩体要高,其蜕变元素镭易在含水的裂隙带中吸附,由此造成氡富集。由于隧洞长,排风较困难,施工期应进行隧洞内岩体放射性检测,在施工中应布置相应的监测、通风设备,确保施工人员的生命安全。

## 3.5.10　隧洞 TBM 施工地质适宜性初步评价

TBM 对地质条件敏感,在适宜的地质条件下,TBM 可获得超过 1 000 m 的月进尺;而在不适宜的地质条件下,则可能发生卡机、被困、掘进受阻等后果,造成工期延误、施工成果增加等不良后果。隧洞 TBM 施工的围岩适宜性主要考虑两方面的地质因素:一是岩体所处地质环境是否适宜于采用 TBM 进行施工,二是围岩特征对 TBM 掘进效率的影响。

岩体所处的地质环境主要是指地应力环境、地下水环境及其他导致不良地质现象发生的内、外营力地质作用环境等。岩体特征指标主要包括岩体的完整性,岩石的强度及硬度、耐磨性等,这是影响 TBM 掘进效率的主要因素。岩体特征对 TBM 施工适宜性的影响,主要反映在掘进效率方面;而岩体所处的地质环境条件对 TBM 施工适宜性的影响,则反映在施工进度、效益甚至可行性等方面。一般情况下,隧洞围岩质量及其稳定性等条件越好,越有利于 TBM 施工,亦即围岩工程地质类别与 TBM 施工适宜性是密切相关的。因此,TBM 施工的适宜性,以围岩基本质量分类为基础,以岩体完整性、岩石强度、围岩应力环境和不良地质条件等为影响因素,结合 TBM 系统及施工应用特点综合判定。

在隧洞的前期勘察阶段,若地质条件较复杂,TBM 施工可能通过部分地质条件较差洞段时,应结合 TBM 选型等因素进行论证,并提出超前预测预报和应急处理预案。

隧洞 TBM 施工适宜性分级,目前没有较成熟和统一的方法,大多采用在围岩稳定性分级的基础上,按影响 TBM 工作条件的主要地质因素,如岩石的饱和单轴抗压强度、岩体的完整程度(裂隙化程度)、岩石的耐磨性和岩石的硬度等指标进行分级。

《引调水线路工程地质勘察规范》(SL 629—2014)中将 TBM 施工的适宜性分为适宜(A)、基本适宜(B)、适宜性差(C)等级别,具体分级标准如表 3-24 所示。

表 3-24　隧洞 TBM 施工适宜性分级[《引调水线路工程地质勘察规范》(SL 629—2014)]

| 围岩类别 | 与 TBM 掘进效率相关的岩体性状指标 | | | TBM 施工适宜性分级 | |
| | 岩体完整性系数 $K_v$ | 岩石饱和单轴抗压强度 $R_c$(MPa) | 围岩强度应力比 $S$ | 适宜性评价 | 分级 |
| --- | --- | --- | --- | --- | --- |
| I | >0.75 | $100<R_c \leq 150$ | >4 | 岩体完整,围岩稳定,岩体强度对掘进效率有一定影响,地质条件适宜性一般 | B |
| | | $150<R_c$ | <4 | 岩体完整,围岩稳定,岩体强度对掘进效率有明显影响,地质条件适宜性较差 | C |
| II | $0.55<K_v \leq 0.75$ | $100<R_c \leq 150$ | >4 | 岩体较完整,围岩基本稳定,岩体强度对掘进效率影响较小,地质条件适宜性好 | A |
| | | | | 岩体较完整,围岩基本稳定,岩体强度对掘进效率有一定影响,地质条件适宜性一般 | B |
| | | $150<R_c$ | <4 | 岩体较完整,围岩基本稳定,岩体强度对掘进效率有明显影响,地质条件适宜性较差 | C |

续表 3-24

| 围岩类别 | 与 TBM 掘进效率相关的岩体性状指标 | | | TBM 施工适宜性分级 | |
| --- | --- | --- | --- | --- | --- |
| | 岩体完整性系数 $K_V$ | 岩石饱和单轴抗压强度 $R_c$（MPa） | 围岩强度应力比 $S$ | 适宜性评价 | 分级 |
| III | $0.35<K_V$ $\leqslant0.55$ | $60<R_c\leqslant100$ | >4 | 岩体完整性差,围岩局部稳定性差,不利岩体地质条件组合对掘进效率影响较小,地质条件适宜性好 | A |
| | | | 2~4 | 岩体完整性差,围岩局部稳定性差,不利岩体地质条件组合对掘进效率有明显影响,地质条件适宜性差 | B |
| | | $100<R_c$ | <2 | 岩体完整性差—较破碎,围岩不稳定,不利岩体地质条件组合对掘进效率有明显影响,地质条件适宜性差 | C |
| IV | $0.15<K_V$ $\leqslant0.35$ | $30<R_c\leqslant60$ | >2 | 岩体较破碎,围岩不稳定,不利岩体地质条件组合对掘进效率有一定影响,地质条件适宜性一般或不适宜于开敞式 TBM 施工 | B |
| | | $15<R_c\leqslant30$ | <2 | 岩体较破碎,围岩不稳定,变形破坏对掘进效率有明显影响,不利岩体地质条件地段需进行工程处理,地质条件适宜性差且不适宜于开敞式 TBM 施工 | C |

注:表中围岩类别的分类方法采用的是《水利水电工程地质勘察规范》(GB 50487—2008)附录 N 的分类方法。

　　根据《引调水线路工程地质勘察规范》(SL 629—2014)附录 C 隧洞 TBM 施工适宜性判定标准,TBM 施工的适宜性以围岩基本质量分类为基础,考虑岩体完整性、岩石强度、围岩应力环境和不良地质条件等因素,结合 TBM 系统集成及施工应用特点综合判定。

　　对龙羊峡水库自流方案一进行评价,结果如表 3-25 所示。隧洞 TBM 地质适宜性的比例统计如图 3-58 所示,可以看出:适宜占 25%,基本适宜占 32%,适宜性差占 30%,不适宜占 13%。不适宜的洞段主要分布在断层破碎带、岩性接触带、浅埋段、高地应力段及第三系地层。建议对长距离适宜性差的洞段采用钻爆法开挖;对适宜、基本适宜的洞段,可采用 TBM 施工;对短距离适宜性差洞段,采用超前处理措施后通过。

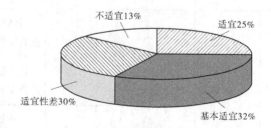

图 3-58　龙羊峡水库自流方案一 TBM
地质适宜性统计

表3-25　龙羊峡水库自流方案—隧洞TBM地质适宜性评价

| 设计桩号 | 段长(m) | 上覆岩体厚度(m) | 上覆岩体平均厚度(m) | 围岩类别 | 与TBM掘进效率相关的岩体性状指标 | | | TBM施工适宜性分级 | |
|---|---|---|---|---|---|---|---|---|---|
| | | | | | 岩体完整性系数 $K_v$ | 岩石单轴抗压强度 $R_b$(MPa) | 围岩强度应力比 $S$ | 适宜性评价 | 分级 |
| T0+000~T13+110 | 13 110 | 99~941 | 650 | Ⅱ~Ⅲ类,以Ⅲ类为主 | >0.55 | 60~110 | >4 | 岩体较完整—完整,围岩基本稳定—局部稳定性差,岩石强度对掘进效率影响较小,TBM地质条件适宜性为适宜 | 适宜 |
| T13+110~T13+998 | 888 | 483~568 | 520 | V类 | ≤0.15 | <10 | <2 | 岩体破碎,围岩极不稳定,易发生软岩大变形,大规模塌方、涌水等地质灾害,TBM地质适宜性为不适宜 | 不适宜 |
| T13+998~T20+525 | 6 527 | 487~1 035 | 750 | Ⅲ~Ⅳ类,以Ⅲ类为主 | >0.35 | 20~50 | 2~4 | 岩体完整性差—不稳定,岩石较破碎,围岩局部稳定性差,岩石强度适宜TBM掘进,局部可能发生软岩大变形,TBM地质适宜性为基本适宜 | 基本适宜 |
| T20+525~T21+780 | 1 255 | 863~931 | 900 | V类 | ≤0.15 | <10 | <2 | 岩体破碎,围岩极不稳定,易发生软岩大变形,大规模塌方、涌水等地质灾害,TBM地质适宜性为不适宜 | 不适宜 |
| T21+780~T27+377 | 5 597 | 804~916 | 860 | Ⅱ~Ⅲ类,以Ⅲ类为主 | >0.55 | 60~110 | 2~4 | 岩体较完整—完整,围岩基本稳定—局部稳定性差,岩石强度对掘进效率影响较小,局部可能发生微岩爆,TBM地质适宜性为基本适宜 | 基本适宜 |
| T27+377~T31+890 | 4 513 | 897~1 143 | 950 | Ⅲ~Ⅳ类,以Ⅲ类为主 | >0.35 | 20~50 | <2 | 岩体完整性差—较破碎,围岩局部稳定性差—不稳定,岩石强度适宜TBM掘进,局部可能发生软岩大变形,TBM地质适宜性为适宜性差 | 适宜性差 |

续表 3-25

| 设计桩号 | 段长 (m) | 上覆岩体厚度 (m) | 上覆岩体平均厚度 (m) | 围岩类别 | 与 TBM 掘进效率相关的岩体性状指标 | | | TBM 施工适宜性分级 | |
|---|---|---|---|---|---|---|---|---|---|
| | | | | | 岩体完整性系数 $K_v$ | 岩石单轴抗压强度 $R_b$ (MPa) | 围岩强度应力比 $S$ | 适宜性评价 | 分级 |
| T31+890~ T33+312 | 1 422 | 954~1 230 | 1 000 | V 类 | ≤0.15 | <10 | <2 | 岩体破碎,围岩极不稳定,易发生软岩大变形,大规模塌方、涌水等地质灾害,TBM 地质适宜性为不适宜 | 不适宜 |
| T33+312~ T38+867 | 5 555 | 768~1 051 | 880 | Ⅱ~Ⅲ 类,以Ⅲ类为主 | >0.55 | 60~110 | >4 | 岩体较完整~完整,围岩基本稳定~局部稳定性差,岩石强度对掘进效率影响较小,局部可能发生轻微岩爆,TBM 地质适宜性为适宜 | 适宜 |
| T38+867~ T51+201 | 12 334 | 625~1 129 | 850 | Ⅲ~Ⅳ 类,以Ⅳ类为主 | ≤0.55 | 15~40 | <2 | 岩体完整性差~较破碎,围岩局部稳定~不稳定~一般不稳定,岩石强度对掘进效率影响较小,埋深大,局部易发生软岩大变形及塌方,地质条件适宜性为适宜性差 | 性差 |
| T51+201~ T51+973 | 772 | 1 084~1 415 | 1 200 | V 类 | ≤0.15 | <10 | <2 | 岩体破碎,围岩极不稳定,易发生软岩大变形,大规模塌方、涌水等地质灾害,TBM 地质适宜性为不适宜 | 不适宜 |
| T51+973~ T54+082 | 2 109 | 745~1 415 | 1 000 | 以Ⅳ类为主,局部Ⅲ类 | ≤0.35 | 60~90 | 2~4 | 岩体完整性差~较破碎,围岩局部稳定~不稳定~一般不稳定,岩石强度影响较小,埋深大,岩体破碎,易塌方,地质条件适宜性为适宜性差 | 适宜 性差 |

续表 3-25

| 设计桩号 | 段长 (m) | 上覆岩体厚度 (m) | 上覆岩体平均厚度 (m) | 围岩类别 | 与 TBM 掘进效率相关的岩体性状指标 | | | TBM 施工适宜性分级 | |
|---|---|---|---|---|---|---|---|---|---|
| | | | | | 岩体完整性系数 $K_v$ | 岩石单轴抗压强度 $R_b$(MPa) | 围岩强度应力比 $S$ | 适宜性评价 | 分级 |
| T54+082~T54+949 | 867 | 578~745 | 650 | V 类 | ≤0.15 | <10 | <2 | 岩体破碎,围岩极不稳定,易发生软岩大变形、大规模塌方、涌水等地质灾害,TBM 地质适宜性为不适宜 | 不适宜 |
| T54+949~T59+644 | 4 695 | 578~1 099 | 800 | Ⅲ~Ⅳ类,以Ⅲ类为主 | ≤0.55 | 60~90 | 2~4 | 岩体破碎,围岩极不稳定,易发生软岩大变形、大规模塌方,TBM 地质适宜性为基本适宜 | 基本适宜 |
| T59+644~T66+528 | 6 884 | 417~892 | 620 | Ⅲ~Ⅳ类,以Ⅲ类为主 | >0.55 | 15~50 | 2~4 | 岩体完整性差,岩石强度对掘进效率影响较小,局部可能发生软岩变形及塌方,TBM 地质适宜性为基本适宜 | 基本适宜 |
| T66+528~T69+420 | 2 892 | 280~418 | 340 | 以Ⅳ类为主,局部 V 类 | ≤0.35 | <25 | 2~4 | 岩体较破碎—破碎,围岩不稳定—极不稳定,岩石强度对掘进效率影响较小,易发生软岩大变形及塌方,TBM 地质适宜性为适宜性差 | 适宜性差 |
| T69+420~T74+037 | 4 617 | 46~304 | 180 | 以 V 类为主,局部Ⅳ类 | ≤0.15 | <2.5 | <2 | 岩体较破碎—破碎,围岩不稳定—极不稳定,岩石强度对掘进效率影响较小,易发生软岩大变形及塌方,TBM 地质适宜性为不适宜 | 不适宜 |

# 3.6　小　结

(1)引水线路各方案地表沿线为构造剥蚀、侵蚀高山—中高山地貌,构造侵蚀中山丘陵地貌和侵蚀堆积河谷地貌三大地貌类型。

(2)主要地层有元古界(Pt)云母石英片岩夹千枚岩、片麻岩,三叠系(T)砂砾岩、砂岩,侏罗系(J)细砂岩、砂砾岩,白垩系(K)砾岩、砂砾岩、砂岩、泥质粉砂岩,古近系(E)砂岩、泥岩、砂砾岩,第四系(Q)风积黄土、砂砾石层及各期形成的侵入岩,岩性为花岗岩、闪长岩等。和工程密切相关的区域活动性大断裂有日月山断裂、青海南山北缘断裂、倒淌河—循化断裂、拉脊山南缘断裂、拉脊山北缘断裂。

(3)隧洞洞线经过区地形起伏大、岩性种类多、区域性大断裂发育、地质构造复杂、地下水活动较强烈,地应力较高,工程地质条件复杂,主要工程地质问题有断层活动性、涌水突泥、软岩变形、围岩稳定、高外水压力、高地应力岩爆、高地温、可能的有害气体及放射性问题。

(4)引水隧洞适宜、基本适宜 TBM 施工的洞段,可采用 TBM 施工,适宜性差的洞段主要分布在断层破碎带、岩性接触带、浅埋段、高地应力段及古近系地层。建议对长距离适宜性差的洞段,采用钻爆法开挖;对短距离适宜性差的洞段,采用超前处理措施后通过。

# 第4章　龙岩市万安溪引水工程勘察

## 4.1　引　言

龙岩市万安溪引水工程的主体建筑为 27.94 km 的引水隧洞,隧洞平均埋深约 400 m,最大埋深 930 m。其中,出口段约 15 km 的隧洞地表山高谷深,受地形地貌和地质条件的限制,施工支洞、竖井、斜井等的布置条件较差,采用钻爆法施工较困难。从工程设计和施工布置条件分析,适宜采用 TBM 进行施工。在前期的勘察中,应基本查明隧洞的地质条件,对不良地质条件进行判断,从而为 TBM 设备选型、施工预案等提供依据。

## 4.2　工程概况

福建省龙岩市万安溪引水工程是为解决龙岩市主城区中、远期供水需求的引调水工程。工程位于福建省龙岩市新罗区、连城县境内,从连城县大灌水电站发电尾水渠取水,通过引水隧洞及管道引水至新罗区西陂镇规划北翼水厂。输水系统由大灌尾水取水建筑物、输水隧洞及管道、沿线交叉建筑物等主要建筑物组成,线路总长度约 33.81 km,全程采用有压重力流输水。设计引水流量 2.93 $m^3/s$,平均引水流量 2.34 $m^3/s$,多年平均引水量 0.730 亿 $m^3$,输水线路沿途跨越麻林溪、林邦溪 2 条河流。其中林邦溪以北采用有压隧洞形式输水,长约 27.94 km,以桩号 D14+000.00 为界,上游隧洞采用钻爆法施工,开挖断面为洞径 4.00 m 圆形,下游隧洞采用 TBM 法施工,开挖断面为洞径 3.83 m 圆形;林邦溪以南采用地埋管形式输水,长约 5.87 km,采用明挖及顶管施工,管径为 1 600 mm。本工程为Ⅲ等工程,主要建筑物为 3 级建筑物设计,次要建筑物为 4 级建筑物设计。

## 4.3　引水线路区工程地质条件

### 4.3.1　地形地貌

大灌电站尾水渠—麻林溪段沿线山体雄厚,地形起伏大,区内最高峰位于青草岩圆光寺附近,高程为 1 136.5 m。沟谷深切,冲沟发育,主沟为满竹溪、麻林溪,径流最低排泄基准面为梅花湖,高程为 350~360 m。山高林密,植被茂盛,山坡坡度一般为 25°~40°。满竹溪河道弯曲,整体由西北流向东南,支沟多呈北东向;麻林溪迂回曲折,整体由西南流向东北,支沟多呈南东向,两溪流均注入梅花湖。

麻林溪—林邦溪段沿线山体雄厚,山峰众多,沟谷深切,东侧发育区内最高峰英哥石尖,峰顶高程为 1 717.7 m,西侧发育两个峰顶为岩头岭、九猴山,峰顶高程分别为 1 534.7 m、1 347.2 m,线路中间发育两个峰顶为圭乾山、天宫山,峰顶高程分别为 1 628.3 m、1 594.9 m。山高林密,植被茂盛,山坡坡度一般为 25°~35°,局部较陡在 35°~50°,细沟、冲沟发育,水系密布,多呈钳状沟头树枝状分布,少部分呈格状分布(受断裂控制),且主沟多由西北向东南发展,支沟多呈北东向。北端径流排泄基准面为麻林溪,高程为 385~390 m,南端径流排泄基准面为林邦溪,高程为 510~515 m。

林邦溪至规划北翼水厂段沿线地貌为山间谷地或宽谷,少部分段为坡地。沿线地表高程 355~417 m,大部分段地形地势较平缓,坡度 10°~20°,少部分段地形起伏较大,沿线先沿林邦溪穿过铁路桥涵、顺乡村路至北环路,再沿北环路至北翼水厂。

### 4.3.2　地层岩性

工程区出露的基岩主要岩性为:奥陶-志留系中段($O-S^b$)变质细砂岩夹变质粉砂岩等;泥盆系上统($D_3$)石英砾岩、石英砂岩、砂砾岩、粉砂岩;石炭系(C)石英砾岩夹少量砂砾岩、粉砂岩;二叠系(P)炭质粉砂岩、炭质页岩、粉砂岩、页岩、石英砂岩及煤层等;燕山期侵入花岗岩。引水线路各个时期的沉积岩、变质岩、侵入岩多为断层接触、燕山期侵入接触,整合接触少,且接触带走向与洞轴线交角绝大部分较大或大,少部分较小。概述如下。

#### 4.3.2.1　奥陶-志留系中段($O-S^b$)

灰、灰绿色厚层变质细砂岩夹薄层变质粉砂岩、千枚状页岩、千枚岩,引水线上未分布。

#### 4.3.2.2　泥盆系(D)

(1)泥盆系上统桃子坑组。

上段($D_3tz^b$):灰紫、紫红色薄层泥质粉砂岩夹灰白、黄白色石英砾岩、砂砾岩,分布于村美水库东,发育较少,地层产状 N80°~90°W　SW∠30°~40°。

下段($D_3tz^a$):灰白色厚层石英砾岩、砂砾岩,分布于村美水库东北,发育少。

(2)泥盆系上统天瓦崠组。

上段($D_3t^b$):灰紫色薄层泥质粉砂岩夹灰白、黄白色砂砾岩、砾岩,分布于村美水库北、林邦溪左岸。

下段($D_3t^a$):灰白、黄白色厚层石英砾岩夹少量石英砂岩、粉砂岩,分布于村美水库北、林邦溪左岸。

#### 4.3.2.3　石炭系(C)

(1)石炭系下统($C_1$)。巨厚层石英砾岩、粉砂岩、砂砾岩、砂岩夹炭质页岩、白云质灰岩透镜体。分布于南石村、紫阳村、硿口村一带,为埋管段主要基岩岩性。

(2)翠屏山组($C_3c$)。灰色、灰白色厚层灰岩。

#### 4.3.2.4　二叠系(P)

下统加福组下段($P_1j^a$):灰、灰黑色泥质、炭质粉砂岩夹石英砂岩及煤层。分布于城区埋管段小部分。

#### 4.3.2.5　燕山早期侵入岩

（1）燕山早期。

黑云母花岗岩（$\gamma_5^{2(2)}$），肉红色，中粗粒似斑状结构。岩石由斑晶（15%～40%）及基质组成。斑晶以钾长石为主。主要由石英（25%～30%）、斜长石（20%～30%）、钾长石（40%～50%）、黑云母（2%～5%）组成。主要分布于麻林溪两岸，线路内长度约5.7 km。

（2）燕山早期第二次。

花岗闪长岩（$\gamma\delta_5^{2(3)b}$），灰白色，中、中细粒花岗结构。主要由斜长石（45%～50%）、钾长石（20%～25%）、石英（约20%）、黑云母（8%～12%）及角闪石组成。分布在引水隧洞南段，发育少。

（3）燕山早期第三次。

黑云母花岗岩（$\gamma_5^{2(3)c}$），肉红色，中细粒似斑状结构。岩石由斑晶（15%～40%，局部可达60%）及基质组成。斑晶以钾长石为主。主要由石英（20%～25%）、斜长石（15%～25%）、钾长石（55%～65%）、黑云母（1%～4%）组成。在满竹溪至林邦溪段大面积分布，为线路的主要岩性。

（4）燕山早期第四次。

细粒花岗岩（$\gamma_5^{2(3)d}$），灰白—浅肉红色，细粒花岗结构。主要由石英（20%～25%）、斜长石（10%～15%）、钾长石（60%～65%）、黑云母组成。线路区内分布少，呈脉状分布，在渡头满竹溪左岸分布。

#### 4.3.2.6　第四系全新统（$Q_4$）

（1）残坡积（$Q_4^{el+dl}$）层。黏土、砂质黏土、黏土质砂，砖红色—棕红色，硬塑状为主，在引水线路广泛分布，厚度多在1～5 m，局部可达10 m。

（2）冲洪积（$Q_4^{al+pl}$）层。漂石、卵石、少量中粗砂，厚度多在1～3 m。该层主要分布在沟谷、溪流、河床内，以及河漫滩、阶地等。

（3）崩坡积（$Q_4^{col+dl}$）层。块石、碎石、混合土块石，厚度一般为5～30 m。主要分布于林邦溪右岸。

（4）人工堆土（$Q_4^s$）层。砾质黏土、黏土质砾，棕红—棕黄色，松散，厚度多在0～2 m。城区埋管段少量分布。

#### 4.3.2.7　脉岩

区内脉岩发育少，主要有辉绿岩脉（$\eta$）、花岗斑岩脉（$\gamma\pi$）、闪长岩脉（$\zeta$）等，主要分布于侵入岩地区，细粒结构，规模大小不一，延伸较长，岩脉发育与大的断裂构造密切相关。

### 4.3.3　地质构造

#### 4.3.3.1　岩体结构面分级

结构面按规模一般可分为五级，分级规定见表4-1。

表 4-1　岩体结构面分级

| 级别 | 规模 | | 说明 |
|---|---|---|---|
| | 破碎带宽度（m） | 破碎带延伸长度（m） | |
| I | >10 | 区域性断裂 | 延展几千米到几十千米,深度至少切穿一个构造层,对区域构造起控制作用 |
| II | 1~10 | >1 000 | 延展数百米到数千米,延深数百米以上,破碎带宽度数米以上的断层错动带、接触破碎带及风化夹层等,对山体和岩体稳定起控制作用 |
| III | 0.1~1.0 | 100~1 000 | 延展在数百米的断层、挤压和接触破碎带、风化夹层,也包括宽度在数十厘米以内的原生软弱夹层、层间错动带等。它们直接影响工程部位岩体稳定 |
| IV | <0.1 | <100 | 延展短,一般在数米至数十米范围内,未错动或错动不大 |
| V | 节理、裂隙 | | 延展性差,无厚度之别,分布随机,为数甚多的细小结构面,主要包括节理、裂隙等 |

#### 4.3.3.2　断层

工程区内满竹溪至林邦溪段主要为黑云母花岗岩,地质构造较简单,褶皱不发育;林邦溪至北翼水厂段为石英砾岩、石英砂岩、泥质粉砂岩、砂砾岩、炭质页岩、灰岩等沉积岩,地质构造相对复杂,两段主要构造形迹以陡倾角发育的断裂为主。工程区内规模较大的断层共发育 10 条,多数宽 2~10 m;小断层共发育 1 条,宽 0.5~1.0 m。断层走向以 NW、NE 及 NEE 向为主,延伸较长,以高陡倾角为主,NW 走向断层多为张扭性或张性断层,NE 及 NEE 走向断层多为压扭性或压性断层。工程区主要断层见表 4-2。

#### 4.3.3.3　褶皱

引水线路范围内多发育印支期、燕山期侵入岩,地层为侵入岩所包围、分割,且断层发育较多,后期侵入岩、断层对地层影响大,大型的褶皱发育不突出。仅发现赤坑岭发育一较大型向斜,长约 3.85 km,为倾伏状直立褶皱,轴面北东向,向北东倾伏,两翼岩层倾角较陡,为 40°~50°,核部宽缓,岩层倾角缓,一般为 20°~30°,次级小褶皱发育,性状多与赤坑岭向斜类似。

#### 4.3.3.4　节理裂隙

引水线路的基岩露头大多为全、强风化,弱风化基岩露头仅在公路边坡或深切冲沟沟底及两岸有出露。区内节理多成组发育,高陡倾角为主,强风化多为铁锰质渲染或张开夹泥,弱风化多呈微张或闭合状。

线路区主要发育三组节理,以高陡倾角居多,缓倾角发育较少,且倾角基本为 35°~45°。北段主要以①、②、③组节理为主:

①N30°~50°W　NE∠80°~85°,微张或闭合,起伏粗糙,铁锰质渲染,局部为岩屑充填,延伸长,较发育。

表 4-2　工程区主要断层一览表

| 编号 | 出露位置 | 产状 | 断层规模 | | 构造描述 | 性质 | 分级 |
|---|---|---|---|---|---|---|---|
| | | | 长<br>(km) | 宽<br>(m) | | | |
| F21 | 渡头 | N20°~30°E<br>SE∠80°~90° | 2.1 | 3~4 | 带内多为碎裂岩、碎块岩、片状岩、碎粉岩、碎粒岩，破裂面多见擦痕且绿泥石化 | 压扭性 | Ⅱ |
| F22 | 陈二坑 | N50°~60°W<br>NE∠75°~85° | 2.5 | 3~5 | 带内多为破碎岩石充填，地貌上表现为延续性较好的冲沟 | 张扭性 | Ⅱ |
| F23 | 东方溪二级电站厂房公路边 | N45°~75°E<br>NW∠50°~70° | 9 | 3~5 | 带内为碎粉岩、角砾岩、碎裂岩，呈硅化，岩质坚硬，有不规则辉绿岩脉侵入，影响带宽30~40 m | 压扭性 | Ⅱ |
| F24 | 桃树坑 | N45°~55°E<br>SE∠70°~80° | 11.4 | 3~6 | 带内见挤压现象，多为碎裂岩、碎块岩、块状岩，节理密集发育 | 压性 | Ⅱ |
| F25 | 小水坑 | N5°~10°E<br>SE∠75°~80° | 4.3 | 2~4 | 带内见挤压现象，充填块状岩、碎裂岩，多呈强风化状 | 压性 | Ⅱ |
| F26 | 富溪 | N50°~60°W<br>NE∠70°~90° | 16.6 | 3~8 | 带内为破碎岩石，块状岩、碎块岩 | 张性 | Ⅱ |
| F33 | 江山赤坑 | N40°~50°W<br>SW∠60° | 1.0 | 3~5 | 带内为构造岩，岩层挠曲、产状凌乱，石英脉穿插、岩石硅化普遍，局部具片理化 | 压性 | Ⅱ |
| F34 | 碎口村 | N30°~60°W<br>NE∠40°~50° | 15 | 3~8 | 带内为构造岩，挤压破碎，呈雁行排列 | 张扭性 | Ⅱ |
| F35 | 庙子后 | N10°~20°E<br>NW∠80°~90° | 7.5 | 5~10 | 带内为构造岩，岩层挠曲、产状凌乱，局部具硅化 | 压扭性 | Ⅱ |
| F36 | 园排村 | N70°~80°E<br>SE∠70°~80° | 4.0 | 2~4 | 带内为构造岩，岩层挠曲、产状凌乱，局部具硅化 | 压扭性 | Ⅱ |
| f0 | ZK29 钻孔 | N65°~75°E<br>SE∠70°~80° | 1.7 | 0.5~1.0 | 带内为块状岩、碎块岩，少量片状岩、碎屑岩，地貌上表现为凹槽及小冲沟 | 压扭性 | Ⅲ |

②N25°~40°E　NW∠80°~85°,闭合或微张,较平直光滑,铁锰质渲染,延伸长,较发育。

③N85°~90°E　NW∠80°~90°,微张或闭合,起伏粗糙,铁锰质渲染,断续延伸,延伸较长,发育较少。

### 4.3.4　水文地质

#### 4.3.4.1　地下水类型

区内地下水类型主要有基岩裂隙性潜水和第四系覆盖层中的孔隙性潜水。

(1)孔隙性潜水:主要赋存于工程区山体的残坡积层内,残坡积层黏土质砂透水性较弱,砂质黏土、黏土透水性微弱,主要受大气降水影响,雨季含水量大,水位埋藏较深,水位变化不大,在凹沟、坡脚内常见孔隙水渗出。

(2)裂隙性潜水:主要赋存于基岩裂隙及断层带内,含水层厚度大,受大气降水及孔隙水的补给,赋水性主要受断层、裂隙控制,呈脉状、带状分布,以基岩裂隙水出露于地表,补给沟水,主要出露在深切的冲沟内等。

#### 4.3.4.2　地下水位

区内地下水受大气降水补给,由于大气降水多集中在春季、夏季,地表植被覆盖较好,地形较缓的地方,地表覆盖残坡积黏性土层、全风化层普遍较厚,透水性弱,降水的入渗和土体的持水条件较好,在山体支沟发育、山脊较为单薄的地段,地下水的渗出条件亦较好,山体地下水位的变幅不大。

根据钻孔资料水位观测,花岗岩地区地下水埋深较浅,埋深在 1.0~32.6 m,其他砂岩、页岩及灰岩地下水埋深相对较深,埋深大于 30 m。

#### 4.3.4.3　岩、土体透水性

工程区内新鲜、微风化基岩透水性较弱,以弱—微透水性为主,近地表受风化节理切割的影响,多为弱—中等透水。

强风化岩体多为弱—中等透水性,弱风化岩体以弱—微透水性为主;微风化岩体多为微透水性。弱风化白云质灰岩透水性较强,多为中等透水性,与溶蚀裂隙及孔洞发育有关。

工程区压性或压扭性断层多为弱—中等透水性,带内渗透系数 $K=5\times10^{-4}\sim20\times10^{-4}$ cm/s,张性或张扭性断层为中等—强透水性,带内渗透系数 $K=2\times10^{-3}\sim10\times10^{-3}$ cm/s。

### 4.3.5　物理地质现象

工程区内滑坡、泥石流等物理地质现象不发育,但斜坡较陡地段存在潜在小型岩石崩塌、土质滑塌等地质灾害。其中,林邦溪距隧洞出口下游约 60 m 为修建铁路开挖采石场形成的高边坡滑塌体,滑塌体物质为石英砂岩巨石,块石及岩屑,后缘为高边坡,底滑面高程约 388 m,滑塌体长约 25 m,高约 40 m,厚 5~10 m,滑塌方量约 5 000 m³。该滑塌体距离隧洞出口近,对 TBM 洞口边坡开挖有一定的影响。林邦溪左岸埋管段附近的高边坡也局部发育成小规模的危岩体。

工程区冲沟两岸植被发育,沟两岸无成规模性的崩积、残坡积物等固体碎屑物质堆

积,历史上也没有发生泥石流记录,工程区内泥石流现象不发育。

# 4.4　勘察工作重难点及对策

工程区沿线地表地形十分复杂,地形高差大,山高林密,植被茂盛,山坡坡度一般为 25°~40°,外业勘察场地条件相对较差,勘察难度大。本工程的勘察重难点及应对措施主要如下。

## 4.4.1　断层和破碎带

隧洞发育有 5 条小规模断层,f0、F23、F24、F25、F26,断层宽度 3~8 m,其中 f0、F23 为压扭性断层,F24、F25 为压性断层,F26 为张性断层,带内多为碎粉岩、角砾岩、碎裂岩、碎块岩,围岩破碎、不稳定,发生涌水的可能性较大。

对策措施:本阶段对上述洞段的工程地质条件进行详细勘察,在地表利用地质调查、地质勘探,结合地球物理技术,获取引水线路附近地层结构各种物性特征,并根据物性特征进行岩性分类;查明主要断层构造的宽度和走向及物质组成,并对构造的赋水性进行评价。主要地质工作为在工程地质测绘的基础上,对隧洞沿线的区域性断层布置钻孔,查明断层带的产状、宽度、物质组成及地下水情况,同时采用大地电磁 EH-4 探测其他可能存在的断层破碎带。由于勘探手段的局限性以及地下工程的复杂性,施工期建立施工超前地质预报系统,指导与服务施工。针对不良地质洞段类型、地质预测(预报)成果、施工监测成果等,采用不同的支护形式,及时跟进掌子面喷射混凝土一期支护,随后根据变形速率进行二次支护。

## 4.4.2　地下水

引水隧洞多在地下水位以下,工程区降雨量大,地下水补给来源丰富,地下水较丰富。黑云母花岗岩、花岗闪长岩、石英砾岩、砂砾岩弱—微风化岩体呈弱透水性,赋水性差。Ⅱ~Ⅲ类围岩的洞段,岩体较完整,地下水以渗水和滴水为主,不会产生较大涌水。Ⅳ类围岩可能在高水头作用下,影响围岩稳定,断层破碎带、节理密集带及 Ⅴ 类围岩中极易产生涌水,发生围岩塌方。花岗岩地层存在节理密集带、蚀变带、囊状风化带的可能性较大,极易产生涌水及围岩失稳。

可行性研究阶段按照大岛洋志法及经验公式法对最大涌水量进行了估算,初步估计隧洞总涌水量近 800~1 750 m³/d。

对策措施:本阶段以地质工作为主,对富水岩体和构造进行详细调查,并通过勘探、水文地质试验,同时采用辅助手段 EH-4 大地电磁法探测裂隙岩体的富水性,了解其水文地质特征;利用长期观测孔,对水位进行持续观测,查明隧洞沿线的地下水位及水化学成分;同时采用辅助物探手段,对异常区通过勘探、水文地质试验进行分析验证,预测掘进时突水的可能性,进一步估算最大涌水量,提出处理建议。施工期采用地震法、电法及钻探法等超前地质预报方法对掌子面前方的地下水进行精细化预报,根据预报结果采取针对性的处理措施。

### 4.4.3　超硬围岩

TBM 掘进段围岩以黑云母花岗岩及花岗闪长岩为主,岩石强度高,岩体完整,预计 TBM 掘进效率低,施工经济性较差。

对策措施:本阶段采取新鲜黑云母花岗岩及花岗闪长岩岩样,进行室内试验,获取岩石(体)的物理力学指标;进行岩石薄片分析,获取岩石的石英含量指标;必要时进行岩石的耐磨性试验,获取围岩的耐磨性指标;为 TBM 在超硬、完整围岩条件下高效破岩提供设计依据。

### 4.4.4　隧洞进出口边坡及围岩稳定性

隧洞进口、出口,倒虹吸段隧洞进口、出口,3 条施工支洞的进口,共 7 个工作面。地表岩体卸荷较强烈,岩体破碎,影响边坡的稳定性。进出口段隧洞围岩破碎,围岩稳定性差。

对策措施:本阶段在隧洞进出口处布置钻孔及物探工作,查明隧洞进出口的岩体风化情况、卸荷深度,进行工程岩体分类,评价边坡及隧洞的稳定性,提出开挖及支护措施建议。

### 4.4.5　岩爆

隧洞局部洞段埋深在 800 m 以上,初步预测地应力较高,在干燥、完整花岗岩条件下具备发生岩爆的可能,危及围岩的稳定性及人员、设备的安全。

对策措施:本阶段在 2 套地层内分别布置钻孔进行地应力测试,查明地应力分布特征,同时采取原状岩样进行强度试验,根据相关规范的判据进行岩爆等级评判。施工过程中,根据超前地质预报结果及实际揭露的围岩情况对岩爆情况进行详细评判,根据评判结果,采取针对性的支护措施及人员、设备保护措施。

### 4.4.6　围岩变形

隧洞局部洞段存在断层破碎带、节理密集带、蚀变带及风化带不良地质段,在地应力的作用下易发生收敛变形,产生围岩坍塌、支护破坏等不良后果,严重时可能造成 TBM 卡机。

对策措施:本阶段为正确评价软岩类岩体的变形问题,拟布置 EH-4 大地电磁测试并结合钻孔确定洞段的软岩范围,并对地质构造和地下水进行探测,通过原位和室内试验确定软岩的物理力学性质,进一步预测软岩段围岩的变形量;在隧洞施工中根据现场地质条件,及时采取支护措施,加强洞身变形监测。

## 4.5　勘察工作布置

### 4.5.1　工程地质测绘

根据规范要求,初设阶段主要进行以下工程地质测绘工作:

(1)收集分析已有勘察资料,针对主要问题和已有勘察工作,针对性地布置勘测工作,编制详细的勘测工作大纲。

(2)引水隧洞地质测绘主要工作为全面复核可行性研究阶段 1:10 000 工程地质图,重点范围为选定洞线两侧各 500 m,面积约 27 km²,对埋管段进行 1:10 000 平面工程地质测绘,范围为线路两侧各 500 m,局部交叉段及建筑物段提高测绘精度,面积约 6 km²。

(3)进水塔、引水隧洞、施工支洞进出口、倒虹吸段进行 1:2 000 平面工程地质测绘,面积约 2 km²。

(4)对可行性研究阶段初步选定的 3 条施工支洞进行 1:10 000 平面工程地质测绘(轴线两侧各 500 m),面积约 1 km²。

(5)配合平面地质测绘,在重要部位进行 1:2 000 剖面地质测绘,长度约 2 km。

(6)选择适当位置进行裂隙调查,了解岩体的裂隙发育情况,为围岩分类提供依据。

## 4.5.2　勘探与现场测试

根据规范要求,初设阶段主要进行以下勘探及现场测试工作:

本次勘探工作主要集中在引水隧洞取水口、出口、麻林溪倒虹吸、施工支洞进口、断层带等。

(1)钻孔。

拟在进水塔布置钻孔 1 个,预计孔深 40 m;在引水隧洞进口、麻林溪隧洞出口、1#~2# 施工支洞进口分别布置钻孔 1 个,共 4 孔,孔深约 50 m,合计约 200 m;在麻林溪倒虹吸左右岸及河床分别布置钻孔 1 个,共 3 孔,孔深约 40 m,合计约 120 m。

引水隧洞洞身段 D21+250 处布置钻孔 1 个,孔深 350~400 m;在 D26+550 处布置钻孔 1 个,孔深约 200 m,合计约 600 m;在埋管段暂安排钻孔 10 个,孔深约 10 m,合计约 100 m。

(2)探坑、探槽。

为配合地质测绘工作,在断层带、基岩覆盖层界限重点部位及埋管段布置探坑、探槽工作,总方量约 1 000 m³。

(3)压(注)水试验。

所有基岩钻孔均在洞顶以上 20 m 处开始进行压水试验,每个钻孔进行压水试验约 5 段次,覆盖层每 5 m 进行一次注水试验。

(4)对 D21+250、D26+550 处钻孔进行地应力测试及地温测试。

(5)对钻孔覆盖层进行标贯试验或重型动力触探试验。

(6)对引水隧洞选择 2 个钻孔进行地下水位定期观测。

## 4.5.3　物探工作

根据规范要求及该项目实际情况,本阶段物探工作主要任务为查明引水隧洞和施工支洞局部洞段基岩与覆盖层界线,断层情况等,并在钻孔内进行必要的物探测试工作。

(1)EH-4 大地电磁测试:引水隧洞断层处及过沟段布置 EH-4 大地电磁测试,总长约 4 000 m。

（2）高密度电法：引水隧洞进出口段，1#、2#、3# 施工支洞进口段，过沟段布置高密度电法测试，总长度约 3 000 m。

（3）钻孔综合测井：选择部分钻孔进行综合测井，总长度约 900 m；对埋管段根据情况，进行视电阻率测试。

### 4.5.4　试验工作

（1）岩石试验：对不同类别岩石分别取岩芯样进行岩石基本物理力学试验，主要试验项目包括密度、吸水率、抗压强度、变形试验、抗剪试验、膨胀崩解等，预估试验组数 30 组。

（2）岩石磨片鉴定：对部分难以鉴定的岩石样品进行磨片鉴定，预估数量 10 组。

（3）料场取样进行人工骨料原岩试验（密度、抗压强度、吸水率、矿物化学成分、冻融损失率、硫酸盐及硫化物含量及岩石碱活性试验），预估数量 9 组。

（4）水土腐蚀试验。各建筑物不同的水文地质单元分别采取地表水和地下水进行水质简分析，以评价水腐蚀性；不同土体单元内采取土样进行化学分析，以评价土腐蚀性；每一种水、土样品个数不应小于 3 组。

### 4.5.5　计划勘察工作量

初步设计阶段的计划勘察工作量见表 4-3。

表 4-3　初步设计阶段的计划勘察工作量

| 内容 | 工作项目 | 单位 | 工作量 | 备注 |
|---|---|---|---|---|
| 工程地质测绘 | 1:10 000 工程地质测绘复核 | km² | 33 | |
| | 施工支洞 1:10 000 平面工程地质测绘 | km² | 1 | |
| | 隧洞、施工支洞进出口、主要建筑物及埋管段 1:2 000 平面工程地质测绘 | km² | 8 | |
| | 隧洞、施工支洞实测工程地质剖面 | km/条 | 2/4 | |
| | 地质测量 | 组日 | 50 | |
| 坑槽探 | 坑槽探 | m³ | 1 000 | |
| 钻探 | 进水塔 | m/孔 | 40/1 | |
| | 隧洞进口 | m/孔 | 50/1 | |
| | 洞身段 | m/孔 | 600/2 | |
| | 支洞进口 | m/孔 | 100/2 | |
| | 麻林溪倒虹吸 | m/孔 | 120/3 | |
| | 埋管段 | m/孔 | 100/10 | |
| | 合计 | m/孔 | 1 010/19 | |

续表 4-3

| 内容 | 工作项目 | 单位 | 工作量 | 备注 |
|---|---|---|---|---|
| 物探 | EH-4 大地电磁法 | m/条 | 4 000/8 | |
| | 高密度电法 | m/条 | 3 000/6 | |
| | 钻孔波速测试 | m/孔 | 600/9 | |
| 原位测试 | 注水试验 | 段/孔 | 20/9 | |
| | 压水试验 | 组/孔 | 40/9 | |
| | 标准贯入试验 | 段 | 10 | |
| | DPT | 段 | 100 | |
| | 地下水位观测 | 组日 | 20 | |
| | 地应力测试 | 组 | 2 | |
| | 地温测试 | 组 | 2 | |
| | 岩石回弹测试 | 组 | 200 | |
| 室内试验 | 岩石含水率试验 | 组 | 30 | |
| | 岩石块体密度试验(干、饱和) | 组 | 30 | |
| | 岩石颗粒密度试验 | 组 | 30 | |
| | 岩石吸水性试验 | 组 | 30 | |
| | 单轴抗压强度试验(干、饱和) | 组 | 30 | |
| | 抗拉强度试验 | 组 | 30 | |
| | 单轴压缩变形试验 | 组 | 30 | |
| | 岩石抗剪试验 | 组 | 30 | |
| | 岩石干湿循环试验(崩解试验) | 组 | 6 | 泥质粉砂岩 |
| | 岩石膨胀试验 | 组 | 6 | 泥质粉砂岩 |
| | 岩石磨片样 | 组 | 10 | |
| | 岩石放射性试验 | 组 | 3 | |
| | 混凝土用人工骨料全分析(含碱活性) | 组 | 9 | |
| | 水土腐蚀试验 | 组 | 9 | |

# 4.6　勘察工作主要技术要求

## 4.6.1　工程地质测绘

(1)地质点应布置在地质界线和其他有意义的地质现象上,地质线路宜穿越或追索地质界线布置;地质点间距,应控制在相应比例尺图上距离 2~3 cm,在地质条件复杂、对工程影响较大地段,可适当加密;在露头条件差或涉及重要地质现象地段,应按地质测绘精度要求布置人工勘探点;工程地质测绘的地质点和地质线路,可用目测罗盘交会或手持GPS 定位,对控制主要地质界线及重要地质现象的地质点,应采用仪器定位。

(2)地质点观察描述内容应包括位置、地貌部位、地层岩性、地质构造、水文地质、物理地质现象等;地质线路观察描述内容应包括起止点、转折点位置、线路方向,地层岩性及出露厚度和层序关系,地质构造、水文地质和物理地质现象等。线路观察描述应反映地质点间的连续性、关联性,并附线路示意图。

(3)野外记录内容要真实全面、重点突出。凡图上表示的地质现象应有记录可查;重要地质点或地质现象,应进行素描或摄影录像;地质点应统一编号、现场标识;记录宜使用专用卡片、表格,并用铅笔书写,文字应清晰。

(4)应采集具有代表性的岩(土)样,必要时进行鉴定或试验对岩(土)定名、分类和分层;根据不同的需要和目的,对地表水和地下水取样进行水质分析。

(5)对已有测绘成果进行野外校测时,应按同等比例尺进行,校测点数目宜为地质点的 10%~30%。当校测点的不合格率达 50%或重要地质现象有错误、遗漏时应重新进行测绘。

(6)野外地质测绘工作期间,对原始资料应及时整理分析。内容应包括清绘地质底图、整理野外记录、拼图和接图整理标本样品、编制分析图表等。野外工作的第一手基础资料应在现场进行校核、复查,地质点复查率宜为 5%~10%。

## 4.6.2　钻孔布置和实施

(1)所有钻孔位置均需准确放样,钻孔应布置在线路的中线上,偏离中线不应大于3 m。

(2)终孔直径对土层不小于 110 mm,对基岩不小于 75 mm,孔内做原位试验时应按要求确定孔径。需采用双层岩芯管连续取芯,岩芯采取率对于黏性土>80%,对完整和较完整岩体不低于 80%,较破碎、破碎岩体不低于 65%。基岩钻孔应清水钻进,岩芯应按顺序摆放整齐,并填好分层标签、进行岩芯拍照,准确记录岩芯采取率和 RQD。

(3)钻孔岩芯应规范摆放、储存,应按照《野外钻孔地质编录卡》规范编录,并对岩芯进行拍照。

(4)所有钻孔做好初见水位、稳定水位观测(水位稳定时间应大于 24 h)。所有勘探点待测量稳定水位完后,应及时进行填封处理。

## 4.6.3　取样和原位测试

(1)钻探过程中对同一地质单元应选择代表性钻孔进行原位触探试验(黏土、粉土、砂层进行标准贯入试验,砂砾石、块碎石层等进行动力触探试验),以查明土体的密实度和相关力学参数,原位触探试验需与钻探结合进行,每一层土体的试验段(点)数不应小于 6 组;隧洞局部洞段地表进行 EH-4 测试;进出口及引水隧洞钻孔中应进行钻孔电阻率和波速及放射性测井,以查明不同岩土体的物理力学指标。

（2）钻探过程中对同一地质单元应选择代表性钻孔进行压水（注水）试验，压水试验从洞顶以上 5 倍洞径开始进行，以查明相对应岩（土）体的渗透特性。

（3）室内物理力学试验。每一地质单元及建筑物主要岩土层均应取原状样进行室内物理力学性质试验，累计有效试验组数不应少于 6 组。

## 4.7　勘察成果分析

### 4.7.1　地应力测试及分析

引水线路沿线基本为引水隧洞，隧洞总长约 27.97 km，所在山体雄厚，上覆岩体厚度大部分在 200~930 m，少部分基本在 60~200 m。引水线路主要位于燕山期花岗岩区，构造运动次数较少，地质构造简单，地质构造背景较单一。

本阶段勘察工作在 CZK06 钻孔布置 9 组水压致裂法地应力测试，测试成果见表 4-4、图 4-1。

表 4-4　龙岩市万安溪引水工程 CZK06 钻孔水压致裂测试成果汇总

| 编号 | 深度(m) | 破裂压力(MPa) | 重张压力(MPa) | 关闭压力(MPa) | 孔隙压力(MPa) | 抗拉强度(MPa) | 最大水平主应力(MPa) | 最小水平主应力(MPa) | 铅直应力(MPa) | 最大水平主应力方向 |
|---|---|---|---|---|---|---|---|---|---|---|
| 1 | 204.73~205.35 | 15.06 | 6.51 | 5.12 | 1.78 | 8.55 | 7.06 | 5.12 | 5.37 | NW24° |
| 2 | 226.52~227.14 | 10.46 | 6.45 | 5.60 | 2.00 | 4.01 | 8.35 | 5.60 | 5.94 | |
| 3 | 235.47~236.09 | 11.64 | 5.53 | 4.28 | 2.09 | 6.11 | 5.22 | 4.28 | 6.17 | |
| 4 | 253.86~254.48 | 10.36 | 6.34 | 5.45 | 2.27 | 4.02 | 7.73 | 5.45 | 6.65 | |
| 5 | 262.90~263.52 | 12.48 | 8.34 | 6.50 | 2.35 | 4.14 | 8.79 | 6.50 | 6.89 | |
| 6 | 308.42~309.04 | 6.14 | 5.84 | 5.40 | 2.80 | 0.30 | 7.57 | 5.40 | 8.08 | |
| 7 | 336.56~337.18 | 14.92 | 7.06 | 6.37 | 3.08 | 7.86 | 8.99 | 6.37 | 8.81 | NW54° |
| 8 | 377.08~377.70 | 15.50 | 12.23 | 11.00 | 3.47 | 3.27 | 17.31 | 11.00 | 9.87 | |
| 9 | 397.75~398.37 | 21.88 | 14.27 | 10.57 | 3.68 | 7.25 | 13.76 | 10.57 | 10.42 | |
| 统计值 | | | | | | | 5.22~17.31 | 4.28~11.00 | 5.37~10.42 | NW24°~54° |

从表 4-4 可以看出，工程区总体的应力规律满足 $S_H > S_v > S_h$，在实测深度范围内（204.73~398.37 m），最大水平主应力值为 5.22~17.31 MPa，最小水平主应力值为 4.28~11.00 MPa，最大水平主应力方向为 NW24°~54°。试验结果表明，水压致裂测试区域的现今应力场状态以 NW 向的挤压为主。

从图 4-1 钻孔地应力与测试深度曲线可以看出，应力量值与深度呈现一定的线性关系，随着深度增加应力量值随之增大，即深度与应力量值正相关，最大、最小水平主应力与深度的关系式如下：

$$S_H = 0.027\ 2H + 1.160 \tag{4-1}$$

$$S_h = 0.022\ 9H + 0.078 \tag{4-2}$$

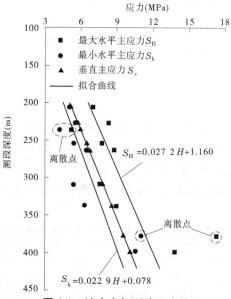

图 4-1　地应力与测试深度关系

根据钻孔水压致裂地应力测试的最大、最小水平主应力和垂直主应力计算侧压力系数成果见表 4-5，即 $k_{Hmax} = S_H/S_v$、$k_{hmin} = S_h/S_v$，并对所获取的数据进行算术平均，得到工程区的 $k_{Hmax}$、$k_{hmin}$ 平均值分别为 1.23、0.87，说明工程区域内水平主应力作用明显。

表 4-5　工程区地应力侧压力系数统计

| 钻孔编号 | 测试段深度 (m) | 应力值(MPa) | | | $S_H/S_v$ | $S_h/S_v$ |
|---|---|---|---|---|---|---|
| | | $S_H$ | $S_h$ | $S_v$ | | |
| CZK06 | 204.73~205.35 | 7.06 | 5.12 | 5.37 | 1.32 | 0.95 |
| | 226.52~227.14 | 8.35 | 5.60 | 5.94 | 1.41 | 0.94 |
| | 235.47~236.09 | 5.22 | 4.28 | 6.17 | 0.85 | 0.69 |
| | 253.86~254.48 | 7.73 | 5.45 | 6.65 | 1.16 | 0.82 |
| | 262.90~263.52 | 8.79 | 6.50 | 6.89 | 1.28 | 0.94 |
| | 308.42~309.04 | 7.57 | 5.40 | 8.08 | 0.94 | 0.67 |
| | 336.56~337.18 | 8.99 | 6.37 | 8.81 | 1.02 | 0.72 |
| | 377.08~377.70 | 17.31 | 11.00 | 9.87 | 1.75 | 1.11 |
| | 397.75~398.37 | 13.76 | 10.57 | 10.42 | 1.32 | 1.01 |
| | 平均值 | — | — | — | 1.23 | 0.87 |

本次测试范围 CZK06 钻孔位于燕山早期侵入岩体(黑云母花岗岩和花岗闪长岩)中,从上述统计分析可以看出,最大水平主应力与垂直主应力之比为 0.94~1.75,平均值 1.23,说明所处地层均发生过较强烈的地质构造运动,地应力场以水平向构造应力为主导,应力场状态以 NW 向挤压为主,最大主应力方向为 NW24°~54°,这也与区域构造应力场分析研究结论基本一致。

根据回归公式(4-1)~式(4-2)计算不同深度的最大、最小水平主应力成果见表 4-6,从表 4-6 中可以看出,侵入岩区 930 m 深度处最小、最大水平主应力分别为 21.4 MPa、26.5 MPa。

表 4-6 侵入岩区地应力计算成果表(按回归公式)

| 深度<br>(m) | 最大水平主应力<br>$S_H$(MPa) | 最小水平主应力<br>$S_h$(MPa) | 垂直主应力<br>$S_v$(MPa) | 最大水平主应力/<br>垂直主应力 $S_H/S_v$ |
|---|---|---|---|---|
| 100 | 3.9 | 2.4 | 2.7 | 1.45 |
| 150 | 5.2 | 3.5 | 4.0 | 1.31 |
| 200 | 6.6 | 4.7 | 5.3 | 1.24 |
| 250 | 8.0 | 5.8 | 6.7 | 1.19 |
| 300 | 9.3 | 6.9 | 8.0 | 1.16 |
| 350 | 10.7 | 8.1 | 9.3 | 1.14 |
| 400 | 12.0 | 9.2 | 10.7 | 1.13 |
| 450 | 13.4 | 10.4 | 12.0 | 1.12 |
| 500 | 14.8 | 11.5 | 13.4 | 1.11 |
| 550 | 16.1 | 12.7 | 14.7 | 1.10 |
| 600 | 17.5 | 13.8 | 16.0 | 1.09 |
| 650 | 18.8 | 15.0 | 17.4 | 1.09 |
| 700 | 20.2 | 16.1 | 18.7 | 1.08 |
| 750 | 21.6 | 17.3 | 20.0 | 1.08 |
| 800 | 22.9 | 18.4 | 21.4 | 1.07 |
| 850 | 24.3 | 19.5 | 22.7 | 1.07 |
| 900 | 25.6 | 20.7 | 24.0 | 1.07 |
| 930 | 26.5 | 21.4 | 24.8 | 1.07 |

为进一步验证本次地应力测试结果,收集了福建龙岩附近工程的地应力测试结果见表 4-7,可以看出附近各地下工程上覆岩体厚度 300~420 m 处最大水平主应力基本在 11.0~16.0 MPa,最小水平主应力基本在 8.0~12.0 MPa,属中等偏低地应力场。最大水平主应力都大于垂直主应力,说明工程区是以构造应力为主的地应力场,水平主应力为垂直主应力与构造应力叠加的结果。最大水平主应力、最小水平主应力随深度变化而变化,

与深度呈正相关关系,该应力规律与福建省及东南沿海的区域应力场特征相吻合。

**表 4-7　龙岩附近工程地应力测试成果统计**

| 项目 | 漳平抽水蓄能电站 | | 仙游抽水蓄能电站 | 永泰抽水蓄能电站 | 厦门抽水蓄能电站 | |
|---|---|---|---|---|---|---|
| 工程部位 | 地下厂房 | 下平洞及引水岔管 | 岔管、支管 | 地下厂房 | 地下厂房 | 下平洞及引水岔管 |
| 岩性 | 角岩化粉砂岩、角岩化泥岩 | | 凝灰熔岩 | 凝灰熔岩 | 晶屑熔结凝灰岩 | |
| 埋深(m) | 338～393 | 360～380 | 405～420 | 430～480 | 304～358 | 348～390 |
| 最大水平主应力(MPa) | 14.45～16.26 | 15.18～15.83 | 13～16 | 13.7～16.38 | 10.76～12.67 | 12.32～13.7 |
| 最小水平主应力(MPa) | 11.24～12.75 | 11.84～12.39 | 7～8 | 10.72～12.17 | 8.79～10.35 | 10.06～11.18 |

根据试验及计算分析并类比以上工程经验,本工程的最大地应力建议值见表 4-8。

**表 4-8　工程区最大地应力建议值**

| 上覆岩体厚度(m) | 200～300 | 300～400 | 400～500 | 500～600 | 600～700 | 700～800 | 800～900 | 900～930 |
|---|---|---|---|---|---|---|---|---|
| 最大地应力(MPa) | 5.0～9.0 | 8.0～14.0 | 12.0～16.0 | 14.0～19 | 16.0～22.0 | 20.0～24.0 | 22.0～27.0 | 25.0～28 |

## 4.7.2　隧洞涌水量分析

涌水问题是隧洞施工常见的工程地质问题,基岩裂隙水涌水量的预测一直是隧洞水文地质勘察工作的难题,常用的几种计算方法均存在不同程度的缺陷。本节采用不同方法估算正常涌水量及最大涌水量,最后通过工程类比,提出预测的隧洞涌水量。

### 4.7.2.1　隧洞施工涌水量预测

隧洞区水文地质条件复杂,特别是对于各向异性的基岩裂隙水,目前没有很好的方法计算隧洞地下水涌水量,较为合理的数值模拟法、渗透张量法所需参数较多,边界条件难以确定。经综合分析,选择大气降雨入渗估算法、地下水动力学裘布依公式法和古德曼经验公式法等常用方法估算隧洞地下水涌水量。

1. 大气降水入渗估算法

大气降水入渗是一种近似估算法,可用来预测正常涌水量,其计算公式如下:

$$Q_i = 2.74\alpha W A_i \tag{4-3}$$

$$A_i = L_i B_i \tag{4-4}$$

式中:$\alpha$ 为大气降水入渗系数(对中等富水区、弱富水区、贫水区分别取 0.25、0.18、0.15);$W$ 为年降水量,取该区年平均降水量 1 975.3 mm;$A_i$ 为隧洞通过含水体地段的集水面积,$km^2$;$L_i$ 为隧洞通过含水体地段的长度,km;$B_i$ 为不同富水性分区隧洞两侧影响宽度(根据经验对中等富水区、弱富水区、贫水区分别取 1.0 km、0.8 km、0.6 km)。

本工程隧洞洞身基岩裂隙水的补给来源主要为上部浅表基岩裂隙水和沟内第四系孔隙潜水的垂向渗入补给,除大型沟谷、构造破碎带及接触带为中等富水区(见表 4-9)外,其余地段补给不畅,径流缓慢,弱富水区为主。

表 4-9　隧洞中等富水区统计

| 序号 | 起始桩号 | 终止桩号 | 长度(m) | 地质情况 |
|---|---|---|---|---|
| 1 | D0+455 | D0+655 | 200 | F21 断层破碎带及影响区域($\gamma_5^{2(3)}$),可能产生较大集中涌水 |
| 2 | D3+760 | D4+000 | 240 | 过沟浅埋段黑云母花岗岩($\gamma_5^{2(3)}$),可能产生较大集中涌水 |
| 3 | D4+822 | D5+033 | 211 | 过沟浅埋段黑云母花岗岩($\gamma_5^{2(3)}$),可能产生较大集中涌水 |
| 4 | D5+033 | D5+232 | 199 | 黑云母花岗岩($\gamma_5^{2(3)}$)和($\gamma_5^{2(2)}$)接触带,可能产生较大集中涌水 |
| 5 | D8+429 | D8+667 | 238 | 过沟浅埋段黑云母花岗岩($\gamma_5^{2(2)}$),可能产生较大集中涌水 |
| 6 | D10+295 | D10+670 | 375 | F23 断层破碎带及影响区域,可能产生较大集中涌水 |
| 7 | D12+418 | D12+748 | 330 | F24 断层破碎带及影响区域,可能产生较大集中涌水 |
| 8 | D13+217 | D13+587 | 370 | F25 断层破碎带及影响区域,可能产生较大集中涌水 |
| 9 | D20+910 | D21+310 | 400 | F26 断层破碎带及影响区域,可能产生大规模集中涌水 |
| 10 | D23+390 | D23+490 | 100 | 黑云母花岗岩($\gamma_5^{2(3)}$)与花岗闪长岩($\gamma\delta_5^{2(3)b}$)接触带,<br>可能产生较大集中涌水 |
| 11 | D24+600 | D24+700 | 100 | 花岗闪长岩($\gamma\delta_5^{2(3)b}$)与石英砾岩($Dt_3^a$)接触带,<br>可能产生较大集中涌水 |
| 总计 | | | 2 763 | |

大气降水入渗法计算成果表明,隧洞正常涌水量为 23 138 m³/d,根据工程经验,按 2 倍正常涌水量计算,最大涌水量为 46 276 m³/d。

2. 裘布依公式法

当隧洞通过潜水含水层时,可用裘布依公式法计算隧洞正常涌水量。隧洞沿线基岩风化卸荷带基本存在一层壳状裂隙含水层,该含水层可作为隧洞上部潜水含水层,因此采用裘布依公式计算正常涌水量,计算公式如下:

$$Q = KL \frac{H^2 - h^2}{R_y - r} \tag{4-5}$$

$$R_y = 215.5 + 510.5K \tag{4-6}$$

式中:$Q$ 为隧洞正常涌水量,m³/d;$K$ 为渗透系数,m/d;$H$ 为洞底以上含水体厚度,m;$h$ 为洞内排水沟水深,取 $h = 0.5$ m;$R_y$ 为隧洞涌水地段的引用补给半径,采用经验公式计算,m;$L$ 为隧洞通过含水体长度,m;$r$ 为洞身横断面等价圆半径,取 2.0 m。

本计算方法所用参数以钻孔资料为基础,对主要参数取值说明如下:

各区段的渗透系数以钻孔压水试验成果为主,结合各区段围岩分类情况,根据岩体裂隙连通率进行折算,对断层破碎带、裂隙密集带等局部洞段参照经验值确定。其中,强风化岩体以弱—中等透水性为主,弱—微风化岩体以弱—微透水为主,新鲜岩体多为微透水,压性或压扭性断层多为弱—中等透水,张性或张扭性断层为中等—强透水。

含水层厚度主要由上部壳状含水层确定,对断层破碎带、裂隙密集带中等富水洞段,上部壳状基岩裂隙含水层与下部脉状带状基岩裂隙水含水层水力联系密切,可看作统一的潜水含水层,含水层厚度适当加深。

裘布依公式法计算成果见表 4-10。计算成果表明,隧洞正常涌水量为 49 123 m³/d,根据工程经验,按 2 倍正常涌水量计算,最大涌水量为 98 246 m³/d。

表 4-10　隧洞涌水量计算成果(裘布依公式法)

| 洞段起始桩号 | 洞段终止桩号 | 洞段长度 (m) | 含水层厚度 $H$ (m) | 渗透系数 $K$ (m/d) | 补给半径 $R_y$ (m) | 预测隧洞涌水量 | | |
|---|---|---|---|---|---|---|---|---|
| | | | | | | 单位正常涌水量 $q$ [m³/(d·m)] | 分段正常涌水量 $Q$ (m³/d) | 分段最大涌水量 $Q_{max}$ (m³/d) |
| D0+000 | D0+050 | 50 | 6 | 0.08 | 256 | 0.01 | 0.6 | 1.1 |
| D0+050 | D0+150 | 100 | 9 | 0.04 | 236 | 0.01 | 1.4 | 2.8 |
| D0+150 | D0+455 | 305 | 17 | 0.03 | 231 | 0.04 | 11.5 | 23.1 |
| D0+455 | D0+505 | 50 | 26 | 0.1 | 267 | 0.26 | 12.8 | 25.5 |
| D0+505 | D0+605 | 100 | 20 | 1 | 726 | 0.55 | 55.2 | 110.4 |
| D0+605 | D0+655 | 50 | 36 | 0.1 | 267 | 0.49 | 24.5 | 49.0 |
| D0+655 | D3+112 | 2 457 | 44 | 0.03 | 231 | 0.25 | 623.6 | 1 247.2 |
| D3+112 | D3+760 | 648 | 25.5 | 0.04 | 236 | 0.11 | 72.0 | 144.0 |
| D3+760 | D4+000 | 240 | 18 | 0.08 | 256 | 0.10 | 24.4 | 48.9 |
| D4+000 | D4+822 | 822 | 25.5 | 0.03 | 231 | 0.09 | 70.1 | 140.1 |
| D4+822 | D5+232 | 410 | 16 | 0.08 | 256 | 0.08 | 33.0 | 66.0 |
| D5+232 | D7+020 | 1 788 | 36 | 0.03 | 231 | 0.17 | 303.8 | 607.5 |
| D7+020 | D7+100 | 80 | 22.5 | 0.05 | 241 | 0.11 | 8.5 | 16.9 |
| D7+100 | D7+396 | 296 | 10 | 0.08 | 256 | 0.03 | 2.8 | 5.6 |
| D7+396 | D7+456 | 60 | 4 | 0.08 | 256 | 0.00 | 0.3 | 0.6 |
| D7+456 | D7+536 | 80 | 20 | 0.04 | 236 | 0.07 | 5.5 | 10.9 |
| D7+536 | D10+295 | 2 759 | 28 | 0.03 | 231 | 0.10 | 283.5 | 567.0 |
| D10+295 | D10+395 | 100 | 68 | 0.1 | 267 | 1.75 | 174.8 | 349.6 |
| D10+395 | D10+570 | 175 | 40 | 0.1 | 726 | 2.21 | 386.7 | 773.4 |
| D10+570 | D10+670 | 100 | 34 | 0.1 | 267 | 0.44 | 43.7 | 87.4 |
| D10+670 | D12+418 | 1 748 | 42 | 0.03 | 231 | 0.23 | 404.2 | 808.4 |
| D12+418 | D12+518 | 100 | 96 | 0.1 | 267 | 3.48 | 348.4 | 696.7 |
| D12+518 | D12+648 | 130 | 121.5 | 1 | 726 | 20.39 | 2 650.6 | 5 301.3 |
| D12+648 | D12+748 | 100 | 122 | 0.1 | 267 | 5.63 | 562.6 | 1 125.2 |
| D12+748 | D13+217 | 469 | 60 | 0.03 | 231 | 0.47 | 221.4 | 442.7 |

续表 4-10

| 洞段起始桩号 | 洞段终止桩号 | 洞段长度（m） | 含水层厚度 H（m） | 渗透系数 K（m/d） | 补给半径 $R_y$（m） | 单位正常涌水量 q [m³/(d·m)] | 分段正常涌水量 Q（m³/d） | 分段最大涌水量 $Q_{max}$（m³/d） |
|---|---|---|---|---|---|---|---|---|
| D13+217 | D13+317 | 100 | 140 | 0.1 | 267 | 7.41 | 740.9 | 1 481.7 |
| D13+317 | D13+487 | 170 | 180 | 1 | 726 | 44.75 | 7 607.7 | 15 215.4 |
| D13+487 | D13+587 | 100 | 164 | 0.1 | 267 | 10.17 | 1 016.7 | 2 033.3 |
| D13+587 | D20+910 | 7 323 | 106 | 0.03 | 231 | 1.47 | 10 787.7 | 21 575.4 |
| D20+910 | D21+010 | 100 | 132 | 0.1 | 267 | 6.59 | 658.6 | 1 317.2 |
| D21+010 | D21+210 | 200 | 155 | 2.4 | 1 441 | 40.08 | 8 015.5 | 16 031.0 |
| D21+210 | D21+310 | 100 | 112 | 0.1 | 267 | 4.74 | 474.2 | 948.3 |
| D21+310 | D23+390 | 2 080 | 78 | 0.03 | 231 | 0.80 | 1 659.1 | 3 318.2 |
| D23+390 | D23+490 | 100 | 184 | 0.08 | 256 | 10.65 | 1 064.9 | 2 129.8 |
| D23+490 | D24+600 | 1 110 | 92 | 0.03 | 231 | 1.11 | 1 231.7 | 2 463.5 |
| D24+600 | D24+700 | 100 | 240 | 0.1 | 267 | 21.77 | 2 177.3 | 4 354.5 |
| D24+700 | D26+200 | 1 500 | 120 | 0.05 | 241 | 3.01 | 4 518.3 | 9 036.6 |
| D26+200 | D26+260 | 60 | 184 | 0.08 | 256 | 10.65 | 638.9 | 1 277.9 |
| D26+260 | D27+341 | 1 081 | 87.5 | 0.06 | 246 | 1.88 | 2 034.0 | 4 068.1 |
| D27+341 | D27+391 | 50 | 60 | 0.1 | 267 | 1.36 | 68.0 | 136.1 |
| D27+391 | D27+738 | 347 | 30 | 0.06 | 246 | 0.22 | 76.7 | 153.5 |
| D27+738 | D27+788 | 50 | 28 | 0.1 | 267 | 0.30 | 14.8 | 29.6 |
| D27+788 | D27+843 | 55 | 22 | 0.08 | 256 | 0.15 | 8.4 | 16.7 |
| D27+843 | D27+936 | 93 | 10 | 0.1 | 267 | 0.04 | 3.5 | 7.0 |
| 合计 | | | | | | | 49 123 | 98 246 |

3. 古德曼经验公式法

当隧洞通过潜水含水层时,可用古德曼经验公式法计算隧洞最大涌水量,古德曼经验公式如下:

$$Q_{max} = L\frac{2\pi KH}{\ln\frac{4H}{d}}\qquad(4-7)$$

式中:$Q_{max}$ 为隧洞最大涌水量,m³/d;L 为隧洞通过含水体长度,m;K 为渗透系数,m/d;H 为静止水位至洞身横断面等价圆中心的距离,m;d 为洞身横断面等价圆直径,取 4.0 m。

由于古德曼公式计算的最大涌水量远大于其他方法计算的涌水量,因此该计算方法不适用于弱富水区及贫水区,本次计算仅用该方法粗略估算 F21、F23、F24、F25 及 F26 断层附近可能集中涌水点的最大涌水量,古德曼经验公式法计算成果见表 4-11。

表 4-11 单点最大集中涌水量计算成果(古德曼公式法)

| 可能集中涌水点 | 可能集中涌水断层破碎带宽度(m) | 地下水位到隧洞中心的距离 $H$(m) | 渗透系数 $K$(m/d) | 隧洞横断面等价圆直径 $d$(m) | 预测单点最大涌水量 $Q_{max}$ | |
|---|---|---|---|---|---|---|
| | | | | | m³/d | m³/h |
| F21 | 20 | 40 | 1 | 4.0 | 1 362 | 56.7 |
| F23 | 30 | 90 | 1 | 4.0 | 3 817 | 159.0 |
| F24 | 30 | 260 | 1 | 4.0 | 8 809 | 367.0 |
| F25 | 30 | 400 | 1 | 4.0 | 12 578 | 524.1 |
| F26 | 40 | 310 | 2.4 | 4.0 | 32 579 | 1 357.5 |
| 合计 | | | | | 59 145 | 2 464 |

注:断层带最大涌水量为粗略估算,可能集中涌水点断层破碎带宽度按断层基本情况取值。

单点最大集中涌水量计算成果表明,钻爆段 F21~F25 控制区最大单点集中涌水量 524.1 m³/h,TBM 掘进段 F26 断层控制区最大单点集中涌水量 1 357.5 m³/h,基本可作为中等富水区可能集中涌水点的最大应急排水量,应采取相应的工程措施,并配备充足的抽排设施。

#### 4.7.2.2 隧洞施工涌水量分析

根据以上对隧洞基本水文地质条件的分析,隧洞涌水量由两部分组成:一部分为零散分布、流量较小的线状流水、渗水,可以称为正常涌水量;另一部分为涌水量较大的集中涌水量。

1. 隧洞正常涌水量

通过以上不同方法计算的结果见表 4-12,可以看出,裘布依公式法计算的正常涌水量大致为大气降水入渗法估算的正常涌水量的 2 倍,这可能与裘布依公式中含水层厚度不易确定有关(往往偏大),因此正常涌水量计算值偏大,建议按照大气降水入渗法与裘布依公式法的平均值 36 130 m³/d 作为正常涌水量,72 261 m³/d 作为最大涌水量。

表 4-12 隧洞涌水量计算统计

| 计算方法 | 正常涌水量 $Q$(m³/d) | | 最大涌水量 $Q_{max}$(m³/d) | |
|---|---|---|---|---|
| | 降水入渗估算法 | 裘布依公式法 | 降水入渗估算法 | 裘布依公式法 |
| 计算值 | 23 138 | 49 123 | 46 276 | 98 246 |
| 平均值 | 36 130 | | 72 261 | |

2. 集中涌水量

相对一般情况下的正常涌水量,集中涌水量难以预测,参考古德曼公式预测的集中涌水点单点可能最大涌水量(56.7~1 357.5 m³/h,计算值往往偏大),结合工程区附近类似工程经验,建议钻爆段位于 3# 支洞、1# 支洞及倒虹吸各控制区,最大单点集中涌水量按

300 m³/h 考虑,2#支洞控制区最大单点集中涌水量按 500 m³/h 考虑;建议 TBM 段控制区,最大单点集中涌水量按 1 200 m³/h 考虑。

上述单点集中涌水量为涌水初期最大涌水量,随着时间的推移,集中涌水量将显著减小。根据类似工程经验,最大涌水点后期稳定涌水量削减为最大涌水量的 20%左右。

### 4.7.2.3　隧洞施工突水防治对策

Ⅱ~Ⅲ类围岩的洞段,岩体较完整,地下水以渗水和滴水为主,一般不会产生较大涌水。Ⅳ类围岩可能在高水头作用下,影响围岩稳定,Ⅴ类围岩中断层破碎带极易产生涌水、突泥,对隧洞安全施工影响较大,应加强超前排水和支护工作。

根据收集的邻近工程的施工资料,断层破碎带及影响带为裂隙水富水区,地下水连通性好,循环较快,施工过程中在导通构造带或较大裂隙时,可能发生突然涌水现象。但集中涌水点分布没有规律可循,前期勘察工作很难准确预测集中涌水位置,在施工过程中应结合前期勘察成果及施工揭露的最新地质信息,对可能产生突水的洞段,加强地质编录和超前地质预报工作,必要时布置超前钻孔,以探明掌子面前方水文地质条件,从而确定适当的处理措施。

根据本次 EH-4 大地电磁探测提示的低阻带,可能产生突水的重点洞段为 D10+395~D10+505 段、D12+518~D12+648 段、D13+316~D13+486 段及 D21+010~D21+210 段,其中断层附近及贯通性大裂隙附近是预防突水的重点部位。

对于突水洞段,采用爆破施工时,宜进行小药量爆破,做好排水的应急准备,切实设置好排水沟,配备足够的排水设备,分析是否有必要做超前支护,然后采取以排为主,排、堵(对掌子面采取预注浆止水)结合的措施。对于反坡段的排水,除立充足的泵站外,还要配备可移动泵站;采用 TBM 掘进机施工时,重点要做好超前预报工作,及时预测前方围岩地下水情况,一般采取"堵排结合,以堵为主"。如果涌水量较小,可利用 TBM 自身携带的排水设备变被动排水为主动排水,做好排水后,TBM 继续掘进。对于涌水量较大的情况,可利用 TBM 机头所配备的超前钻打排水孔进行排水,并增加适量的排水设备提高排水能力,也可采用围岩注浆的方法将地下水封堵在洞外围岩内。

## 4.7.3　围岩稳定性评价

Ⅱ类围岩段主要包括燕山期花岗岩($\gamma_5^2$)、花岗闪长岩($\gamma\delta_5^{2(3)b}$),以及泥盆系石英砾岩、石英砂岩(D)的大部分洞段,围岩整体稳定,不会产生塑性变形,但由于裂隙切割,局部会形成不稳定楔形体,产生掉块。

泥盆系(D)大部分砂砾岩、粉砂岩地层和少部分石英砾岩、石英砂岩及燕山期少部分花岗岩($\gamma_5^2$)、花岗闪长岩($\gamma\delta_5^{2(3)b}$)属Ⅲ类围岩,岩体较完整,围岩局部稳定性差。从节理裂隙调查情况看,部分围岩节理较发育,并且多存在走向与洞线夹角小于 30°或洞线基本平行的节理面,在几个节理面组合条件下,局部岩块失稳,可能产生掉块现象或小规模坍塌问题。

在不同岩层接触带以及断层带,泥盆系(D)泥质砂岩为Ⅳ类或Ⅴ类围岩,岩体完整性差,不稳定。由于不同地层之间接触关系以及断层带的存在,该部位岩体破碎,易形成涌水塌方及围岩大变形。在隧洞施工期间,对Ⅳ类或Ⅴ类围岩应特别注意分析结构面的组合形式及相互切割关系,对潜在的不稳定地质体提前做出预报,并及时采取综合支护措施,避免大规模坍塌给人身安全及正常施工造成重大影响。

### 4.7.4　软岩变形问题分析

根据大量的工程实践,许多深埋隧洞在施工中存在着软弱围岩的变形现象,这种变形现象一般具有下列特征:

(1)主要发生于低级变质岩、断层破碎带等低强度围岩中,具体岩石类型主要包括片岩、板岩、千枚岩、页岩、泥岩、泥灰岩、断层破碎带等。

(2)变形量大,一般可以达到数十厘米到数米,如果不支护或支护不当,收敛的最终趋势可将隧洞完全封死。

(3)发生大变形地段的隧洞埋深一般在 100 m 以上。

(4)径向变形特征明显,一般表现为拱顶下沉、边墙内挤、隧洞隆起等。

(5)危害巨大,而且整治费用高。变形一旦发生,对支护结构产生的压力将越来越大,通过增大常规支护结构强度和刚度往往很难遏制住变形。

隧洞段桩号 D26+255 ~ D27+341 处分布泥盆系泥质粉砂岩夹砂砾岩、砾岩($D_3tz^b$),在桩号 D27+738 ~ D27+936 处分布泥盆系薄层泥质粉砂岩夹石英砾岩、砂砾岩($Dt_3^b$),其中泥质粉砂岩强度低,特别是桩号 D26+255 ~ D27+341 处泥盆系泥质粉砂岩($D_3tz^b$)洞室埋深 188 ~ 638 m。泥质砂岩在埋深较大、地应力值较高的条件下,隧洞施工过程中可能产生较大塑性变形现象,造成断面收敛变形大、成洞困难等问题。

软岩的围岩变形量的大小已成为影响施工方法和施工安全的一个重要因素。按照弹塑性理论,围岩变形计算中,先假设隧洞位于一个原位应力场,不考虑任何支护措施及开挖扰动带的影响,对总径向位移进行计算。假设半径为 $r_0$ 的圆形隧洞受到原位应力 $P_0$ 的作用,当隧洞衬砌的内部支护压力小于临界支护压力 $P_{cr}$ 时,围岩将出现破坏,$P_{cr}$ 可以由下式确定:

$$P_{cr} = \frac{2P_0 - \sigma_{cm}}{1 + k} \tag{4-8}$$

当内部支护压力 $P_i$ 小于临界支护压力 $P_{cr}$ 时,将发生破坏,围绕洞室的塑性区半径 $r_p$ 由下式给出:

$$r_p = r_0 \left[ \frac{(P_0 + c\cot\varphi)(1 - \sin\varphi)}{c\cot\varphi} \right]^{\frac{1-\sin\varphi}{2\sin\varphi}} \tag{4-9}$$

对于塑性破坏,隧洞边墙内总的径向位移为

$$\Delta R = r_0(1 - \sqrt{1 - B}) \tag{4-10}$$

其中

$$B = \left[ 2 - \frac{1+\mu}{E}\sin\varphi(P_0 + c\cot\varphi) \right] \frac{1+\mu}{E}\sin\varphi(P_0 + c\cot\varphi) \left[ \frac{P_0 - (1 - \sin\varphi) + c\cos\varphi}{P_i + c\cot\varphi} \right]^{\frac{1-\sin\varphi}{\sin\varphi}}$$

$$\tag{4-11}$$

式中:$P_{cr}$ 为临界支护压力,MPa;$r_p$ 为隧洞变形时塑性区半径,m;$\Delta R$ 为隧洞边墙内总的径向位移,m;$P_0$ 为计算深度处隧洞的原位应力,MPa;$\sigma_{cm}$ 为岩石抗压强度,MPa;$k$ 为系数,

由式 $(1+\sin\varphi)/(1-\cos\varphi)$ 给出;$\varphi$ 为岩体内摩擦角,(°);$c$ 为岩体黏聚力,MPa;$r_0$ 为隧洞半径,m;$P_i$ 为支护压力,MPa;$\mu$ 为岩体泊松比;$E$ 为岩体变形模量,MPa。

根据地应力测试成果,采用垂直洞线的水平切向构造应力作为原位应力计算隧洞围岩变形。

选取 3 个典型断面,对围岩变形进行预测,各断面计算结果见表 4-13。从计算结果看,D26+852 断面(埋深为 400 m,软岩泥盆系泥质粉砂岩)部位最大径向位移为 53.36 mm,变形比为 2.67%;D26+752 断面(埋深为 500 m,软岩泥盆系泥质粉砂岩)部位最大径向位移为 79.26 mm,变形比为 3.96%;D26+468 断面(埋深为 638 m,软岩泥盆系泥质粉砂岩)部位最大径向位移为 121.91 mm,变形比为 6.1%。计算说明软岩和断层带在较高地应力作用下,3 个断面均产生一定的塑性变形,若不及时采取支护措施,将产生较大的径向变形,出现挤压变形问题及掌子面稳定问题,给隧洞安全施工带来较大影响,在隧洞施工中应根据现场地质条件,及时采取支护措施,加强洞身变形监测。

表 4-13 软岩洞段围岩径向变形计算成果

| 位置或桩号 | 地层岩性 | 上覆岩体厚度(m) | 原位应力 $P_0$(MPa) | 岩体强度 | | | 变形计算结果 | | |
|---|---|---|---|---|---|---|---|---|---|
| | | | | 黏聚力 $c$(MPa) | 内摩擦角 $\varphi$(°) | 变形模量 $E$(MPa) | 塑性区半径 $r_p$(m) | 径向变形 $u_i$(mm) | 变形比(%) |
| D26+852 | 泥盆系泥质粉砂岩 | 400 | 12.0 | 0.4 | 30 | 3 000 | 6.22 | 53.36 | 2.67 |
| D26+752 | 泥盆系泥质粉砂岩 | 500 | 14.8 | 0.4 | 30 | 3 000 | 6.84 | 79.26 | 3.96 |
| D26+468 | 泥盆系泥质粉砂岩 | 638 | 18.5 | 0.4 | 30 | 3 000 | 7.58 | 121.91 | 6.1 |

## 4.7.5 岩爆问题分析

岩爆一般产生于埋深大于 200 m 的地下洞室中,本工程引水隧洞埋深 0~931 m,其中有多处属深埋隧洞,工程区构造应力较大,具备产生岩爆的埋藏和应力条件。从工程区各类岩石的基本特点看,黑云母花岗岩($\gamma_5^2$)、花岗闪长岩($\gamma\delta_5^{2(3)b}$)、石英砾岩夹石英砂岩(D)等岩质硬脆,岩体总体较完整,围岩应力不易释放,发生岩爆的可能性较大。根据前文分析,工程区北东—北东东向断裂最为发育,规模大,活动强烈,居主导位置。初始地应力场受构造影响较重,根据地应力测试回归公式计算地应力,结合《水利水电工程地质勘察规范》(GB 50487—2008)附录 Q 及条文说明,可用岩石强度应力比 $R_b/\sigma_{max}$ 来判别岩爆等级,其中 $R_b$ 为岩石饱和单轴抗压强度(MPa),$\sigma_{max}$ 为最大主应力。引水隧洞产生岩爆初步判别见表 4-14,对可能产生岩爆问题的洞段进行分级评价见表 4-15。

表 4-14　引水隧洞产生岩爆初步判别

| 岩性 | 岩石饱和单轴抗压强度计算值（MPa） | 可发生轻微岩爆的临界岩体厚度（m） | 可发生中等岩爆的临界岩体厚度（m） | 最大上覆岩体厚度（m） | 可发生的最大岩爆等级 |
|---|---|---|---|---|---|
| 黑云母、花岗岩 | 90 | 430～785 | 785～930 | 931 | 轻微—中等岩爆 |
| 花岗闪长岩 | 100 | 483～876 | — | 729 | 轻微岩爆 |
| 石英砾岩 | 110 | 535～968 | — | 820 | 轻微岩爆 |

表 4-15　引水隧洞围岩岩爆问题分级评价

| 桩号段 | 长度（m） | 地层岩性 | 埋深（m） | 最大主应力 $\sigma_{max}$（MPa） | 岩石饱和单轴抗压强度 $R_b$（MPa） | $R_b/\sigma_{max}$ | 岩爆等级 |
|---|---|---|---|---|---|---|---|
| D13+587～D15+027 | 1 440 | 黑云母花岗岩（$\gamma_5^{2(3)}$） | 520～785 | 15.3～22.5 | 90 | 4～5.9 | 轻微 |
| D15+027～D16+169 | 1 142 | 黑云母花岗岩（$\gamma_5^{2(3)}$） | 785～931 | 22.5～26.5 | 90 | 3.4～4 | 中等 |
| D16+169～D20+436 | 4 267 | 黑云母花岗岩（$\gamma_5^{2(3)}$） | 430～785 | 12.9～22.5 | 90 | 4～7 | 轻微 |
| D22+460～D23+390 | 930 | 黑云母花岗岩（$\gamma_5^{2(3)}$） | 430～644 | 12.9～18.7 | 90 | 5.4～7 | 轻微 |
| D24+034～D24+600 | 566 | 花岗闪长岩（$\gamma\delta_5^{2(3)b}$） | 483～672 | 14.3～19.4 | 100 | 5.1～7.0 | 轻微 |
| D24+700～D26+200 | 1 500 | 石英砾岩夹石英砂岩（D） | 546～820 | 15.9～23.5 | 110 | 4.7～7.0 | 轻微 |
| 总计 | 9 845 | | | | | | |

从表 4-15 计算结果可以看出，引水隧洞岩体可能产生岩爆的等级一般为轻微或中等，总洞长 9 845 m，其中可能发生轻微岩爆的总段长为 8 703 m；可能发生中等岩爆的洞段长 1 142 m（桩号 D15+027～D16+169）。建议在上述洞段加强施工期监测及预报工作，必要时采取一定的工程措施，如超前钻孔减压、喷洒高压水、加强临时支护、设临时防护网（棚）等，以减轻或消除岩爆对施工的不利影响。

## 4.7.6　放射性问题分析

满竹溪至林邦溪段基本为岩浆侵入岩体，岩性为黑云母花岗岩（$\gamma_5^2$），分别取岩样、水样各 4 组进行放射性元素分析，岩样测试结果见表 4-16、表 4-17，水样测试结果见表 4-18。

根据《生活饮用水卫生标准》（GB 5749—2006）、《城市供水水质标准》（CJ/T 206—2005）、《电离辐射防护与辐射源安全基本标准》（GB 18871—2002）、《核辐射环境质量评价一般规定》（GB 11215—89）、《民用建筑工程室内环境污染控制规范》（GB 11215—89）可知，水质中总 α 浓度、总 β 浓度要求完全符合相关规范要求，岩块等其他检测项目也符合相关规范要求。

表 4-16　岩样放射性测试（可研）

| 检测位置 | 氡 （Bq/m$^3$） | 镭-226 （Bq/kg） | 钍-232 （Bq/kg） | 钾-40 （Bq/kg） | γ 辐射吸收剂量 （nGy/h） |
|---|---|---|---|---|---|
| ZK2 | 4 674 | 15.8 | 37.6 | 65.6 | 33.2 |
| ZK3 | 7 852 | 21.2 | 41.2 | 84.5 | 38.5 |

表 4-17　岩样放射性测试（初设）

| 检测位置 | 氡析出率 [Bq/(m$^2$·s)] | 镭-226 （Bq/kg） | 钍-232 （Bq/kg） | 钾-40 （Bq/kg） | γ 辐射吸收剂量 （uSv/h） |
|---|---|---|---|---|---|
| CZK02 | 0.001 | 96 | 160.5 | 1 925.7 | 0.11 |
| CZK03 | 0.001 | 62.5 | 143.3 | 1 735.3 | 0.1 |

表 4-18　水样放射性测试

| 检测位置 | 铀-238 （Bq/L） | 氡 （Bq/L） | 镭-226 （Bq/L） | 钍-232 （Bq/L） | 钾-40 （Bq/L） | 总 α 放射性 （Bq/L） | 总 β 放射性 （Bq/L） |
|---|---|---|---|---|---|---|---|
| ZK2 | | 11.3 | 0.368 | 0.000 23 | 6.382 | 0.052 | 0.041 |
| ZK3 | | 25.7 | 0.415 | 0.000 48 | 9.615 | 0.076 | 0.063 |
| 大灌水库 | | — | — | — | — | 0.041 | 0.032 |
| 倒虹吸 | 0.009 7 | | 0.004 | 0.000 04 | 0.000 04 | 0.02 | <0.05 |
| 前村村 | 0.004 9 | | 0.003 | 0.000 04 | 0.000 01 | 0.05 | <0.05 |

　　由于花岗岩中放射性元素铀本底一般比其他岩体要高,其蜕变元素镭易在含水的裂隙带中吸附,由此造成氡富集。由于隧洞长,排风较困难,施工期应进行隧洞内岩体有害气体及放射性检测,在技术阶段施工中应设置相应的监测设施、通风设施,确保施工人员的生命安全。

## 4.7.7　地温及有害气体问题分析

### 4.7.7.1　地温

　　引水隧洞埋深 0~931 m,本地区年平均气温为 19.8 ℃,参考工程区附近既有隧洞的工程实践结合野外调查结果,隧洞区未发现温泉、地下热水分布,未发现断裂构造引起的地温升高异常区。本次勘察在隧洞钻孔 CZK06 进行地温测试,地面以下地温为 18.8~21.9 ℃,测井统计结果见表 4-19。

　　根据区域地质资料、地表调查和测井资料,隧洞带地表下约 360 m 以下地段,特别是随着深度的不断增加,地下水补给、径流、排泄条件愈来愈差,地下水运移不活跃,地温梯度值为 2.15~2.29 ℃/100 m,估算隧洞带沿线地温特征如下:

表 4-19　CZK06 地温测井结果统计

| 测段(m) | 地温范围(℃) | 地温梯度(℃/100 m) |
|---|---|---|
| 25.4~32.6 | 20.9~18.9 | -27.7 |
| 32.6~37.6 | 18.9~18.8 | -2.0 |
| 37.6~67.2 | 18.8~18.9 | +0.34 |
| 67.2~161.9 | 18.9~19.5 | +0.63 |
| 161.9~259.4 | 19.5~20.2 | +0.72 |
| 259.4~305.0 | 20.2~20.6 | +0.88 |
| 305.0~398.4 | 20.6~21.9 | +1.07 |

钻爆段:D0+000~D13+240 段隧洞埋深一般小于 400 m,隧洞区附近无温泉、地下热水分布,隧洞带地温为 19~22 ℃,对隧洞施工无影响;D13+240~D13+910 段隧洞埋深 400~627 m,隧洞带地温为 22~27 ℃,对隧洞施工影响不大。

TBM 段:D14+000~D14+845 段埋深为 627~700 m,隧洞带平均地温为 27~28 ℃,对隧洞施工影响不大;D14+845~D16+450 段埋深为 700~931 m,隧洞带平均地温为 28~33 ℃,对隧洞施工有影响,应采取相应防治措施;D16+450~D24+640 段埋深 260~700 m,隧洞带平均地温为 20~28 ℃,对隧洞施工影响不大;D24+640~D25+910 段埋深为 700~820 m,隧洞带平均地温为 28~31 ℃,对隧洞施工有一定的影响,应加强通风换气措施;D25+910~D26+850 段埋深为 400~700 m,隧洞带平均地温为 22~28 ℃,对隧洞施工影响不大;D26+850~D27+936 段隧洞埋深一般小于 400 m,隧洞带地温为 19~22 ℃,对隧洞施工无影响。

综上所述:隧洞地温多低于 28 ℃,对施工无大的影响,但隧洞 D14+845~D16+450 段、D24+640~D25+910 段埋深大于 700 m,隧洞带平均地温可能高于 28 ℃,对隧洞施工有一定的影响,应加强通风换气措施。

#### 4.7.7.2　有害气体

通常隧洞施工中,可能产生的有害气体主要有甲烷($CH_4$)、二氧化碳($CO_2$)、硫化氢($H_2S$)及施工爆破产生的一氧化碳($CO$)、氮氧化物及二氧化硫($SO_2$)、粉尘等。

引水隧洞埋深较大,具备较好的储存封闭条件,有利于地下有害气体的储存富集,根据地层岩性分析存在甲烷($CH_4$)、一氧化碳($CO$)、硫化氢($H_2S$)等有害气体可能性小,但施工过程中可能产生有害气体,应做好有害气体的监测、预报工作,必要时采取加强通风、排气及个体防护等措施。

# 4.8　TBM 施工地质适宜性初步评价及主要工程地质问题与对策

## 4.8.1　TBM 施工地质适宜性初步评价

龙岩市万安溪引水工程输水隧洞桩号 D14+000~D27+936 段拟设计采用 TBM 施工,

该施工段长约 13.936 km。根据《引调水线路工程地质勘察规范》(SL 629—2014)附录 C 隧洞 TBM 施工适宜性判定标准,TBM 施工的适宜性以围岩基本质量分类为基础,考虑岩体完整性、岩石强度、围岩应力环境和不良地质条件等因素,结合 TBM 系统集成及施工应用特点综合判定。以 V 类围岩为主的隧洞或者地应力高、岩爆强烈或塑性变形大的围岩不适宜 TBM 施工。龙岩市万安溪引水工程输水隧洞围岩特征及 TBM 施工适宜性评价见表 4-20。

表 4-20　龙岩市万安溪引水工程输水隧洞围岩特征及 TBM 施工适宜性评价

| 围岩类别 | 岩质类型 | | 岩体结构特征 | | | 岩体风化卸荷程度 | 地下水状况 | TBM 施工适宜性 |
| --- | --- | --- | --- | --- | --- | --- | --- | --- |
| | 岩性 | 岩石饱和抗压强度 $R_b$(MPa) | 岩体结构类型 | 岩体完整程度 | 纵波速度 $V_p$(m/s) | | | |
| II | 坚硬岩($\gamma_5^2$ 黑云母花岗岩、$\gamma\delta_5^{2(3)b}$ 花岗闪长岩、$D_3$ 石英砾岩、石英砂岩) | 侵入岩 100～150,沉积岩 90～130,少量大于 150 | 块状—次块状(巨厚层—厚层状) | 较完整—完整 | 一般 >4 000 | 微风化—无卸荷 | 洞壁湿,渗水 | 适宜—基本适宜 |
| III | 中硬岩($\gamma_5^2$ 黑云母花岗岩、$\gamma\delta_5^{2(3)b}$ 花岗闪长岩、$D_3$ 石英砾岩、石英砂岩、砂砾岩、粉砂岩) | 侵入岩 60～100,沉积岩 60～80 | 次块状—中厚层状(镶嵌) | 较破碎—较完整 | 3 000～4 000 | 微风化—弱风化、无卸荷 | 渗水,滴水 | 适宜—基本适宜 |
| IV | 较软岩($\gamma_5^2$ 黑云母花岗岩、$\gamma\delta_5^{2(3)b}$ 花岗闪长岩、$D_3$ 石英砾岩、石英砂岩、砂砾岩、粉砂岩、泥质粉砂岩断层破碎带) | 30～60 | 薄层结构—碎裂 | 较破碎—破碎 | 1 500～3 000 | 弱风化—强风化、弱卸荷 | 渗水、滴水、局部流水 | 基本适宜—适宜性差 |
| V | 软岩[$\gamma_5^2$ 黑云母花岗岩、$\gamma\delta_5^{2(3)b}$ 花岗闪长岩、$D_3$ 石英砾岩、石英砂岩、砂砾岩、粉砂岩、泥质粉砂岩断层破碎带(无胶结、松散)] | 一般 <30 | 碎裂—散体 | 破碎 | 一般 <1 500 | 全强风化、强卸荷 | 滴水、流水,局部可能涌水 | 不适宜 |

　　龙岩市万安溪引水工程 TBM 施工段,长约 13.936 km。主洞围岩 Ⅱ、Ⅲ 类长约 11.32 km,占隧洞总长度的 80.7%,岩体完整性系数 $K_v>0.35$,岩石饱和单轴抗压强度以 60~150 MPa 为主,TBM 施工适宜性等级为适宜—基本适宜;Ⅳ 类围岩长约 2.51 km,占隧洞总长度的 17.9%,岩体完整性系数 $K_v=0.15~0.35$,岩石饱和单轴抗压强度一般小于 60 MPa,TBM 施工适宜性等级为基本适宜—适宜性差;Ⅴ 类围岩主要为断层带、强风化带等地层,长约 0.20 km,仅占隧洞总长度的 1.4%,不适宜 TBM 施工,建议采用钻爆法施工。

　　综上所述,本工程 TBM 施工段主洞基本适宜 TBM 施工,对于隧洞围岩为断层带 Ⅴ 类围岩,洞段建议采用钻爆法施工。

## 4.8.2　TBM 施工主要工程地质问题及对策

　　隧洞 TBM 施工可能遇到围岩稳定性、涌水、软岩大变形、岩爆、地温及有害气体等问题,还可能遇到超硬岩问题。

　　本工程 TBM 掘进洞段的地层岩性主要为黑云母花岗岩($\gamma_5^2$)、花岗闪长岩($\gamma\delta_5^{2(3)b}$)、石英砂岩及石英砾岩($D_3$),岩体完整,岩石强度高,石英、长石等硬质矿物含量高,磨蚀性强。通过前期勘测试验资料,黑云母花岗岩($\gamma_5^2$)最大单轴饱和抗压强度约为 226 MPa,花岗闪长岩($\gamma\delta_5^{2(3)b}$)最大饱和单轴抗压强度约为 120 MPa,石英砾岩($D_3$)最大单轴饱和抗压强度约为 137 MPa,石英砂岩($D_3$)最大单轴饱和抗压强度约为 129 MPa。根据薄片鉴定试验,黑云母花岗岩($\gamma_5^2$)石英含量为 20%~35%;花岗闪长岩($\gamma\delta_5^{2(3)b}$)石英含量为 20%~35%;石英砂岩($D_3$)石英含量一般为 25%~36%,最高达 68%;石英砾岩($D_3$)石英含量一般为 25%~40%,最高达 81%。超硬岩及高石英含量的岩石会导致 TBM 滚刀严重损耗,盘形滚刀是 TBM 最主要的破岩工具,大量损耗会造成两方面的不良后果:一是滚刀价格高,大量的滚刀更换会显著增加施工成本;二是大量的滚刀更换会占用 TBM 的正常掘进时间,导致 TBM 掘进效率低下,破岩时间增长,延长工期。

　　建议本工程在 TBM 设计前,取原状岩样开展滚刀破岩试验,研究滚刀推力—贯入度的关系及不同岩石的裂纹扩展规律,以此为根据确定合理刀间距。针对本工程硬岩的特点,选择硬度高、韧性好的刀圈,降低刀圈的正常磨损和非正常损耗;选择合适的掘进参数,降低刀圈的非正常损坏;建立滚刀的更换标准,对达到更换标准的滚刀及时更换;建立刀具检查制度,掘进过程中根据围岩条件间隔不同的掘进距离对滚刀进行全面检查,避免由于个别滚刀的非正常损坏造成其他滚刀连带损坏。对于所选用的刀圈,应进行金相分析、硬度测试、冲击功试验等,以测试刀圈的硬度及韧性,为刀圈材质的改进提供基础资料。在 TBM 正常的掘进过程中,根据岩石的强度情况选择不同的时间间隔检查刀盘。当岩石单轴抗压强度在 60~90 MPa 时,每掘进三环检查一次刀盘;当在 90~120 MPa 时,每两环检查一次刀盘;当在 120~150 MPa 时,每一环均需检查刀盘;当大于 150 MPa 时,每掘进半环需要停机检查刀盘。检查的内容包括刀具的异常损坏(偏磨、崩刃、漏油等),刀圈的磨损量(用专用的卡尺测量),滚刀端盖、紧固螺栓是否松动,铲齿的磨损及损坏情况等。根据刀盘检查结果选择处理措施,对于磨损量达到更换标准或发生滚刀异常损坏的,必须立即停机更换滚刀,端盖松动、脱落的,可在刀盘焊接,螺栓松动的要及时紧固。

# 4.9 小　结

龙岩市万安溪引水工程隧洞长约 27.94 km,沿线工程地质条件总体良好,洞室上覆岩体厚度一般为 100~800 m,冲沟段厚度较薄,弱—微风化岩体透水性微弱。桩号 D0+000~D24+700 段隧洞围岩燕山早期侵入岩以 Ⅱ~Ⅲ 类为主,桩号 D24+700~D27+936 沉积岩段以 Ⅲ~Ⅳ 类围岩为主,断层带附近和浅埋过沟段为 Ⅴ 类围岩。其中 Ⅱ 类围岩洞段累计长度约 11 231 m,占 40.5%;Ⅲ 类围岩洞段累计长度约 10 344 m,占 37.3%;Ⅳ 类围岩洞段累计长度约 5 247 m,占 18.9%;Ⅴ 类围岩洞段累计长度约 908 m,占 3.3%。

隧洞计算涌水量以 36 130 $m^3$/d 作为正常涌水量,72 261 $m^3$/d 作为最大涌水量。集中涌水量钻爆段位于 3# 支洞、1# 支洞及倒虹吸。各控制区最大单点集中涌水量按 300 $m^3$/h 考虑,2# 支洞控制区最大单点集中涌水量按 500 $m^3$/h 考虑;TBM 段控制区最大单点集中涌水量按 1 200 $m^3$/h 考虑。

选择埋深大的软岩洞段对围岩大变形进行预测,从计算结果看,隧洞软岩埋深最大 D26+468 断面泥盆系泥质砂岩最大径向位移为 121.91 mm,变形比为 6.1%。计算说明软岩在较高地应力作用下会产生一定的塑性变形。

埋深超过 430 m 岩体完整干燥的 Ⅱ 类围岩洞段可能产生岩爆,岩爆的等级为轻微或中等,总洞长 9 845 m,其中可能发生轻微岩爆的总段长为 8 703 m;可能发生中等岩爆的洞段长 1 142 m。上述洞段应加强施工期监测及预报工作,必要时采取一定的工程措施。

对工程区水和岩石样品进行放射性检测,检测指标符合相关规范要求。由于花岗岩中放射性元素铀本底一般比其他岩体要高,其蜕变元素镭易在含水的裂隙带中吸附,由此造成氡富集。由于隧洞长,通风较困难,施工中应加强监测和通风。

隧洞地温多低于 28 ℃,对施工无大的影响,但隧洞 D14+845~D16+450 段、D24+640~D25+910 段埋深大于 700 m,隧洞带平均地温可能高于 28 ℃,对隧洞施工有一定的影响,应加强通风措施。输水隧洞埋深较大,具备较好的储存封闭条件,根据地层岩性分析,存在甲烷($CH_4$)、一氧化碳(CO)、硫化氢($H_2S$)等有害气体可能性小,但施工过程中可能产生有害气体,应做好有害气体的监测、预报工作。

引水隧洞 TBM 施工段长约 14.03 km,岩性主要为黑云母花岗岩($\gamma_5^2$)、花岗闪长岩($\gamma\delta_5^{2(3)b}$)和石英砾岩($D_3$),基本适宜 TBM 施工。其中主洞围岩 Ⅱ、Ⅲ 类长约 11.32 km,占隧洞总长度的 80.7%,TBM 施工适宜性等级为适宜—基本适宜;Ⅳ 类围岩长约 2.51 km,占隧洞总长度的 17.9%,TBM 施工适宜性等级为基本适宜—适宜性差;Ⅴ 类围岩主要为断层带,长约 0.20 km,仅占隧洞总长度的 1.4%。隧洞 TBM 施工段可能遇到围岩稳定性、涌水、软岩大变形、岩爆、地温及有害气体及超硬岩问题,特别是 Ⅳ~Ⅴ 类围岩稳定性差—不稳定,地下水丰富,施工过程中应进行超前地质预报,并采取相应的应对措施,避免卡机事故的发生。

# 第 5 章　TBM 施工隧洞地质适宜性评价方法及选型研究

## 5.1　引　言

　　与钻爆法相比,TBM 对隧洞的地质条件敏感、对不良地质条件适宜性差。在适宜的地质条件下,TBM 能达到相对于钻爆法 10 倍以上的施工速度,能获得良好的社会效益和经济效益;但当地质条件不适宜时,则可能数月至数年无进展,造成严重的经济损失和工期延误。因此,在 TBM 施工前,需要根据地质勘察成果选择合适的地质指标和评价方法对 TBM 的地质适宜性进行评价,准确的评价结果可为 TBM 选型、TBM 施工布置等提供依据,进而有效减轻隧洞不良地质条件的影响并提高 TBM 的施工效率。

　　影响 TBM 选型的因素较多,如隧洞工程规模、施工难易程度、安全、质量、工期、造价、环境保护、文明施工、施工布置及工程地质条件等,在影响 TBM 施工效率的各种因素中,工程地质条件是客观因素,一旦隧洞线路确定,则工程地质条件难以改变,在大多数情况下,工程地质条件是能否采用 TBM 施工及 TBM 选型的决定性因素。不同类型的 TBM 适应的地质条件都有所差别,选择合适类型的 TBM 对于保障 TBM 的快速、安全施工及工程的按期完工、降低造价等具有十分重要的意义。

　　目前常用的岩石全断面 TBM 主要有开敞式、双护盾式和单护盾式三种类型,其结构形式、采购成本及适应的地质条件均不同。其中,开敞式的结构最简单、采购成本最低,双护盾的结构最复杂、采购成本最高,单护盾式处于两者之间。开敞式 TBM 适合均质硬岩隧洞,双护盾 TBM 适合硬岩和软岩均有分布的隧洞,单护盾 TBM 主要适合软岩隧洞。

　　本章在分析影响 TBM 施工效率地质因素的基础上,选择影响 TBM 施工效率的主要地质指标,采用模糊综合评价方法,进行 TBM 地质适宜性的定量评价。根据青海省引黄济宁工程及龙岩市万安溪引水工程隧洞的地质条件,并结合三种类型 TBM 的技术特点,进行 TBM 选型研究并提出 TBM 施工方案及设备配置建议。

## 5.2　TBM 地质适宜性评价方法研究

### 5.2.1　TBM 地质适宜性的影响因素

　　TBM 隧洞施工具有掘进速度快、安全性高、环境保护好的优点,已在国内外的隧洞工程中得到了广泛的应用。影响 TBM 掘进效率的因素主要有三个方面:设备因素、人员因素及地质因素,其中前两个因素是主观因素,可以通过设备改造、人员培训、施工组织优化等做到最优,而地质因素是客观因素,隧洞线路一经确定,地质条件就客观存在,施工过程中只有采取相应的措施以适应不同的地质条件。

地质条件对 TBM 掘进效率影响较大,国外的 TBM 施工已有近 60 年的历史,国内的 TBM 施工亦有 30 余年的历史。TBM 地质适宜性具体表现在 TBM 掘进效率方面,国内外的 TBM 施工实践表明,在适宜的地质条件下,TBM 可以获得较高的掘进速度,当地质条件不适宜时,TBM 掘进缓慢,严重时 TBM 受困,造成投资增加、工期延误等严重后果。因此,研究 TBM 的地质适宜性对 TBM 选型、TBM 设备设计制造、施工组织设计、投资、工期等具有重要的意义。

针对 TBM 掘进效率问题,国内较多的学者开展了相关问题的研究。王旭等针对 TBM 掘进速度预测的相关工程地质问题,以国外的 Maen、Pieve、Cogolo 和 Varzo 等多条 TBM 施工隧洞为例,分析说明了岩体质量分类系统不能预测 TBM 掘进速率 PR 的原因,最后提出了用岩体可掘进性分类系统预测净掘进速率,用岩体质量分类系统预测 TBM 利用率,从而计算出 TBM 的掘进速率;通过岩体分类预测了 TBM 的掘进效率,何发亮等、吴煜宇等研究了岩石的单轴抗压强度、岩体完整性及岩石耐磨性等因素对 TBM 掘进效率的影响,并以此为根据,进行了基于 TBM 掘进效率的围岩分级,将 TBM 施工条件下的隧道围岩由好到差分成 A～D 共 4 级(A—工作条件好,B—工作条件一般,C—工作条件差,D—工作条件极差或称不宜采用 TBM 施工),具体分级结果如表 5-1 所示。

表 5-1　TBM 施工条件下的隧道围岩分级

| 围岩分级 | 分级评判主要因素 | | | | TBM 工作条件等级 |
|---|---|---|---|---|---|
| | 岩石单轴抗压强度 $R_c$(MPa) | 岩体完整性系数 $K_v$ | 岩石耐磨性 $A_b$(1/10 mm) | 岩石凿碎比功 $a$(N·m/cm³) | |
| I | 80～200 | 0.85～0.75 | <5 | <700 | I$_B$ |
| | ≥200 | >0.85 | — | — | I$_C$ |
| | | >0.75 | | | |
| II | 80～200 | 0.75～0.55 | <5 | <600 | II$_A$ |
| | | | 5～6 | 600～700 | II$_B$ |
| | | | ≥6 | ≥700 | II$_C$ |
| | ≥200 | | — | — | |
| III | 60～120 | 0.65～0.45 | <5 | <600 | III$_A$ |
| | | | 5～6 | 600～700 | III$_B$ |
| | ≤60 | ≤0.45 | ≥6 | ≥700 | III$_C$ |
| | | | — | — | |
| IV | 30～60 | 0.45～0.40 | <6 | <70 | IV$_B$ |
| | 16～30 | 0.40～0.25 | | | IV$_C$ |
| V | <15 | <0.25 | — | — | V$_D$ |

闫长斌等采取了南水北调西线工程区 124 块岩石样品进行了岩石薄片鉴定,在岩石碎屑粒度分析的基础上,得到了不同采样区域岩石中的石英含量分布特征。基于 TBM 施工特点,根据不同岩石中的石英含量统计结果,分析了石英含量分布规律对南水北调西线工程 TBM 施工围岩分类和掘进效率的影响;廖建明等以锦屏二级水电站引水隧洞开敞式 TBM 施工为背景,针对涌水对 TBM 施工的影响,提出了高压大流量地下涌水的施工方案;薛亚东等以引汉济渭引水隧洞工程为依托,对场切深指数 FPI 与地质参数、掘进参数的相关性分析,建立了 TBM 隧道围岩可掘性分级(见表 5-2),对影响 TBM 利用率的主要地质因素进行分析,建立 TBM 隧道适应性分级(见表 5-3)。

表 5-2　围岩可掘性分级

| 可掘进性分级 | [BQ] | FPI | 可掘进性 |
| --- | --- | --- | --- |
| 1 | <210 | <50 | 高 |
| 2 | 210～310 | 50～100 | 较高 |
| 3 | 310～380 | 100～150 | 一般 |
| 4 | 380～480 | 150～300 | 较低 |
| 5 | 480～580 | 300～600 | 低 |
| 6 | >580 | >600 | 很低 |

表 5-3　适应性分级与 TBM 利用率预测

| 适应性分值 | 适应性分级 | TBM 利用率预测(%) |
| --- | --- | --- |
| 36～46 | 1 | 32～40 |
| 28～35 | 2 | 24～32 |
| 19～27 | 3 | 16～24 |
| 10～18 | 4 | 8～16 |
| 0～9 | 5 | 0～8 |

国内的相关规范亦对 TBM 的地质适宜性提出了判定标准,如《引调水线路工程地质勘察规范》(SL 629—2014)附录 C 中采用岩石单轴抗压强度、岩体完整性系数、围岩强度应力比 3 个指标,将 TBM 的地质适宜性分为适宜、基本适宜、适宜性差三个级别。

由以上研究可以看出,目前的研究多集中在单个或几个地质因素方面,所采用的指标较少,实际上 TBM 的地质适宜性受多种地质因素的影响,TBM 的掘进效率是多种地质因素综合作用的结果,因此目前的研究和相关规范并不能对 TBM 的地质适宜性进行全面的评价。

针对此问题,本节将 TBM 的地质适宜性评价分为初步评价和详细评价两个阶段,初步评价以《引调水线路工程地质勘察规范》(SL 629—2014)附录 C 的 TBM 地质适宜性判定为依据;详细评价以附录 C 所选的指标为基础,参考国内外的相关研究成果及工程,补充相关指标,建立 TBM 地质适宜性评价的指标体系,采用模糊综合评价方法,研究各评价指标不同取值条件下的地质适宜性等级。

## 5.2.2　基于模型综合评判的 TBM 地质适宜性指标体系与评价方法

### 5.2.2.1　TBM 地质适宜性评价指标体系

影响 TBM 隧洞地质适宜性的因素较多,根据《引调水线路工程地质勘察规范》(SL 629—2014)附录 C 的规定,并参考国内外的研究成果及相关工程经验,选择岩石单轴抗压强度、岩体完整性、围岩强度应力比、岩石的石英含量及地下水渗流量 5 个指标。

#### 1.岩石单轴抗压强度($R_c$)

岩石单轴抗压强度是指岩石试件在无侧限条件下受轴向荷载作用出现压缩破坏时单位面积所承受的轴向作用力。岩石的单轴抗压强度一般通过室内单轴压缩试验或点荷载试验确定。《水利水电工程地质勘察规范》(GB 50487—2008)中根据岩石的单轴抗压强度进行了岩质划分,将岩石分为硬质岩和软质岩,具体划分标准见表 5-4。

表 5-4　岩质类型划分

| 岩质类型 | 硬质岩 | | 软质岩 | | |
| --- | --- | --- | --- | --- | --- |
| | 坚硬岩 | 中硬岩 | 较软岩 | 软岩 | 极软岩 |
| 岩石单轴抗压强度 $R_c$(MPa) | $R_c>60$ | $60 \geqslant R_c>30$ | $30 \geqslant R_c>15$ | $15 \geqslant R_c>5$ | $R_c \leqslant 5$ |

TBM 掘进过程中,TBM 的掘进速度等于滚刀贯入度与刀盘转速的乘积,而滚刀的贯入度与岩石单轴抗压强度($R_c$)直接相关,理论上 $R_c$ 值越低,在推力一定的条件下 TBM 滚刀贯入度越高,其掘进速度也越高;反之 $R_c$ 值越高,TBM 滚刀贯入度越低,掘进速度就越低。在西康铁路秦岭隧道的混合片麻岩地层,以及引汉济渭工程秦岭引水隧洞的二长花岗岩地层,当岩石的单轴抗压强度高于 200 MPa 时,TBM 的掘进速度一般低于 2 m/h,对 TBM 的掘进效率造成了较大的影响(见图 5-1)。

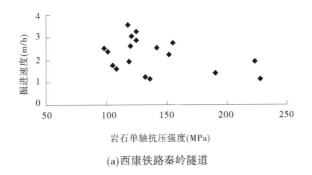

(a)西康铁路秦岭隧道

图 5-1　岩石的单轴抗压强度($R_c$)与 TBM 掘进速度间的相关关系

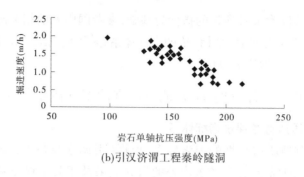

(b)引汉济渭工程秦岭隧洞

续图 5-1

但实际上如果 $R_c$ 值太低,TBM 掘进后围岩的自稳时间极短,甚至不能自稳,引起塌方或围岩快速收敛变形等灾害,导致停机处理,从而降低掘进速度。因此,当 $R_c$ 值在一定范围内时,TBM 既能保持一定的掘进速度,又能使隧洞围岩在一定时间内保持自稳,目前大多数 TBM 在 $R_c$ 值为 50~80 MPa 的岩石中掘进具有较高的效率,当 $R_c$ 值大于 80 MPa 时,掘进效率随着 $R_c$ 值的增加而降低,当 $R_c$ 值小于 50 MPa 时,掘进效率随着 $R_c$ 值降低而降低。

**2.岩体完整性**

岩体完整性用来表征岩体的结构面发育程度,其物理含义是岩体相对于岩石的完整程度,一般用岩体完整性系数 $K_v$ 表示。

岩体完整性系数 $K_v$ 一般采用以下两种方法计算:

(1)用岩体的纵波速度与岩块的纵波速度之比的平方计算:

$$K_v = \left(\frac{V_m}{V_r}\right)^2 \tag{5-1}$$

式中:$K_v$ 为岩体完整性系数;$V_m$ 为岩体的纵波速度,m/s;$V_r$ 为岩块的纵波速度,m/s。

(2)采用岩体体积节理数 $J_v$ 确定岩体完整性系数。

岩体体积节理数 $J_v$ 是国际岩石力学委员会推荐用来定量评价岩体节理化程度和单元岩体指标。《工程岩体分级标准》(GB 50218—2014)规定用间距法确定岩体体积节理数,首先在露头或平洞中选择有代表性的点进行岩体节理统计,然后根据统计结果,由下式计算岩体体积节理数 $J_v$:

$$J_v = S_1 + S_2 + S_3 + \cdots + S_n + S_k \tag{5-2}$$

式中:$J_v$ 为岩体体积节理数,条/m³;$S_n$ 为每米长测线上第 $n$ 组节理的条数;$S_k$ 为每立方米中非成组节理的条数。

在进行岩体基本质量指标计算时,岩体的完整性系数应采用实测值。当无条件取得实测值时,也可采用岩体体积节理数 $J_v$ 来确定对应的岩体完整性系数,两者之间的对应关系见表 5-5。

表 5-5　$K_v$ 与 $J_v$ 对照

| $J_v$(条/m³) | >35 | 35~20 | 20~10 | 10~3 | <3 |
|---|---|---|---|---|---|
| $K_v$ | <0.15 | 0.15~0.35 | 0.35~0.55 | 0.55~0.75 | >0.75 |

　　TBM 破岩过程中,盘形滚刀压入岩石,在岩石中形成微裂纹,当相邻滚刀间的裂纹贯通时,就会形成岩片剥落。一般情况下,裂纹的扩展速度随着滚刀贯入度的增加而增加,为获得较大的滚刀贯入度就需要提高刀盘推力。如果围岩中本身存在一些结构面(节理、层理、片理等),则岩片会沿着结构面剥落,此时 TBM 不需要较大的推力即可有较高的破岩效率,因此岩体中结构面越发育,TBM 的破岩效率越高。但如果岩体中结构面特别发育,此时 TBM 虽然能获得很高的破岩效率,但围岩自稳能力差,往往需要停机对围岩进行支护加固,反而会降低 TBM 的掘进效率。当岩体结构面不发育时,此时 TBM 破岩完全依赖于滚刀的作用,掘进效率也会降低。岩体的结构面发育程度一般用岩体的完整性系数 $K_v$ 来表示,岩体的完整性系数过高或过低都会影响 TBM 掘进,其在一定范围内时才有利于 TBM 的掘进。实践表明,岩体完整性系数在 0.5~0.6 时 TBM 具有较高的掘进效率;当大于 0.6 时,掘进效率随完整性系数的增加而降低;当小于 0.5 时,随着完整性系数的降低而降低(见图 5-2)。

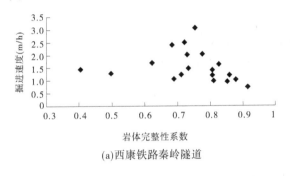

(a)西康铁路秦岭隧道

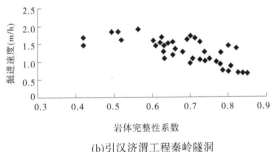

(b)引汉济渭工程秦岭隧洞

**图 5-2　岩体完整性系数与 TBM 掘进速度间的相关关系**

3. 围岩强度应力比

　　围岩的强度应力比是隧洞围岩稳定性特征的一个重要参数,一般可用下式表示:

$$S = \frac{R_c K_v}{\sigma_{max}} \tag{5-3}$$

式中:$R_c$ 为岩石饱和单轴抗压强度,MPa;$K_v$ 为岩体完整性系数;$\sigma_{max}$ 为围岩的最大主应力,MPa,当无实测资料时可以自重应力代替。

　　围岩强度应力比对 TBM 掘进有一定的影响,当强度应力比较低时,对于硬岩,易发生岩爆,对于软岩,易发生收敛变形。岩爆直接威胁到施工人员的人身安全、设备安全,导致

TBM 掘进速度降低,初期支护难度、工程量、时间、成本大幅度增加,极强岩爆可能会造成机毁人亡的严重后果。在锦屏二级水电站引水发电洞及施工排水洞的开敞式 TBM 施工中,由于隧洞埋深大,地应力高,岩石的强度应力比多低于 2,在大理岩地层中遇到了多次极强岩爆,对 TBM 施工造成了极为严重的影响。在《水利水电工程地质勘察规范》(GB 50487—2008)中将岩爆分为 4 级,具体岩爆分级及判别如表 5-6 所示。

表 5-6　岩爆分级及判别

| 岩爆分级 | 主要现象和岩体条件 | 岩石强度应力比 | 建议防治措施 |
|---|---|---|---|
| 轻微岩爆<br>(Ⅰ级) | 围岩表层有爆裂射落现象,内部有噼啪声响,人耳偶然可以听到。岩爆零星间断发生。一般影响深度 0.1~0.3 m。对施工影响较小 | 4~7 | 根据需要进行简单支护 |
| 中等岩爆<br>(Ⅱ级) | 围岩爆裂弹射现象明显,有似子弹射击的清脆爆裂声响,有一定的持续时间。破坏范围较大,一般影响深度 0.3~1.0 m。对施工有一定影响,对设备及人员安全有一定威胁 | 2~4 | 需进行专门支护设计。多进行喷锚支护等 |
| 强烈岩爆<br>(Ⅲ级) | 围岩大片爆裂,出现强烈弹射,发生岩块抛射及岩粉喷射现象,巨响,似爆破声,持续时间长,并向围岩深部发展,破坏范围和块度大,一般影响深度 1~3 m。对施工影响大,威胁机械设备及人员人身安全 | 1~2 | 主要考虑采取应力释放钻孔、超前导洞等措施,进行超前应力解除,降低围岩应力。也可采取超前锚固及格栅钢支撑等措施加固围岩。需要进行专门支护设计 |
| 极强岩爆<br>(Ⅳ级) | 洞室断面大部分围岩严重爆裂,大块岩片出现剧烈弹射,震动强烈,响声剧烈,似闷雷。迅速向围岩深处发展,破坏范围和块度大,一般影响深度大于 3 m,乃至整个洞室遭受破坏。严重影响施工,人财损失巨大。最严重者可造成地面建筑物破坏 | <1 | |

当地应力较高,岩石强度较低,围岩强度应力比较低时,易发生软岩变形,软岩收敛变形会侵占隧洞断面,造成初期支护破坏,当采用护盾式 TBM 施工时,收敛变形的围岩会抱死护盾,造成卡机事故,处理起来十分困难。在昆明上公山引水隧洞、陕西引红济石隧洞及青海引大济湟隧洞的双护盾 TBM 施工中,发生了多次软岩收敛变形导致的卡机事故,不仅造成设备的损坏,而且脱困处理占用了大量的时间,导致了严重的工期延误。因此,围岩的地应力水平越低、强度应力比越高,对 TBM 的掘进越有利。

### 4. 岩石的石英含量

岩石的硬度对 TBM 滚刀的磨损有直接的影响,硬度越高,对滚刀的磨损越大。岩石的硬度与岩石中的硬质矿物如石英、长石等的含量直接相关,石英、长石含量越高,则岩石的硬度越高。国内外的研究说明:石英的维氏硬度 HV 为 800~1 100,而 TBM 滚刀刀圈钢质材料的维氏硬度 HV 仅为 500~700,其对 TBM 掘进的影响在于增大滚刀的磨损量(见图 5-3)。当滚刀更换量大时,会造成两个方面的后果,一是占用掘进时间,降低设备利用率,影响施工速度,二是滚刀及刀圈价格高,大量换刀会增加施工成本。因此,岩石中的石英含量越低,对 TBM 掘进越有利。目前的研究中,一般采用岩石的耐磨性指数 CAI 来表征岩石对滚刀的磨损程度(见图 5-4),但在国内各行业的隧洞勘察规范中,对岩石的耐磨性指数 CAI 试验均未作要求,因此多数隧洞勘察工作未做此项试验,难以采用 CAI 指数对岩石的耐磨性进行评价。但岩石的石英含量与岩石耐磨性指数 CAI 直接相关,石英含量越高,CAI指数越高,两者基本呈线性关系。在隧洞勘察中,需要进行岩石的薄片鉴定,可以确定岩石的石英含量,因此可以采用岩石的石英含量来评价岩石的耐磨性。

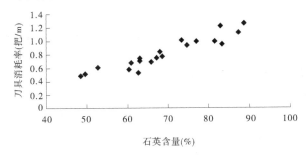

图 5-3　引汉济渭工程秦岭隧洞岩石石英含量与刀具消耗率的关系

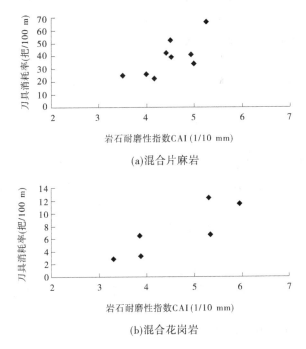

(a)混合片麻岩

(b)混合花岗岩

图 5-4　秦岭隧道刀具消耗率与岩石耐磨性指数 CAI 之间的相关关系

5.地下水渗流量

地下水的渗流量和渗水范围对 TBM 掘进效率有一定程度的影响。地下水对 TBM 掘进的影响主要有以下几个方面：

(1)地下水软化岩石,降低岩石的强度及围岩的稳定性,对遇水崩解的岩石如泥岩、泥质砂岩等影响最为严重。

(2)在大涌水量的情况下,地下水会携带岩渣涌入洞内,影响支护和衬砌工作的进行,需要停机进行人工清渣,占用大量的施工时间。

(3)当隧洞无法自流排水时,需要布置水泵及管道进行人工排水,增加施工成本。

(4)TBM 设备受地下水的冲淋或浸泡,会造成 TBM 施工条件和工作环境变得恶劣,导致设备故障率增加,进而降低 TBM 的掘进效率。

(5)当隧洞地下水涌水量大,超过隧洞的自流能力或人工排水能力时,TBM 有被地下水淹没的风险。

(6)当洞内积水时,会淹没 TBM 有轨运输的轨道,影响材料、人员运输的效率和安全。

因此,地下水渗流量越小,对 TBM 掘进越有利。

6.其他地质因素

当岩石强度较高时,一般其弹性模量较高、泊松比参数高,滚刀贯入岩石后,岩石中的裂纹扩展较慢,相邻滚刀间的裂纹难以贯通形成岩片剥落,需要滚刀反复贯入岩石才能有效破岩,因此具有较低弹性模量、较高泊松比的岩石更利于 TBM 掘进。

岩石的抗拉强度、抗剪强度等指标也会影响 TBM 破岩,当岩石的抗拉强度、抗剪强度较高时,破碎相同的岩体会消耗较高的能量,降低 TBM 使用效率。一般情况下,岩石抗拉强度、抗剪强度等指标与岩石的单轴抗压强度正相关,考虑抗压强度的同时也考虑了抗拉强度及抗剪强度。

岩石的含泥量也会影响 TBM 掘进,当岩石中含泥量较高且地下水发育时,岩石易发生崩解,崩解后的岩石呈泥状,在刀盘推力的作用下会在刀盘上结成坚硬的泥饼并堵塞刀盘,造成滚刀无法转动破岩,易导致滚刀的偏磨。另外,泥状物会粘住出渣皮带机,造成出渣困难。

7.TBM 地质适宜性评价指标体系的建立

由以上分析可以看出,影响 TBM 适宜性的地质因素主要有岩石单轴抗压强度、岩体完整性、围岩强度应力比、岩石的石英含量及地下水涌流量等,根据相关研究成果及规范,并参考国内外的工程实践,将 TBM 的地质适宜性分为 4 个等级,即"适宜""基本适宜""适宜性差""不适宜"。

TBM 在各适宜性条件下的评价如下:

(1)适宜:TBM 可获得很高的掘进速度,平均日进尺在 30 m 以上,一般不会因为地质条件的原因停机。

(2)基本适宜:TBM 掘进速度一般,平均日进尺 10～30 m,需要停机进行围岩支护或不良地质条件处理。

(3)适宜性差:TBM 掘进速度低,平均日进尺 1～10 m,停机支护或不良地质条件处理的时间超过掘进时间。

（4）不适宜：TBM 掘进速度极低，平均日进尺低于 1 m，即使进行超前处理，TBM 也难以通过。

TBM 地质适宜性各等级对应不同地质因素的指标见表 5-7。

表 5-7　TBM 地质适宜性评价指标

| 地质适宜性 | 岩石单轴抗压强度（MPa） | 岩体完整性系数 | 围岩强度应力比 | 岩石的石英含量（%） | 地下水渗流量[L/(min·10 m)] |
|---|---|---|---|---|---|
| 适宜 | 50~80 | 0.5~0.6 | >4 | 0~5 | 0~10 |
| 基本适宜 | 80~150 或 30~50 | 0.6~0.7 或 0.4~0.5 | 2~4 | 5~30 | 10~25 |
| 适宜性差 | 150~200 或 5~30 | 0.7~0.8 或 0.3~0.4 | 1~2 | 30~60 | 25~125 |
| 不适宜 | >200 或 0~5 | >0.8 或 <0.3 | <1 | >60 | >125 |

### 5.2.2.2　TBM 地质适宜性的模糊综合评价

#### 1. 模糊数学理论

现代数学是建立在集合论基础之上的。集合论的重要意义就在于它能将数学的抽象能力延伸到人类认识过程的深处：用集合来描述概念，用集合的关系和运算表达判断和推理，从而将一切现实的理论系统都纳入集合描述的数学框架中。毫无疑问，以经典集合论为基础的精确数学和随机数学在描述自然界多种客观现象的内在规律中，获得了显著的效果。但是，和随机现象一样，在自然界和人们的日常生活中普遍存在着大量的模糊现象，如多云、小雨、大雨、贫困、温饱等。由于经典集合论只能把自己的表现力限制在那些有明确外延的现象和概念上，它要求元素对集合的隶属关系必须是明确的，不能模棱两可，因而对于那些经典集合无法反映的外延不分明的概念，以前都是尽量回避这些问题。然而，随着现代科技的发展，所面对的系统日益复杂，模糊性总是伴随着复杂性出现；此外人文、社会学科及其他"软科学"的数学化、定量化趋向，也把模糊性的数学处理问题推向中心地位；更重要的是，计算机科学、控制理论、系统科学的迅速发展，要求计算机要像人脑那样具备模糊逻辑思维和形象思维的功能。因此，迫使研究者无法回避模糊性，必须寻求途径去描述和处理客观现象中非清晰、非绝对化的一面。

1965 年，美国控制论专家扎德 Zadeh（Lotfi A. Zadeh）教授在 *Information and Control* 杂志上发表了题为 Fuzzy Sets 的论文，提出用"隶属函数"来描述现象差异的中间过渡，从而突破了经典集合论中属于或不属于的绝对关系。Zadeh 教授这一开创性的工作，标志着数学的一个新分支——模糊数学的诞生。

模糊数学的基本思想就是：用精确的数学手段对现实世界中大量存在的模糊概念和模糊现象进行描述、建模，以达到对其进行恰当处理的目的。模糊集合的出现是数学适应描述复杂事物的需要，Zadeh 的功绩在于用模糊集合的理论将模糊性对象加以确切化，从而使研究确定性对象的数学与不确定性对象的数学沟通起来,过去精确数学、随机数学描述不足之处,就能得到弥补。

**2. TBM 地质适宜评价的模糊性**

由表 5-7 可以看出,TBM 地质适宜性各等级均对应不同地质因素的量值,但由于工程岩体的复杂性,各指标变化较大,可能存在不同指标对应不同适宜性等级的情况,如某种岩体的岩石单轴抗压强度为 80 MPa、岩体完整性系数为 0.8、地下水渗流量为大于 125 L/(min·10 m),则其对应的 TBM 地质适宜性等级分别为"适宜""适宜性差""不适宜",那么这种岩体对应的地质适宜性等级究竟属于哪种就难以确定,这就造成了无法直接进行 TBM 地质适宜性综合评价的情况,亦即说明 TBM 地质适宜性评价具有"模糊性"的特点。为解决上述问题,本研究采用以模糊数学为基础的综合评价方法对 TBM 的地质适宜性进行评价。

TBM 地质适宜性的模糊综合评价方法如下:建立评价因素集,构建各因素重要性程度的判断矩阵,确定各因素权重系数,确定待评价目标的隶属函数。

**3. 评价因素集的建立**

按照表 5-7,评价 TBM 地质适宜性的地质因素有 5 个,可以用集合表示为:

$$U = \{u_1, u_2, u_3, u_4, u_5\} \tag{5-4}$$

式中:$u_1$ 为岩石单轴抗压强度;$u_2$ 为岩体完整性系数;$u_3$ 为围岩强度应力比;$u_4$ 为岩石的石英含量;$u_5$ 为地下水渗流量。

**4. 确定各因素的权重**

因素权重的确定采用层次分析法,其原理是先把 $n$ 个评价因素排列成一个 $n$ 阶矩阵,然后对各因素的重要程度进行两两比较,矩阵中元素值由各因素的重要程度来确定,再计算出判断矩阵的最大特征根和其对应的特征向量,其特征向量即为所求的权重值。两因素之间的重要程度比较和对应值由层次分析法确定,如表 5-8 所示。根据国内外相关研究成果及工程经验,得出的判断矩阵如下:

表 5-8　两因素重要程度比较结果

| 因素 $u_i$ 和 $u_j$ 相比较的重要程度 | $f(u_i, u_j)$ | $f(u_j, u_i)$ |
|---|---|---|
| $u_i$ 比 $u_j$ 同等重要 | 1 | 1 |
| $u_i$ 比 $u_j$ 稍微重要 | 3 | 1/3 |
| $u_i$ 比 $u_j$ 明显重要 | 5 | 1/5 |
| $u_i$ 比 $u_j$ 强烈重要 | 7 | 1/7 |
| $u_i$ 比 $u_j$ 绝对重要 | 9 | 1/9 |
| $u_i$ 比 $u_j$ 处于上述两相邻判断之间 | 2,4<br>6,8 | 1/2,1/4<br>1/6,1/8 |

$$\boldsymbol{P} = \begin{bmatrix} 1 & 3 & 5 & 7 & 5 \\ \dfrac{1}{3} & 1 & 2 & 2 & 3 \\ \dfrac{1}{5} & \dfrac{1}{2} & 1 & 1 & 1 \\ \dfrac{1}{7} & \dfrac{1}{2} & \dfrac{1}{2} & 1 & 1 \\ \dfrac{1}{5} & \dfrac{1}{3} & 1 & 1 & 1 \end{bmatrix}$$

5. 判断矩阵特征根及特征向量计算

(1) 计算判断矩阵每行元素的乘积 $W_i$：

$$W_i = \prod_{j=1}^{n} u_{ij} \quad (i, j = 1, 2, \cdots, n)$$

则 $W_1 = 525, W_2 = 4, W_3 = 0.1, W_4 = 0.0357, W_5 = 0.0667$。

(2) 计算 $W_i$ 的 $n$ 次方根 $M_i$：

$M_i = \sqrt[n]{W_i}, M_1 = 3.450, M_2 = 1.320, M_3 = 0.631, M_4 = 0.514, M_5 = 0.582$。

(3) 向量 $\overline{M}$ 的归一化处理：

$$\overline{M} = (\overline{M}_1, \overline{M}_2, \overline{M}_3, \overline{M}_4, \overline{M}_5)^{\mathrm{T}} \tag{5-5}$$

$$\overline{M}_i = \frac{M_i}{\sum_{i=1}^{n} M_i} \tag{5-6}$$

则特征向量 $A$ 为：

$A = (0.535, 0.202, 0.096, 0.078, 0.089)^{\mathrm{T}}$

$$PA = \begin{bmatrix} 1 & 3 & 5 & 7 & 5 \\ \dfrac{1}{3} & 1 & 2 & 2 & 3 \\ \dfrac{1}{5} & \dfrac{1}{2} & 1 & 1 & 1 \\ \dfrac{1}{7} & \dfrac{1}{2} & \dfrac{1}{2} & 1 & 1 \\ \dfrac{1}{5} & \dfrac{1}{3} & 1 & 1 & 1 \end{bmatrix} \begin{bmatrix} 0.535 \\ 0.202 \\ 0.096 \\ 0.078 \\ 0.089 \end{bmatrix} = \begin{bmatrix} 2.615 \\ 0.996 \\ 0.471 \\ 0.393 \\ 0.438 \end{bmatrix}$$

则最大特征根：

$$\lambda_{\max} = \frac{1}{n} \sum_{i=1}^{n} \frac{(PA)_i}{\overline{M}_i} = 5.241$$

(4) 一致性检验计算：

$$C_I = \frac{\lambda_{\max} - n}{n - 1} = \frac{5.241 - 5}{5 - 1} = 0.060$$

查随机性指标 $C_R$ 数值表(见表5-9)可知,当 $n=5$ 时,$C_R=1.12$,则:

$$\frac{C_I}{C_R} = \frac{0.060}{1.12} = 0.054 < 0.10$$

上式表明判断矩阵的一致性达到了要求,因此向量 $A$ 的各个分量可以作为相应评价因素的权重系数。

表5-9　1~12 阶矩阵平均随机一致性指标 $C_R$

| 矩阵阶数 | 1 | 2 | 3 | 4 | 5 | 6 |
|---|---|---|---|---|---|---|
| $C_R$ | 0 | 0 | 0.52 | 0.89 | 1.12 | 1.26 |
| 矩阵阶数 | 7 | 8 | 9 | 10 | 11 | 12 |
| $C_R$ | 1.36 | 1.41 | 1.46 | 1.49 | 1.52 | 1.54 |

**6. 隶属函数的确定**

根据所要解决问题的实际特征,参照文献[87]的研究方法,采用岭形隶属函数进行描述,岭形隶属函数可以在一定程度上避免折线具有固定斜率的欠缺。岭形隶属函数分布分为偏小型、中间型,偏大型三种,其表达式见式(5-7)~式(5-9)。

对于偏小型:

$$u(x) = \begin{cases} 1 & (x \leqslant a_1) \\ \dfrac{1}{2} - \dfrac{1}{2}\sin\dfrac{\pi}{a_2-a_1}\left(x - \dfrac{a_1+a_2}{2}\right) & (a_1 < x \leqslant a_2) \\ 0 & (x > a_2) \end{cases} \tag{5-7}$$

对于中间型:

$$u(x) = \begin{cases} 0 & (x < a_1) \\ \dfrac{1}{2} + \dfrac{1}{2}\sin\dfrac{\pi}{a_2-a_1}\left(x - \dfrac{a_1+a_2}{2}\right) & (a_1 \leqslant x < a_2) \\ \dfrac{1}{2} - \dfrac{1}{2}\sin\dfrac{\pi}{a_3-a_2}\left(x - \dfrac{a_2+a_3}{2}\right) & (a_2 \leqslant x < a_3) \\ 0 & (x \geqslant a_3) \end{cases} \tag{5-8}$$

对于偏大型:

$$u(x) = \begin{cases} 0 & (x < a_1) \\ \dfrac{1}{2} + \dfrac{1}{2}\sin\dfrac{\pi}{a_2-a_1}\left(x - \dfrac{a_1+a_2}{2}\right) & (a_1 \leqslant x < a_2) \\ 1 & (x \geqslant a_2) \end{cases} \tag{5-9}$$

式中:$a_1$、$a_2$、$a_3$ 均为参数,表示各子集的区间边界。

以岩石的石英含量为例,建立其隶属函数,如下式所示。其余因素的隶属函数与其类似,限于篇幅,本文略去。

子集1——"适宜"

$$u(x) = \begin{cases} 1 & (x \leqslant 2) \\ \dfrac{1}{2} - \dfrac{1}{2}\sin\dfrac{\pi}{6}(x-5) & (2 < x \leqslant 8) \\ 0 & (x > 8) \end{cases}$$

子集 2——"基本适宜"

$$u(x) = \begin{cases} 0 & (x < 2) \\ \dfrac{1}{2} + \dfrac{1}{2}\sin\dfrac{\pi}{6}(x-5) & (2 \leqslant x < 8) \\ \dfrac{1}{2} - \dfrac{1}{2}\sin\dfrac{\pi}{27}(x-21.5) & (8 \leqslant x < 35) \\ 0 & (x \geqslant 35) \end{cases}$$

子集 3——"适宜性差"

$$u(x) = \begin{cases} 0 & (x < 8) \\ \dfrac{1}{2} + \dfrac{1}{2}\sin\dfrac{\pi}{27}(x-21.5) & (8 \leqslant x < 35) \\ \dfrac{1}{2} - \dfrac{1}{2}\sin\dfrac{\pi}{30}(x-50) & (35 \leqslant x < 65) \\ 0 & (x \geqslant 65) \end{cases}$$

子集 4——"不适宜"

$$u(x) = \begin{cases} 0 & (x < 35) \\ \dfrac{1}{2} + \dfrac{1}{2}\sin\dfrac{\pi}{30}(x-50) & (35 \leqslant x < 65) \\ 1 & (x \geqslant 65) \end{cases}$$

### 5.2.2.3　兰州市水源地建设工程地质条件

兰州市水源地建设工程将刘家峡水库作为引水水源地,向兰州市供水。工程包括取水口、输水隧洞主洞、分水井、芦家坪输水支线、彭家坪输水支线及其调流调压站、芦家坪水厂和彭家坪水厂等。输水隧洞为兰州市水源地建设工程的控制性工程,隧洞主洞全长 31.57 km,设计引水流量 26.3 m³/s,为压力引水隧洞。输水隧洞施工以两台双护盾 TBM 为主辅以钻爆法,隧洞内径 4.6 m,开挖洞径 5.46 m。

1. 地形地貌

工程区地貌类型主要由中高山、中低山、丘陵区和河谷盆地组成。其中,丘陵区面积较大,中高山区次之,中低山区和河谷盆地区面积较小。近场区海拔最高处为东侧何家山一带,海拔 2 900 m 左右,最低处为黄河谷地,海拔 1 550 m 左右,地貌受新构造运动的控制和影响,山体和盆地总体呈北西西—南东东向,与区域构造线方向一致。中高山区位于近场区雾宿山、马衔山一带,沿黄河、洮河、湟水河、大夏河等河流发育河谷地貌,中低山及丘陵区多位于河谷两侧。中低山及丘陵区以上更新世风积黄土覆盖为主要特色,形成黄土塬及梁峁地貌。工程区主要发育主干河流黄河及其支流洮河、湟水河、大夏河等河流,各级河流阶地均很发育。黄河沿线可见 I ~ V 级阶地发育,更高级阶地多被侵蚀为丘陵地貌。洮河、湟水河及大夏河均发育Ⅳ~Ⅴ级阶地,其中Ⅰ、Ⅱ级多为堆积阶地,Ⅲ~Ⅴ级多为基座阶地。

2. 地层岩性

输水隧洞沿线地层岩性主要有前震旦系马衔山群(AnZmx$^4$)黑云石英片岩、角闪片岩,奥陶系上中统雾宿山群(O$_{2-3}$wx$^2$)变质安山岩、玄武岩,白垩系下统河口群(K$_1$hk$^1$)砂岩、泥岩、砂砾岩,新近系上新统临夏组(N$_2$l$^1$)砂岩、砂质泥岩夹砂砾岩和第四系(Q)风成黄土及松散堆积物,侵入岩主要为加里东期花岗岩、石英闪长岩。隧洞沿线横穿马衔山北缘断裂带(F3)、西津村断层(F4)、寺儿沟断层(F5)、雾宿山南缘断裂(F8)4 条断层,断层与洞线正交或者斜交,倾角较陡,主断层带一般由断层角砾岩及碎裂岩组成。F3 断层、F4断层和 F8 断层规模较大,宽度大于 30 m,断层带可能发生塌方、涌水、突泥等地质问题。

线路区前震旦系黑云母石英片岩及角闪石英片岩,奥陶系变质安山岩和加里东期侵入岩均属坚硬岩类,岩石致密坚硬,抗风化能力强,强度高;中生代白垩系多见砂岩和泥岩互层或泥岩呈夹层分布,多为软岩(单轴饱和抗压强度小于 30 MPa),具有流变特性,主要表现为软岩的蠕变,遇水后具有崩解特性,水理性质差。各类岩性所占比例如图 5-5所示。

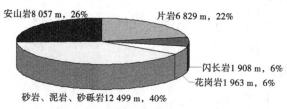

图 5-5　兰州市水源地建设工程输水隧洞岩性统计

3. 地质构造

工程区应力场是以水平构造应力为主导的地应力场,三向应力特征为:$\sigma_H > \sigma_h > \sigma_v$,主构造线方向 310°~340°,构造应力方向 NE40°~70°,隧洞轴线方向 NE50°,与构造应力方向近平行。钻孔地应力测试结果显示在侵入岩区及奥陶系变质岩区是以水平向构造应力为主导地应力场,白垩系沉积岩区埋深 380 m 以内主应力以水平向构造应力为主导,埋深大于 380 m,则转变为自重应力场为主导。输水隧洞工程场地 50 年超越概率 10%的基岩地震动峰值加速度为 0.2$g$,地震动特征周期 0.45 s,相应地震基本烈度为Ⅷ度,工程场地区域构造稳定性较差。

线路区总体属于单斜构造,受构造活动影响,在中岭村、王家圈一带白垩系地层产状多变,地表局部有小规模的褶皱发育,但褶皱出露位置多位于山顶。受区域构造影响,区内构造复杂,区域性断层发育,区域断层呈北西及北西西向延展,多与线路大角度相交,线路共穿越马衔山北缘断裂带(F3)、西津村断层(F4)、寺儿沟断层(F5)、雾宿山南缘断裂(F8)等 4 条区域性断层和 7 条小规模断层。受构造和成岩作用的影响,不同地层发育的节理、裂隙产状、规模、性状等均相差较大。

4. 水文地质条件

沿线地下水主要有三类:第四系孔隙潜水、基岩孔隙水和基岩裂隙水。第四系孔隙潜水主要分布于沿线各沟谷第四系松散堆积物中,基岩孔隙潜水分布于沿线新近系和白垩系砂岩、砂砾岩及黏土岩之中,裂隙潜水赋存运移于断层带及裂隙中。根据沿线地质调查,未发现地下水露头,线路附近村镇中未见水井取水,说明水量贫乏。取水口部位地表水为 $HCO_3^- - Mg^{2+} \cdot Ca^{2+}$ 型水,对混凝土无腐蚀性,对钢筋混凝土结构中的钢筋无腐蚀性;取水口部位地下水化学类型以 $SO_4^{2-} \cdot Cl^- - K^+ + Na^+$ 和 $HCO_3^- - Ca^{2+} \cdot K^+ + Na^+ \cdot Mg^{2+}$ 型水为主,对混凝土无腐蚀性,对钢筋混凝土结构中的钢筋具有弱腐蚀性。输水隧洞沿线地表水化学类型主要为 $Cl^- - Mg^{2+} \cdot K^+ + Na^+$ 和 $Cl^- \cdot HCO_3^- - K^+ + Na^+ \cdot Mg^{2+}$ 型水,对混凝土具有硫酸盐型弱腐蚀性,对钢筋混凝土结构中的钢筋具有弱—中等腐蚀性;输水隧洞沿线地下水多为氯化物水,水化学类型主要为 $Cl^- - K^+ + Na^+$ 型水,对混凝土具有重碳酸型弱—中等腐蚀性,对钢筋混凝土结构中的钢筋具有弱—中等腐蚀性。

隧洞正常涌水量按照大气降雨入渗法与裴布依公式法的平均值 15 911.5 $m^3/d$ 作为正常涌水量,31 823 $m^3/d$ 作为最大涌水量。集中涌水量位于 F3 断层控制区,最大单点集中涌水量按 580 $m^3/h$ 考虑,F4 断层控制区最大单点集中涌水量按 430 $m^3/h$ 考虑,F8 断层控制区最大单点集中涌水量按 1 600 $m^3/h$ 考虑。

5. 岩石(体)工程地质特征

根据《水利水电工程地质勘察规范》(GB 50487—2008)的附录 N 的围岩方法对隧洞进行了综合围岩分类。隧洞围岩前震旦系石英片岩、加里东期侵入岩和奥陶系变质安山岩以Ⅱ~Ⅲ类为主,过洮河段、白垩系砂岩、砂砾岩和砂质泥岩段以Ⅲ~Ⅳ类围岩为主,断层段为Ⅴ类围岩。其中,Ⅱ类围岩洞段累计长度 14 827.0 m,占 47%;Ⅲ类围岩洞段累计长度 9 953.7 m,占 32%;Ⅳ类围岩洞段累计长度 5 587.1 m,占 18%;Ⅴ类围岩洞段累计长度 899.0 m,占 3.0%,如图 5-6 所示。各类围岩的力学参数见表 5-10。

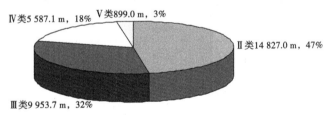

图 5-6　兰州市水源地建设工程输水隧洞围岩分类统计

表 5-10　兰州市水源地建设工程岩石(体)力学参数建议值

| 岩性 | 围岩类别 | 岩石饱和抗压强度(MPa) | 抗拉强度(MPa) | 黏聚力 $c$(MPa) | 摩擦角 $\varphi$(°) | 弹性模量(GPa) | 泊松比 $\mu$ | 单位弹性抗力系数(MPa/cm) |
|---|---|---|---|---|---|---|---|---|
| 石英片岩(AnZmx⁴) | Ⅱ类 | 70 | 10 | 1.6 | 58 | 17 | 0.22 | 50 |
| | Ⅲ类 | 65 | 7 | 1.0 | 50 | 15 | 0.23 | 40 |
| | Ⅳ类 | 45 | 4 | 0.6 | 42 | 8 | 0.25 | 25 |

续表 5-10

| 岩性 | 围岩类别 | 岩石饱和抗压强度（MPa） | 抗拉强度（MPa） | 黏聚力 $c$(MPa) | 摩擦角 $\varphi$(°) | 弹性模量（GPa） | 泊松比 $\mu$ | 单位弹性抗力系数（MPa/cm） |
|---|---|---|---|---|---|---|---|---|
| 石英闪长岩 ($\delta o_3^2$) | Ⅱ类 | 65 | 10 | 1.6 | 60 | 20 | 0.20 | 50 |
| | Ⅲ类 | 60 | 7 | 1.0 | 50 | 15 | 0.22 | 40 |
| | Ⅳ类 | 40 | 3 | 0.6 | 44 | 8 | 0.24 | 25 |
| 花岗岩 ($\gamma_3^2$) | Ⅱ类 | 70 | 10 | 1.6 | 55 | 15 | 0.22 | 45 |
| | Ⅲ类 | 60 | 7 | 1.0 | 50 | 13 | 0.22 | 35 |
| | Ⅳ类 | 45 | 4 | 0.6 | 42 | 6 | 0.24 | 25 |
| 白垩系砂岩 ($K_1hk^1$) | Ⅲ类 | 40 | 4 | 0.9 | 45 | | 0.26 | 30 |
| | Ⅳ类 | 30 | 2 | 0.55 | 38 | 7 | 0.29 | 20 |
| 白垩系砂砾岩 ($K_1hk^1$) | Ⅲ类 | 35 | 3 | 0.8 | 40 | 5.5 | 0.30 | 25 |
| | Ⅳ类 | 25 | 1 | 0.45 | 30 | 4 | 0.31 | 15 |
| 白垩系黏土岩 ($K_1hk^1$) | Ⅲ类 | 20 | 2 | 0.7 | 35 | 5.5 | 0.30 | 15 |
| | Ⅳ类 | 15 | 1 | 0.35 | 30 | 4 | 0.31 | 10 |
| 变质安山岩 ($O_{2-3}wx^2$) | Ⅱ类 | 65 | 6 | 1.5 | 60 | 20 | 0.20 | 50 |
| | Ⅲ类 | 50 | 4 | 0.9 | 58 | 17 | 0.22 | 40 |
| | Ⅳ类 | 40 | 3 | 0.5 | 45 | 10 | 0.24 | 25 |
| 变质玄武岩 ($O_{2-3}wx^2$) | Ⅱ类 | 65 | 6 | 1.5 | 60 | 20 | 0.20 | 50 |
| | Ⅲ类 | 50 | 4 | 0.9 | 58 | 17 | 0.22 | 40 |
| 断层 | Ⅳ~Ⅴ类 | | | 0.1 | 22 | 小于1 | 0.35 | 小于10 |

6. 工程地质问题

输水隧洞主要存在的工程地质问题有:断层破碎带、节理密集带围岩失稳塌方,白垩系地层塑性变形及涌水等。预测隧洞通过段不会有较大的放射性影响。输水隧洞埋深较大,具备较好的储存封闭条件,根据地层岩性分析存在甲烷($CH_4$)、二氧化碳($CO_2$)、硫化氢($H_2S$)等有害气体的可能性较小。

## 5.2.2.4　兰州市水源地建设工程输水隧洞 TBM 地质适宜性评价

1. 评价洞段的选取

选取兰州市水源地建设工程输水隧洞 TBM 施工段 10 段典型洞段进行评价,岩性包括石英片岩、花岗岩、泥质粉砂岩、变质安山岩、粉砂质泥岩等,围岩类别主要有Ⅱ、Ⅲ、Ⅳ、Ⅴ类,具体各地质因素指标见表 5-11。

表 5-11　典型洞段围岩地质因素指标

| 序号 | 隧洞桩号（m） | 岩性及围岩类别 | 岩石单轴抗压强度(MPa) | 岩体完整性系数 | 围岩强度应力比 | 岩石的石英含量(%) | 地下水渗流量[L／(min·10 m)] |
|---|---|---|---|---|---|---|---|
| 1 | 6+500～6+600 | 石英片岩，Ⅲ类 | 60 | 0.55 | 3.0 | 40 | 20 |
| 2 | 6+950～7+050 | 石英片岩，Ⅱ类 | 70 | 0.75 | 4.5 | 50 | 5 |
| 3 | 8+800～8+900 | 花岗岩，Ⅱ类 | 80 | 0.80 | 4.5 | 45 | 10 |
| 4 | 9+180～9+280 | 花岗岩，Ⅳ类 | 30 | 0.30 | 1.5 | 35 | 600 |
| 5 | 13+000～13+100 | 泥质砂岩，Ⅲ类 | 30 | 0.70 | 3.5 | 10 | 2 |
| 6 | 14+070～14+100 | 粉砂质泥岩，Ⅳ类 | 20 | 0.50 | 1.0 | 6 | 15 |
| 7 | 19+700～19+750 | 安山岩破碎带，Ⅴ类 | 15 | 0.15 | 1.0 | 2 | 300 |
| 8 | 22+600～22+700 | 安山岩，Ⅱ类 | 70 | 0.70 | 3.0 | 8 | 6 |
| 9 | 27+700～27+800 | 泥质粉砂岩，Ⅲ类 | 25 | 0.75 | 2.0 | 15 | 3 |
| 10 | 29+400～29+500 | 泥质粉砂岩，Ⅳ类 | 20 | 0.45 | 1.0 | 10 | 20 |

2. 模糊综合评价

（1）评价因素集合：

$$U = \{u_1, u_2, u_3, u_4, u_5\}$$

式中：$u_1$、$u_2$、$u_3$、$u_4$、$u_5$ 分别包含一个指标。

（2）选择评语集：

$$V = \{v_1, v_2, v_3, v_4\}$$

式中：$v_1$ 表示"适宜"；$v_2$ 表示"基本适宜"；$v_3$ 表示"适宜性差"；$v_4$ 表示"不适宜"。

（3）单因素评价：

以表 5-11 中序号 1 洞段为例，将评价因素值代入式(5-7)~式(5-9)隶属函数中，可得各因素对应不同稳定状态的隶属度矩阵 $M$。

$$M = \begin{bmatrix} 0.953 & 0.047 & 0.000 & 0.000 \\ 0.972 & 0.028 & 0.000 & 0.000 \\ 0.050 & 0.900 & 0.050 & 0.000 \\ 0.000 & 0.000 & 0.932 & 0.068 \\ 0.000 & 0.750 & 0.250 & 0.000 \end{bmatrix}$$

（4）各因素的权重向量：

$$A^{T} = (0.535, 0.202, 0.096, 0.078, 0.089)$$

（5）综合评价：

$$B = A^{T} \cdot M$$

计算其结果并对结果进行归一化处理，则

$$B_1' = (0.710, 0.184, 0.100, 0.005)$$

可以看出，序号 1 洞段对应 TBM 地质适宜性评价等级中的"适宜"的隶属度最大，因此可判定本段隧洞的 TBM 地质适宜性评价为"适宜"。参照以上计算方法，对表 5-11 中序号 2~10 洞段分别进行计算，并通过实际 TBM 掘进情况进行验证，计算结果及验证情况见表 5-12。由表 5-12 可知，兰州市水源地建设工程输水隧洞的典型洞段 TBM 地质适宜性的模糊综合评价结果与开挖实际吻合较好，说明本文所采用的评价方法是合适的。

表 5-12　典型洞段 TBM 地质适宜性隶属度计算结果及 TBM 施工验证

| 序号 | 适宜 | 基本适宜 | 适宜性差 | 不适宜 | TBM 施工情况 |
|---|---|---|---|---|---|
| 1 | 0.710 | 0.184 | 0.100 | 0.005 | TBM 掘进速度高，日平均进尺大于 30 m，不需要停机进行围岩的支护 |
| 2 | 0.657 | 0.063 | 0.140 | 0.140 | TBM 掘进速度高，日平均进尺大于 30 m，不需要停机进行围岩的支护 |
| 3 | 0.394 | 0.326 | 0.160 | 0.120 | TBM 掘进速度高，日平均进尺大于 30 m，不需要停机进行围岩的支护 |
| 4 | 0.082 | 0.282 | 0.435 | 0.201 | TBM 掘进速度低，日平均进尺约 8 m，发生了涌水，需停机排水及清渣 |
| 5 | 0.172 | 0.460 | 0.368 | 0.000 | TBM 掘进速度较低，日平均进尺约 20 m，掘进过程中掌子面发生小规模塌方，降低了掘进速度 |
| 6 | 0.165 | 0.262 | 0.470 | 0.103 | TBM 掘进速度较低，日平均进尺约 10 m，掘进过程中围岩发生了收敛变形，加大推力后缓慢通过 |
| 7 | 0.039 | 0.039 | 0.425 | 0.497 | 掘进过程中，掌子面及顶拱发生大规模塌方及涌水，发生了卡机事件，超前加固围岩后通过 |
| 8 | 0.612 | 0.239 | 0.149 | 0.000 | TBM 掘进速度高，日平均进尺大于 30 m，不需要停机进行围岩的支护 |

续表 5-12

| 序号 | 适宜 | 基本适宜 | 适宜性差 | 不适宜 | TBM 施工情况 |
|---|---|---|---|---|---|
| 9 | 0.097 | 0.459 | 0.444 | 0.000 | TBM 掘进速度较低,日平均进尺约 20 m,掘进过程中掌子面发生小规模塌方,降低了掘进速度 |
| 10 | 0.051 | 0.303 | 0.543 | 0.103 | TBM 掘进速度较低,日平均进尺约 10 m,掘进过程中围岩发生了收敛变形,加大推力后缓慢通过 |

# 5.3　TBM 类型

现代意义的 TBM 施工技术已有 60 余年的历史,目前针对岩石条件下的 TBM 主要有开敞式 TBM、双护盾 TBM、单护盾 TBM 三种类型,各型 TBM 工作方式及适应的地质条件均有所差别。隧洞 TBM 选型时应根据隧洞衬砌结构设计、工程地质条件、TBM 的技术特点等综合确定。

## 5.3.1　开敞式 TBM

开敞式 TBM 是目前使用最广泛的一种机型,其带有较短的顶护盾、侧护盾,用来保护刀盘、轴承及驱动系统。开敞式 TBM 采用支撑靴撑住已开挖的洞壁,用来提供掘进所需要的反推力及反扭矩(见图 5-7)。其适用于整体性较完整、有较好的自稳能力的Ⅱ类、Ⅲ类围岩隧洞开挖。早期的开敞式 TBM 由于初期支护能力不足,在遇到断层破碎带等不良地质条件时,掘进效率较低,但随着技术的发展,目前开敞式 TBM 配备了强大的初期支护设备,如遇有局部不稳定、局部特软围岩及破碎带,可施作锚杆、钢筋排、钢筋网、钢拱架、喷混凝土、超前注浆预加固等支护,使围岩强度达到自稳能力后再进行掘进,使开敞式TBM 具备了突破不良地质条件的能力。但总体而言,岩体整体性较好、偶尔需要支护的隧洞围岩是开敞式 TBM 高效掘进的条件。

图 5-7　开敞式 TBM 示意图

### 5.3.2　双护盾 TBM

双护盾 TBM 结合了开敞式 TBM 和盾构机的优点,其有两种掘进模式:在围岩稳定性条件较好时,采用支撑靴撑紧洞壁,依靠主推进油缸向前掘进,此时掘进和管片安装同时进行;当围岩稳定性条件较差,洞壁无法提供支撑力时,由辅助推进油缸支撑在已安装好的管片上提供掘进推力,管片安装需要在掘进结束后进行(见图 5-8)。双护盾 TBM 对 Ⅱ 类、Ⅲ 类、Ⅳ 类围岩均有良好的适应性,在适宜的地质条件下,双护盾 TBM 能获得较高的成洞速度。另外,双护盾 TBM 施工时,人员和设备均在护盾和管片的保护之下,安全性较高。

图 5-8　双护盾 TBM 示意图

### 5.3.3　单护盾 TBM

单护盾掘进机只有一个护盾,大多用于软岩和破碎地层,因此不采用像开敞式 TBM 的支撑靴。在隧洞开挖时,机器的作业和隧洞衬砌是在护盾的保护下进行的。由于不使用支撑靴,机器的前推力是靠护盾尾部的推进油缸支撑在衬砌管片上获得的,即掘进机的前进要靠衬砌管片作为"后座"。现在国际上在软岩或破碎地层中和单护盾 TBM 配套的衬砌方法一般采用洞外预制的预应力钢筋混凝土的衬砌管片,用单护盾掘进机内的衬砌管片安装器来进行安装。衬砌管片可设计成最终衬砌,也可设计成初步衬砌随后再进行混凝土现场浇筑。由于单护盾 TBM 掘进需靠衬砌管片来承受推力,因此在安装衬砌管片时必须停止掘进,即掘进和管片安装不能同时进行,从而限制了掘进速度。

### 5.3.4　不同类型 TBM 技术对比

根据国内外三种类型 TBM 的使用经验及技术特点,开敞式、单护盾式及双护盾式 TBM 都有其自身的特点和一定的适用条件,现进行综合比较,比较结果如表 5-13 所示。

表 5-13　三种类型 TBM 性能及适用条件比较

| 比较项目 | 开敞式 TBM | 单护盾 TBM | 双护盾 TBM |
|---|---|---|---|
| 适应的地质条件 | 适应地层一般要求围岩稳定性条件较好,岩石为中硬岩、坚硬岩、极硬岩,单轴抗压强度在 50~300 MPa,岩石稳定性要求较高,一般开挖围岩为 Ⅰ、Ⅱ、Ⅲ 类围岩 | 主要应用于地质松软地层,即围岩的稳定性较差,单轴抗压强度在 40 MPa 以下的Ⅳ、Ⅴ类围岩。由于使用敞开式和双护盾掘进机无法支撑洞壁,不能有效提供反作用力,因此只能选择单护盾 TBM | 适应地层较广,岩石为软岩、中硬岩、坚硬岩,单轴抗压强度在 20~150 MPa,岩体较完整至破碎都可适应,可适应Ⅱ、Ⅲ、Ⅳ、Ⅴ类围岩,但当遇到破碎带和膨胀围岩、地应力大而导致围岩变形时有卡机风险 |
| 掘进性能 | 可根据不同围岩条件采用不同的掘进参数,参数随时可以调整 | 可根据不同围岩条件采用不同的掘进参数,参数随时可以调整 | 可根据不同围岩条件采用不同的掘进参数,参数随时可以调整 |
| 掘进速度 | 受地质条件影响较大 | 受地质条件影响比开敞式小 | 受地质条件影响比开敞式小 |
| 支护与衬砌 | 围岩条件好时初次只需要进行锚杆、挂网及喷混凝土支护,支护工作量小,速度快。围岩条件差时需要超前加固处理,支护工作量大,速度慢。根据情况可不衬砌或进行二次混凝土衬砌 | 采用混凝土管片支护,支护工作量小,支护速度快。管片可作为永久衬砌,也可根据情况施加混凝土二次衬砌。难以进行支护优化,围岩条件不好时,管片安装质量较差 | 采用管片支护,支护工作量小,双护盾模式下,掘进与支护同步进行,支护速度快。管片支护作为永久衬砌,一般不用混凝土二次衬砌。难以进行支护优化,围岩条件不好时,管片安装质量较差 |
| 开挖洞径（m） | 1.5~15.0(优选 3.0~9.0),圆形断面 | 1.5~7.0,圆形断面 | 1.5~12.0(优选 3.5~9.0),圆形断面 |
| 超挖 | 破碎带岩体容易塌方,从而形成超挖 | 围岩受刀盘和护盾支撑,不易塌方,一般很少超挖 | 围岩受刀盘和护盾支撑,不易塌方,一般很少超挖 |
| 施工地质描述 | 掘进过程可直接观测到洞壁岩性变化,便于地质图描绘。地质勘测资料不详细时,施工风险较小 | 不能进行施工地质描述,也难以进行收敛变形量测,仅能通过岩渣及掘进参数对围岩的地质条件进行判断。地质勘测资料不详细时,施工风险较大 | 不能系统进行施工地质描述,也难以进行收敛变形量测。仅能通过岩渣及掘进参数对围岩地质条件进行判断。地质资料不详细时,施工风险较大 |
| 安全性 | 主机和支护人员作业区域都是敞开的,在较差稳定性围岩下安全性低 | 掘进作业和隧洞衬砌是在护盾的保护下进行的,安全性高 | 人员和设备处于护盾保护下,安全性高 |

续表 5-13

| 比较项目 | 开敞式 TBM | 单护盾 TBM | 双护盾 TBM |
|---|---|---|---|
| 占地面积与环境保护 | 混凝土生产系统、钢筋加工系统、仓库、材料临时堆放场地占地面积小于 5 000 m²,对环境影响小 | 混凝土管片预制厂、管片存放场地、豆砾石及混凝土生产系统占地 30 000~50 000 m²,对环境影响大 | 混凝土管片预制厂、管片存放场地、豆砾石及混凝土生产系统占地 30 000~50 000 m²,对环境影响大 |
| 设备费用与工程成本 | 工程造价较低,地质情况好时只需进行挂网锚喷,支护工作量小。不需单独建设管片厂,施工场地占用面积小,设备造价低 | 工程造价较高,需单独建设管片厂,设备造价较敞开式高 | 工程造价较高,需单独建设管片厂,设备造价高 |

三种类型的 TBM 对不良地质条件的适宜性方面比较如下:

(1)对断层破碎带、节理密集带等不稳定地层的比较。在断层破碎带、节理密集带等不稳定地层中掘进时,围岩稳定性差,掌子面及洞壁围岩自稳时间短,开敞式 TBM 掘进时,需要进行锚杆、挂网、钢拱架、喷混凝土等初期支护,占用大量的掘进时间;当洞壁不能提供足够的支撑力时,需要对洞壁进行加固,达到支撑强度后方可掘进,总体掘进效率较低。双护盾 TBM 及单护盾 TBM 可采用推进油缸支撑在已安装的洞壁上提供推力,当围岩塌方量不大时,可直接在护盾内安装管片。因此,在此类地层时,双护盾 TBM 及单护盾 TBM 优于开敞式 TBM。

(2)对中、硬岩地层的比较。在中、硬岩地层掘进时,围岩稳定性较好,开敞式 TBM 在洞壁围岩出护盾后,可直接对围岩进行地质素描和围岩分类,根据围岩稳定性评价结果选择合适的初期支护或不支护,并可进行衬砌的优化。而双护盾 TBM 或单护盾 TBM 施工时,难以对围岩进行准确的分类,且必须进行管片衬砌,难以进行衬砌的优化。

(3)对挤压变形地层的比较。当围岩强度不高且破碎、隧洞埋深大、地应力较高时,隧洞开挖后易发生较大的收敛变形。对于开敞式 TBM,其护盾较短且护盾具备收缩功能,围岩变形量不大时,一般不会发生卡机,而双护盾 TBM 护盾长,变形的围岩挤压住护盾时,易发生卡机事故,处理起来较为麻烦,如果隧洞发生大变形的洞段较长,会导致卡机频繁发生,大大降低双护盾 TBM 的掘进效率。单护盾 TBM 的护盾长度介于开敞式 TBM 和双护盾 TBM 之间,挤压地层对其的影响也介于两者之间。

(4)对涌水地层的比较。涌水对 TBM 掘进影响较大,开敞式 TBM 在围岩出护盾后,可以对涌水点进行准确的定位,从而可实施钻孔堵水,而双护盾 TBM 和单护盾 TBM 由于护盾及管片的遮挡,难以确定出水点位置且钻孔实施困难,堵水难以实施。

## 5.3.5　典型工程采用的 TBM 类型

对国内外典型隧洞工程采用的 TBM 类型进行统计,统计结果如表 5-14 所示。

表 5-14　国内外典型隧洞工程的 TBM 施工案例

| 工程名称 | 隧洞总长/<br>TBM 施工长度<br>（km） | 开挖洞径<br>（m） | TBM 类型 | 地层岩性 |
|---|---|---|---|---|
| 甘肃引大入秦工程<br>30A、38 号隧洞 | /17.49 | 5.53 | 1 台双护盾 | 前震旦系结晶灰岩、板岩夹千枚岩,第三系漂石砾岩、砂砾岩、泥质粉砂岩及砂岩,白垩系砂岩、砂砾岩、泥质粉砂岩及砂质黏土岩 |
| 山西引黄入晋工程 | /124 | 6.13/4.82 | 6 台双护盾 | 寒武系、奥陶系灰岩、白云岩,第三系红黏土、红土砂砾石,第四系黄土及砂砾石 |
| 西康铁路秦岭<br>特长隧道 | 36/18 | 8.80 | 2 台开敞式 | 混合花岗岩、混合片麻岩 |
| 辽宁大伙房<br>输水隧洞 | 85.3/60 | 8.03 | 3 台开敞式 | 白垩系梨树沟组火山角砾岩与凝灰岩、早元古代混合花岗岩、上元古界青白口系永宁组硅质石英砂岩、铁质石英砂岩,下元古界大石桥组与盖县组大理岩、中生代燕山晚期侵入岩组 |
| 甘肃引洮供水一期<br>工程 7#隧洞 | 17.3/17.0 | 5.75 | 1 台单护盾 | 白垩系砂岩、泥质页岩夹泥质粉砂岩,第三系临夏组泥质粉砂岩、砂质泥岩、细砂岩、粉细砂岩、砂砾岩、含砾砂岩 |
| 新疆达坂输水隧洞 | 31.28/24.26 | 6.79 | 1 台双护盾 | 侏罗系中统泥岩、炭质泥岩、粉质泥岩及细砂岩、砂岩、砂砾岩 |
| 青海引大济湟<br>工程引水隧洞 | 24.17/19.94 | 5.93 | 1 台双护盾 | 加里东期的闪长岩、花岗岩;下元古界角闪斜长片麻岩、角闪岩、花岗片麻岩、石英等;奥陶系上统砂质板岩、绿泥石片岩、凝灰质砂岩及透镜状大理岩、灰岩等;志留系下统砂质板岩、千枚状板岩、砂岩、砾岩等;二叠系砂岩夹泥质粉砂岩及页岩;三叠系上统砂岩夹炭质页岩及泥质粉砂岩、泥岩等;侏罗系砂岩、粉砂质页岩、煤层等;第三系砂岩、砂砾岩、砾岩夹砂质泥岩 |

续表 5-14

| 工程名称 | 隧洞总长/<br>TBM 施工长度<br>（km） | 开挖洞径<br>（m） | TBM 类型 | 地层岩性 |
|---|---|---|---|---|
| 兰渝铁路西<br>秦岭隧道 | 28.23/12.93 | 10.23 | 1 台开敞式 | 石炭系下统砂质千枚岩，泥盆系下统灰岩、千枚岩，下元古界灰岩、变砂岩夹砂质千枚岩、变砂岩、砂质千枚岩、断层角砾岩和断层泥砾 |
| 昆明掌鸠河引水<br>工程上公山隧洞 | 13.77/5.5 | 3.65 | 1 台双护盾 | 下元古界黑山头组泥质板岩、砂质板岩，震旦系灯影组白云岩、白云质灰岩及硅质白云岩等 |
| 陕西西安—南京<br>磨沟岭铁路隧道 | 6.112 | 8.80 | 1 台开敞式 | 隧道洞身主要地层岩性为泥盆系云母石英片岩夹少量大理岩，基本为Ⅳ类围岩，岩石抗压强度 27～50 MPa，受区域构造的影响，次生小断层、挤压破碎带、节理结构面密集带、云母含量高的软弱带等分布较多 |
| 南疆线吐库段<br>增建二线铁路<br>中天山隧道 | 22.467 | 8.80 | 1 台开敞式 | 泥盆系砾岩夹砂岩、泥盆系片岩夹大理岩、志留系变质砂岩夹片岩、志留系角斑岩、中元古界片岩夹大理岩、中元古界混合岩夹片麻岩、华里西期花岗岩、加里东期闪长岩等 |
| 陕西西安—南京<br>铁路桃花铺 1 号<br>隧道 | 7.234 | 8.80 | 1 台开敞式 | 隧道区地层岩性以古生代石英片岩为主，F2 断层影响带内碎裂石英片岩、碎裂大理岩、糜棱岩及断层泥砾，第四系松散堆积物。地下水以基岩裂隙水为主，少量松散层孔隙水。隧道的主要工程地质灾害问题为 F2 区域断层影响带及其次生断层带岩质松软，易塌方，产生大变形等 |
| 锦屏二级水电站<br>引水隧洞 | 33.4 | 12.4 | 2 台开敞式 | 盐塘组大理岩，白山组大理岩，三叠系上统砂岩，杂谷脑组大理岩，三叠系下统绿泥石片岩、变质中细砂岩 |
| 甘肃引洮供水一期<br>工程 9#隧洞 | 17.80 | 5.75 | 1 台双护盾 | 第三系固原群泥质粉细砂岩、砂岩、含砾砂岩与砂砾岩 |

续表 5-14

| 工程名称 | 隧洞总长/TBM 施工长度（km） | 开挖洞径（m） | TBM 类型 | 地层岩性 |
|---|---|---|---|---|
| 重庆轨道交通 6 号线 TBM 试验段 | 8.091（双线） | 6.36 | 2 台开敞式 | 第四系全新统填土层、坡积粉质黏土、侏罗系中统沙溪庙组沉积岩层 |
| 辽西北水资源配置隧洞 | 99.8 | 8.50 | 5 台开敞式 | 洞室围岩主要岩性为石英二长岩，以微风化为主，属中硬—坚硬岩；节理不发育—较发育，节理面多平直光滑，局部起伏粗糙，微张—闭合，一般无充填；岩体较破碎—完整性差，局部较完整；地下水一般呈渗水—滴水状态，局部呈线状流水状态 |
| 内蒙古新街台格庙矿区斜井 | 6.31 | 7.62 | 1 台双护盾 | 主要地层为侏罗系中统延安组（J1-2y）上段，侏罗系中统直罗组（J₂z）、安定组（J₂a），白垩系下统志丹群（K₁zh）、第三系上新统（N₂）和第四系（Q₄）。岩层主要为砂质泥岩、粉砂岩，次为中细粒砂岩，砂质泥岩类吸水状态抗压强度明显降低，多数岩石遇水后软化变形，个别砂质泥岩遇水崩解破坏 |
| 陕西神府东胜煤田补连塔煤矿斜井 | 2.74/2.71 | 7.63 | 1 台单护盾 | 侏罗系中下统延安组细砂岩、粉砂岩及砂质泥岩层，中侏罗统直罗组砂质泥岩、粉砂岩层，中侏罗统安定组中、粗粒砂岩层，下白垩—上侏罗统志丹群中、粗粒砂岩层，第四系全新统风积砂层 |
| 西藏旁多水利枢纽灌溉输水隧洞 | 16.8/9.9 | 4.00 | 1 台开敞式 | 燕山晚期花岗岩，以 Ⅱ、Ⅲ 类围岩为主，可能存在岩爆、高地温、突水和有害气体等问题 |
| 西藏某公路隧道 | /4.76 | 9.10 | 1 台双护盾 | 区内岩性以花岗片麻岩、条带状混合片麻岩、眼球状混合片麻岩、肠状混合片麻岩等组成，片麻理发育，岩石总体属中硬岩-坚硬岩，受片麻理影响，岩石强度各项异性较明显 |

续表 5-14

| 工程名称 | 隧洞总长/<br>TBM 施工长度<br>（km） | 开挖洞径<br>（m） | TBM 类型 | 地层岩性 |
|---|---|---|---|---|
| 云南那邦水电站引水隧洞 | 9.75/7.37 | 4.50 | 1 台开敞式 | 最大埋深 600 m，混合片麻岩、黑云角闪斜长片麻岩，以 Ⅱ、Ⅲ 类围岩为主，断层破碎带、软岩变形 |
| 青岛地铁2 号线隧道 | 25.2/11.5 | 6.30 | 4 台 DSUC 型双护盾 | 中生代燕山晚期强风化、中风化、微风化花岗岩，饱和单轴抗压强度 30～80 MPa，岩体完整性指数中等风化花岗岩 0.3～0.5，微风化花岗岩大于 0.6，石英含量约 25% |
| 深圳地铁 10 号线孖雅区间隧道 | /3.87×2 | 6.50 | 2 台双护盾 | 隧道轴线位置主要为微风化花岗岩和中等风化花岗岩，微风化花岗岩呈块状-整体状结构，单轴饱和抗压强度值 33.4～127.3 MPa，标准值为 68.0 MPa，为较硬岩—坚硬岩，完整性指数平均值 0.75，岩体较完整，基本质量等级为 Ⅱ～Ⅲ级，中等风化花岗岩饱和单轴抗压强度值 20.8～54.0 MPa，标准值为 41.6 MPa，为较软岩—较硬岩，实测岩体完整性指数平均值为 0.36，岩体较破碎，岩体基本质量等级为 Ⅳ 级 |
| 鄂北地区水资源配置工程宝林隧洞 | 13.84/10.56 | 4.00 | 1 台开敞式 | 下元古界红安群七角山组白云钠长片麻岩夹大理岩透镜体，太古界桐柏山群新店组混合片麻岩夹方解石大理岩，太古界桐柏山群黄土寨组黑云奥长混合片麻岩夹方解石大理岩 |
| 广西桂中治旱乐滩水库引水灌区一期工程窑瓦—六浪隧洞 | 23.7/16.1 | 5.94 | 1 台开敞式 | 埋深 100～300 m，以厚层状灰岩、含遂石灰岩为主，局部为薄层状灰岩，经过 3 条断层，局部岩层挤压强烈，岩层走向与洞轴线大角度相交，岩体稍破碎，溶蚀裂隙发育，地下水普遍高过洞底 100 m 以上，围岩以 Ⅱ～Ⅲ 类为主 |

续表 5-14

| 工程名称 | 隧洞总长/ TBM 施工长度（km） | 开挖洞径（m） | TBM 类型 | 地层岩性 |
|---|---|---|---|---|
| 新疆 ABH 流域生态环境保护工程输水隧洞 | 42.0/31.2 | 6.50 | 2 台开敞式 | 最大埋深 2 268 m，穿越段地质构造复杂，不良地质条件发育，岩爆、高地温、突水、软岩大变形等问题影响较大 |
| 吉林省中部城市引松供水工程输水隧洞 | 约 72.0/约 55.0 | 7.93 | 3 台开敞式 | 花岗岩、闪长岩、安山岩、灰岩、凝灰岩、砂砾岩、砂岩等。Ⅱ、Ⅲ类围岩约占 76%。沿线共发育断层 50 余条 |
| 山西省中部引黄工程输水隧洞 | 384.5/80.0 | 5.06 | 3 台双护盾 | 地层岩性以斜长角闪岩、石英岩、灰岩、白云岩、泥灰岩、页岩、变流纹岩、片麻岩、石英岩状砂岩为主等。岩性以Ⅱ、Ⅲ、Ⅳ类为主，大部分洞段处于地下水位以下。施工中存在断层破碎带塌方、软岩大变形、涌水、溶洞等 |
| 大瑞铁路高黎贡山隧道 | 35.0/— | 正洞 9.03 平导 6.36 | 2 台开敞式 | 最大埋深 1 155 m，埋深超过 400 m 的长度占隧道全长的 81%；地层岩性有燕山期花岗岩、寒武系变质砂岩、千枚岩、片岩，志留系灰岩、白云岩夹砂岩，泥盆系白云岩、灰岩夹石英砂岩；发育 7 条断层，其中 1 条为活断层；存在断层破碎带塌方、软岩大变形、涌水、高地温、溶洞等地质灾害 |
| 北疆供水二期工程输水隧洞 | 516/— | 5.50 | 18 台开敞式 | 穿越多个地层单元，岩性有华力西晚期片麻花岗岩，泥盆系和石炭系的凝灰质砂岩、凝灰岩、钙质砂岩，围岩类别以Ⅱ、Ⅲ类为主；穿越 8 条主断层、129 条次级断层；主要工程地质问题有：塌方、涌水、软岩变形、高地温、岩爆、放射性、有害气体等 |
| 陕西引汉济渭工程输水隧洞 | 98.0/39.1 | 8.02 | 2 台开敞式 | 隧洞埋深 500~2 000 m；岩性以变砂岩、千枚岩、片岩、石英岩、片麻岩、花岗岩、闪长岩为主；发育有 3 条区域性断层，29 条次级断层，Ⅰ、Ⅱ、Ⅲ类围岩占 71.3%，Ⅳ、Ⅴ类围岩占 28.7%；地下水主要为第四系松散岩类孔隙水、碳酸盐类岩溶裂隙水和基岩裂隙水 |

续表 5-14

| 工程名称 | 隧洞总长/<br>TBM 施工长度<br>（km） | 开挖洞径<br>（m） | TBM 类型 | 地层岩性 |
|---|---|---|---|---|
| 英吉利海峡隧道 | 150/ | 5.77/8.72 | 11 台开敞式/<br>盾构 | 白垩系沉积岩地层,断层、褶皱等构造不发育 |
| 南非莱索托<br>水工隧洞 | 200/ | 5.18/5.40 | 4 台开敞式/<br>1 台双护盾 | 玄武岩地层,岩块的单轴抗压强度为 85~190 MPa,局部分布有高度杏仁状的玄武岩破碎带（抗压强度 40~80 MPa）,可能遇水膨胀,还分布有极为坚硬的玄武岩侵入体,其抗压强度可能高达 300 MPa。局部洞段最大埋深 1 200 m,可能会遇到岩爆和高地温问题 |
| 瑞士费尔艾那<br>铁路隧道 | 19.06/10.20 | 7.89 | 1 台开敞式 | 隧道穿过的岩层为沉积岩和火成岩,构造运动导致沉积岩和火成岩被严重切割,产生大量的构造破碎带 |
| 厄瓜多尔 CCS<br>水电站引水隧洞 | 24.8/23.8 | 9.11 | 2 台双护盾 | 花岗岩侵入体、侏罗系-白垩系安山岩、凝灰岩,白垩系下统砂岩、页岩,发育有 30 余条小规模断层,地下水丰富 |
| 厄瓜多尔美纳斯<br>水电站引水隧洞 | 14.0/12.0 | 5.67 | 1 台双护盾 | 隧洞最大埋深 608 m,隧洞所处地层岩性主要为火山岩、流纹岩和安山岩,两种地层不整合接触 |
| 巴基斯坦 N-J 水电<br>站引水隧洞 | 28.6/23.0 | 8.53 | 2 台开敞式 | 第三系 Murree 组隧洞穿过的岩体主要由砂岩、页岩和少部分泥岩组成。隧洞埋深为 300~2 000 m,经过喜马拉雅前逆断层,受构造影响强烈,遭受多次变形,褶曲发育,剪切严重 |

# 5.4 引黄济宁工程引水隧洞 TBM 选型

## 5.4.1 隧洞地质条件分析

隧洞长 74.04 km,计划采用 3 台 TBM 施工。隧洞埋深超过 500 m 洞段约 62 km,占 84%;隧洞穿越岩性复杂多变,主要为花岗岩、闪长岩、白云岩和三叠系、白垩系及侏罗系砂岩和砂砾岩等。花岗岩和闪长岩以 Ⅱ~Ⅲ 类为主;震旦系大理岩、白云岩、片岩以 Ⅲ 类为主;三叠系、白垩系及侏罗系砂岩和砂砾岩段以 Ⅲ~Ⅳ 类围岩为主;三叠系、白垩系及侏罗系泥质粉砂岩、粉砂质泥岩和震旦系千枚岩、板岩以 Ⅳ 类围岩为主;第三系沉积岩、断层

带以V类围岩为主。围岩以硬岩为主约占 75%,软岩约占 25%;全洞段Ⅱ~Ⅲ类约占
55%,Ⅳ~V类约占 45%。初步判断存在的主要工程地质问题为突涌水、软弱带和软岩塑
性变形、高地应力岩爆等。不同洞段的围岩统计见表 5-15。

表 5-15　引黄济宁工程各 TBM 施工洞段围岩统计

| TBM 分段 | 桩号 | | 长度 (m) | 合计 (m) | 岩石类别 | 埋深 (m) | 围岩类别 | 掘进机 类型 |
|---|---|---|---|---|---|---|---|---|
| | 起点 | 终点 | | | | | | |
| TBM1 | 0+500 | 3+244 | 2 744 | 10 800 | 花岗闪长岩 | 151~410 | Ⅲ(Ⅱ30%) | 开敞式 |
| | 3+244 | 3+564 | 320 | | 花岗闪长岩 | 410~451 | Ⅳ(V)(断层) | |
| | 3+564 | 5+510 | 1 946 | | 花岗闪长岩 | 451~641 | Ⅲ(Ⅱ30%) | |
| | 5+510 | 5+851 | 341 | | 花岗闪长岩 | 641~698 | Ⅳ(V)(断层) | |
| | 5+851 | 11+205 | 5 354 | | 花岗闪长岩 | 683~940 | Ⅲ(Ⅱ30%) | |
| | 11+205 | 11+300 | 95 | | 二长花岗岩 | 836~863 | Ⅳ(V)(断层) | |
| TBM2 | 16+000 | 21+514 | 5 514 | 13 300 | 长石砂岩、板岩 | 769~1 033 | Ⅲ(Ⅳ30%) | 双护盾 |
| | 21+514 | 27+014 | 5 500 | | 花岗闪长岩 | 801~908 | Ⅲ(Ⅱ30%) | |
| | 27+014 | 27+467 | 453 | | 花岗闪长岩 | 898~913 | Ⅳ | |
| | 27+467 | 27+867 | 400 | | 花岗闪长岩 | 796~898 | V(断层) | |
| | 27+867 | 28+340 | 473 | | 长石砂岩、砾岩、砂砾岩 | 893~903 | Ⅳ | |
| | 28+340 | 29+300 | 960 | | 长石砂岩、砾岩、砂砾岩 | 900~1 052 | Ⅲ(Ⅳ30%) | |
| TBM3 | 33+312 | 38+892 | 5 580 | 10 688 | 侵入岩花岗岩 | 763~1 116 | Ⅲ(Ⅱ30%) | 双护盾 |
| | 38+892 | 44+000 | 5 108 | | 紫红色砾岩、砂砾岩、砂岩 | 620~1 072 | Ⅳ(Ⅲ30%) | |

## 5.4.2　TBM 选型

### 5.4.2.1　TBM1

　　TBM1 施工洞段洞长约 10.8 km,地层以Ⅱ、Ⅲ类花岗闪长岩和二长花岗岩为主,其中
Ⅲ(Ⅱ)类围岩洞段占比约为 93%。需衬砌及灌浆洞段约为 2.82 km。

　　根据地质专题研究结论,Ⅱ类围岩在超过 1 300 m 深应力条件下,岩爆风险较高;Ⅲ
类围岩在超过 1 100 m 深应力条件下,发生岩爆风险的可能性较大。本洞段最大埋深约
940 m,出现岩爆的可能性较低。采用开敞式 TBM 可以发挥其掘进效率,同时也可以降低
支护成本。本洞段分布 2 条小规模断层发育,采用开敞式 TBM 需要超前加固、超前处理
和及时支护。

#### 5.4.2.2 TBM2

TBM2 施工洞段洞长约 13.30 km,全段利用管片衬砌,灌浆洞段约 11.65 km。洞段地层前段以 Ⅲ、Ⅳ 类三叠系砂岩、细砾岩夹板岩等软弱围岩为主,洞段埋深 495~1 042 m,存在围岩稳定和涌水等地质问题;中间段以 Ⅱ、Ⅲ 类花岗闪长岩为主,埋深 800~921 m,存在涌水、高地温、岩爆等地质问题;后段以 Ⅲ、Ⅳ 类三叠系细砾岩夹板岩软弱围岩为主,埋深 915~1 234 m,其中有一条宽约 400 m 的断裂,存在断层活动、围岩稳定、涌水和高外水压力等地质问题。采用双护盾 TBM 既可以适应软弱围岩地层,也可以适应硬岩掘进,对岩爆和围岩软硬变化的适应性较强,再加上护盾的保护,安全性更高。但是鉴于本洞段埋深较高,存在软岩大变形的风险,需要 TBM 具备适应和处理变形的能力。

#### 5.4.2.3 TBM3

TBM3 施工洞段洞长约 10.69 km,需进行二衬洞段长约 3.58 km,需灌浆洞段长约 8.74 km。洞段前段以 Ⅱ、Ⅲ 类花岗闪长岩为主,埋深 800~821 m,存在涌水、岩爆、高地温等地质问题;后段以 Ⅳ 类白垩系砾岩、砂砾岩、砂岩、泥质粉砂岩等软弱围岩为主,存在软岩大变形、围岩稳定性和涌水等地质问题。和 TBM2 同理,推荐采用双护盾 TBM。

### 5.4.3 TBM 功能要求

(1)大坡度掘进。

TBM 需具备超强姿态调整功能,同时满足大坡度支洞掘进和主洞小坡度掘进功能。在大坡度掘进时,需考虑油箱、水箱、砂浆管、水泥浆罐的容量变化;管片吊机的轨道需要采用齿轮齿条形式;后配套台车行走轮需要增加制动系统,防止坡上溜车;人行道需要同时满足水平和大坡度时人员的安全行走。

(2)软岩地层掘进防卡机设计。

为预防卡机,根据不同围岩洞段变形量计算(见表 5-16),针对性设计 TBM 的预留扩挖功能,如刀盘配置扩挖刀,具备一定范围的超挖量,能够进行开挖断面扩挖。在局部软岩地段可适当加大刀盘扩挖量,隧洞外周预留出一定的围岩径向变形量,主驱动顶升扩挖等。根据围岩变形等级,分别采用不同的或多种组合扩挖方式,以应对围岩收敛变形。

表 5-16　TBM 施工典型洞段围岩变形指标

| 典型洞段编号 | 1 | 2 | 3 | 4 | 5 | 6 | 7 |
|---|---|---|---|---|---|---|---|
| 围岩类别 | Ⅲ | Ⅲ | Ⅲ | Ⅳ | Ⅳ | Ⅳ | Ⅴ |
| 代表岩石名称 | 花岗闪长岩 | 三叠系砂岩 | 白垩系砂砾岩 | 三叠系砂岩 | 白垩系砂砾岩 | 白垩系砂砾岩 | 断层带 |
| 隧洞埋深(m) | 1 226 | 1 140 | 1 080 | 1 140 | 1 080 | 1 080 | 620 |
| 开挖半径(m) | 3.55 | 3.55 | 3.55 | 3.55 | 3.55 | 3.55 | 3.55 |
| 支护方式 | 预制管片 | 预制管片 | 预制管片 | 超前预注浆+预制管片 | 预制管片 | 超前预注浆+预制管片 | 超前预注浆+预制管片 |

续表 5-16

| 典型洞段编号 | 1 | 2 | 3 | 4 | 5 | 6 | 7 |
|---|---|---|---|---|---|---|---|
| 围岩类别 | III | III | III | IV | IV | IV | V |
| 岩壁垂直收敛变形(mm) | 63.5 | 138.0 | 220.0 | 122.4 | 1 135 | 308.9 | 1 532.2 |
| 岩壁水平收敛变形(mm) | 64.9 | 126.7 | 203.7 | 124.2 | 1 213 | 322.0 | 1 625.6 |
| 垂直收敛变形相对值(%) | 0.89 | 1.94 | 3.10 | 1.72 | 15.99 | 4.35 | 21.58 |
| 水平收敛变形相对值(%) | 0.91 | 1.78 | 2.87 | 1.75 | 17.08 | 4.54 | 22.90 |
| 最大塑性区厚度(m) | 2.0 | 5.8 | 8.2 | 4.8 | 17.1 | 7.4 | 16.8 |
| 管片最小主应力(MPa) | -4.29 | -11.42 | -18.08 | -12.53 | -56.55 | -24.50 | -74.86 |
| 管片最大主应力(MPa) | -0.01 | -0.03 | -0.04 | -0.04 | -0.00 | -0.04 | 0.21 |
| 围岩稳定性评价 | 稳定 | 稳定 | 稳定 | 稳定 | 不稳定 | 稳定 | 不稳定 |

（3）超强脱困能力。

根据地质条件分析,由于埋深大,软岩及断层破碎带均会发生收敛变形,TBM 除需配备足够扭矩以提高快速脱困能力外,需根据地质参数对围岩收敛变形进行计算,初估收敛变形范围,再依据变形量,对 TBM 设备进行防卡设计,如径向扩挖能力和围岩变形自动检测系统,通过对围岩变形量及变形速率检测,及时转换 TBM 扩挖模式,为围岩收敛变形预留空间,保证 TBM 连续掘进。主要通过如下措施实现:增加刀盘相对前盾的超挖量;刀盘具备长距离扩挖设计;刀盘采用偏心设计、盾体阶梯型设计;盾体外围注浆润滑设计。

（4）大埋深、涌水地层掘进机承压能力设计。

本工程隧道埋深较深,水压大。要求整机能承受高水压,主要是主机区域的密封系统承压能力需较高,具体涉及主驱动密封、盾体铰接密封、盾尾密封。主驱动及铰接处采用耐高压的聚氨酯密封结构,盾尾密封采用多道盾尾刷密封结构,整体承压能力可达 10 bar。

（5）跨模式快速掘进性能设计。

跨模式 TBM 具有主机皮带机、螺旋输送机出渣两种功能。在全断面稳定岩石中,切换为 TBM 快速掘进模式,通过滚刀高效率破岩、高速掘进,皮带机直接出渣;在软弱岩石中,切换为土压掘进模式,通过刀盘破岩,螺旋机出渣稳步掘进;同时配备隧道内连续皮带机出渣。

（6）超前勘探及预注浆功能。

为降低 TBM 施工风险，设备主机应具备超前钻探设备搭载功能。此外，部分洞段需对围岩进行超前预注浆，刀盘及护盾设计需满足钻两圈 6°和 10°的伞形导孔的需要。

（7）超强纠偏能力。

软岩洞段为了防止 TBM 扎头，需要满足刀盘底部相对盾体超挖量要求，在刀盘扩挖时需要向上抬高刀盘以保持底部超挖量。扭矩箱刀盘驱动设计能在任何位置、任何时候，在行程范围内进行实时扩挖。

（8）应对高地温功能。

根据地质资料分析，隧洞进口至日月山之间的花岗岩分布区，属于高地温区。根据钻孔资料和工程区附近温泉出露情况推测，局部洞段地温达到 40 ℃，可能分布有中低温热水。掘进机需满足高地温硬岩掘进能力，并配备制冷系统，改善人员密集区工作环境。

# 5.5　龙岩市万安溪引水工程隧洞 TBM 选型

## 5.5.1　TBM 选型

龙岩市万安溪引水工程的工程概况及工程地质条件见第 4 章。

开敞式 TBM 主要适用于稳定性较好的 Ⅱ、Ⅲ 类围岩隧洞，龙岩市万安溪引水工程 TBM 施工方案主洞 Ⅱ、Ⅲ 类围岩占隧洞总长度的 82.3%，且 Ⅱ、Ⅲ 类围岩较完整—完整，围岩自稳能力较好。另外，开敞式 TBM 掘进时能进行喷锚初期支护，可结合专门的衬砌台车来施工二次衬砌，且占地面积小，符合工程区的施工场地条件。综合以上分析，开敞式 TBM 适合于龙岩市万安溪引水工程引水隧洞施工。

单护盾 TBM 最适合稳定性较差的 Ⅳ、Ⅴ 类围岩隧洞，在围岩条件较好的中硬岩地层中不能发挥其优势，龙岩市万安溪引水工程 TBM 施工方案主洞 Ⅳ、Ⅴ 类围岩所占比例为 19.3%。因此，单护盾 TBM 不适合于龙岩市万安溪引水工程引水隧洞施工。

双护盾 TBM 对 Ⅱ～Ⅳ 类围岩隧洞均有良好的适应性，在硬岩、稳定性好的围岩条件下采用双护盾模式掘进，掘进和管片安装同步时，掘进速度高，在软岩、稳定性差的围岩条件下采用单护盾模式掘进，管片安装在掘进停止后进行，掘进速度会有所降低，但由于隧洞衬砌紧接在机器后部进行，消除了开敞式掘进机因围岩支护而引起的停机延误，掘进速度可以有所补偿。龙岩市万安溪引水工程隧洞以 Ⅱ～Ⅳ 类围岩为主，适合双护盾 TBM 施工。

龙岩市万安溪引水工程引水隧洞段地层以中硬岩为主，完整性较好。开敞式 TBM 盾壳短，岩面暴露早，可尽早对已开挖隧洞做地质描述和围岩分类，从而有的放矢地优化对暴露围岩的支护。同时较完整的围岩也为支撑系统提供了足够的支撑反力，推进刀盘掘进。虽然双护盾 TBM 在后盾上也设置了支撑靴，也具备了在中硬地层中掘进的能力，但只能依靠判断岩渣和掘进参数的变化，间接地了解刀盘前方掌子面围岩变化情况来指导使用不同配筋率的管片安装，随意性比较大，容易造成支护强度过高或不足。与开敞式 TBM 的换步行程长及在中硬岩中可不支护或少支护相比较，双护盾 TBM 存在换步行程短、管片安装耗时长和辅助工序复杂的不足。另外，双护盾 TBM 在设备费用及工程成本上较开敞式为高,其占地面积与环境保护方面也略差。

通过多种因素的对比和分析,综合工程的实际情况和国内外已有的 TBM 的实践经验,结合龙岩市万安溪引水工程 TBM 施工方案引水隧洞围岩的地质条件,通过对所适用的 TBM 类型进行深入细致的研究,建议采用开敞式 TBM 进行施工。

### 5.5.2　TBM 功能要求

根据龙岩市万安溪引水工程 TBM 施工段的地质条件,所采用的开敞式 TBM 应具备如下性能:

(1)通过前期勘测试验资料,黑云母花岗岩($\gamma_5^2$)最大单轴饱和抗压强度约为 226 MPa,花岗闪长岩($\gamma\delta_5^{2(3)b}$)最大饱和单轴抗压强度约为 120 MPa,石英砾岩($D_3$)最大单轴饱和抗压强度约为 137 MPa,石英砂岩($D_3$)最大单轴饱和抗压强度约为 129 MPa。根据薄片鉴定试验,黑云母花岗岩($\gamma_5^2$)石英含量为 20%~35%;花岗闪长岩($\gamma\delta_5^{2(3)b}$)石英含量为 20%~35%;石英砂岩($D_3$)石英含量一般为 25%~36%,最高到 68%;石英砾岩($D_3$)石英含量一般为 25%~40%,最高到 81%。根据前期勘察资料并参考相关工程经验,预测在大埋深条件下会出现新鲜岩石单轴饱和抗压强度超过 180 MPa 的围岩。为提高在硬岩条件下的掘进效率,建议 TBM 应设计较大的刀盘推力和较小的刀间距并采用高耐磨性的刀具,同时可考虑采用辅助破岩措施以提高破岩效率。

(2)隧洞末端分布有较多的泥盆系泥质粉砂岩等软岩,花岗岩地层中也存在断层破碎带、节理密集带等软岩,施工中掌子面及顶拱易发生塌方。建议 TBM 应具备如下功能:①刀盘应有较大的脱困扭矩,防止掌子面塌方量较大时刀盘被卡住;②刀盘铲斗应具备快速封闭功能,当掌子面塌方量较大导致出渣量过大时,能快速封闭铲斗,防止出渣量过大压死出渣皮带机;③TBM 顶护盾应配备钢筋排支护系统,当破碎围岩出顶护盾后,能及时支护,防止塌方扩大。

龙岩市万安溪引水工程引水隧洞所采用的开敞式 TBM 如图 5-9 所示,设备技术参数如表 5-17 所示。

**图 5-9　龙岩市万安溪引水工程隧洞开敞式 TBM**

表 5-17　龙岩市万安溪引水工程开敞式 TBM 技术参数

| 主部件名称 | 分部件名称 | 技术参数 |
|---|---|---|
| 整机 | 主机长 | 15 m |
| | 整机长度 | 293 m |
| | 主机及后配套总重 | 710 t |
| | 最小转弯半径 | 500 m |
| 刀盘刀具 | 开挖直径(新刀) | 3 830 mm |
| | 最大扩挖量(半径) | 50 mm |
| | 中心滚刀数量/直径 | 8/17 in |
| | 正滚刀数量/直径 | 11/17 in |
| | 边滚刀数量/直径 | 8/17 in |
| | 单刀设计载荷 | 250 kN |
| 刀盘驱动 | 驱动形式 | VFD |
| | 刀盘功率 | 1 200 kW |
| | 转速(最小-最大) | 0~15.8 r/min |
| | 额定扭矩 | 1 386 kN · m |
| | 脱困扭矩 | 2 287 kN · m |
| 支撑系统 | 支撑形式 | X 形 |
| | 撑靴油缸数量 | 16 |
| | 撑靴油缸行程 | 320 mm |
| | 撑靴有效支撑力 | 23 266 kN |
| | 撑靴总接触面积 | $1.04 \times 8$ m$^2$ |
| | 最大接地比压 | 2.81 MPa |
| 推进系统 | 额定推力 | 7 177 kN |
| | 最大推力 | 8 972 kN |
| | 油缸数量 | 2 |
| | 油缸行程 | 2 050 mm |
| | 最大推进速度 | 1 100 mm/min |
| | 最大回缩速度 | 120 mm/min |
| | 位移传感器数量 | 2 |

# 5.6　小　结

（1）TBM 的地质适宜性受多种地质因素的影响，其中岩石单轴抗压强度、岩体完整性系数、围岩强度应力比、岩石的石英含量及地下水渗流量 5 个因素对其影响最大，在 TBM 地质适宜性评价中应对这 5 个因素加以重视。隧洞围岩具有复杂多变性，各地质因素的指标变化较大，存在不同指标对应不同 TBM 地质适宜性等级的情况，地质因素与地质适宜性具有一定的模糊性质，无法采用精确的关系式来表达。采用模糊综合评价方法，建立地质适宜性的多因素评价模型，通过最大隶属度计算，对地质适宜性进行定量评价，可以得到较为合理的结果。

（2）钻爆法或 TBM 法：隧洞是选择钻爆法还是 TBM 法施工主要由隧洞的地质条件、工期要求、工程投资及环境保护等诸多因素综合确定，其中地质条件是决定性的，对于大多数洞段围岩稳定性均为不稳定-极不稳定且地质灾害频发的隧洞，无论选择何种类型的 TBM，均无法快速、安全施工，此时只能选择钻爆法。如果隧洞地质条件适合 TBM 施工，则需要在工期、投资及环境保护等因素上进行进一步的论证。

（3）TBM 选型：如果隧洞的地质条件适合 TBM 施工且经过论证决定采用 TBM 法，则需要进行 TBM 选型，目前常用的岩石全断面 TBM 主要有开敞式、双护盾及单护盾三种类型，三种类型 TBM 适用的地质条件、掘进性能、支护与衬砌、人员及设备安全性、占地面积与环境保护、设备费用与工程成本均有所差别，其中地质条件是 TBM 选型的决定性因素，TBM 选型应在地质条件研究的基础上进行多因素综合论证后确定。

（4）选定 TBM 类型后，就需要进行 TBM 设备配置研究，主要根据地质条件、隧洞设计、掘进速度要求等因素来确定，主要内容包括支护、衬砌设备、排水设备、通风、供水、供电、出渣、材料运输等，各种设备应满足设计最高掘进速度的要求。同时，应制订不同地质条件下的掘进方案，包括不同地质条件下的掘进参数、不良地质条件施工预案及处理措施等。

# 第 6 章　适合双护盾 TBM 施工的隧洞快速围岩分类方法研究

## 6.1　引　言

　　TBM 施工隧洞的围岩稳定性分类主要是根据开挖揭露围岩情况,采用一定的围岩分类标准,选择合适的围岩分类指标,对当前围岩分类并进行稳定性评价,为工程设计、支护衬砌、建筑物选型和施工方法选择等提供参数和依据。围岩分类一般通过现场地质素描、现场试验、室内试验等方法,获取围岩分类所需要的定量、定性指标。但双护盾 TBM 施工时,受刀盘、护盾及安装好的管片的遮挡,暴露的围岩非常少,传统的地质素描方法无法采用,现场试验及室内试验取样也较为困难,因此无法采用传统的方法获得围岩分类指标。本章首先介绍国内外常用的围岩分类方法,并分析各方法的优缺点;针对双护盾 TBM 施工的技术特点,提出双护盾 TBM 施工过程中围岩稳定性分类的指标体系,建立分类方法及标准,并最终应用到兰州市水源地建设工程输水隧洞双护盾 TBM 施工围岩分类及稳定性评价中。

## 6.2　目前常用的隧洞围岩分类方法及特点

　　国内外常用的隧洞围岩稳定性分类方法众多,国外的有 Q 系统分类法、RMR 分类法等,国内的有工程岩体分级法、水利水电工程围岩分类法等,各种方法所采用的指标、计算及分类标准均有所差别,现分别介绍。

### 6.2.1　Q 系统分类法

　　岩体质量分级 Q 系统(简称 Q 系统)是目前应用最广的岩体质量分级方法,该方法是1974 年由挪威的巴顿(Nick Barton)等人建立起来的,主要考虑了岩体完整性、节理特性、地下水和地应力影响等,并以六个参数(统称 Q 参数)确定反映隧洞围岩稳定性的岩体质量指标 Q 值。

$$Q = (\frac{RQD}{J_n}) \times (\frac{J_r}{J_a}) \times (\frac{J_w}{SRF}) \tag{6-1}$$

式中:$RQD$ 为 Deere 的岩体质量指标;$J_n$ 为节理组数,$RQD$ 和 $J_n$ 的比值代表岩体完整程度;$J_r$ 为最脆弱的节理粗糙度系数;$J_a$ 为最脆弱节理面的蚀变程度或充填情况,$J_r$ 和 $J_a$ 的比值代表了嵌合岩块的抗剪强度;$J_w$ 为裂隙水折减系数;$SRF$ 为应力折减系数,$J_w$ 和 $SRF$ 的比值反映围岩的主动应力。

$Q$ 值的范围为 0.001~1 000,代表着围岩的质量从极差的挤出性岩体到极好的坚硬完整岩体,分为 6 个等级,见表 6-1。

表 6-1　Q 系统围岩分类及评价

| Q 值 | 0.001~0.01 | 0.01~0.1 | 0.1~1 | 1~4 | 4~10 | 10~40 | 40~100 | 100~400 | 400~1 000 |
|---|---|---|---|---|---|---|---|---|---|
| 等级 | 特别差 | 极差 | 很差 | 差 | 一般 | 好 | 很好 | 极好 | 特别好 |
| | Ⅵ | Ⅴ | Ⅳ | | Ⅲ | | Ⅱ | | Ⅰ |

## 6.2.2　RMR 分类法

RMR 围岩分类法,即"岩体评分",又称地质力学系统,是由南非的比尼奥斯基(Bieniaski Z. T.)于 1973 年根据矿山开采掘进经验提出的一种确定岩体质量等级的方法。用于隧洞等地下洞室的围岩分类,在国内外有广泛的应用。它主要根据六个指标,即岩块的单轴抗压强度($R_1$)、岩体质量指标 RQD($R_2$)、节理间距($R_3$)、节理状况($R_4$)、地下水状况($R_5$)及修正系数($R_6$),根据节理面的产状与洞室的方向关系来确定岩体的综合质量评分。把上述各个指标的岩体评分值相加得到岩体的 RMR 值,RMR 评分计算如式(6-2)所示:

$$RMR = R_1 + R_2 + R_3 + R_4 + R_5 + R_6 \tag{6-2}$$

RMR 法评分与岩体等级的关系如表 6-2 所示。

表 6-2　按总评分值确定的岩体级别与岩体质量评价

| RMR | 100~81 | 80~61 | 60~41 | 40~21 | <20 |
|---|---|---|---|---|---|
| 等级 | Ⅰ | Ⅱ | Ⅲ | Ⅳ | Ⅴ |
| 质量描述 | 非常好的岩体 | 好岩体 | 一般岩体 | 差岩体 | 非常差岩体 |
| 平均自稳时间 | (15 m 跨度)20 a | (10 m 跨度)1 a | (5 m 跨度)7 a | (2.5 m 跨度)10 h | (1 m 跨度)30 min |
| 岩体黏聚力(kPa) | >400 | 400~300 | 300~200 | 200~100 | <100 |
| 岩体内摩擦角(°) | >45 | 45~35 | 35~25 | 25~15 | <15 |

## 6.2.3　国标 BQ 法

国标《工程岩体分级标准》(GB/T 50218—2014)提出采用二级分级法(简称 BQ 法):首先,按岩体的基本质量指标 BQ 进行初步分级;然后,针对各类工程岩体的特点,考虑其他影响因素,如天然应力、地下水和结构面方位等对 BQ 进行修正,再按修正后的[BQ]进行详细分级。岩体基本质量指标 BQ 用式(6-3)表示:

$$BQ = 100 + 3R_c + 250K_v \tag{6-3}$$

当 $R_c > 90K_v + 30$ 时,以 $R_c = 90K_v + 30$ 和 $K_v$ 代入式(6-3)计算 $BQ$ 值;当 $K_v > 0.04R_c + 0.4$ 时,以 $K_v = 0.04R_c + 0.4$ 和 $R_c$ 代入式(6-3)计算 $BQ$ 值。式(6-3)中:$R_c$ 为岩块饱和单轴抗压强度,MPa;$K_v$ 为岩体的完整性系数,可用声波试验资料按式(6-4)确定:

$$K_v = \left(\frac{v_{mp}}{v_{rp}}\right)^2 \tag{6-4}$$

式中:$v_{mp}$ 为岩体纵波速度;$v_{rp}$ 为岩块纵波速度。

当地下洞室围岩处于高天然应力区或围岩中有不利于岩体稳定的软弱结构面和地下水时,岩体 $BQ$ 值应进行修正,修正值 $[BQ]$ 按式(6-5)计算:

$$[BQ] = BQ - 100(K_1 + K_2 + K_3) \tag{6-5}$$

式中:$K_1$ 为地下水影响修正系数;$K_2$ 为主要软弱面产状影响修正系数;$K_3$ 为天然应力影响修正系数。

根据修正值 $[BQ]$ 的工程岩体分级按表 6-3 进行。

表 6-3　岩体质量分级

| 基本质量级别 | 岩体质量的定性特征 | 岩体基本质量指标 $[BQ]$ |
|---|---|---|
| I | 坚硬岩,岩体完整 | >550 |
| II | 坚硬岩,岩体较完整;较坚硬岩,岩体完整 | 550~451 |
| III | 坚硬岩,岩体较破碎;较坚硬岩或软硬岩互层,岩体较完整;较软岩,岩体完整 | 450~351 |
| IV | 坚硬岩,岩体破碎;较坚硬岩,岩体较破碎—破碎;较软岩或软硬岩互层,且以软岩为主,岩体较完整—较破碎;软岩,岩体完整—较完整 | 350~251 |
| V | 较软岩,岩体破碎;软岩,岩体较破碎—破碎;全部极软岩及全部极破碎岩 | <250 |

## 6.2.4　水利水电工程隧洞围岩工程地质分类法

2008 年颁布的《水利水电工程地质勘察规范》(GB 50487—2008)将围岩工程地质分类分为初步分类和详细分类两个阶段。初步分类适用于规划阶段、可行性研究阶段及深埋洞室施工之前的围岩工程地质分类,详细分类主要用于初步设计、招标和施工图设计阶段的围岩工程地质分类。根据分类结果,评价围岩的稳定性,并作为确定支护类型的依据,其标准应符合表 6-4 的规定。

**表 6-4　围岩稳定性评价**

| 围岩类型 | 围岩稳定性评价 | 支护类型 |
|---|---|---|
| I | 稳定,围岩可长期稳定,一般无不稳定块体 | 不支护或局部锚杆或喷薄层混凝土。大跨度时,喷混凝土、系统锚杆和加钢筋网 |
| II | 基本稳定。围岩基本稳定,不会产生塑性变形,局部可能掉块 | |
| III | 局部稳定性差。围岩强度不足,局部会产生塑性变形,不支护可能产生塌方或变形破坏。完整的较软岩,可能暂时稳定 | 喷混凝土、系统锚杆加钢筋网。采用 TBM 掘进时,需及时支护。跨度>20 m 时,宜采用锚索等刚性支护 |
| IV | 不稳定。围岩自稳时间很短,规模较大的各种变形和破坏都可能发生 | 喷混凝土、系统锚杆加钢筋网,刚性支护,并浇筑混凝土衬砌,不适宜于开敞式 TBM 施工 |
| V | 极不稳定,围岩不能自稳,变形破坏严重 | |

# 6.3　双护盾 TBM 施工围岩分类方法的特点

双护盾 TBM 施工时,受刀盘、护盾及安装完成的管片的遮挡,掌子面及洞壁裸露的围岩很少,传统的地质素描无法采用,现场试验及采取原状岩样进行室内试验亦较为困难。因此,传统的围岩分类方法并不适合双护盾 TBM 施工。掘进速度快是 TBM 隧洞施工的最大优势,围岩分类应适应 TBM 快速施工的需要,这就要求在施工过程中应对围岩类别及稳定性做出快速判别,以选择合适衬砌管片型号。

根据国内外双护盾 TBM 施工经验,掘进过程中的 TBM 掘进参数及岩渣等与围岩的类别有较大的关系,可以通过掘进参数及岩渣等对围岩进行判断。在兰州市水源地建设工程输水隧洞双护盾 TBM 施工过程中,参考《水利水电工程地质勘察规范》(GB 50487—2008)附录 N 的围岩分类方法,根据双护盾 TBM 施工的技术特点,选择合适的围岩分类指标并建立指标体系进行快速围岩分类。

# 6.4　双护盾 TBM 施工隧洞围岩分类指标

## 6.4.1　岩石的单轴抗压强度

岩石的单轴抗压强度一般通过室内压缩试验或点荷载强度试验来获取,但双护盾 TBM 施工时取样困难,且试验周期长、试验成本高。在兰州市水源地建设工程输水隧洞双护盾 TBM 施工中,采用高强回弹仪(Schmidt 锤,如图 6-1 所示)对掌子面或伸缩护盾处的岩石进行回弹测试,通过回弹值换算成岩石的单轴抗压强度值。根据相关工程大量的岩石试验和回弹测试结果,拟合出了岩石的单轴抗压强度值和回弹值的关系,见式(6-6):

$$R_c = 0.207\ 8 \times Q^{1.545\ 5} \tag{6-6}$$

式中:$R_c$ 为岩石的单轴抗压强度值,MPa;$Q$ 为岩石的回弹值,无量纲。

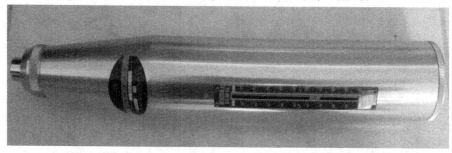

**图 6-1　高强回弹仪(Schmidt 锤)**

## 6.4.2　围岩的完整性

双护盾 TBM 施工时可采取以下两种方法对围岩的完整性及节理状况进行观测和描述:①利用 TBM 上配备的超前钻机对掌子面前方的围岩进行钻探。当钻进方式为取芯钻时,通过采取的岩芯对掌子面前方一定范围的岩性特征、风化程度、岩石强度进行判断,同时可确定节理面的类型、形态、发育密度、张开度、粗糙度、充填物及地下水条件等;②通过 TBM 刀盘上的人孔、滚刀空隙、伸缩护盾空隙对掌子面和洞壁的围岩进行局部观测,经观测可以得到围岩完整性及节理产状、节理间距、节理延伸长度等指标。

## 6.4.3　围岩 RQD

围岩的 RQD 值一般是通过对钻孔岩芯进行统计获得的,在 TBM 施工中,如果初判掌子面前方围岩条件变化不大,考虑 TBM 快速掘进的需要,一般不进行超前取芯钻探,也就无法通过原状岩芯统计直接获得围岩的 RQD 值。此时,可对掌子面和洞壁围岩的节理发育情况进行统计,由于可观察的围岩面积较小,应选择至少 3 处围岩进行统计,得出围岩的体积节理数 $J_v$,由式(6-7)通过计算间接得出围岩的 RQD。

$$RQD = 115 - 3.3 \times J_v \quad (4.5 < J_v < 35) \tag{6-7}$$

式中:$J_v$ 为围岩的体积节理数。

## 6.4.4　地下水情况

地下水流量可通过以下几种方法判断:①通过岩渣湿润程度对地下水情况进行初步判断,当岩渣呈干燥状态时,可初步判断地下水不发育,当岩渣、岩粉呈饱和状态时,可初步判断地下水较多;②通过刀盘空隙或护盾观察窗口对掌子面和洞壁的地下水状况进行观察,对围岩的干燥、潮湿、滴水、线状流水、涌水情况进行判断,并初估其水量;③当地下水较多时,可以在洞底选择三个断面进行流速测试,然后换算成地下水流量,当需要精确测量地下水流量时可采用三角形量水堰法进行量测计算。以上 3 种方法,在实际操作过程中根据地下水条件进行选择,通常采用①、②种方法较多,必要时采用方法③。通过以上 3 种方法,估计出地下水渗流量,换算成每 10 m 洞段每分钟的渗流量,即 L/(min · 10 m)。

## 6.4.5　刀盘推力及扭矩

　　TBM 掘进参数主要有推力、扭矩、贯入度、刀盘转速及掘进速度等,掘进参数在 TBM 控制计算机上实时显示,并可自动存储,便于参数分析。围岩类别与掘进参数有一定的关联性,如在保持相同掘进速度的条件下,随着岩石强度的增加和岩体完整性的提高,所需要的刀盘推力也随之增加。而在相同推力条件下,刀盘扭矩随着岩石强度和岩体完整性的降低而增加。通过分析刀盘推力和刀盘扭矩的变化情况,可对岩石的强度和完整性做出判断。

## 6.4.6　岩渣情况

　　岩渣可提供围岩发生变化的重要信息。可通过岩渣的形状、块度及均匀程度等初步判断围岩情况。岩渣主要呈片状,可见少量粉状,可初步判断围岩为完整、坚硬的Ⅰ类围岩;岩渣主要呈片状且较为均匀,少见块状岩渣,可初步判断围岩为较完整、强度较高的Ⅱ类围岩;片状岩渣和块状岩渣所占比例基本相同,可以初步判断围岩为Ⅲ类;岩渣主要呈块状,块体尺寸大小不一,掌子面出现局部塌方,皮带机出渣不连续,可以初步判断为破碎的Ⅳ类围岩;岩渣尺寸极不均匀,片状岩渣基本不可见,岩粉量降低,掘进进尺与出渣量不匹配,岩渣量急剧减少或增加,部分岩块泥质充填,岩渣中可见角砾,或被钙质胶结,同时伴随刀盘振动、刀盘前方异响剧烈,出现以上综合情况,可初步判断围岩类别为Ⅴ类。

　　岩渣分析是初步判断围岩类别的一个重要辅助手段,但不能仅根据岩渣就确定围岩类别,必须结合其他方法对围岩进行综合判断。

## 6.4.7　各指标综合分析

　　所选取的 7 个指标,岩石的回弹值(单轴抗压强度)、围岩的完整性、岩体的 $RQD$、刀盘推力、刀盘扭矩、片状岩渣含量、地下水渗流量,各个指标对围岩分类的贡献作用亦有所不同,部分指标之间具有一定的相关性,如刀盘推力随着岩石强度和岩体完整性的增加而增加,刀盘扭矩随着岩石强度和岩体完整性的降低而增加,片状岩渣含量随着岩体完整性的降低而降低。根据工程经验,认为岩石强度与节理裂隙发育情况对围岩影响最大,因此本指标体系选择了岩石的回弹值、刀盘推力、岩体的完整性、$RQD$ 这四个指标,并选择了与其有一定关系的刀盘扭矩和片状岩渣含量两个指标,加上地下水流量,7 个指标对围岩分类能基本上反映围岩的真实情况。

## 6.4.8　双护盾 TBM 围岩分类方法指标体系的建立

　　以兰州市水源地建设工程输水隧洞工程地质条件为背景,参考《水利水电工程地质勘察规范》(GB 50487—2008)附录 N 的围岩分类方法,针对双护盾 TBM 隧洞施工的特点来获取围岩分类指标,同时结合掘进参数及岩渣分析,选择岩石的回弹值、围岩完整性、岩体 $RQD$、刀盘推力、刀盘扭矩、片状岩渣含量、地下水渗流量 7 个指标,参考 RMR 围岩分类法的同时结合国内外双护盾 TBM 施工的经验,按照各指标对围岩分类的影响程度及不同指标之间的相关性分析结果,赋于各指标一定的分值,各指标的取值和评分见表 6-5。

表 6-5  TBM 施工段围岩分类指标

| 分类指标 | | 数值 | | | | |
|---|---|---|---|---|---|---|
| 回弹值($S_1$) | 数值 | >45 | 45~35 | 35~25 | 25~15 | <15 |
| | 评分 | 25 | 19 | 13 | 7 | 2 |
| 围岩完整性($S_2$) | 完整情况 | 完整 | 较完整 | 软破碎 | 破碎 | 极破碎 |
| | 评分 | 10 | 8 | 6 | 4 | 2 |
| $RQD$($S_3$) | 数值(%) | 100~90 | 90~75 | 75~50 | 50~25 | <25 |
| | 评分 | 20 | 15 | 10 | 5 | 0 |
| 刀盘推力($S_4$) | 数值(kN) | >11 000 | 8 000~11 000 | 5 000~8 000 | 3 000~5 000 | <3 000 |
| | 评分 | 10 | 8 | 6 | 4 | 2 |
| 刀盘扭矩($S_5$) | 数值(kN·m) | 400~600 | 600~800 | 800~1 000 | 1 000~1 500 | >1 500 |
| | 评分 | 10 | 8 | 6 | 4 | 2 |
| 片状岩渣含量($S_6$) | 数值(%) | >90 | 90~80 | 80~50 | 50~10 | <10 |
| | 评分 | 10 | 8 | 6 | 4 | 2 |
| 地下水渗流量 [L/(min·10 m)]($S_7$) | 数值 | <1 | 1~10 | 10~25 | 25~125 | >125 |
| | 评分 | 15 | 11 | 7 | 3 | 0 |

在实际分段围岩分类过程中,获取各指标的评分值进行求和,见式(6-8)。通过评分的办法进行综合围岩分类,综合围岩分类见表 6-6。

$$S = S_1 + S_2 + S_3 + S_4 + S_5 + S_6 + S_7 \tag{6-8}$$

表 6-6  TBM 施工段隧洞围岩分类标准

| 围岩评分 S 值 | 100~81 | 80~61 | 60~41 | 40~21 | ≤20 |
|---|---|---|---|---|---|
| 围岩分类 | I | II | III | IV | V |
| 围岩稳定性评价 | 稳定 | 基本稳定 | 局部稳定性差 | 不稳定 | 极不稳定 |

# 6.5  工程应用

在兰州市水源地建设工程输水隧洞双护盾 TBM 施工过程中采用 6.4 节的方法进行了隧洞的分段围岩分类,现列出部分洞段的分类结果,见表 6-7。根据分类结果选择对应型号的管片及其他围岩处理方式。双护盾 TBM 施工隧洞围岩分类方法各分类指标获取简单、快速,基本上不影响 TBM 正常掘进,能满足 TBM 快速施工的需要。

表 6-7　兰州市水源地建设工程输水隧洞 TBM 施工段典型洞段围岩分类

| 桩号(m) | 围岩描述 | 围岩分类 |
|---|---|---|
| K0+671.4~<br>K0+683.4 | 出露地层可分为 2 类,其中 K0+671.4~K0+674.0 为浅灰色加里东中期石英闪长岩($\delta o_3^2$),岩体以新鲜—微风化为主,节理中等发育,节理面起伏粗糙,节理面无充填或局部岩屑充填,洞壁潮湿;K0+674.0~K0+683.4 为侵入辉长岩岩脉,岩体以新鲜—微风化为主,节理裂隙中等发育,节理面起伏粗糙,节理面无充填或局部岩屑充填,洞壁潮湿;石英闪长岩与辉长岩岩脉接触带胶结较好;本段岩渣以片状和块状为主,其中片状岩渣含量 40%~50%,粒径 2~10 cm,块状岩渣含量 50%~60%,粒径 10~15 cm,块状岩渣表面可见节理面;TBM 掘进时掘进参数如下:刀盘转速 6.8~7.0 r/min,刀盘推力 8 000~10 000 kN,刀盘扭矩 500~800 kN·m,掘进速度 25~50 mm/min | Ⅲ |
| K0+805.5~<br>K0+814.8 | 出露地层为浅灰色加里东中期石英闪长岩($\delta o_3^2$),岩体以新鲜—微风化为主,该段岩体较完整,局部可见节理面,节理面起伏粗糙,节理面无充填或局部岩屑充填,洞壁潮湿,局部滴水;岩渣以片状为主,其中片状岩渣含量 80%~90%,粒径 2~10 cm,少见块状岩渣;TBM 掘进时掘进参数如下:刀盘转速 6.8~7.0 r/min,刀盘推力 8 000~9 000 kN,刀盘扭矩 200~400 kN·m,贯入度 2~4 mm/r,掘进速度 15~25 mm/min | Ⅱ |
| K0+956.8~<br>K0+974.8 | 出露地层为浅灰色前震旦系马衔山群(AnZmx⁴)黑云角闪石英片岩,岩体以新鲜—微风化为主,该段岩体节理发育,节理面起伏粗糙,岩石有蚀变现象,节理面可见泥质充填,洞壁潮湿,局部滴水;岩渣以块状为主,含量为 50%~60%,粒径 3~10 cm,最大约 15 cm,片状岩渣含量为 20%~30%,粒径 2~8 cm,岩粉含量为 10%~20%;TBM 掘进时掘进参数如下:刀盘转速 6.0 r/min,刀盘推力 3 000~5 000 kN,刀盘扭矩 300~500 kN·m,贯入度 5~8 mm/r,掘进速度 20~50 mm/min | Ⅲ |
| K1+261.6~<br>K1+283.2 | 出露地层为浅灰色—灰黑色前震旦系马衔山群(AnZmx⁴)黑云角闪石英片岩,岩体以新鲜—微风化为主,该段岩体节理密集发育,岩体破碎,节理面起伏粗糙,局部节理面有轻度蚀变,可见铁锈浸染,节理面多为泥质充填,洞壁滴水,局部可见线状流水;掘进过程中掌子面有掉块、局部坍塌现象;岩渣以块状为主,含量为 70%~80%,粒径 3~10 cm,最大粒径约 20 cm,岩粉含量为 10%~20%;TBM 掘进时掘进参数如下:刀盘转速 4.0~5.0 r/min,刀盘推力 3 000~4 000 kN,刀盘扭矩 600~1 100 kN·m,贯入度 10~15 mm/r,掘进速度 40~70 mm/min | Ⅳ |

续表 6-7

| 桩号(m) | 围岩描述 | 围岩分类 |
|---|---|---|
| K1+533.7~<br>K1+560.7 | 出露地层为浅灰色—灰黑色前震旦系马衔山群(AnZmx$^4$)黑云角闪石英片岩,岩体以新鲜—微风化为主,该段岩体节理中等发育,节理面起伏粗糙,可见石英岩脉,节理面多见钙质薄膜;洞壁潮湿,局部滴水;岩渣以片状为主,含量为 50%~60%,粒径 3~10 cm,块状岩渣含量为 20%~30%,最大粒径约 15 cm,粒径 3~10 cm,岩粉含量为 10%~20%;TBM 掘进时掘进参数如下:刀盘转速 6.0~7.0 r/min,刀盘推力 6 000~9 000 kN,刀盘扭矩 1 000~1 500 kN·m,贯入度 6~10 mm/r,掘进速度 40~60 mm/min | III |
| T8+957.4~<br>T8+977.4 | 出露地层为浅灰色—深灰色加里东中期花岗岩($\gamma_3^2$),岩体以新鲜—微风化为主,该段岩石节理较发育,掌子面完整,同心圆沟槽明显。岩渣以片状为主,含量约 85%,粒径 3~10 cm,块状岩渣含量约 5%;岩粉含量约 10%;TBM 掘进时掘进参数如下:刀盘转速 7.0~7.5 r/min,刀盘推力 9 500~10 000 kN,刀盘扭矩 1 000~1 100 kN·m,贯入度 3~5 mm/r,掘进速度 25~30 mm/min | II |
| T9+224.6~<br>T9+238.7 | 出露地层为浅灰色—肉红色加里东中期花岗岩($\gamma_3^2$),该段岩石岩体受构造影响,节理面蚀变严重,多泥质充填,节理发育,花岗岩岩体风化较强,局部有掉块、塌方现象,伴有裂隙水和承压水,目前掌子面出水量减少,水量≤1.5 m$^3$/h。岩渣以片状为主,含量约 75%,粒径 3~10 cm,块状岩渣含量约 15%,岩粉含量约 10%;TBM 掘进时掘进参数如下:刀盘转速 3.5~5.5 r/min,刀盘推力 4 500~6 500 kN,刀盘扭矩 550~750 kN·m,贯入度 9~15 mm/r,掘进速度 45~55 mm/min | IV |
| T9+264.5~<br>T9+276.5 | 出露地层为浅灰色—肉红色加里东中期花岗岩($\gamma_3^2$),岩体以新鲜—微风化为主。该段岩石节理中等发育,掌子面同心圆沟槽明显,局部渗水。岩渣以片状为主,含量约 80%,粒径 3~10 cm,块状岩渣含量约 10%,岩粉含量约 10%;TBM 掘进时掘进参数如下:刀盘转速 3.5~5.5 r/min,刀盘推力 5 000~6 000 kN,刀盘扭矩 900~1 000 kN·m,贯入度 6~9 mm/r,掘进速度 35~45 mm/min | III |

续表 6-7

| 桩号(m) | 围岩描述 | 围岩分类 |
|---|---|---|
| T9+979.4~<br>T9+991.4 | 　　出露地层为浅灰色—肉红色加里东中期花岗岩($\gamma_3^2$),该段岩石节理较发育。掌子面同心圆沟槽清晰可见,整体完整。岩渣以片状为主,含量约80%,粒径3~10 cm,岩粉含量约10%,块状含量约10%;TBM 掘进时掘进参数如下:刀盘转速 7.0~7.5 r/min,刀盘推力 6 500~9 000 kN,刀盘扭矩 800~1 000 kN·m,贯入度 4~6 mm/r,掘进速度 40~50 mm/min | II |
| T10+476.4~<br>T10+517.0 | 　　出露地层为浅灰色—肉红色加里东中期花岗岩($\gamma_3^2$)。该段花岗岩岩体风化较强,岩石节理中等发育,掌子面有掉块、塌方现象,节理面轻蚀变,蚀变主要为高岭土化。岩渣以片状为主,含量约50%,粉末含量约45%,块状含量约5%;TBM 掘进时掘进参数如下:刀盘转速 6.5~7.5 r/min,刀盘推力 6 500~8 500 kN,刀盘扭矩 700~900 kN·m,贯入度 6~8 mm/r,掘进速度 40~50 mm/min | III |
| T12+967.5~<br>T13+018.6 | 　　出露地层岩性为白垩系河口群($K_1hk^1$)砂砾岩夹泥质粉砂岩,砂砾岩呈红褐色—灰白色,泥质粉砂岩呈红褐色—暗红色。该段岩体呈泥沙质结构,层状构造,局部地段夹有青灰色粉砂岩条带,中厚层。掌子面整体较完整,洞壁干燥、无水,岩性软弱、强度低,受挤压力的作用,易破碎,遇水软化、泥化,易崩解。岩渣以粉末状、砂砾状为主,含量约65%,片状岩渣直径5~15 cm,含量约30%,块状含量约5%;TBM 掘进时掘进参数如下:刀盘转速 4.8~5.2 r/min,刀盘推力 4 000~5 000 kN,刀盘扭矩 850~1 000 kN·m,贯入度 9~13 mm/r,掘进速度 50~60 mm/min | III |
| T14+086.5~<br>T14+093.8 | 　　出露地层岩性为白垩系河口群($K_1hk^1$)泥质粉砂岩夹砂砾岩,泥质粉砂岩呈红褐色—暗红色,砂砾岩呈红褐色—灰白色。该段岩体呈泥沙质结构,层状构造,局部地段夹有砂砾岩条带,中厚层,围岩节理裂隙发育,掌子面局部较完整,洞壁干燥、无水,岩性软弱、强度低,受挤压力的作用,易破碎,遇水软化、泥化,易崩解。岩渣以粉末状、砂砾状为主,含量约50%,片状岩渣直径5~20 cm,含量约25%,块状含量约15%;刀盘转速 5.0~5.8 r/min,刀盘推力 15 000~22 000 kN,刀盘扭矩 350~700 kN·m,贯入度 1~3 mm/r,掘进速度 25~50 mm/min | IV |

续表 6-7

| 桩号(m) | 围岩描述 | 围岩分类 |
|---|---|---|
| T14+694.6~<br>T14+721.6 | 出露地层岩性为白垩系河口群($K_1hk^1$)泥质粉砂岩夹砂砾岩,泥质粉砂岩呈红褐色—暗红色,砂砾岩呈红褐色—灰白色。该段岩体呈泥沙质结构,层状构造,层厚 10~30 cm,倾角 10°~30°。局部地段夹有砂砾岩条带。该段围岩节理裂隙发育,受挤压力作用,易破碎。掌子面整体较完整,洞壁干燥、无水,岩性软弱、强度低,遇水软化、泥化,易崩解。岩渣以粉末状、砂砾状为主,含量约 55%,片状岩渣直径 5~20 cm,含量约 30%;块状含量约 15%;TBM 掘进时掘进参数如下:刀盘转速 4.5~5.5 r/min,刀盘推力 6 500~9 500 kN,刀盘扭矩 350~1 500 kN·m,贯入度 6~8 mm/r,掘进速度 30~50 mm/min | Ⅲ |
| T19+704.4~<br>T19+695.6 | 地层岩性为奥陶系上中统雾宿山群($O_{2-3}wx^2$)中断变质安山岩,青灰色,变质安山岩的主要成分有角闪石、石英、长石及其他暗色矿物;该段洞身围岩为破碎带,岩体破碎,其物质组成以碎块状、糜棱状、粉末状为主,掌子面及洞壁地下水呈面流状;块状岩渣含量约占 70%,粒径 3~8 cm,片状和粉状约占 30%;TBM 掘进该段时推力一般为 2 500~4 000 kN,贯入度一般为 8~16 mm/r | Ⅴ |
| T19+587.0~<br>T19+563.3 | 地层岩性为奥陶系上中统雾宿山群($O_{2-3}wx^2$)中断变质安山岩,青灰色。变质安山岩的主要成分有角闪石、石英、长石及其他暗色矿物;该段洞身岩体较破碎,块状构造,节理裂隙发育,掌子面局部有渗水。外运岩渣以块状、片状、岩屑及粉末状岩性为主,其中块状、片状岩性约占 40%,岩屑、粉末状岩性约占 60%。TBM 掘进该段时推力一般为 3 500~4 200 kN;贯入度一般为 8.3~15.2 mm/r | Ⅳ |
| T19+293.1~<br>T19+254.0 | 地层岩性为奥陶系上中统雾宿山群($O_{2-3}wx^2$)变质安山岩,青灰色—黑灰色。变质安山岩的主要成分有角闪石、石英、长石及其他暗色矿物。该段洞身岩体节理裂隙较发育,块状构造,完整性差,局部位置有掉块现象,掌子面潮湿。外运岩渣以块状、片状、岩屑及粉末状岩性为主,其中块状、片状岩性约占 55%,岩屑、粉末状岩性约占 45%,局部出现个别较大块体。TBM 掘进该段时推力一般为 4 000~6 000 kN,贯入度一般为 10~15 mm/r | Ⅲ |

# 6.6　小　结

（1）以兰州市水源地建设工程输水隧洞双护盾TBM施工为背景，参考《水利水电工程地质勘察规范》（GB 50487—2008）附录N的围岩分类法，选择岩石的回弹值、围岩的完整性、岩体的$RQD$、刀盘推力、刀盘扭矩、片状岩渣含量、地下水渗流量共7个指标，按照各个指标的重要性进行赋值，建立了围岩分类标准，通过求和的方法进行综合围岩分类。

（2）所选指标较易获取，克服了双护盾TBM施工时无法全面地质素描的困难，能满足TBM快速施工的需要，7个指标基本上能反映围岩的真实情况，分类结果较为可靠。相关研究方法可为类似工程的双护盾TBM施工提供参考。

（3）所选取的7个围岩分类指标具有一定的相关性，如岩石的回弹值（单轴抗压强度）与刀盘推力有一定的正相关性，岩石的回弹值越大，所需要的刀盘推力越大；片状岩渣含量与围岩的完整性具有一定的相关性，节理发育程度越高，则片状岩渣的含量越少；刀盘扭矩亦与岩石的强度和围岩的完整性有一定的相关性，在相同推力条件下，刀盘扭矩随着岩石强度和围岩完整性的降低而增加。因此，在下一步的研究中，可以重点研究各指标的相关性，对相关性较好的指标进行优化，以利于简化指标，实现对围岩的快速判别。

（4）根据双护盾TBM施工经验，按照各个指标的重要程度进行了赋值，通过不同的分值体现各指标对围岩分类的影响程度，这只是对双护盾TBM围岩分类的一个初步尝试，各个指标赋值的普适性尚需要大量的施工实践进行检验和修正。

# 第 7 章　适合 TBM 施工隧洞的不良地质体预测预报系统

## 7.1　引　言

在隧洞施工过程中由不良地质条件引起的突发隧洞地质灾害正成为人员伤亡、施工成本增加及工期延误等严重后果的主要影响因素之一。隧洞地质灾害主要包括断层破碎带塌方、突水、突泥、岩爆、岩溶、软岩大变形、高地温及有害气体等。施工过程中,如果能提前预知隧洞地质灾害的类型、规模、位置、发生时间及对施工的影响程度,则可针对性地采取工程措施,避免隧洞地质灾害的发生或降低其影响程度。这就需要对隧洞地质条件进行详细、准确的掌握,也就是对地质勘察精度有较高的要求。但在隧洞施工前的地质勘察工作中,受勘察技术、勘察周期及勘察经费等条件的限制,只能有选择地布置少量的钻孔,钻孔之间的地质条件主要依靠地质测绘及物探等手段进行推测,不可避免地存在一定的盲区或误差,无法满足施工的需要。这就要求在施工过程中进行超前地质预报,超前地质预报的目的在于准确预报隧洞地质条件,及时发现异常情况,预报掌子面前方不良地质体的位置、分布范围等,为预防地质灾害提供依据,使工程单位提前做好施工准备,保证施工安全。在不同领域的隧洞施工中,均对超前地质预报进行了一定的要求,如铁路系统隧道工程就将超前地质预报纳入了施工工序。

针对隧洞超前地质预报问题,国内较多学者和工程技术人员开展了相关问题的研究。文献[132]以地质雷达为主要预报手段,同时结合工程地质调查及 TGP206 地震法,建立了综合超前地质方法;文献[133]以南渝高速公路铜锣山隧道为背景,采用 TRT6000 地震法超前地质预报系统,对掌子面前方 120 m 范围内的围岩及地下水情况进行了预报;文献[134]针对 TSP(地震反射波法)超前地质预报系统存在的漏报、错报及数据采集过程中的各种干扰问题,研究了避免或降低各种干扰可采取的应对措施;文献[135]采用 HSP 声波反射法,对 SZ 隧道出口段掌子面前方的地质条件进行了预报,并进行了开挖验证。

TBM 法作为一种快速、优质、高效、安全的施工方法,在长大隧洞的施工中正得到越来越广泛的应用。相对于钻爆法,TBM 对不良地质条件的适应性差,同样的不良地质问题,对 TBM 的影响远大于钻爆法,更容易形成隧洞地质灾害并造成严重的后果。因此,TBM 施工隧洞对超前地质预报有更高的要求,目前针对 TBM 施工隧洞的超前地质预报方法主要有物探法、超前钻探法等。

本章以兰州市水源地建设工程输水隧洞及龙岩市万安溪引水工程引水隧洞为背景,结合双护盾 TBM 和开敞式 TBM 施工的技术特点,研究适合 TBM 施工的隧洞综合超前地质预报方法,保障 TBM 的快速、安全施工,同时也可为类似工程的超前地质预报提供参考。

# 7.2　隧洞超前地质预报的必要性

随着我国基础设施的大规模建设,以及 TBM 施工技术的进一步成熟,其在我国的应用和发展已步入快速发展阶段。与钻爆法相比,TBM 集钻进、掘进、支护于一体,采用电子、信息、遥测、遥控等高新技术对全部作业进行指导和监控,使掘进过程始终处于最佳,具有速度快、高效、自动化程度高,且对围岩扰动小,洞室围岩稳定性好等优点。目前,已广泛应用于水利水电、交通、国防及市政等工程隧道(洞)施工中。

虽然采用 TBM 法施工有着诸多优点,但是施工中面临的地质灾害问题仍然存在,由于 TBM 施工工艺的特殊性,这些地质灾害的发生可能对 TBM 施工隧道(洞)造成无法估量的危害,甚至导致隧道(洞)已开挖部分及整机全部废弃。如掘进过程中的突水突泥、流沙等,淹没 TBM 机械,不但损毁机械,还造成工期的延后。为减少地质灾害的发生和保证工程快速安全施工,指导 TBM 掘进、提高 TBM 施工进度,就必须开展超前地质预报工作。

# 7.3　超前地质预报技术及其在 TBM 隧洞中应用的难点及对策

## 7.3.1　难点

目前,超前地质预报技术主要的物探方法有地震类、电磁类、直流电法类,其中地震类应用最广泛、最成熟的方法是 TSP;电磁类主要代表有瞬变电磁法和地质雷达法;直流电法类为激发极化法及近段时间出现的聚焦电流法。除方法原理上的差别,在观测系统、数据处理、现场要求、采集过程中对数据信号的干扰源等方面都存在较大差别,因此在进行超前地质预报过程中对现场的环境都有一定的要求。

与钻爆法施工隧道(洞)相比,TBM 施工隧道(洞)对现行的超前地质预报技术的应用造成了极大的限制,难点主要体现在以下几项:

(1)电磁环境复杂。TBM 施工方法有其特殊性和复杂性,其本身是一个庞然大物,电磁环境极为庞杂紊乱,诱发电磁场畸变,引起的强烈干扰甚至可能"淹没"掌子面前方的有效地球物理响应信号,从而导致在钻爆法施工隧道中可用的瞬变电磁法、地质雷达法等电磁类方法均无法用于 TBM 施工隧道(洞)。

(2)观测系统设置空间不足。TBM 机械占据掌子面及掌子面后方绝大部分空间,掌子面后方边墙基本不具备敷设超前探测测线及激发装置与传感器的条件,严重挤占了超前地质预报技术开展预报工作所需的必要观测空间,极大地制约了超前地质预报技术的推广应用。

(3)激发震源能量不足。对于当下应用效果和范围最广的地震类方法,震源能量直接影响着信号采集的质量。在钻爆施工隧道(洞)中多采用爆炸震源,提供了较大的激发震源能量,极大地保证了采集到高质量数据;而在 TBM 施工环境下,无法采用爆炸震源,机械震源又由于空间(主要是行程等)不足,无法获得很好的激发能量,对信号质量有严重影响。

### 7.3.2　对策

随着 TBM 施工方法的应用越来越广泛,应用的工程环境地质条件和施工环境也变得越来越复杂,超前地质预报技术在 TBM 施工环境下的这些限制壁垒亟待打破,为我国隧道(洞)的安全、高效施工提供了强大的技术支撑,助力社会主义建设的全面发展。

(1)根据 TBM 施工隧道(洞)和超前地质预报方法的特点,选取在方法原理上可行的方法技术,避免出现无法处理的限制因素。针对各类方法的特点,选取相对影响较小的地震类方法。

(2)改进观测系统,如在地震超前预报中,TSP(地震反射波法)独有的 2 道接收,24 炮激发地震记录,可有效地进行掌子面前方波场分离,同时规避一定的声波干扰,因此其精度总体较高。但是应用于 TBM 空间过程中,24 炮的激发问题将十分困难。另外,炮检互换带来的 24 个检波器,将极大地增加预报单位的设备压力,因此合理地布置炮数和检波器数,使之既可有效地满足掌子面前方的波场分离,又在一定程度上规避噪声干扰,是进行 TBM 中超前预报研究的一个关键。针对上述问题,本书拟研究 3 炮、8 道观测接收的组合式地震超前地质预报记录,一定程度上保障前方构造信号的可行性,也通过激发方式等的改变以提高记录的信噪比。

(3)选用更先进、高效的激震系统。随着科技的飞跃式发展,各行各业的技术进步在很大程度上产生了互补作用,如 2019 年 8 月正式下线的龙岩号 TBM 掘进机,采用了水刀和传统 TBM 相结合,极大地提高了破岩效率。同样的,在应对 TSP 超前地质预报震源能量不足上,结合当前最新科技技术制造了电磁震源、空气炮震源等。

## 7.4　隧洞超前地质预报方法

### 7.4.1　隧洞沿线地质分析

隧洞沿线地质分析主要利用前期勘察的地质资料,如地质勘察报告、工程地质平面图、工程地质剖面图、水文地质图等,对隧洞沿线的地形地貌、地层岩性、地质构造、水文地质、地应力条件、岩土体物理力学参数、主要工程地质问题及隧洞围岩分类等进行判断。隧洞沿线地质分析可对隧洞的地质条件进行总体把握,可为隧洞设计、施工方案选择、TBM 选型及设备配备等提供参考,同时为施工期间超前地质预报方法选择提供依据。隧洞沿线地质分析、地质预报方法的精度取决于前期勘察的精度,如果前期勘察精度不足,则预报误差大,易造成重大不良地质条件的误判、漏判,难以指导具体洞段施工措施的选择。

### 7.4.2　隧洞地质素描

隧洞地质素描在施工过程中进行,包括掌子面地质素描和洞身地质素描。隧洞地质

素描的内容主要包括:

(1)岩性。是最基本的地质资料。主要描述岩石名称、颜色、结构、构造、矿物成分、风化程度等。

(2)断层。是地壳上主要的构造痕迹,它的形成、特性及规模决定地区地质构造的复杂程度,对隧道施工影响极大,是开挖时发生塌方的主要地质原因之一。主要描述断层位置、产状、断层破碎带宽度及构造类型、断层性质及其与其他断层的关系、派生节理产状、密度及充填物等。在开挖面调查中我们发现一些断距很小的断层。

(3)贯穿性节理。是造成块体塌方的主要原因之一。主要描述节理产状、密度、宽度、延伸情况、节理面特征(光滑、粗糙、起伏不平)、出露位置等。在开挖面调查中,曾多次发现贯通性非常好的节理,发生过几次块体塌方,由于我们进行超前预报,提醒施工人员注意,提前采取必要的措施,因此没有造成大塌方。

(4)岩脉。岩脉侵入的位置往往是地壳的薄弱点。主要描述岩脉的岩性、出露位置、宽度、接触关系、破碎情况、风化程度等。在开挖面调查中,我们所见到的大多是石英岩脉,风化轻微,呈透镜状或线状穿插于围岩中,杂乱无规则,造成围岩非常破碎。

(5)水。水增加了隧洞施工难度。地层渗水影响喷射混凝土的质量;若在断层带内岩体破碎,或节理被次生黏土充填地段有水,则会大大降低围岩的自稳能力,增加坍塌的可能。我们主要描述出水点位置及其与断层和节理的关系、出水状态(滴、流、涌)、水味、水色、水温、出水点附近有无沉淀物等。同时了解水对混凝土的侵蚀性。

在单一岩性和结构简单处,可仅对拱顶和一边边墙进行素描,绘制地质展示图。在一些特殊地质位置需采用摄影技术记录。隧洞地质素描可对当前地质条件进行准确判断,同时可结合前期勘察地质剖面图或区域地质图对掌子面前方的围岩进行短距离的预报,当地层稳定时,预报精度较高,但当地层岩性、地质构造等变化频繁时,易造成误判。隧洞典型地质素描图如图 7-1 所示。

## 7.4.3　物探方法

### 7.4.3.1　地震类方法

地震类超前地质预报手段参考的是地震勘探中的 VSP(垂直地震勘探)方法,最初在隧洞中的应用是由中铁第一勘察设计院提出的负视速度法,后来瑞士安伯格公司将地震偏移成像的整体思路引入,形成了目前以 TSP 为代表的地震类超前地质预报手段。目前,国内外以 TSP 为基础衍生出来的方法主要分为下面几类:

(1)TSP(Tunnel seismic prediction):隧道地震预测法/隧道震波预测法。

(2)MSP(Mine seismic prediction):矿井地震预测法/矿井震波预测法。

(3)TGP(Tunnel Geological Prediction):隧道地质预测法。

(4)TST:(Tunnel seismic Tomography)隧道散射地震 CT 成像技术。

(5)TRT(True Reflection Tomography):真正的反射成像/隧道反射层析。

上述几种方法中,MSP、TGP 与 TSP 基本一样,故下面仅对 TSP、TST、TRT 法进行分析。

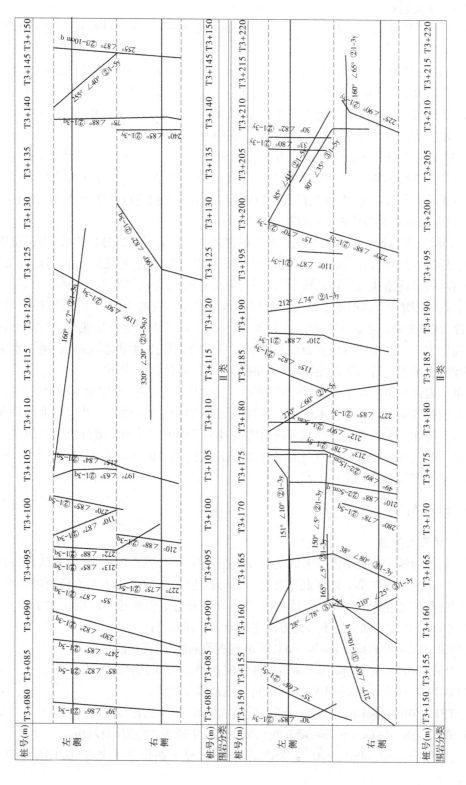

图 7-1　隧洞典型地质素描图

1. TSP(Tunnel seismic prediction)

(1)方法原理:利用地震波在传播过程中遇到不均匀地质体(存在波阻抗差异)时发生反射的原理,再结合隧洞的特点来探测隧洞前方地质情况的观测系统(见图 7-2)。地震波是由特定位置进行小型爆破产生的,爆破点一般是沿隧洞左(右)壁平行洞底成直线排列,这样由人工制造一系列有规则排列的轻微震源,形成地震断面。这些震源发出的地震波在遇到断裂破碎界面、岩溶陷落柱等不良界面时,将产生反射波,并被后方的接收器接收。对反射信号进行处理后,就能得到掌子面前方异常界面的位置及方位。

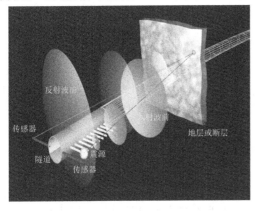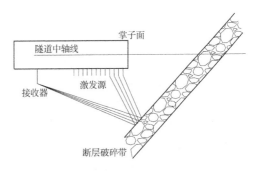

图 7-2　TSP 工作原理示意图

(2)工作布置:在隧道的左边墙或右边墙位置按约 1.5 m 的间距分别布置 24 个炮孔,炮孔布置在左边墙还是右边墙取决于岩层或主要构造的走向,一般炮孔应布置在隧道前进方向和构造线的走向夹角成钝角的一侧(见图 7-3、图 7-4)。如果定义靠近掌子面的第一个炮孔为 1 号孔,则在离第 24 个炮孔 15~20 m 的左边墙和右边墙的位置分别布置一个地震波信息接收孔,炮孔和接收孔基本保持在同一高度上。

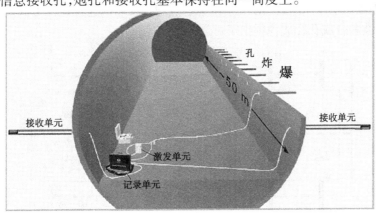

图 7-3　TSP 现场布置示意图

(3)技术特点:该方法衍生自地面地震勘探的 VSP 孔中地震勘探理论,有严格的理论体系,因此对于前方异常体的大致位置预报较为准确。同时该方法具有预报距离长、操作简单、对施工影响小等优点,近年来得到了广泛的应用。然而由于 TSP 观测得到的数据延拓到掌子面上,是一组只有纵向偏移、横向偏移距接近零的反射道集,这就造成在速度

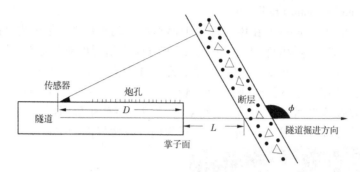

**图 7-4　TSP 传感器布置的最佳位置**

分析时无法得到最优解,无法确定掌子面前方围岩的准确波速,最终成像精度较低。此外,采用近似于零偏移距的观测系统,对于倾斜地层在偏移成像中容易存在偏移假象,即TSP 不能准确判断前方异常体的倾向。虽利用极化偏移理论在模拟数据上可对假象进行一定的消除,但实际应用效果并不明显,这个问题是 TSP 在理论上面临的最大问题,TSP的偏移假象随着隧洞半径的变小将变得更难处理。

2. TST(Tunnel seismic Tomography)

(1)方法原理:TST 技术基于地震散射原理,观测系统采用空间布置,接收与激发系统布置在隧道两侧围岩。地震波由小规模爆破产生,当地震波传播中遇到岩石强度变化大(如物理特性和岩石类型的变化,断层带、破裂区的出现)的波阻抗界面时,部分地震波的能量被散射回来,并由地震检波器接收。该方法可有效地判别和滤除侧面和上下地层的地震回波,仅保留掌子面前方回波,并能同时获得掌子面前方围岩的准确波速和地质体的位置图像。

(2)工作布置:TST 法观测系统采用二维阵列方式,检波器和炮点布置在隧道两侧,成一个平面(见图 7-5)。隧道轴向排列长度不小于 20~40 m,检波器间距 4~5 m;隧道两侧检波器横向距离不小于 15~20 m,检波器与炮点埋深 2 m。这种观测方式为后续的速度分析、方向滤波和合成孔径成像提供了可靠保障。

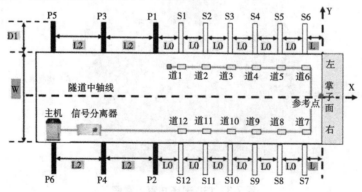

**图 7-5　TST 观测系统布置**

(3)技术特点:TST 技术从观测方式到处理技术相较 TSP 进行了升级,采用空间阵列式观测方式,实现了以方向滤波、速度扫描、合成孔径等处理技术为基础的 TST 软件系统。然而 TST 的观测方式来源于 TSP,是根据 TSP 的炮检互换原理改变的,目的是通过布置更多的检波器而少放炮。在掌子面不允许放炮,仅可采用锤击等方式激发的情况下,能量就会受到很大的限制,接收到的信号质量很难得到保障。

3. TRT(True Reflection Tomography)

(1)方法原理:TRT 从本质上说仍为弹性波方法,当地震波预报声学阻抗差异(密度和波速的乘积)界面时,一部分信号被反射回来,一部分信号透射进入前方介质。声学阻抗的变化通常发生在地质岩层界面或岩体内不连续界面。TRT 的观测方式是空间布置,资料处理方法上采用概率偏移成像法,即利用回波走时和假定速度画椭圆,根据椭圆叠合的概率成像(见图 7-6)。

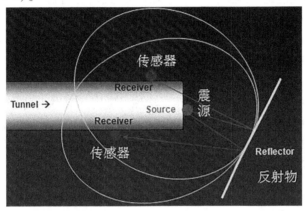

图 7-6　TRT 技术原理

(2)工作布置:TRT 的观测系统如图 7-7、图 7-8 所示,共布设激发点 12 个,接收点 10 个,一般情况下,传感器的布设主要采用马蹄型隧道的布设方式。其中最前面的激发点距掌子面距离不宜大于 2 m,最后一组激发点与第一组接收点的间距控制在 15 m 左右,每组激发点的水平间距为 2 m,每组检波点的水平间距为 5 m。图 7-7、图 7-8 中的一个激发点代表空间上的一组,即上、中、下三个点均匀分布;接收点 A2、A3、A7、A8 布设在拱腰,A4、A6、A9、A11 布设在边墙底部,A5、A10 布设在拱顶(在现场根据实际情况,A5、A10 亦可布设在拱腰)。

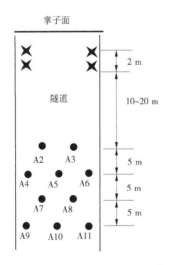

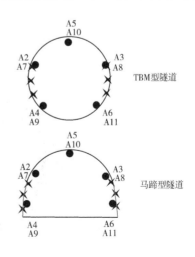

图 7-7　TRT7000 传感器布置俯视图　　　图 7-8　TRT7000 传感器布设横截面图

（3）技术特点：TRT 传感器之间采用无线连接，相比传统的线缆连接，便携性较高；采用全空间立体式的观测系统，可以接收到丰富的三维空间信息，同时数据叠加次数高，能够获取到前方异常体更丰富的位置信息。然而该方法需要事先假定速度进行偏移成像，而不是根据资料分析确定速度，难以保证速度的真实性；同时不能对不同方向回波进行区分。

### 7.4.3.2　电磁类方法

#### 1.瞬变电磁法

（1）方法原理：在发送回线上供一个电流脉冲方波，在方波后沿下降的瞬间，产生一个向回线法线方向传播的一次磁场，在一次磁场的激励下，地质体将产生涡流，其大小取决于地质体的导电程度，在一次场消失后，该涡流不会立即消失，它将有一个过渡（衰减）过程（见图 7-9、图 7-10）。该过渡过程又产生一个衰减的二次磁场向掌子面传播，由接收回线接收二次磁场，该二次磁场的变化将反映地质体的电性分布情况。如按不同的延迟时间测量二次感生电动势 $V(t)$，就得到了二次磁场随时间衰减的特性曲线。如果没有良导体存在，将观测到快速衰减的过渡过程；当存在良导体时，由于电源切断的一瞬间，在导体内部将产生涡流以维持一次场的切断，所观测到的过渡过程衰变速度将变慢，从而发现导体的存在（见图 7-11）。

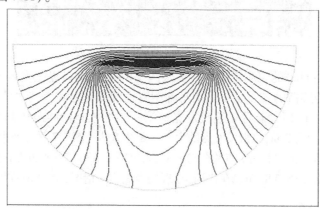

**图 7-9　回线中阶跃电流的磁力线**

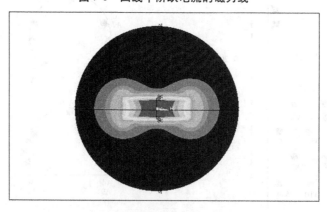

**图 7-10　全空间中的等效电流云图**

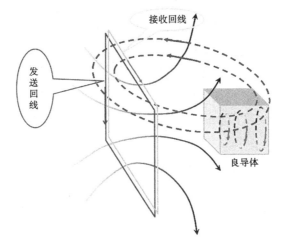

**图 7-11　良导体瞬变电磁感应原理**

（2）工作布置：为对掌子面前方有效区域进行全覆盖探测及不同方向上的数据进行对比，一般在掌子面布置三横三纵测线网格。即分别按发射线框的正法线方向与掌子面呈 60°、90°、120°三个方向从左到右（横向）扫 3 条测线；线框平面在掌子面按左、中、右三个位置从上到下（纵向）扫 3 条测线。当隧道直径小于 3 m 时，纵向测线数量可减少为 1 条。隧道瞬变电磁法工作时，由于掌子面面积较小，测线上的测点宜采用扇形扫描形式，测点密度应适应探测对象的异常反应。横向测线宜以发射线框的正法线方向与隧道左壁垂直为起点（0°），顺时针方向每 15°布置一个测点，当发射线框的正法线方向与掌子面垂直（90°）后，每隔 0.5 m 布置一个测点，依次进行扇形扫描，直到发射线框的正法线方向与隧道右壁垂直（180°）。纵向测线宜以发射线框的正法线方向与掌子面呈 45°为起点，每隔 15°布置一个测点，直到发射线框的正法线方向与掌子面呈 135°，共计 7 个测点。

（3）技术特点：该方法对含水断层、含水溶洞等低阻体响应较为敏感，实际工作中灵活、轻便，实际探测时可以根据具体探测任务的不同，设计不同的探测方向，从而完成多方位、多角度的探测。然而在实际探测中所得到的二次场信息是掌子面前后岩层或隧道顶底围岩、锚杆锚网、钢拱架等金属干扰体的电性特征的综合反映，从而使得异常信号位置的确定存在一定的困难。

2. 地质雷达法

（1）方法原理：地质雷达是利用高频窄脉冲电磁波探测介质分布的一种地球物理勘探方法，其工作原理是发射天线向前方发射数十兆至数千兆赫兹的电磁波信号，在电磁波向前方传播的过程中，当遇到介电参数差异（主要为相对介电常数、电导率和磁导率）的目标体时，电磁波发生反射，由接收天线接收并记录，在对探地雷达数据进行处理和分析的基础上，根据雷达波形、电磁场强度、振幅、频谱特征和双程走时等参数来推断掌子面前方的地质情况，如图 7-12 所示。

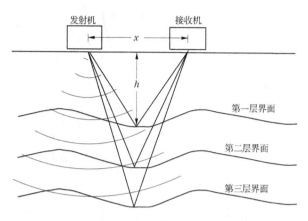

图 7-12　地质雷达工作原理

（2）工作布置：地质雷达探测一般采用低频屏蔽天线，先在掌子面附近进行"U"字形测线或井字形扫描（见图 7-13），然后针对异常情况进行更多的测线扫描。

（3）技术特点：地质雷达法具有无损探测、数据采集和处理速度快、探测精度较高等特点，一般有效探测距离为 15~30 m。采用屏蔽天线的地质雷达在超前地质预报中，信号只向前传播，因此很好地避免了隧道后方的影响。然而由于低频天线分辨率较

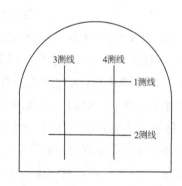

图 7-13　井字形测线布置示意

低，对于较小的破碎带不能进行有效识别；同时目前的低频天线相对比较笨重，在施测过程中需要占用一定的空间，移动不便，在 TBM 施工条件下受到了限制。

### 7.4.3.3　直流电法及激电类方法

1. 隧洞直流电法

（1）方法原理：直流电法超前探测最早由中煤科工集团西安研究院提出，其基本原理是利用三极法进行探测，如图 7-14 所示，$A$、$B$ 两极为供电点，其中 $B$ 点设在无穷远（5~10 倍的探测距离），就形成了以 $A$ 点为中心稳定的球形电场。设在 3 个不同球形电场 $A_1$、$A_2$、$A_3$ 进行测试，可以得到 3 组前方相切的介质的视电阻率，经过软件处理，消除其他方向上的干扰，得到前方切点处的视电阻率。连续观测就得到工作面前方不同距离处介质的视电阻率变化曲线，含水点的岩石视电阻率会大大降低，依视电阻率变化情况可以推测出工作面前方水文地质条件是否有异常。

（2）工作布置：其工作布置如图 7-14 所示，利用 $A_1$、$A_2$、$A_3$、$A_4$ 四个点作为供电电极依次供电，根据全空间电场概念，每个电极可形成一个球状的等电位面。利用 $MN$ 测量各个等电位面之间的电位差，则可计算其电阻率。这个电阻率是供电电极在每个球面上的反映，可通过沿着巷道的四个电极之间的方向特性，对巷道前方的异常体进行识别。

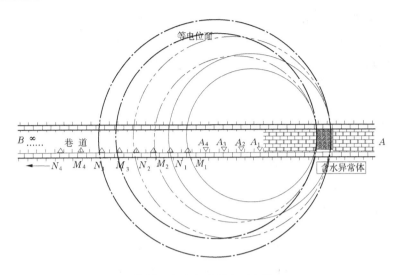

图 7-14　直流电法原理示意图

　　(3)技术特点:该方法探测准备率高,对含水断层、裂隙带等富水区探测效果较好。但是直流电法还存在一些不足,对数据的处理及解释目前还是建立在理想的全空间条件下,忽略了隧洞空腔自身、层状介质及围岩介质电性等因素的影响,从而探测结果会出现一定的误差和不确定性。同时在实际探测中,电极的布设比较困难,相对耗时,进一步限制了该方法的推广应用。

　　2. BEAM 方法

　　(1)方法原理:BEAM 是利用 TBM 设备在隧道掌子面内进行聚焦电流探测的一种方法,通过在刀盘施加一个探测电压,以刀盘为电极向地质体内发射探测电流,它经过前方的地质体后从隧道后方的锚杆返回,通过测量在多个频率探测电压下的探测电流的大小计算出刀盘前方视电阻 $R$ 和频率效应百分比 PFE(percentage frequency effect)。PFE 和 $R$ 在不同的地质条件下呈现的值不同,通过实时测量分析,可以判断前方的地质类型,$R$ 值会随着前方异常体的靠近而增加或者降低(视异常体的性质而定),可以用于判断地质异常体的距离和大小(见图 7-15)。

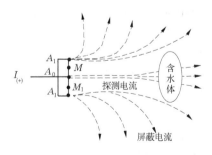

$A_1$—屏蔽电极;$A_0$—探测电极;$M$、$M_1$—测量电极;$I_{(+)}$—供电电流

图 7-15　BEAM 超前地质预报原理示意图

（2）工作布置：图 7-16 所示为二维超前地质预报中掌子面电极的布置图。在实际工作中通过 $A_1$ 两个屏蔽电极供电（即供两个与 $A_0$ 同性的电位），由于 $A_1$ 电极供电与 $A_0$ 电极电性相同，则 $A_0$ 供电电极的电流方向将向下传播，达到聚焦的目的。之后通过 $M$、$M_1$ 接收电极接收极化后的电阻率信号判断前方含水情况。

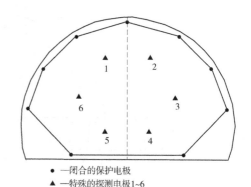

● —闭合的保护电极
▲ —特殊的探测电极1~6

图 7-16　二维超前地质预报中掌子面电极的布置

（3）技术特点：BEAM 技术实现了探测仪器、传感器与 TBM 装备的集成和一体化，可进行自动测量，工作效率较高。但由于其探测方法和理论的局限，BEAM 技术在定位精度、探测距离、分辨率等方面存在很大问题，仅能定性判断掌子面前方一定范围内是否存在含水体，无法对异常体进行定位，难以满足隧道施工需要。

## 7.4.4　超前钻探法

超前钻探地质预报是隧洞超前地质预报体系中非常重要的一类，其预报结果准确、直观的特点决定了它在隧洞施工地质预报中不可替代的地位。超前地质钻探主要通过对现场钻探所做的记录，以及钻机自带系统所收集的钻进数据进行分析，或者通过对钻探取出的岩芯进行描述、分析，推断掌子面前方围岩的地质情况。超前钻探法适用于各种地质条件下的隧洞超前地质预报，当开挖工作面前方地质条件复杂，遇富水软弱断层破碎带、富水岩溶、煤层瓦斯带、重大物探异常区时，超前钻探法必须采用。超前钻探可分为冲击钻探和取芯钻探。

冲击钻探在进行钻进时，通过给予钻头一定的轴向压力，并利用钻头旋转产生的扭转力破碎前方岩石，同时利用高压气体或水将岩屑、岩粉冲出，通过其钻进的难易程度，便可以相应推断围岩的性质。因而，冲击钻探对前方围岩的地质预报，主要是针对钻探过程中钻探人员的现场记录和钻机自带记录系统对钻进工作参数的记录两项内容，进行综合分析，判断钻进难易程度，并推断相应的岩体的地质特征。在记录内容中，前者主要包括钻探的施钻及终钻时间，钻进深度、冲洗液颜色、有无异味，返渣颗粒大小、形状、岩性，以及卡钻、跳钻及塌孔等异常情况等。冲击钻探适用于一般地质条件，优点是钻进速度快、成本低，缺点是噪声大、粉尘多、对岩层变化不敏感。

取芯钻探操作与冲击钻探类似，只是在钻进过程中增加了取芯的环节，而且对钻探施工人员的技术要求更高，以保证所取岩芯的质量。目前，取芯操作主要采用冲击式钢绳取芯法，即使用一个打捞器、水转换器以及卷扬机，在无须提出钻杆的条件下即可进行水平快速钻孔取芯，尤其适合软弱破碎地层的取芯作业，不会因其塌孔等不良现象而导致取芯作业无法正常开展。在钻进前，取芯筒便与打捞器相连接被放入芯筒内。在一段钻进完成后，便可利用转换器将存有岩样的取芯筒从钻杆内取出。钻进过程中或钻进结束后即可对岩芯进行描述，措施内容主要包括：岩芯形状、长度、岩芯采取率、岩石质量指标

（$RQD$）、岩性、节理裂隙发育情况、胶结情况、风化程度等,最终可绘成钻孔柱状图。超前取芯钻探与冲击钻探相比,预报结果更为直观、可靠。取芯钻探可以通过所取岩芯直接判断前方围岩的岩性变化、岩体的破碎程度,以及一些不良地质体如软弱夹层等充填情况,并通过试验得到相应里程位置处岩体的强度、完整性、含水率等基本性质指标。

## 7.5　适合双护盾 TBM 施工的隧洞综合超前地质预报方法

### 7.5.1　双护盾 TBM 超前地质预报方法技术特点

隧洞超前地质预报可视为隧洞地质勘察工作的继续,目前常用的隧洞超前地质预报方法主要包括地质分析法、物探法及超前钻探法等。

地质分析主要包括两个方面,地表地质分析法和洞内地质分析法。地表地质分析主要依靠前期地质勘察成果,对隧洞地层岩性、区域地质构造及水文地质进行宏观的判断,初步判断隧洞可能存在的不良地质条件,但其精度较低,属于宏观定性预报。洞内地质分析主要利用已经开挖隧洞的地质条件,通过对当前地质条件的详细地质素描及分析,对掌子面前方约 10 m 范围的岩性、地质构造、含水情况等进行预报,其预报距离较短,可随开挖随时进行,在地层稳定时有较高的精度,但当地层变化频繁时,易产生漏判、误判。

双护盾 TBM 施工时,受刀盘、护盾和管片的遮挡,暴露的围岩较少,无法采用地质素描的方法,所获得的地质信息较少。TBM 掘进过程中,不同的围岩条件对应不同的掘进参数并产生不同性状的岩渣,通过掘进参数和岩渣分析可对地质条件做出一定的判断。因此,可采用掘进参数及岩渣分析来代替地质素描。

物探法是隧洞超前地质预报使用最多的方法,按其原理可分为地震法、电法、电磁法和声波法等。国内常用的以地震法为原理的预报系统主要有 TSP、TST、TGP、TRT 等,这些预报方法一般以炸药激震或锤击作为震源,采用检波器接收围岩反射的地震波。如 TSP203 超前地质预报系统,需要在隧洞边墙上布置 24 个炸药激震孔及 2 个接收孔。但双护盾 TBM 施工隧洞洞壁受护盾和管片的影响,无布置钻孔的位置,因此以炸药激震的物探方法不适用于双护盾 TBM 施工。

地质雷达法及瞬变电磁法均以电磁法为原理,在预报隧洞地下水方面有较好的效果,但双护盾 TBM 配备了大量的电子、电气设备,电磁环境复杂,存在严重的电磁干扰,会导致电磁法预报数据失真及预报结果错误,因此以电磁法为原理的超前地质预报方法不适宜双护盾 TBM 施工的隧洞。

另外,施工速度快是双护盾 TBM 隧洞施工的主要优势,任何超前地质预报方法应以不占用或少占用 TBM 掘进时间为原则。

根据以上分析,结合兰州市水源地建设工程输水隧洞的工程地质条件及双护盾 TBM 施工的技术特点,选择了地面地质分析、掌子面围岩观察、掘进参数分析及岩渣、以锤击作为震源的三维地震法、三维电阻率法及超前钻探法等多源信息为主的综合超前地质预报方法。

### 7.5.2　双护盾 TBM 综合超前地质预报方法

#### 7.5.2.1　地表地质分析法

在兰州市水源地建设工程输水隧洞 TBM 施工前,采用前期地质勘察资料,并结合隧洞地面踏勘复核,对隧洞沿线的地形地貌、地层岩性、地质构造、地下水条件、不良地质条件等做出了初步的判断。通过地质分析基本查明了易发生隧洞地质灾害的岩性接触带、区域性断层、浅埋过沟段等的大致位置及规模,并评估了其对 TBM 施工的影响程度,从而反映到 TBM 设备选型及配置上。因此,地面地质分析可作为宏观定性地质预报的方法。

#### 7.5.2.2　掌子面围岩观察

双护盾 TBM 施工时,护盾、刀盘及管片支护几乎将围岩全部遮挡,施工过程中围岩基本不可见。但 TBM 后护盾上配有观察窗口、刀盘上配置有人孔,可以在 TBM 停机维护时通过刀盘滚刀间隙、刀盘人孔对掌子面和洞壁局部围岩进行观测,掌子面围岩如图 7-17 所示。但当围岩破碎时,双护盾 TBM 采用单护盾模式掘进,伸缩护盾处于关闭状态,为保证施工安全,刀盘顶住掌子面无法后退,刀盘人孔和护盾观察窗口也处于关闭状态,无法直接观测围岩。

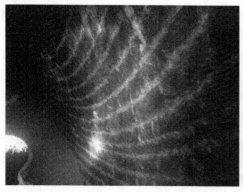

**图 7-17　掌子面围岩**

通过地质描述,可以了解围岩的岩性、完整性、节理裂隙发育情况、地下水条件等。当围岩强度较高、岩体较完整时,掌子面会呈现平整状态,并能明显地看到滚刀切割岩石所形成的同心圆轨迹,当岩体节理裂隙发育时,掌子面呈现出凹凸不平的状态,局部可能出现塌方,可以明显看到节理的发育程度,并可根据条带状不良地质体的产状和在隧洞的出现位置,经过一系列三角函数运算,求得条带状的不良地质在隧洞掌子面前方消失的距离。地质描述不仅可以对当前围岩进行初步分类和稳定性状态进行初步评价并提出支护建议,还可以根据围岩出现的一些前兆标志,对掌子面前方的不良地质体如断层带、节理密集带、富水地层等进行初步的预测,预测的范围以不超过 10 m 为宜。施工地质描述在地层稳定、围岩变化较小的条件下预测精度较高,但在地层频繁多变的条件下误判、漏判的可能性较大。

#### 7.5.2.3　掘进参数和岩渣分析

掘进参数与围岩条件有直接的关系,掘进参数主要包括掘进模式(单护盾模式、双护盾模式)、刀盘推力、刀盘扭矩、刀盘转速、贯入度、掘进速度等。根据双护盾 TBM 掘进的技术特点,在硬岩中掘进时,采用双护盾模式,在承载力较低、易塌方的软岩中掘进时,采用单护盾模式;在同等刀盘推力条件下,在硬岩中的贯入度低,软岩中的贯入度高;若在掘进时,扭矩先达到额定值而推力未达到额定值或同时达到额定值,皮带输送机上无大块渣料输出,围岩可判定为均质软岩状态;若在掘进时,推力先达到额定值而扭矩未达到额定值或同时达到额定值,皮带输送机上无大块渣料输出,围岩可判定为均质硬岩状态;高刀盘转速掘进时,推进力大、扭矩低、贯入度低,围岩可判定为均质特硬岩状态;扭矩大且变化大,推力较小且变化大,大块渣料增多,此时可判定节理密集发育、围岩破碎。各掘进参数均可以在 TBM 控制计算机的显示屏上实时查看,如图 7-18 所示,并可存储、下载供研究分析。可根据掘进参数对当前的围岩做出判断,并可对掌子面前方围岩进行短距离的预测。

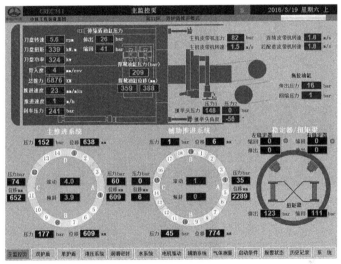

| 时间 | 环数 | 总推力 | 推进速度 | 刀盘扭矩 | 刀盘贯入度 | 刀盘转速 | 总里程 |
|---|---|---|---|---|---|---|---|
| 2016-10-22 19:58:31 | 2244 | 5483.695 | 63.6394 | 582.6765 | 15.18121 | 4.191985 | 8241.986 |
| 2016-10-22 20:00:31 | 2244 | 5607.787 | 53.30914 | 449.8562 | 12.69064 | 4.200665 | 8242.095 |
| 2016-10-22 20:01:31 | 2244 | 5548.89 | 56.2808 | 432.5319 | 13.41525 | 4.193793 | 8242.147 |
| 2016-10-22 20:02:31 | 2244 | 6171.74 | 50.54279 | 585.3521 | 12.05597 | 4.192347 | 8242.195 |
| 2016-10-22 20:03:31 | 2244 | 6086.894 | 54.78552 | 579.2116 | 13.05872 | 4.195963 | 8242.246 |
| 2016-10-22 20:04:31 | 2244 | 6602.252 | 50.35822 | 534.1683 | 11.98198 | 4.202836 | 8242.298 |
| 2016-10-22 20:05:31 | 2244 | 6825.098 | 37.4458 | 334.3604 | 8.929631 | 4.193432 | 8242.345 |
| 2016-10-22 20:07:31 | 2244 | 7032.848 | 46.29988 | 530.7033 | 11.01156 | 4.204464 | 8242.434 |
| 2016-10-22 20:08:31 | 2244 | 7533.145 | 49.98926 | 512.224 | 11.9332 | 4.189091 | 8242.479 |
| 2016-10-22 20:09:31 | 2244 | 8152.395 | 49.80432 | 653.129 | 11.87163 | 4.19524 | 8242.524 |
| 2016-10-22 20:10:31 | 2244 | 8031.029 | 54.23181 | 624.255 | 12.89031 | 4.207176 | 8242.578 |
| 2016-10-22 20:11:31 | 2244 | 8377.652 | 45.37793 | 569.972 | 10.81 | 4.197772 | 8242.628 |
| 2016-10-22 20:12:31 | 2244 | 8461.538 | 28.77612 | 491.4348 | 6.838596 | 4.207899 | 8242.665 |
| 2016-10-22 20:13:31 | 2244 | 8882.759 | 27.11572 | 439.4617 | 6.469027 | 4.191623 | 8242.73 |
| 2016-10-22 20:15:31 | 2244 | 9189.543 | 35.23242 | 498.3645 | 8.385899 | 4.201389 | 8242.756 |
| 2016-10-22 20:16:31 | 2244 | 9183.87 | 35.04749 | 471.8005 | 8.3428 | 4.201027 | 8242.791 |
| 2016-10-22 20:17:31 | 2244 | 8729.863 | 29.32947 | 521.4637 | 7.007442 | 4.185474 | 8242.833 |
| 2016-10-22 20:18:31 | 2244 | 8805.625 | 35.96997 | 497.2096 | 8.599946 | 4.182581 | 8242.861 |
| 2016-10-22 20:19:31 | 2244 | 8787.332 | 33.20361 | 463.7159 | 7.927578 | 4.188368 | 8242.893 |

**图 7-18　双护盾 TBM 掘进参数**

在兰州市水源地建设工程输水隧洞双护盾 TBM 掘进过程中,对不同围岩条件下的掘进参数进行了统计。实际掘进中,可根据掘进参数对当前的围岩进行判断,同时可根据当前围岩的情况对掌子面前方的围岩进行短距离预报,预报距离一般以小于 10 m 为宜。与掌子面围岩观察的预报类似,当地层稳定时,预报精度较高,而地层变化频繁时,有可能漏判或误判。

　　TBM 刀盘破岩后,会形成岩渣并被运出洞外。国内外的 TBM 施工实践表明,岩渣与围岩的地质条件具有一定的相关性。对于 Ⅱ 类围岩,岩渣一般主要呈片状,其长轴长度略小于滚刀间距。随着围岩类别的降低,片状岩渣含量逐渐降低,而块状岩渣逐渐增多,当围岩为 Ⅴ 类时,片状岩渣基本不可见(见图 7-19)。另外,可通过岩渣得出围岩的岩性、节理裂隙发育情况、断层带及岩石风化情况等地质信息。在兰州市水源地建设工程输水隧洞双护盾 TBM 施工过程中,对不同围岩类别条件下的岩渣情况进行统计,统计结果见表 7-1。通过岩渣分析可对当前围岩的岩石强度、岩体的完整性、节理裂隙发育情况、断层破碎带、节理裂隙充填情况等做出判断,并可对掌子面前方的围岩做出短距离的预报。预报距离一般以小于 10 m 为宜。

图 7-19　岩渣

表 7-1　不同围岩条件下岩渣情况

| 围岩类别 | 岩渣情况 |
| --- | --- |
| Ⅱ类 | 岩石新鲜,岩渣以片状和粉状为主,片状岩渣含量为 70%~90%,粒径 3~8 cm,最大约 15 cm,少见块状岩渣,岩粉含量为 10%~20% |
| Ⅲ类 | 岩石新鲜—微风化,岩渣以片状和粉状为主,片状岩渣含量为 40%~70%,粒径 3~10 cm,最大约 15 cm,块状岩渣含量为 20%~50%,岩粉含量为 10%~20%,块状岩渣表面可见节理面 |
| Ⅳ类 | 岩石微风化—中等风化,块状岩渣含量大于 70%,片状岩渣含量少于 20%,粒径以 10~20 cm 为主,块状岩渣表面节理面清晰可见,可见节理面充填情况 |
| Ⅴ类 | 岩石中等风化—强风化,块状岩渣含量大于 80%,岩渣粒径变化大,粒径范围 1~25 cm,块状岩渣表面节理面清晰可见,断层带可见断层泥、角砾等 |

### 7.5.2.4　三维地震法

#### 1. 工作原理

　　三维地震波探测的基本原理为:当地震波遇到声学阻抗差异(密度和波速的乘积)界面时,一部分信号被反射回来,一部分信号透射进入前方介质。声学阻抗的变化通常发生在地层界面或岩体内不连续界面(节理裂隙、断层、溶洞等),见图 7-20,反射的地震信号被高灵敏地震信号传感器接收。通过对测试数据进行解译和分析,可用于预报隧洞掌子面前方地质体,如软弱带、破碎带、断层带、含水构造的位置、规模等。正常入射时边界的反射系数可由式(7-1)进行计算:

$$R = \frac{\rho_2 V_2 - \rho_1 V_1}{\rho_2 V_2 + \rho_1 V_1} \qquad (7\text{-}1)$$

式中:$R$ 为岩体的反射系数;$\rho_1$、$\rho_2$ 为不同岩体的密度;$V_1$、$V_2$ 为不同岩体的地震波传播速度。

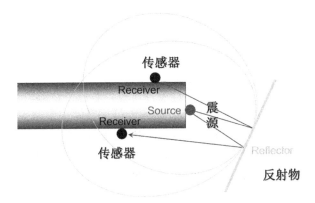

**图 7-20　三维地震法探测原理示意图**

当地震波从低阻抗岩体传播到高阻抗岩体时,反射系数为正;反之,反射系数为负。因此,当地震波从软弱围岩传播到硬质岩体时,回波的偏转极性和波源是一致的。当岩体内部节理裂隙发育时,回波的极性会反转。反射体的尺寸越大,声学阻抗差异就越大,回波就越明显,越容易被探测到。

三维地震波超前探测的偏移成像方法可以分为四部分(见图 7-21):前处理、波形处理、成像及解译。针对目前常用的带通滤波未考虑到信号的时变特性的问题,采用时变频率滤波方法有效地滤除杂波,提高探测的分辨率;针对部分干扰波与有效波频谱成分接近,采用 F-K 与 τ-p 联合滤波的方法,实现了隧洞复杂波场反射波提取与干扰波的滤除;采用基于绕射叠加的速度扫描分析方法实现了具有三向偏移距的三维空间新型观测模式下隧洞地震波超前探测三维速度分析;基于惠更斯原理,利用几何地震学原理及运动学特性实现了基于等旅行时的隧洞地震波偏移成像方法。

2. 时变滤波

目前隧洞地震超前探测中,最常用的是带通滤波。但是由于隧洞地震记录具有很强的时变频率特征,传统的带通滤波无法很好地适应信号的时变性,因此采用时变滤波提高信噪比与滤波效果。同时,为防止因信号的突然截断而产生吉布斯现象,采用基于余弦镶边的带通滤波方法。

由于频谱随时间变化规律不同且不易准确用函数表达,为实现方便准确的时变滤波,采用分时窗的分段带通滤波。首先把地震信号划分为许多小的时间间隔,用傅立叶变换对每一个时间间隔进行局部频谱分析,获取地震记录的时变频率分布特征。在此基础上,设计相应的时变滤波器,在有效滤除杂波的基础上,还可以有效地保留浅部信号的高频成

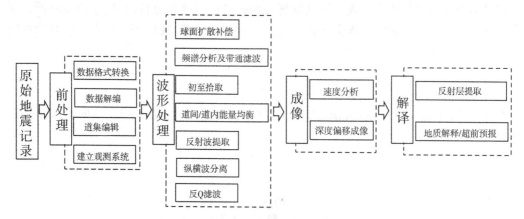

图 7-21　三维地震波超前探测方法模块组成

分,提高浅部的分辨率,又可以保证深部信号滤波的准确性。

处理时首先进行时窗的选择,可以选择一个固定的时窗(如 100 ms),时窗间隔一般取时窗长度的一半;然后分时窗进行傅立叶变换,得到不同时窗下的地震频谱。针对不同时窗设计不同的带通滤波器进行滤波,完成时变滤波。

**3. 波场分离**

隧洞地震超前探测的波场信息十分复杂,接收到的全波场信息包括直达波、面波、散射波、反射波等。对于隧洞地震超前探测来说,除来自掌子面前方异常体的反射波外,其他信号均为干扰信号。这些干扰信号包括直达波、面波、隧洞掌子面产生的散射波及反射波、隧洞掌子面后方异常体产生的反射波等。因此,在进行地震超前探测资料处理时,首先要进行波场分离,滤除掉面波、其他方向的反射波等干扰信号。在波场分离的基础上,对前方反射波进行波场分离、速度分析及偏移成像等。在隧洞内的观测环境下,采用以线性波场分离为主的 F-K 滤波与 $\tau$-p 滤波更适合隧洞超前探测的特点,其波场识别和分离的效果更好。其原理是依靠这些干扰波与有效波在视速度上存在的差异。特别是提出的具有三向偏移距的隧洞三维地震波超前探测的空间观测方式,其在观测系统的设计上就充分考虑了波场分离的要求,大部分干扰波(直达波、掌子面后方反射波、隧洞空腔干扰波),其视速度均与掌子面前方有效反射波视速度方向不同。

F-K 滤波与 $\tau$-p 滤波是行之有效的两种视速度滤波方法,但是由于隧洞波场的复杂性及滤波方法自身的局限性,单一的滤波方法无法完全实现隧洞复杂波场的波场分离。因此,采用 F-K 滤波与 $\tau$-p 滤波两种滤波相互配合的方法,滤除地震记录中的干扰波,实现隧洞复杂波场反射波提取。

在 F-K 域内,不同视速度方向的地震波信号会分布到正波数与负波数的不同平面。因此 F-K 滤波根据视速度的正负提取有效反射波或者滤除与有效反射波正负号相反的干扰波,其主要作用是去除来自隧洞掌子面后方的反射波,只保留来自隧洞掌子面前方异常体的反射信号,主要实现方向滤波的功能,同时还可实现削弱下行波的功能。$\tau$-p 滤波可以根据不同波到达的先后顺序及到达方向滤除不同的干扰波,在 F-K 滤波的基础上进一步滤除掌子面散射(反射)等干扰波。

提出的具有三向偏移距的隧洞地震超前探测观测模式("前收后源式")在波场分离方面具有独特的优势,其波场分离较其他观测模式更简单。

隧洞内波场分离要实现以下几个任务:

(1)去除掉各类干扰波,包括直达波、面波及掌子面的散射波和掌子面后方的反射波,其中后面两种干扰波是隧洞内观测方式特有的。在此基础上提取出反射波。

(2)在提取反射波的基础上实现纵横波场的分离。

**4. 速度分析**

速度分析是地震波超前探测资料处理十分重要的关键一步,在速度分析准确的基础上,地震资料通过偏移成像等处理后可以得到掌子面前方准确的地质结构信息,反之,可能会影响地震波超前探测成像精度甚至产生假异常,从而得到错误的探测结果。准确而可靠的速度分析是地震波超前探测资料处理的基础。

采用基于绕射扫描叠加的速度分析方法实现,具体实现如下:在给定某一扫描速度下,对于隧洞探测空间范围内的每一点均对应地震记录(按照震检距展开)上的一条绕射双曲线。利用此特性将隧洞探测空间范围离散化,每个离散化后的网格点都可以假设为一个绕射点。将不同的扫描速度沿对应的绕射双曲线计算平均振幅。当绕射点实际上不存在时,绕射双曲线的同相轴在地震记录上也不存在,绕射双曲线不同道地震记录对应的振幅值(大小以及正负)为随机值,绕射叠加后的平均振幅会趋近于零;当绕射点确实是实际存在的绕射点时,地震记录上对应的绕射双曲线经过同一同相轴,绕射叠加后的平均振幅会出现一个极值(极大值或者极小值),此时对应的扫描速度即为所求的叠加速度。

需要注意的是,速度扫描时扫描步长越小,其速度分析的分辨率越高,对应的计算量也就越大。为同时兼顾分辨率与计算效率,采用大步长与小步长相结合的速度分析方法。先用较大速度扫描步长 $\Delta v$ 进行速度扫描,得到一个初始的速度分析结果。然后在初始的速度分析结果基础上,在最优速度附近小范围内进行小步长的速度扫描,进一步提高速度分析的精度。

当速度扫描范围为 2 000~5 000 m/s 时,初始较大扫描步长为 200 m/s,则第二次速度扫描范围为 400 m/s,第二次扫描步长为 50 m/s,则相对于直接采用 50 m/s 扫描步长的方法,大步长与小步长相结合速度分析方法计算效率为原来的 2.6 倍。

**5. 基于等旅行时的隧洞地震波偏移成像方法**

根据惠更斯原理,介质中波所传播到的每个点都可以看作是新的子波震源。因此,假设隧洞地震波超前探测的空间探测范围离散后的每个节点都是一个反射点,也是一个新的子波震源。

每个节点与任意一对震源、检波器均可组成一个椭球体等时面,根据三者之间的距离,可计算出该反射点的旅行距离,结合速度分析得到的速度,可以得到对应地震道记录上的旅行时间,按照这个时间,在对应地震道记录上选取对应的瞬时振幅。依次计算所有地震道记录对应的瞬时振幅,将其叠加。假设该节点是真的反射点,才能在所有的地震道记录上找到以该节点为共反射点的记录,对瞬时振幅叠加后会得到较大的叠加振幅;当该节点实际上不是真正的反射点时,就不可能在所有地震道记录上找到同相的瞬时振幅,瞬时振幅值往往是正负大小不同,随机分布,得到的叠加振幅趋近于零。

第一步,采用与速度分析相同的空间探测范围与单元网格尺寸。

　　第二步,利用速度分析得到的每个节点的速度,依次计算每一个节点对应的所有震源检波器对所用的旅行时间。

　　第三步,按照对应的旅行时间,找到对应地震记录上的瞬时振幅值。依次计算所有地震道记录对应的瞬时振幅,将其叠加。得到该点偏移后的振幅,从而得到最后的深度偏移结果。

　　6.设备主要部件

　　(1)检波器 10 个,灵敏度:1 V/g;接收范围:10~10 000 Hz。

　　(2)检波器固定块 10 个。

　　(3)无线模块 11 个。

　　(4)无线通信基站 1 个。

　　(5)触发器 1 个。

　　(6)主机 1 台,包括 Sawtooth 地震波采集软件和 RV3D 分析软件。

　　7.观测系统布置

　　三维地震的震源和检波器采用分布式的立体布置方式,具体方法见图 7-22。

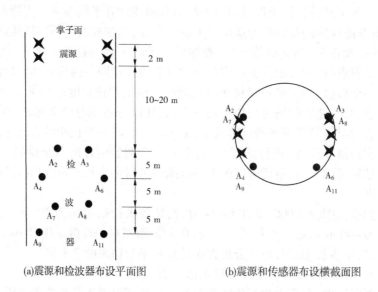

(a)震源和检波器布设平面图　　　　　　(b)震源和传感器布设横截面图

**图 7-22　震源和检波器的布置方法**

　　8.数据采集

　　仪器的工作过程为:在震源点上锤击,在锤击岩体产生地震波的同时,触发器产生一个触发信号给基站,然后基站给无线远程模块下达采集地震波指令,并把远程模块传回的地震波数据传输到笔记本电脑,完成地震波数据采集。仪器连接见图 7-23。

　　9.数据处理及成果解析方法和原则

　　三维地震成像图采用的是相对解释原理,即确定一个背景场,所有解译相对背景值进行,异常区域会偏离背景区域值,根据偏离与分布多少解译隧道前方的地质情况。

　　(1)一般来说,软件设定围岩相对背景值破碎、含水区域呈蓝色显示,相对背景值硬质岩石呈黄色显示。

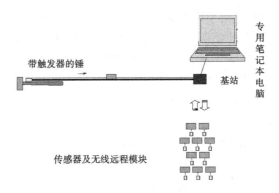

图 7-23　三维地震波采集系统模型

（2）从整体上对成像图进行解译,不能单独参照一个断面的图像。

（3）根据异常区域图像相对于围岩背景,从背景波速分析异常的波速差异,进而判断围岩类别。

（4）对围岩类别的判断必须与地质情况相结合,综合分析。其典型预报结果如图 7-24 及图 7-25 所示。

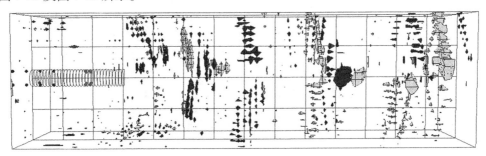

图 7-24　三维地震法主视图

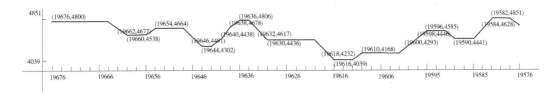

图 7-25　三维地震法波速分布

### 7.5.2.5　三维电阻率法

#### 1.预报原理

隧洞三维电阻率超前探测在隧洞掌子面、边墙或底板等位置布置测线并安装电极,通过对测取的电压、电流等数据进行解译,达到探测隧洞掌子面前方地质情况的目的。三维电阻率法从地面半空间引入隧洞全空间超前探测,由于隧洞掌子面的狭小空间以及隧洞支护衬砌、施工机械等复杂环境影响,难以布设对掌子面前方含水构造响应敏感的观测方式,因此观测方式的优选是隧洞三维电阻率超前探测的首要问题。

针对传统的隧洞三维电阻率探测模式受隧洞掌子面后方干扰影响严重的难题,借鉴聚焦电法和电测深的思想,提出了用于聚焦测深型电阻率观测模式。聚焦测深型观测方式利用了同性电荷相互排斥的原理,使掌子面电流产生类似聚束效应,大大降低了来自掌子面后方的干扰(如衬砌台车)。通过将供电电极向隧洞掌子面后方移动,使电极极距不断增加,实现了对前方不同距离水体信息的感知。

用于聚焦测深型电阻率观测模式测线布置如图 7-26 所示:在隧洞掌子面上布置 2~3 条水平测线,每条测线布置若干个测量电极,在掌子面上组成阵列式测量电极系(测量电极系 M),同时也在掌子面上布置一个供电电极;在隧洞掌子面轮廓上均匀布置 4 个供电电极,在隧洞边墙上每隔一定距离布置 1 圈,每圈 4 个供电电极(供电电极系 A);在隧洞后方边墙上布置 2 个无穷远电极(测量电极 N 与供电电极 B)。在掌子面探测时,掌子面轮廓 4 个供电电极和掌子面中间的供电电极供入同性电流,其余测量电极进行数据采集。采集完毕后,更换下一圈供电电极进行供电,实现移动式测深。最后一圈供电电极系距离掌子面的距离不低于 60 m,最远可达 100 m。

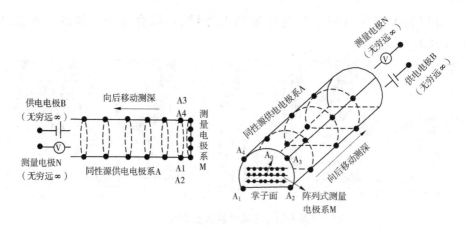

图 7-26　聚焦测深型电阻率探测示意图

在隧洞全空间环境下,在掌子面前方 20 m 处存在低阻异常构造时进行了电场分布数值模拟,验证了聚焦测深型观测模式的聚焦效应。数值模拟采用掌子面轮廓 4 个供电电极(A)与掌子面中 1 个供电电极同时供入同性电流,利用有限元模拟程序计算得到了隧洞全空间电流密度分布情况(见图 7-27)。聚焦观测模式下,掌子面轮廓 4 个供电电极与中心电极同时供入同性电流,使电流线向掌子面前方聚集,聚焦测深观测模式的探测电流产生了明显的聚束效果,低阻异常体位置电流密度明显大于单点供电,达到降低隧洞后方干扰的目的。

2. 测线布置

探测采用山东大学研发的 GEI 综合电法仪(见图 7-28),通过 1 条多芯电缆连接供电电极与测量电极,并将供电电极与测量电极设置在掌子面上。另外,通过 1 根多芯电缆连接电极 B 和 N。测量时保证电极与围岩良好耦合,如图 7-29 所示。掌子面刀盘上布置 9 个电极,作为供电电极与测量电极。

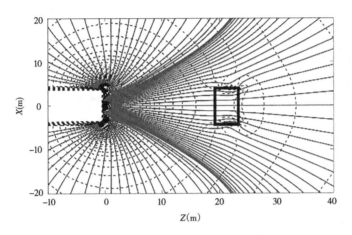

图 7-27　隧洞全空间电流密度分布

图 7-28　GEI 综合电法仪

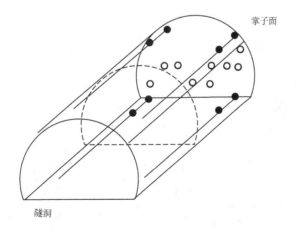

图 7-29　三维电阻率超前探测示意图

**3. 数据解译**

采用三维有限元反演、正演计算及物理模型试验对三维电阻率法的探测距离进行了模拟,结果表明,三维电阻率可对掌子面前方 30 m 范围内的含水体或含水构造进行有效的探测。数据采集后通过对视电阻率剖面进行反演计算,得到探测区域围岩电阻率剖面,一般情况下电阻率对含水构造表现为低阻,对完整围岩表现为高阻,通过对电阻率进行颜色区分,即可确定低阻区的位置及规模,进而对含水构造进行判断,其典型预报成果如图 7-30 所示。三维电阻率法一次预报所需时间约 1 h,可在 TBM 设备维护时使用。

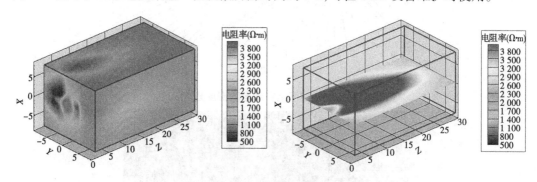

图 7-30　三维电阻率法三维成像图及平切图

### 7.5.2.6　超前钻探

超前钻探是超前地质预报最常用的预报方法之一。超前钻探包括地质取芯钻探及冲击钻探。地质取芯钻探可采取原状岩芯,通过岩芯可对围岩的岩性、节理裂隙发育程度、风化程度等进行直接判断。但取芯钻探所需时间长、成本高,不宜过多使用。冲击钻探无法采取原状岩芯,其主要通过钻进时的推进力、转速、钻进速度等参数对围岩进行间接判断,其钻探所需时间、成本等远低于取芯钻探,因此可大量使用。TBM 设备上配备的超前钻机一般为冲击钻机(见图 7-31)。超前钻探一般钻进深度约 30 m,钻进时间约 3 h,钻进时 TBM 必须停止掘进,可在 TBM 设备维护时使用。

图 7-31　TBM 上配备的超前钻机

### 7.5.3　综合超前地质预报流程

兰州市水源地建设工程输水隧洞采用地面地质分析法、掌子面围岩观察、掘进参数及岩渣分析、三维地震法、三维电阻率法及超前钻探等多源信息的综合超前地质预报方法，不同预报方法的技术特点对比见表 7-2。

表 7-2　不同超前地质预报方法技术特点

| 预报方法 | 预报距离 | 是否占用掘进时间 | 预报成本 | 预报精度 | 优点 | 缺点 |
|---|---|---|---|---|---|---|
| 地面地质分析法 | 大于 1 km | 不占用 | 低 | 低 | 宏观定性预报，能对不良地质问题做出识别 | 不能作为 TBM 施工时工程措施的依据 |
| 掌子面围岩观察 | 低于 10 m | 不占用 | 低 | 中 | 可随掘进随时采用 | 地层变化频繁时，易漏判、误判断 |
| 掘进参数及岩渣分析 | 低于 10 m | 不占用 | 低 | 中 | 可随掘进同步进行 | 地层变化频繁时，易漏判、误判断 |
| 三维地震法 | 100~150 m | 一般不占用 | 高 | 高 | 对构造带预报效果较好 | 对地下水不敏感 |
| 三维电阻率法 | 30 m | 一般不占用 | 高 | 高 | 对地下水预报效果较好 | 对构造带不敏感 |
| 超前钻探 | 30 m | 一般不占用 | 高 | 高 | 对断层破碎带、地下水预报效果较好 | 预报距离短，对操作人员技术水平要求高 |

基于多源信息的综合超前地质预报方法实现了地面（地面地质分析）与洞内（掌子面围岩观察、掘进参数与岩渣分析、物探、钻探）相结合，地质分析（地面地质分析、掌子面围岩观察、掘进参数与岩渣分析）与物探（三维地震法、三维电阻率法）相结合，物探（三维地震法、三维电阻率法）与钻探（超前钻探）相结合，长距离（地面地质分析、三维地震法）与短距离（掌子面围岩观察、掘进参数与岩渣分析、三维电阻率法）相结合，定性（地面地质分析）与定量（物探、超前钻探）相结合，各种方法的预报结果相互验证，具有较高的预报精度。

各种预报方法的预报精度、预报距离、预报成本及是否占用掘进时间各不相同，在预报时并不是同时全部采用，而是根据需要选择不同的预报方法。兰州市水源地建设工程输水隧洞双护盾 TBM 施工时所采用的具体流程如下：

（1）在施工前对隧洞进行地面踏勘及资料分析,全面复核前期地质资料的地形地貌、地质岩性、地质构造、水文地质、物理地质现象等内容,获取整个 TBM 施工段的宏观、定性地质资料。

（2）TBM 施工过程中,根据掌子面围岩观察、掘进参数分析、岩渣分析等手段,对围岩进行全面的地质分析,在确定当前围岩条件的基础上,对掌子面前方围岩进行短距离预报。

（3）根据（1）和（2）的判断结果,当初判临近不良地质体时,采用三维地震法进行超前地质预报,对断层破碎带、节理密集带等不良地质体位置、规模做出预报。

（4）根据（3）的结果,当临近断层破碎带和节理密集带时,采用三维电阻率法或超前钻探等进行探测,主要探测围岩的含水性和破碎情况等。

综合超前地质预报方法流程见图 7-32。

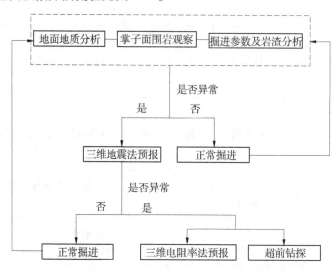

图 7-32　综合超前地质预报方法流程

## 7.5.4　基于综合超前地质预报结果的双护盾 TBM 施工技术

在兰州市水源地建设工程输水隧洞双护盾 TBM 施工过程中,根据综合超前地质预报的不同结果,对掌子面前方的围岩类别及不良地质体进行判断,针对不同的围岩类别和不良地质条件分别采取不同的施工技术:

（1）当预报结果显示掌子面前方围岩为Ⅱ、Ⅲ类且无不良地质体时,可采用双护盾模式正常掘进,不需要采用特别的处理措施。

（2）当预报为Ⅳ类围岩时,可采取如下措施:①调整掘进参数,降低 TBM 的推力、贯入度、刀盘转速等参数,以减小对围岩的扰动,避免围岩塌方或减少塌方量;②减少停机维护的时间,连续掘进通过不良地质段;③当撑靴不能提供足够的反力时,采用单护盾模式掘进;④当围岩承载力低时,控制 TBM 的调向系统,使 TBM 刀盘保持向上的趋势,避免机头下沉;⑤在石英闪长岩、石英片岩、花岗岩段,安装 B 型管片,在砂岩、泥岩、砂砾岩段,安装 C 型管片。

（3）当预报为断层破碎带和 V 类围岩时，由于围岩自稳能力差，仅调整掘进参数无法避免围岩的塌方，此时采取如下措施：①对掌子面前方围岩进行灌浆加固，以增加围岩的稳定性，固结时要注意灌浆的压力及方向，以防止 TBM 刀盘与掌子面围岩被固结，每次灌浆长度 3.5~4.0 m，待围岩固结后，TBM 掘进 3.0 m 后再进行下次灌浆，确保每次灌浆有 0.5~1.0 m 的搭接；②采用单护盾模式掘进；③控制 TBM 的调向系统，使 TBM 刀盘保持向上的趋势，避免机头下沉；④安装 D 型管片，及时进行豆砾石回填灌浆；⑤TBM 掘进通过后，对围岩进行固结灌浆。

（4）当预报掌子面前方易发生软岩大变形时，采取如下措施：①采用单护盾模式掘进，增大掘进时的推力；②在刀盘的边刀位置增加垫块，使开挖洞径扩大 6~10 cm，增加围岩的变形空间；③准备膨润土、润滑油等材料，如发现护盾与围岩发生接触，则通过护盾预留孔向护盾外部注入润滑物质，以减少护盾与围岩的摩擦力；④安装 D 型管片，及时进行豆砾石回填灌浆。

（5）当预报掌子面前方富含地下水，可能发生涌水时，采取如下措施：①维护好 TBM 及隧洞的排水系统，保证涌水时排水系统能正常运行；②准备好化学灌浆设备和材料，当涌水点出露后对地下水进行封堵。

## 7.5.5　预报效果评价

在兰州市水源地建设工程输水隧洞双护盾 TBM 施工过程中，采用了基于多源信息的综合超前地质预报方法，其中地面地质分析、掌子面围岩观察、掘进参数及岩渣分析全洞段采用，三维地震法、三维电阻率法及超前钻探等方法根据需要采用。现选取典型洞段的预报评价如下。

### 7.5.5.1　T9+240~T9+300 段

1. 地面地质分析

本段隧洞埋深约 500 m，地层岩性为浅灰色—肉红色加里东中期花岗岩（$\gamma_3^2$），岩石强度较低，未发现大的断层。预测本段地层岩性及地质构造等发生变化的可能性不大。

2. 掌子面围岩观察

桩号 T9+240 掌子面围岩破碎，节理裂隙发育，掌子面凹凸不平，局部有掉块现象，滚刀切割岩石的同心圆沟槽不可见，部分节理张开，张开宽度 1~3 mm，沿节理面有地下水渗出，部分呈线流状，地下水渗流量约 10 m³/h，初步判断围岩为Ⅳ类，预测掌子面前方短距离内围岩与此类似。

3. 掘进参数及岩渣分析

刀盘推力 3 000~4 000 kN，刀盘扭矩 1 000~1 200 kN·m，刀盘转速 3.5~5.5 r/min，贯入度 10~15 mm/r，掘进速度 45~75 mm/min，刀盘推力及刀盘转速较低，刀盘扭矩、贯入度及掘进速度较高，符合软弱破碎围岩的特征；岩石微风化—中等风化，块状岩渣含量大于 70%，片状岩渣含量少于 20%，粒径以 10~20 cm 为主，掘进时常出现粒径大于 25 cm 的岩块堵塞出渣口。块状岩渣表面节理面清晰可见，可见节理面充填泥质及钙质等。掘进参数及岩渣分析均显示围岩为Ⅳ类。预测掌子面前方短距离内围岩与此类似。

**4.三维地震法预报**

三维地震法预报桩号为 T9+240～T9+300,长度为 60 m,其主视图如图 7-33 所示。预报结果显示:①T9+240～T9+250,长度 10 m,三维反射图像出现小范围的正负反射,平均波速在 3 400 m/s 左右,推断该段围岩较破碎,裂隙发育,易发生掉块或塌腔;②T9+250～T9+280,长度 30 m,三维反射图像出现较大范围的正负反射,平均波速在 3 600 m/s 左右,推断该段围岩破碎,裂隙发育,有可能发生掉块或塌腔;③T9+280～T9+300,三维反射图像出现两条零星的正负反射,平均波速在 3 200 m/s,推断该段围岩完整性差,节理裂隙发育,有可能发生掉块。根据三维地震法预报结果,推测 T9+240～T9+300 段围岩以Ⅳ类为主,由于围岩节理裂隙发育,且部分节理张开,可能富含基岩裂隙水,发生涌水的可能性较大。

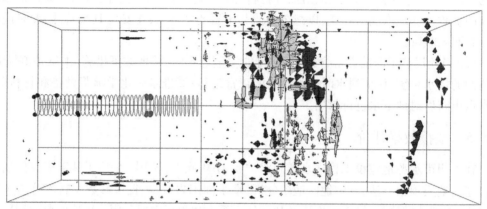

**图 7-33　T9+240～T9+300 段三维地震法预报主视图**

**5.三维电阻率法预报**

共进行了两次三维电阻率法预报,预报桩号分别为 T9+240～T9+270 及 T9+278～T9+308,其三维成像图分别见图 7-34、图 7-35。

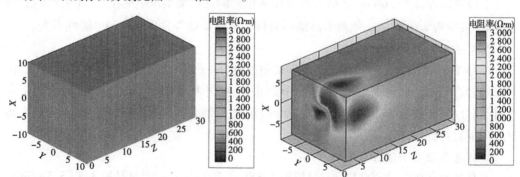

**图 7-34　T9+240～T9+300 段三维电阻率法**
**三维成像图**

**图 7-35　T9+278～T9+308 段三维电阻率法**
**三维成像图**

预报结果如下:①T9+240～T9+260 段:三维反演图像中掌子面左侧电阻率较低,右侧电阻率较高,电阻率值差异明显,推断该段围岩较破碎,节理裂隙发育,易出现塌腔,可能出现线状流水;②T9+260～T9+270 段:三维反演图像中该段电阻率整体较低,推断该段围岩较破碎,裂隙发育,可能出现大面积渗水或股状涌水;③T9+278~T9+288 段:三维反演图像中掌子面前方电阻率较低,推断该段围岩完整性差,节理裂隙发育,可能出现线状流水或股状流水;④T9+288~T9+298 段:三维反演图像中该段电阻率升高,推断该段围岩完整性差,节理发育,可能出现滴水或渗水;⑤T9+298~T9+308 段:三维反演图像中该段电阻率有所降低,推断该段围岩完整性差,节理发育,可能出现大面积滴水。

6. 综合判断

结合地质分析、掌子面围岩观察、掘进参数及岩渣分析、三维地震法及三维电阻率法的预报结果,综合判断 T9+240~T9+300 内岩体破碎,岩石强度较低,岩体富含地下水,发生涌水的可能性大。

7. 开挖揭露围岩情况

T9+240~T9+300 段地层岩性为浅灰色—肉红色加里东中期花岗岩($\gamma_3^2$),岩石单轴抗压强度低于 50 MPa,岩体破碎,节理裂隙密集发育,部分节理张开。共出现涌水点 10 余处,总涌水量约 360 m³/h,最大单点涌水量约 200 m³/h(见图 7-36)。开挖揭露围岩情况与超前地质预报结果基本一致。

**图 7-36　T9+240~T9+300 段涌水**

在本段涌水点揭露之前,即对 TBM 及隧洞排水系统进行了加强配置及优化,最大排水能力达到了 435 m³/h,超过了总涌水量,未发生设备被淹没的事故。当涌水点揭露后,采用化学灌浆的方法对地下水进行了封堵,加上地下水本身的衰减,一周后总涌水量小于 200 m³/h,TBM 恢复了正常掘进。由于超前地质预报结果准确,采取的措施得当,本次涌水未造成大的损失。

### 7.5.5.2　T19+752~T19+647 段

1. 地面地质分析

T19+752~T19+647 段隧洞埋深约 680 m,地层岩性为黑灰色—青灰色奥陶系上中统雾宿山群中段($O_{2-3}wx^2$)安山质凝灰岩、变质安山岩,未发现区域性的断层或大的地质构造通过。

2. 掌子面围岩观察

T19+752 掌子面围岩破碎,节理裂隙密集发育,产状杂乱无规律,岩体呈碎裂—散体结构,掌子面凹凸不平,围岩大量塌方,滚刀切割岩石的同心圆沟槽不可见,部分节理张开,张开宽度 2~5 mm,沿节理面有地下水渗出,部分呈线流状或股状,地下水渗流量约 20 m³/h,初步判断围岩为 V 类,预测掌子面前方短距离内围岩与此类似。

3. 掘进参数及岩渣分析

刀盘推力 1 600~2 000 kN,刀盘扭矩 1 400~1 600 kN·m,刀盘转速 3.5~4.5 r/min,贯入度 14~18 mm/r,掘进速度 50~80 mm/min,刀盘推力及刀盘转速较低,刀盘扭矩、贯入度及掘进速度较高,符合软弱破碎围岩的特征;岩石中等风化—强风化,块状岩渣含量大于 80%,片状岩渣基本不可见,块状岩渣粒径以 10~20 cm 为主,掘进时常出现粒径大于 25 cm 的岩块堵塞出渣口。节理面蚀变严重,局部可见擦痕,掘进参数及岩渣分析均显示围岩为 V 类。预测掌子面前方短距离内围岩与此类似。

4. 三维地震法预报

三维地震法预报的隧洞桩号为 T19+747~T19+647,长度为 100 m,其主视图如图 7-37 所示。

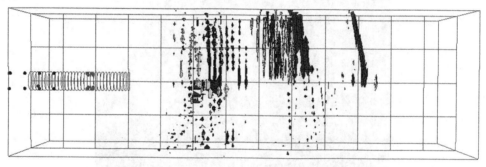

图 7-37　T19+747~T19+647 段三维地震法预报主视图

预报结果显示:①T19+747~T19+727,段长 20 m,该段波速平均 4 000 m/s 左右,波速较平稳,推断该段与掌子面类似,围岩较破碎,节理裂隙发育,软硬交替,易发生掉块或塌腔;②T19+747~T19+727,段长 40 m,平均波速在 3 600 m/s 左右,出现明显的正负反射,局部平稳,推断该段围岩完整性差,局部较破碎,易发生掉块或塌腔;③T19+678~T19+648,段长 40 m,平均波速在 3 700 m/s,出现连续的正负反射,推断该段围岩较破碎,节理裂隙发育,易发生掉块或塌腔。根据三维地震法预报结果,推测 T19+747~T19+647 段围岩以 V 类为主,局部为 Ⅳ 类,由于局部围岩极破碎,发生大规模塌方的可能性较大。

5. 超前钻探预报

由于本段掘进过程中围岩塌方严重,有发生 TBM 卡机的风险,为进一步查明掌子面前方的地质条件,采用 TBM 上配备的超前钻探方法对 T19+747~T19+717 段进行了探测,钻探长度 30 m,钻探方式为冲击钻探。钻进过程中,钻进推力较小,钻进速度快,钻具跳动、振动大,常见卡钻现象,沿钻孔有地下水流出。可推断本段岩石强度低、岩体破碎且富含地下水,进一步验证了掌子面前方为极不稳定的 V 类围岩。

6. 综合判断

根据各种方法的预报结果,综合判断 T19+752 掌子面前方岩体极破碎、岩石强度低、地下水丰富,围岩为极不稳定的 V 类围岩,掌子面和顶拱有严重塌方的可能,TBM 掘进受阻或发生卡机的风险较大。

7. 开挖揭露围岩情况

开挖揭露显示,本段为黑灰色—青灰色奥陶系上中统雾宿山群中段( $O_{2-3}wx^2$ )安山质凝灰岩、变质安山岩,岩体中等风化—强风化,岩石强度低,岩体极破碎,呈碎裂—散体结构(见图 7-38),沿节理裂隙有地下水渗出或流出,总水量约 80 m³/h。开挖揭露围岩情况与超前地质预报结果基本一致。TBM 掘进过程中,在刀盘的扰动下,掌子面及顶拱围岩塌方严重,塌方的碎石堵塞刀盘,造成掘进受阻。由于提前准备了化学灌浆和水泥灌浆的设备和材料,对掌子面前方的极不稳定围岩进行了固结处理,TBM 缓慢掘进通过了 V 类围岩破碎带。

图 7-38　围岩呈碎裂—散体结构

### 7.5.5.3　T14+080 ~ T14+100 段

1. 地面地质分析

本段隧洞埋深约 550 m,地层岩性为白垩系河口群( $K_1hk^1$ )泥质粉砂岩夹砂砾岩,本段无区域性断层经过,根据区域地应力场分布规律,本段隧洞最大主应力量值为 15 ~ 20 MPa,方向与洞轴线小角度相交。

2. 掌子面围岩观察

桩号 T14+080 处掌子面较完整,节理裂隙不发育,可见滚刀切割岩石留下的同心圆沟槽(见图 7-39),泥质粉砂岩与砂砾岩呈互层状分布,经回弹仪测试,泥质粉砂岩单轴抗压强度约 30 MPa,砂砾岩为 10 ~ 15 MPa,围岩干燥,洞壁及掌子面无地下水渗出。

3. 掘进参数及岩渣分析

刀盘推力一般为 1 500 ~ 2 500 kN,偶尔大于 10 000 kN,刀盘扭矩 1 000 ~ 1 200 kN·m,刀盘转速 3.0 ~ 5.0 r/min,贯入度 15 ~ 20 mm/r,掘进速度 45 ~ 80 mm/min,掘进过程中,出现过推力较高而贯入度较低的情况,经检查发现护盾顶部或侧面与围岩发生接触,摩擦阻力增加。

**图 7-39　T14+080 掌子面围岩**

岩石微风化—中等风化,块状岩渣含量大于 70%,粒径以 10~15 cm 为主,砂砾岩遇刀盘喷水后易崩解成砂状,含量约 30%。

4. 综合分析

本段地层不均匀,呈软硬相间分布,岩体完整性较好,岩石强度总体较低,本段埋深大,地应力较高,围岩的强度应力比低于 1,根据国内外隧洞施工经验,当围岩强度应力比低于 1 时,易发生软弱围岩的挤出变形。双护盾 TBM 由于护盾长,护盾与围岩之间的间隙小,发生护盾被卡的卡机风险较高。

5. 开挖揭露情况

地层岩性为白垩系河口群($K_1hk^1$)泥质粉砂岩与砂砾岩互层,岩石强度较低,在高地应力的作用下,发生了软弱围岩的挤出变形,其中顶拱的变形量超过了洞壁与护盾之间的间隙(约 8 cm),围岩与护盾发生挤压接触(见图 7-40),导致 TBM 主机前进的摩擦阻力增加。施工中,及时采用单护盾模式掘进,最大推力达到了 23 000 kN 时,TBM 主机克服了摩擦阻力前进,未发生护盾被"抱死"的卡机事故。

**图 7-40　围岩与护盾发生接触**

#### 7.5.5.4　T8+801~T8+831 段

1. 地面地质分析

本段埋深约 340 m,地貌为山地和沟谷,植被不发育。穿越地层岩性为浅灰色—灰黑色前震旦系马衔山群（AnZmx⁴）黑云角闪石英片岩，岩体以微风化为主，节理中等发育。本段未发现大的构造带通过。

2. 掌子面围岩观察

掌子面岩石坚硬，岩体较完整，同心圆沟槽明显，节理中等发育，沿节理面有地下水渗出，初步判断掌子面前方 10 m 范围内围岩为Ⅱ类或Ⅲ类。

3. 掘进参数及岩渣分析

刀盘推力一般为 6 000～9 000 kN，刀盘扭矩 500～900 kN·m，刀盘转速 5.0～7.0 r/min，贯入度 4～10 mm/r，掘进速度 20～60 mm/min。岩渣以片状为主，含量约 60%，块状岩渣含量约 30%，最大粒径约 15 cm，岩粉含量约 10%，岩石断口新鲜，节理面未见明显蚀变。岩渣情况如图 7-41 所示。根据掘进参数及岩渣判断当前围岩类别为Ⅱ类或Ⅲ类。

图 7-41　T8+801～T8+831 段岩渣情况

4. 三维电阻率法预报

为进一步探测掌子面前方的围岩破碎情况及含水情况，采用了三维电阻率法进行了预报，预报结果如下：①T8+801～T8+811 段，三维反演图像中掌子面前方电阻率较高，掌子面左侧电阻率相对较低，推断该段围岩较破碎，局部裂隙发育，可能出现渗水；②T8+811～T8+831 段，三维反演图像中该段左侧电阻率较低，推断该段围岩较破碎，节理裂隙发育，可能出现滴水或渗水。其预报图像如图 7-42 所示。

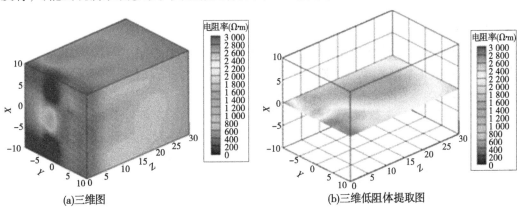

(a)三维图　　　　　　　　　　(b)三维低阻体提取图

图 7-42　T8+801～T8+831 段三维电阻率法预报结果

5. 综合分析

根据地面地质分析、掌子面围岩观察、掘进参数及岩渣分析、三维电阻率法的预报结果,预测 T8+801～T8+831 段岩性为前震旦系马衔山群(AnZmx$^4$)黑云角闪石英片岩,断层发育的可能性小,岩石强度大于 60 MPa,岩体节理裂隙中等发育,岩体较完整,围岩呈渗水—滴水状态,围岩以基本稳定的Ⅱ类或局部稳定性差的Ⅲ类为主,发生隧洞地质灾害的可能性小。

6. 开挖揭露情况

岩体以新鲜—微风化为主,该段岩石节理中等发育,掌子面平直粗糙,同心圆沟槽明显,洞壁潮湿;在隧洞里程 T9+276 附近,揭露该段岩石节理中等发育,掌子面同心圆沟槽明显,局部渗水。由以上预报结果与开挖揭露结果对比可知,预报结果与实际开挖情况较为符合。局部掌子面围岩情况见图 7-43。

**图 7-43　T8+801～T8+831 段掌子面围岩情况**

## 7.5.5.5　T10+984～T11+084 段

1. 地面地质分析

本段埋深 284～290 m,地貌为山地和沟谷,植被不发育。穿越地层岩性为浅灰色—深黑色加里东中期花岗岩($\gamma_2^3$),岩体以微风化为主,节理中等发育。本段地表发育红崖沟,沟内季节性有水。

2. 掌子面围岩观察

掌子面岩石坚硬,岩体较完整,同心圆沟槽明显,节理中等发育,局部沿节理面有地下水渗出,围岩以Ⅱ类为主,初步判断掌子面前方 10 m 范围内围岩为Ⅱ类或Ⅲ类。

3. 掘进参数及岩渣分析

TBM 掘进时掘进参数如下:刀盘转速 6.5～7.5 r/min,刀盘推力 7 000～9 500 kN,刀盘扭矩 900～1 100 kN·m,贯入度 5～7 mm/r,掘进速度 45～55 mm/min。岩渣以片状为主,含量约 75%,粒径 3～10 cm,块状含量约 15%,岩粉含量约 10%。根据掘进参数及岩渣判断当前围岩类别为Ⅱ类或Ⅲ类。

4. 三维地震法预报

三维地震探测结果如图 7-44 所示,分段预报结果如下:①T10+984～T11+004 段,波速平稳,稳定在 2 600 m/s 左右,出现明显正反射,推断该段围岩完整性差,软硬交替;

②T11+004~T11+024,平均波速在 3 100 m/s 左右,出现明显的正负反射,推断该段围岩较完整;③T11+024~T11+084 段,平均波速在 2 800 m/s 左右,出现零星的正负反射,推断该段围岩完整性差,局部较破碎,有可能发生掉块和塌腔。

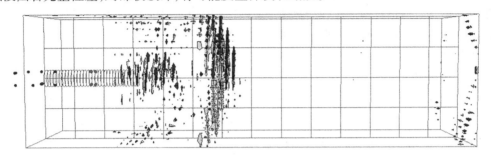

图 7-44　T10+984~T11+084 段三维地震法成像图

5. 综合分析

根据地面地质分析、掌子面围岩观察、掘进参数及岩渣分析、三维地震法的预报结果,预测 T10+984~T11+084 段地层岩性为加里东中期花岗岩($\gamma_2^3$),地表发育有红崖沟,沟内季节性有水,推测本段可能发育有断层,围岩一般呈渗水—滴水状态,局部可能发生涌水,围岩以基本稳定的Ⅱ类或局部稳定性差的Ⅲ类为主。

6. 开挖揭露情况

桩号 T11+044.4~T11+048.9 段出露地层为浅灰色—肉红色加里东中期花岗岩($\gamma_2^3$)。该段岩石风化较强,节理发育,节理面局部发生蚀变,掌子面右下部塌方,塌方处有一横长 2 m 的裂隙水,前盾左侧有两股直径 2~3 cm 的承压水,总水量约 80 m³/h。本段围岩以Ⅱ类为主,涌水段为Ⅲ类围岩。本段掌子面围岩情况见图 7-45。

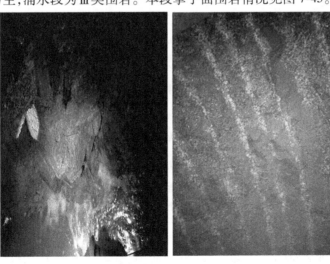

图 7-45　T10+984~T11+084 段典型掌子面围岩

### 7.5.5.6　T28+880~T28+500 段

1. 地面地质分析

本段隧洞埋深 302~455 m,地貌为山地,地表植被不发育。穿越的地层岩性为白垩系下统河口群($K_1hk^1$)砂岩、泥岩、砂砾岩,岩体以微风化为主,节理中等发育。本段发育有 F4 断层,F4 断层为区域性断层,推测在隧洞桩号 T28+760~T28+840 出露,资料显示断层两盘均为白垩系砂岩与黏土岩互层,断层及影响带宽 60~80 m,物质为断层角砾岩。该断层发育在白垩系河口群薄—中厚层砂岩、黏土岩互层的地层中,黏土岩的特殊性决定了该套地层为相对隔水层,因此 F4 断层可能形成良好的渗漏通道,该断层带可能发生涌水、突泥等工程地质问题。

2. 掌子面围岩观察

桩号 T28+880 掌子面围岩为白垩系下统河口群($K_1hk^1$)粉砂质黏土岩夹泥质粉砂岩,泥质粉砂岩含量约占 40%,岩体较完整,节理不发育,岩石强度低于 20 MPa,地下水不发育,围岩有轻微的挤压变形,围岩以Ⅳ类为主,局部为Ⅲ类。

3. 掘进参数及岩渣分析

TBM 掘进该段时推力 3 400~5 100 kN,贯入度 9.4~14.2 mm/r,刀盘转矩 920~1 460 kN·m。岩渣主要包括片状、块状、岩屑状和粉末状,其中片、块状岩渣约占总量的 40%,而岩屑状和粉末状约占 60%,均匀性一般,块径以 5 cm×3 cm×3 cm(长宽高)的岩渣为主。

4. 三维地震波法预报

由于本段隧洞埋深较大,当断层倾向发生变化时,在隧洞的出露位置可能发生较大的变化,另外 F4 断层可能存在分支断层。因此,在本段掘进时,进行了三维地震波法预报,共进行了 3 段预报,预报结果见表 7-3 及图 7-46~图 7-51。

表 7-3　T28+880~T28+500 段三维地震波法超前地质预报

| 序号 | 桩号 | 长度(m) | 推断结果 |
|---|---|---|---|
| 1 | T28+861~T28+821 | 40 | 平均波速在 2 500 m/s 左右,未出现明显正负反射,推断该段围岩完整性差,裂隙发育,局部可能较破碎,破碎处可能发生掉块 |
| 2 | T28+821~T28+761 | 60 | 平均波速在 2 300 m/s 左右,出现较大范围的正负反射,推断该段围岩破碎,易发生掉块和塌腔 |
| 3 | T28+761~T28+731 | 30 | 平均波速在 2 400 m/s 左右,出现零星的正负反射,推断该段围岩较破碎,裂隙发育,易发生掉块和塌腔 |
| 4 | T28+756~T28+706 | 50 | 平均波速在 2 000 m/s 左右,未出现明显正负反射,推断该段围岩完整性差,裂隙发育,局部可能较破碎,破碎处可能发生掉块 |
| 5 | T28+706~T28+666 | 40 | 平均波速在 1 900 m/s 左右,出现较大范围的正负反射,推断该段围岩完整性差,局部破碎,可能发生掉块和塌腔 |
| 6 | T28+666~T28+626 | 40 | 平均波速在 1 800 m/s 左右,出现零星的正负反射,推断该段围岩较破碎,破碎区域易发生掉块和塌腔 |

续表7-3

| 序号 | 桩号 | 长度（m） | 推断结果 |
|---|---|---|---|
| 7 | T28+638~T28+568 | 70 | 平均波速在2 000 m/s左右，未出现明显正负反射，推断该段围岩完整性差，局部破碎，可能发生掉块和塌腔 |
| 8 | T28+568~T28+528 | 40 | 平均波速在1 900 m/s左右，出现较大范围的正负反射，推断该段围岩较破碎，破碎区域易发生掉块和塌腔 |
| 9 | T28+528~T28+508 | 20 | 平均波速在1 800 m/s左右，出现零星的正负反射，推断该段围岩破碎，易发生掉块和塌腔 |

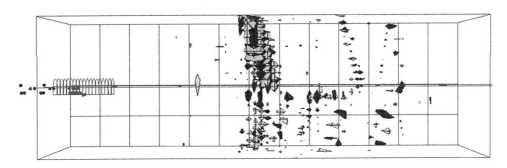

图7-46　T28+861.4~T28+731.4段三维地震波法预报主视图

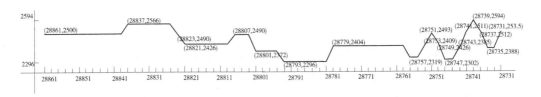

图7-47　T28+861.4~T28+731.4段三维地震波法波速分布

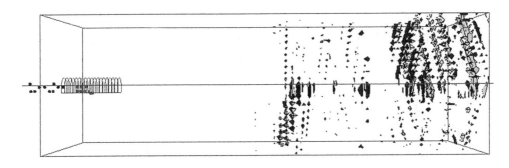

图7-48　T28+756.7~T28+626.7段三维地震波法预报主视图

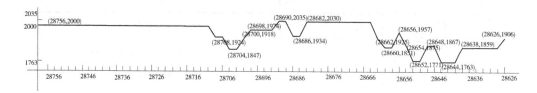

**图 7-49　T28+756.7~T28+626.7 段三维地震波法波速分布**

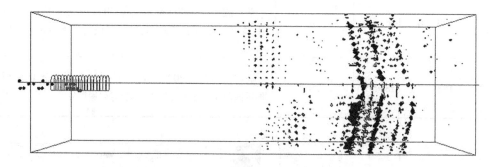

**图 7-50　T28+638~T28+508 段三维地震波法预报主视图**

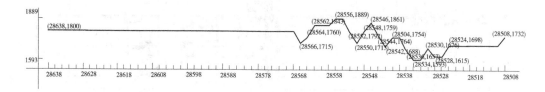

**图 7-51　T28+638~T28+508 段三维地震波法波速分布**

5. 综合分析

根据地面地质分析、掌子面围岩观察、掘进参数及岩渣分析、三维地震法的预报结果，预测 T28+880~T28+500 段地层岩性为白垩系下统河口群（$K_1hk^1$）粉砂质黏土岩夹泥质粉砂岩，F4 断层带所在桩号为 T28+821~T28+761，断层带物质为角砾岩，围岩类别为 V 类或 IV 类，其余洞段为 IV 类，推测本段地下水不发育，断层带内地下水不活跃。为顺利通过 F4 断层，需要 TBM 采用一些特殊措施以保障安全掘进。

6. 开挖揭露情况

T28+880~T28+500 段地层岩性为白垩系下统河口群（$K_1hk^1$）粉砂质黏土岩夹泥质粉砂岩，F4 断层所在桩号为 T28+815~T28+745，断层带物质为角砾岩，角砾岩胶结较好，围岩类别为 IV 类，地下水不发育，TBM 掘进过程中，断层带内掌子面及洞壁未发生大规模的塌方及围岩挤压变形，少量的塌方对 TBM 掘进基本无影响，不需要采取超前加固围岩的措施。其余洞段围岩主要为 IV 类，未发现 F4 断层的分支断层。本段 TBM 掘进时，采用了"三低一连续"的掘进方式，即在本段掘进前，维护好 TBM 设备，保障设备完好率在100%，掘进过程中，为减少对围岩的扰动，采用低推力、低贯入度、低转速、连续掘进的方式，尽量减少 TBM 在本段的停机时间，快速掘进通过本段。由于预报结果较为准确，采取的措施得当,本段未发生 TBM 卡机、掘进受阻等事故,日掘进进尺在 30 m 以上,顺利地通过了 F4 断层带。

#### 7.5.5.7 超前地质预报效果综合评价

在兰州市水源地建设工程输水隧洞双护盾 TBM 施工过程中,采用了地面地质分析、掌子面围岩观察、掘进参数及岩渣分析、三维地震波法、三维电阻率法及超前钻探等方法为主的超前地质预报方法。其中地质分析、掌子面围岩观察、掘进参数及岩渣分析预报成本低,不占用掘进时间,在全洞段均采用这三种方法。三维地震波法、三维电阻率法及超前钻探预报成本高、有时会占用掘进时间,在不良地质段预报时采用。三维地震法预报 51 次,三维电阻率法 48 次。

采用综合超前地质预报方法后,对兰州市水源地建设工程输水隧洞的大部分不良地质段,如岩性分界线、小规模断层带、节理密集带、富水岩体、塑性变形围岩等进行准确的判断,预报成功率在 80% 以上,对指导双护盾 TBM 采取合适的工程措施、穿越不良地质段,保障 TBM 的快速、安全施工发挥了重要的作用。

## 7.6 适合开敞式 TBM 施工的隧洞综合超前地质预报方法

### 7.6.1 龙岩市万安溪引水工程隧洞超前地质预报背景

龙岩市万安溪引水工程隧洞长约 27.94 km,以桩号 D14+000.00 为界,下游隧洞采用一台开敞式 TBM 施工,长度约 13.9 km,开挖洞径 3.83 m。

TBM 掘进段隧洞中心线高程 414.8~382.0 m,隧洞埋深 10~931 m。隧洞沿线分布地层较多,岩性不一,构造较发育,工程地质条件较复杂。洞段围岩类别以 Ⅱ、Ⅲ 类为主,局部洞段为 Ⅳ、Ⅴ 类。其中 Ⅱ、Ⅲ 类长约 11.47 km,占隧洞总长度的 82.3%;Ⅳ 类围岩长约 2.19 km,占隧洞总长度的 15.7%;Ⅴ 类围岩主要为断层带,强风化带等地层,长约 0.27 km,占隧洞总长度的 2.0%。

TBM 施工段可能存在的工程问题主要有断层破碎带、节理密集带围岩失稳塌方问题,涌水问题,泥盆系泥质砂岩洞段破碎、围岩洞段的大变形问题等。

### 7.6.2 TBM 隧洞超前地质预报方案总体设计

针对 TBM 隧洞施工特点,设计了三维地震波法和隧洞电法相结合的综合超前地质预报方案。其中:三维地震波法主要对隧洞前方的断层破碎带、软弱夹层等不良地质体进行探测,采用自主研发的 TETBM 超前预报系统;隧洞电法主要进行掌子面前方的富水性探测,根据 TBM 是否具备搭载条件,分为搭载式和非搭载式:搭载式引进中国电子科技集团第二十二所 TBM 盾体一体化激发极化系统,非搭载式引进北京同度工程物探技术有限公司的 CFC 复频电导超前探水系统。TBM 隧洞超前预报方案总体设计框图如图 7-52 所示。

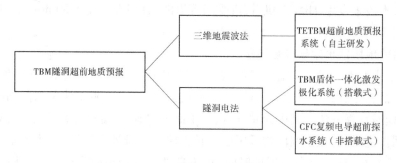

**图 7-52　TBM 隧洞超前预报方案总体设计**

## 7.6.3　TETBM 超前地质预报系统

### 7.6.3.1　方法原理

　　三维地震波 TETBM 法是利用地震波在传播过程中遇到不均匀地质体(存在波阻抗差异)时会发生反射的原理,结合隧洞的特点,在隧洞后方布置震源和传感器来探测隧洞前方地质条件和水文地质条件的一种方法。地震波是由特定位置上利用特制的可控震源产生的,震源点一般是沿隧洞左(右)壁平行洞底成直线排列,这样由人工制造一系列有规则排列的轻微震源,形成地震断面。这些震源发出的地震波在遇到断裂破碎界面、岩溶陷落柱等不良界面时,将产生反射波。

　　与常规地面地震勘探关注介质垂直变化不同,本方法更多关注的是介质的水平变化情况。为了从地震记录中获得隧洞前方反射波信息,在数据处理过程中的上下行波分离并保留下行波(负视速度)处理本质上就是压制来自测线垂向上的信息而保留来自水平方向上的反射信息,根据反射时距曲线的负视速度特征采用了线性 Radon 变换技术进行上下行波分离,从而来提取反射波信息。由于采用了合理的观测系统,经过处理后只会获取掌子面前方的反射信号,将极大地提高探测精度(见图 7-53)。

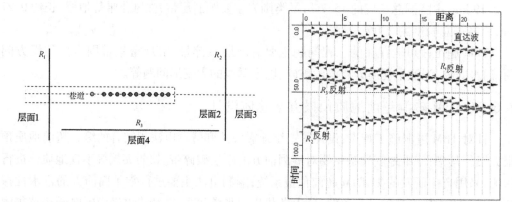

**图 7-53　利用行波分析掌子面前方的信息**

### 7.6.3.2　硬件设计

　　TETBM 超前地质预报系统主要由激震系统、接收系统和记录系统三部分组成。系统框图如图 7-54 所示。

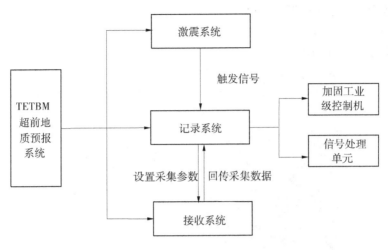

**图 7-54　硬件系统框图**

### 1. 激震系统

该系统主要由冲击锤头、基台、汽缸、信号触发器等部分组成,采用压缩空气为动力源,在运动中产生巨大的冲击力来撞击目标,从而代替传统人工大锤,有效地实现了作业机械化。图 7-55 为该系统主要内部设计图。

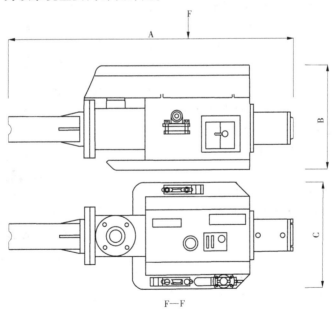

**图 7-55　激震系统设计图**

激震系统的性能参数如下:

(1)额定气压:0.2~0.7 MPa。

(2)冲击频率:≤35 次/min。

(3)冲击能:≤2 000 J。

（4）锤头运动行程:0~200 mm。

（5）耗气量:1 m³/min。

（6）使用温度:-5~100 ℃。

图 7-56 为激震系统的实际安装效果图,图 7-57 为对应的控制阀。在使用之前,先将主气源介入 C 口,然后检查各个部位的固定状态,保证各个部位锁紧,以防高气压下连接位置脱开。

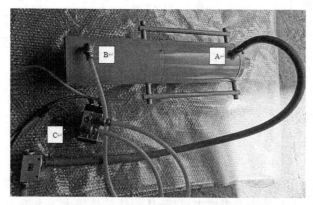

图 7-56　激震模块实际安装效果

操作时固定好机体,在锤击点附近安装信号触发器(一般用高强度、高灵敏度检波器,在锤头锤击震动的瞬间产生电信号,然后通过专用线缆传递给记录系统),打开气源,操作两个气控按钮阀(A、B 阀)。具体过程如下:

（1）按下 B 阀(黑色管理的手动阀),蓄能几秒(数秒时间越多,冲击力越大,根据工况进行操作)。

（2）蓄能后,保持按下 B 阀的动作,同时按下 A 阀,实现冲击。

（3）冲击时,操作员顺着冲击器的方向运动。

（4）冲击后,同时松开所有按钮,双手调整气锤位置进行下一循环。

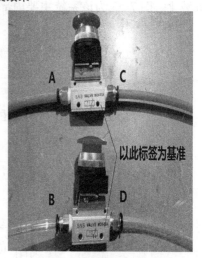

图 7-57　激震模块控制阀

2. 记录系统

记录系统主要由加固工业级控制机和信号处理单元组成。加固工业级控制机控制着整个记录系统,用于记录、存储及评估数据,信号处理单元则主要用于将地震信号从模拟信号转换为数据信号。

本设计采用松下全坚固型笔记本作为控制机,如图 7-58 所示,满足美军标 MIL-810G 标准,防水、防尘等级达到 IP65 标准,抗震/抗冲击,可以快捷完成双模切换(笔记本模式↔平板模式),在保证稳定性的同时,能够满足大多现场条件的使用需求,最大续航达22 h(平板模式)。

控制机在整个预报系统里面起到非常重要的中枢作用,一方面要向信号处理单元发

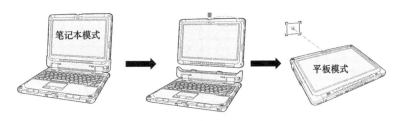

**图 7-58　松下全坚固型控制机**

送数据采集参数以及采集信号,另一方面要负责对信号处理单元回传的数据进行存储以及评估。

信号处理单元的作用有两个,一个是接收激震系统发送的触发信号并反馈给控制机,同时对接收系统采集的数据完成数模转换并回传至控制机。

本信号处理单元设计了 FPGA 协同工作模式,保证高性能和多功能的特点,具有 4 个 24 位高精度 AD 采集通道,可选转速通道和 RS232 数字接口,具有以太网口和无线 Wi-Fi 接口,可自由选择有线或无线方式进行网络连接,内置嵌入式计算机系统,具有 16 GB 存储及大容量电池,无外供电时可脱机独立自动工作,多台之间可以方便地进行级联和同步,同时支持线同步和 GPS 同步。该单元主要由数据采集模块和数据通信模块两部分组成。

FPGA 具有集成度高、逻辑资源丰富、工作频率高的特点,便于系统的微型化设计,应用范围广泛;FPGA 的内核电压越来越低,功耗也随之降低,便于系统的低功耗设计。数据采集模块主要分为两部分:控制模块和数据处理模块。设计框图如 7-59 所示。

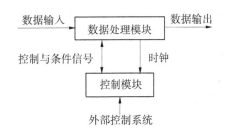

**图 7-59　数据采集模块设计框图**

控制模块是完成系统功能控制的核心,完成参数设置、参数回读、数据传输等功能;控制模块根据控制机发送的指令和数据处理模块送出的条件信号,产生和条件信号相对应的输出信号,控制数据处理模块完成相应的具体操作(数据的采集、存储和读取等功能)。应当根据数字系统功能及数据处理模块的需求设计控制模块。

1) 控制模块

a. 系统时钟管理

时钟是同步逻辑电路系统设计的灵魂,也是 FPGA 设计的关键,没有时钟就无法构建同步逻辑电路。在同步逻辑电路中,时钟信号质量的好坏直接影响到电路的性能和可靠性。本系统时钟硬件设计如图 7-60 所示。

b. 指令控制模块

数据采集系统同时也是一个控制系统,控制系统需要指令来控制系统完成具体的功能,控制系统的指令形式包括按键、开关和通过数据端口从上位机接收的指令等。该四通道数据采集系统的指令,主要是来自上位机通过 RS232 串口发送的指令。指令控制模块通过状态机控制,复位结束后进入加载指令状态,等待指令的到来;指令到达后,首先将指

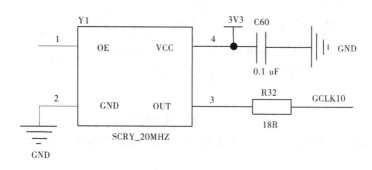

图 7-60　系统时钟硬件设计

令保存在寄存器中,然后进入下一状态进行指令解析;再根据不同的指令,分别实现各自的功能控制;待指令执行结束后,返回到初始状态,以等待下一条指令,指令控制模块如图 7-61 所示。

c.参数设置模块

目前绝大部分 FPGA 采用 SRAM 工艺,掉电后 FPGA 恢复为白片,上电后需要重新配置程序。FPGA 无法保存系统工作参数,系统上电后只能使用默认的工作参数,降低了设备使用的便利性,通过外部存储器保存系统参数可以解决这一问题。经过比较,本系统选择存储容量小、采用 IIC 总线接口、封装小、掉电不丢失的 AT24C02C。AT24Cxx 系列 EEP-

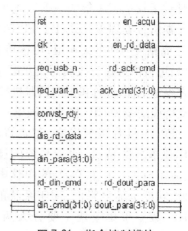

图 7-61　指令控制模块

ROM 由美国 ATMEL 公司出品,支持 IIC 总线数据传送协议的串行 CMOS EEPROM,可用电擦除,外围电路简单,封装小,非常适合存储少量的数据,利于系统的微型化和低功耗设计。AT24C02C 原理图如图 7-62 所示。

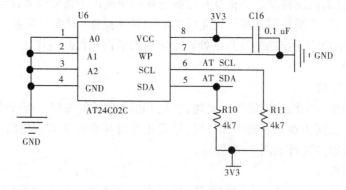

图 7-62　AT24C02C 原理

d. UART 控制器设计

UART 控制器的主要功能是控制数据的发送与接收,发送数据时为并行转串行,接收数据时为串行转并行,但要想完成这些功能,必须满足波特率和双方约定的通信协议的要求。波特率通过 DCM 模块和波特率发生器来协同控制,以产生和其他设备相匹配的波特率。首先通过 DCM 模块对系统时钟分频,使得分频后的周期时间为传输一个比特数据所占用时间的 1/16;波特率发生器为十六进制的加法器,发送数据时,每 16 个时钟周期发送一个比特的数据;在接收数据时,如果监测到起始位,则启动波特率发生器,在第 8 时钟周期时对数据线上的数据进行一次采样,直到接收到停止位而结束。在系统时钟足够高的情况下,UART 可以产生所有标准的波特率,而且误差很小。本系统的 UART 控制器模块如图 7-63 所示。

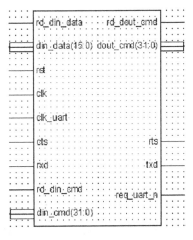

e. 通信传输模块

系统选用 Wi-Fi 220 无线模块,使用带有无线网卡的 PC 机,即可进行与系统之间的通信,实现系统的远程控制和数据传输等操作,从而大大提高数据采集系统的实用性和便利性。该无线模块通过串口与FPGA 对接,最高波特率为 921 600 bps,UART 控制器设计中选用异步全双工串口通信方式,通过硬件流控的方式控制数据传输。

2) 数据处理模块设计

数据处理模块在控制模块的控制下,完成数据的

图 7-63　UART 控制器模块

采集、存储和编码功能,并为控制模块提供条件信号,协同控制模块完成系统指令的执行。数据处理模块包括 AD 控制器、SDRAM 控制器、触发模块和数据编码模块等子模块。

a. AD 控制器

一般在测试中,首先将非电量信号转换为电信号,然后将时间和幅值上连续变化的模拟信号转换为幅值和时间上离散变化的数字信号,最后进行数据的存储与处理。AD 转换器的分辨率决定着整个测试系统的测试精度。

模数转换原理如图 7-64 所示,模拟信号 $X(t)$ 先通过采样保持器,以固定的时间间隔 $T_s$ 转换为离散时间信号序列 $X_s(nT_s)$,再经过量化变为量化信号 $X_q(nT_s)$,最后由模数转换器(ADC)把离散的子样进行量化和编码转换为数字信号序列 $X(n)$,得到数字信号送到处理器做后续存储处理。

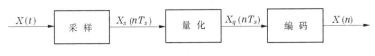

图 7-64　模数转换原理

为保证系统的测试精度,本系统选用 AD7482 作为模数转换器。AD7482 是一款 12 位高速、低功耗逐次逼近型 ADC,配有一个并行接口,最高吞吐量可达 3MSPS。该器件内置一个低噪声、宽带采样-保持放大器,可处理 40 MHz 以上的输入频率。转换过程是一种专有的逐次逼近算法技术,因此不存在流水线延迟。AD7482 采用一个 2.5 V 的片内基准电压,也可采用 2.5 V 的外部基准电压源。模拟输入范围为 0~2.5 V,但通过偏移功能可将输入范围偏置±200 mV。另外,AD7482 还可通过第 13 位提供 8%的超量程能力。因而,

如果模拟输入范围偏离标称值不超过 8%,用户仍然可以通过第 13 位精确表示信号。AD7482 的电源电压为 4.75~5.25 V,同时提供一个 V$_{DRIVE}$ 引脚,用户可用该引脚设置数字接口线的电平,V$_{DRIVE}$ 引脚的工作电压范围为 2.7~5.25 V。

AD7482 硬件电路设计原理如图 7-65 所示。

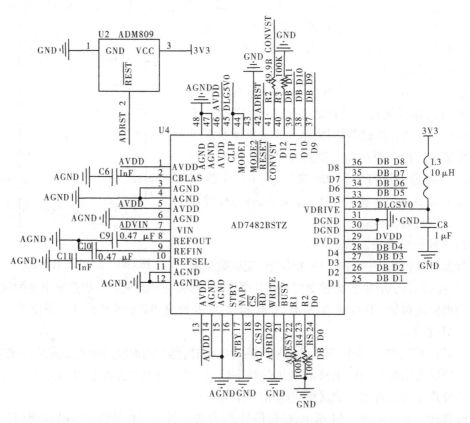

图 7-65　AD7482 硬件电路设计原理

b. SDRAM 控制器

SDRAM(同步动态随机存储器)具有价格低廉、密度高、数据读写速度快的优点,同步是指其时钟频率与主控制器前端总线的系统时钟频率相同,并且内部命令的发送与数据的传输都以它为基准;动态是指存储阵列需要不断的刷新来保证数据不丢失;随机是指数据不是线性依次存储,而是自由指定地址进行数据的读写。根据系统要求选用 MT48LC8M16A2 作为该测试系统的同步动态随机存储器,存储容量为 128 MB,由 4 个 BANK 构成,每个 BANK 有 4 096 行,每一行有 512 列,每个存储单元由 16 bit 构成。 MT48LC8M16A2 芯片信号主要由控制信号、地址信号和数据信号组成,均在时钟信号的上升沿读取或改变各信号的逻辑电平,所以 SDRAM 控制器要在时钟信号的下降沿改变或读取 SDRAM 各信号线上值,以满足信号的时序要求。

c. 数据编码模块

由于采集的数据是通过无线模块或者 RS232 数字接口实时传输到上位机的,而且在

SDRAM 中存储有采集到的原始数据,所以数据的编码又分为数据实时采集传输和读取存储在 SDRAM 中的数据两种情况。数据编码模块顶层模块图如图 7-66 所示。

3. 接收系统

接收单元用于接收返回的地震信号,针对 TBM 洞段超前地质预报的特点,本系统设计的检波器在常规贴壁式三分量检波器的基础上加装双层内置磁体的铝制底座,在内置磁体不影响检波器工作性能的前提下,大大提高现场的工作效率。

本系统选用威海双丰 PS-2B VHL3 型三分量检波器,该检波器具有灵敏度高、失真低、阻尼系数合理、线性响应好、防水性好、具有较高的分辨率等特点,能够满足 TBM 洞段数据采集的需要。

图 7-66　数据编码模块

由于贴壁式三分量检波器在使用的过程中需要用黏结耦合剂粘贴到洞壁上,这就会带来两个问题:①现场逐个粘贴检波器的耗时过长;②检波器底座与黏结剂直接接触,容易对检波器造成较大的损伤。基于上述考虑,对三分量检波器进行改造,加装双层铝制底座,并在下底座中内置强磁体,如图 7-67 所示。

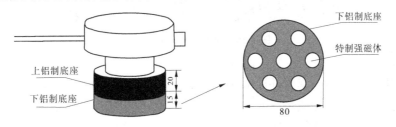

图 7-67　三分量检波器改装图

这样设计的优势在于上铝制底座可以屏蔽掉下底座磁体中产生的磁场对检波器的影响,同时在现场作业时,可以事先将铁板(见图 7-68)固定在洞壁上,然后将检波器直接吸附到铁板上。这样不仅能大大提高现场工作效率,更能对检波器起到保护作用。

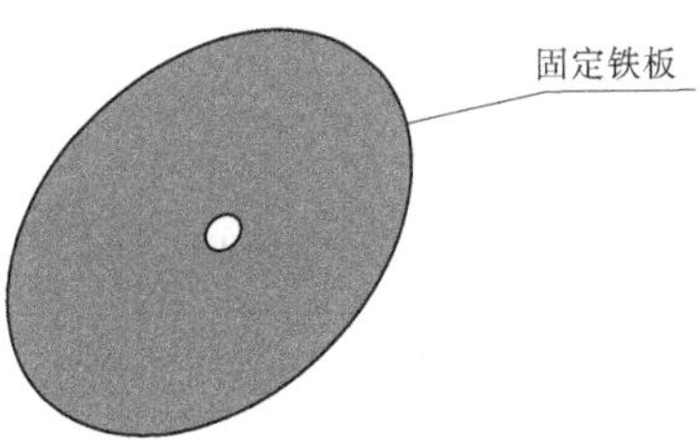

图 7-68　固定铁板

### 7.6.3.3　软件设计

本系统软件部分主要由采集软件和处理软件两部分组成。

1. 采集软件

采集软件主要是进行采集参数设置,触发开关控制,数据格式转换,数据导出,数据显示等。主要由采集模块、文件模块、显示模块三部分组成,如图 7-69、图 7-70 所示。

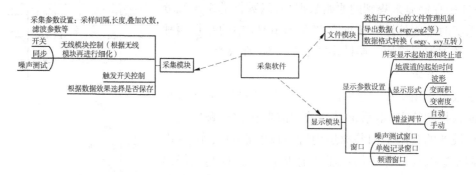

图 7-69　采集模块系统框图

图 7-70　采集软件欢迎界面

## 2.处理软件

处理软件主要是对采集软件导出的数据进行后续的处理分析,最终得到能够反映隧洞前方一定范围内围岩地质情况的成果图。主要由数据设置→带通滤波→初至拾取→拾取处理→炮能量均衡→Q 值估计→反射波提取→P-S 波分离→速度分析→深度偏移→反射层提取→结果筛选→成果展示等模块组成,如图 7-71、图 7-72 所示。

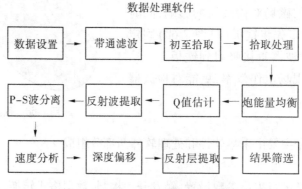

图 7-71　采集软件欢迎界面

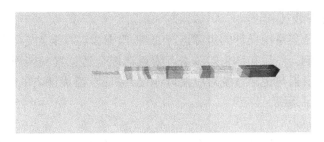

图 7-72　预报成果三维展示

### 7.6.3.4　预报流程

TETBM 系统的预报流程主要由观测系统设计、数据采集、数据处理及成果解译几部分组成,预报示意图如图 7-73 所示。

1. 观测系统设计

由于记录系统可以选择有线或无线方式进行网络连接,同时在无外供电时可脱机独立自动工作,多台之间可以方便地进行级联和同步,因此在进行现场预报时可以根据现场条件灵活布置观测系统。结合本系统特点,目前常用的观测系统主要有三炮八道(见图 7-74)和一炮二十四道(见图 7-75)。

2. 数据采集

在设计好观测系统后,先放样,然后在既定的位置上完成激震系统和接收系统的安装、固定及记录系统的级联调试。

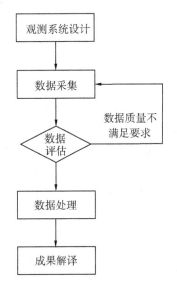

图 7-73　TETBM 系统预报流程

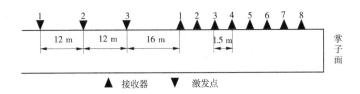

图 7-74　三炮八道观测系统

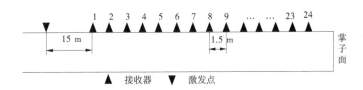

图 7-75　一炮二十四道观测系统

（1）激震系统安装、固定。

首先严格按照激震系统设计的步骤进行安装,确保激震系统固定牢靠,从而减少激震过程中后坐力的影响。然后在锤头的锤击点附近选取合适位置安装固定好信号触发器,并用网线将信号触发器与记录系统对应接口连接,保证在锤头锤击的瞬间信号触发器产生电信号传递给记录系统。

（2）接收系统安装。

按照观测系统首先利用耦合黏结剂将若干铁板固定在洞壁上,待铁板完全凝固后将加装双层底座的三分量检波器吸附在铁板上。

（3）记录单元级联调试。

①根据观测系统,当需要使用多个信号处理单元时,先完成局域网组网,然后利用网线将各个单元串联进行级联同步,最后控制机发射无线信号将采集的参数同步至各个信号处理单元。

②若只需要用到一个信号处理单元,则直接用网线将信号处理单元与控制机链接,然后进行线同步,将采集的参数同步至信号处理单元中。

上述步骤全部完成后,进行现场预采集测试,检测整个采集系统是否能够正常触发采集。测试正常后,进行数据采集工作。在采集的过程中,实时评估数据,对不符合要求的数据道进行重复采集,直至全部数据道采集完成。

3. 数据处理及成果解译

对采集到的原始数据进行数据处理,主要步骤有:数据设置→带通滤波→初至拾取→拾取处理→炮能量均衡→Q 值估计→反射波提取→P-S 波分离→速度分析→深度偏移→反射层提取→结果筛选等。然后对得到的成果图依据下面的准则进行解译:

（1）反射振幅越强,说明反射系数越大,弹性阻抗差越大。弹性阻抗是岩石密度与波速的乘积;正的反射振幅表明正的反射系数,也就是坚硬岩石;负的反射振幅则表明是软弱岩石。

（2）对于同一个构造,进行纵波和横波反射振幅的比较是非常必要的,如果横波（S）反射比纵波（P）反射强,则表明在反射岩石中富含有盐水或饱和水。

（3）$V_p/V_s$ 增加或泊松比突然增大,常常是由流体的存在而引起的。

（4）若纵波波速（$V_p$）下降,则表明裂隙度或孔隙度增加。岩体的动态特性不等同于静态条件下测得的特性,一般来说岩体的静态特性小于岩体的动态特性,并且遵从下面的规律:岩体中包含的裂隙越多、岩石越软,则静态参数相对于动态参数就越低。

## 7.6.4 TBM 盾体一体化激发极化系统

### 7.6.4.1 方法原理

聚焦电法将整个刀盘作为电极发射主电流,以盾体为电极发射屏蔽电流,在聚焦作用下,主电流流向掌子面前方,其优势在于测量电流聚焦在目的层,对水体敏感。其原理如图 7-76 所示,其中以刀盘作为供电电极 A0,以盾体作为屏蔽电极 A1。在实测过程中,由二者同时供电。由于二者电流连通,因此在连通的轴承部位布置电流环,监测二者之间的电流移动,当电流环电流为 0 时,认为可以达到屏蔽效果,从而实现聚焦预报。

图 7-76　一体化聚焦电流超前预报原理

在电信号的发射过程中,采用频域激电法进行激发,通过发射不同频率的交变电流信号,获取与岩体孔隙率有关的电能储存参数 PFE(频率效应百分比)和电阻率 $R$,进而预报前方岩体的含水性和完整性,PFE 参数与地层的有效孔隙率成反比,而电阻率 $R$ 则反映了异常体的充填物性质。其优势在于可实现连续实时预报。实测过程中,主机放置在 PLC 室内,所有电极线都引到主机的连接柱上;电极线包括:两半扣的主电极 A0 线、焊接在盾体上的屏蔽电极 A1 线、焊接在盾体上的电压测量电极 $A1^*$ 线、电流测量线、电压参考电极 N 线、电流回流电极 B 线。主机与笔记本连接,操作鼠标即可完成测量过程。

### 7.6.4.2　设备改装

图 7-77 所示为设备在 TBM 上的安装示意图,在 TBM 轴承上,需要布置一定的电流环进行交互电流的测量,在盾体上安装一定的电极作为屏蔽电极。由于刀盘旋转等因素,需要安装一定的回转接头,来保持供电的稳定性。电流环的安装如图 7-78 所示。图 7-79 所示为安装的测量主机和盾体上焊接的供电电极。

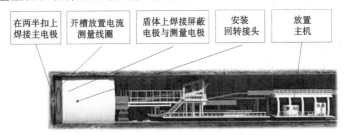

图 7-77　设备安装示意图

图 7-78　电流环安装示意图

图 7-79　电极安装示意图

### 7.6.4.3　成果解译

根据聚焦电流和激电的衰减方式,测量得到的成果如图 7-80 所示。

图 7-80　聚焦电流测量成果

根据电阻率曲线 $R$ 和频域激电参数 PFE 所在区间解释评价:

(1)PFE 为正值,$R$ 为高值,岩体较为完整。

(2)PFE 为正值,$R$ 为中低值,岩体含中低阻成分。

(3)PFE 为负值,$R$ 为高值,空洞。

(4)PFE 为负值,$R$ 为中值,溶洞填充中低阻介质或夹层。

(5)PFE 为负值,$R$ 为低值,含水量(含水量与 $R$ 有关)。

## 7.6.5　CFC 复频电导超前探水系统

### 7.6.5.1　方法原理

复频电导(Complex Freqency Conductivity, CFC)超前探水是一种电磁波法系统,其发射的电磁波中心频率为 1 MHz,频带 300 kHz~10 MHz。在这个频段的电磁波激励下,干燥岩体表现为复频介质,而含水岩体则表现为良导体,两者的波阻抗差异较大,界面上电磁波将会得到强烈的反射,如图 7-81 所示。

CFC 所发射电磁波的波长在 10~500 m,波长与探测的距离相当,入射与反射电磁波在空间与时间上形成干涉,干涉的结果是发射点

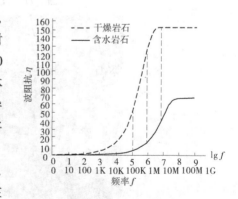

图 7-81　干燥与含水岩体的复频电导波阻抗

与反射面之间形成驻波。驻波的相关
频率与反射界面的距离有关。利用频
率−距离的 1/4 波长原理,从观测记录
中读取相关频率,则含水体的位置即可
计算出来。同时相关幅值的大小反映
了含水量的大小,从而实现了超前探水
预报。

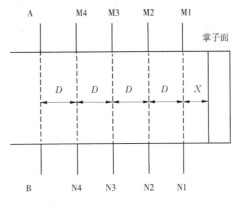

图 7-82　CFC 观测方案

### 7.6.5.2　工作布置

CFC 探水采用偶极子天线发射与
阵列接收,如图 7-82 所示。

图中 AB 为发射电极,MN1 ~ MN4
为接收电极,电极长度 1.5 ~ 2.0 m 以上,埋设于两侧围岩中,可有效地避免隧道内金属机
具等电磁干扰。电极间距 D 一般为 10 m 左右,4 ~ 5 对电极阵列接收,具有方向性,使掌
子面前方的信号得到加强,侧向的信号被削弱。

### 7.6.5.3　数据处理

CFC 的数据处理过程如下:

频域相干分析数据处理主要流程如下:

(1)对 AB 极发射电流与 MN 极接收电压记录进行傅氏谱分析,将时间域记录转换成
频域数据,$I(\omega)$、$V(\omega)$。

(2)用发射电流频谱 $I(\omega)$ 对接收电压频谱 $V(\omega)$ 进行归一化,消除发射信号谱的影
响,也是对发射信号的白噪化。白噪化计算如下:

$$R(2\pi f) = \frac{V(\omega)}{I(\omega)} \tag{7-2}$$

式中:$R(2\pi f)$ 为复数,具有阻抗的量纲,实际上是白噪化下的相关谱。频谱中卓越频率为
相关频率,其幅值反映了反射信号的强度,即含水量的大小。

(3)根据相关频率 $F$,波速 $V$,按 1/4 波长原理,采用偏移成像原理,将所有接收点的相
关频谱能量投影到隧洞里,形成含水量偏移剖面。接收点到含水体的距离 $L$ 按下式计算:

$$L = V/4F \tag{7-3}$$

(4)对围岩电磁波速进行扫描分析,根据偏移图像能量最大化原理,获得最优偏移图
像。

## 7.6.6　预报实例

### 7.6.6.1　掌子面地质概况

2020 年 4 月 17 日凌晨 01:48 ~ 01:54 分,TBM 洞段突然出现大量涌水,伴随大量涌
砂,掘进被迫叫停,隧洞掌子面桩号 D27+038.73。已开挖 D27+050 ~ 042 洞段地层岩性为
灰黄色—棕黄色含砾石石英砂岩、砂砾岩,弱风化—强风化,属较软岩,节理裂隙一般发
育,局部裂隙密集,局部渗水,Ⅳ类围岩。据现场勘察,结合掘进参数,推测 D27+042 ~ 038
属于断层破碎带,带内主要组成物质为强风化石英砂岩、石英砾岩碎块、碎屑、断层角砾、

中粗砂、石英脉碎块,其中夹有大量棕红色粉质黏土,断层带呈碎裂结构—散体结构,断层带富水性强,局部涌水量约 30 m³/h(2020 年 4 月 17 日上午 10 时观测)。

#### 7.6.6.2　预报方法

本次预报的目的主要是预测断层破碎带的范围及富水情况。根据现场实际工作环境及地质条件,本次预报采用 TETBM 和 CFC 复频电导超前探水系统。两种系统的现场工作布置如图 7-83、图 7-84 所示。

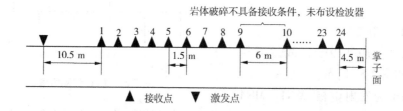

**图 7-83　TETBM 系统工作布置**

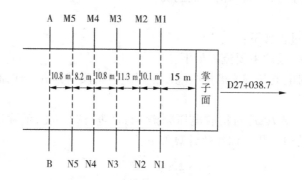

**图 7-84　CFC 复频电导超前探水系统工作布置**

#### 7.6.6.3　预报结论

本次预报距离 80 m,结合现场实际地质情况和预报结果,初步推测 D27+038.7～D27+030.0 段岩体较破碎,富水情况与目前掌子面附近基本一致,为当前掌子面断层破碎带范围;D27+013.0～D26+997.0 段岩体较破碎,含水量较少,多以滴水为主;D26+973.0～D26+959.0 段裂隙较发育,局部破碎,富水性较强,多以线状流水为主,局部有涌水可能。

建议对断层破碎带做注浆处理,同时在开挖过程中要时刻注意围岩出水情况,保证安全施工。

#### 7.6.6.4　开挖验证

实际开挖过程中,揭露的断层破碎带范围为 D27+038.7～D27+026.9,与预报结论基本一致,图 7-85 为开挖验证与预报结果对比图。

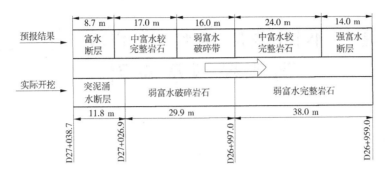

图 7-85　开挖验证与预报结果对比

# 7.7　小　结

（1）双护盾 TBM 隧洞施工中,受刀盘、护盾及管片的遮挡及电磁干扰的影响,无法采用地质素描、炸药激震地震波法及电磁法的预报方法。可采用地面地质分析、掌子面围岩观察、掘进参数及岩渣分析、锤击激震地震波法、电阻率法及超前钻探等超前地质预报方法。在预报过程中,应根据不同预报方法及双护盾 TBM 施工的技术特点,选择不同的预报方法对预报结果相互印证,以提高预报精度。

（2）基于多源信息的综合超前地质预报方法实现了地面与洞内相结合、地质分析与物探相结合、物探与钻探相结合、长距离与短距离相结合、定性与定量相结合的预报目标,具有较高的预报精度。根据超前地质预报结果提前采取不良地质条件的应对措施,可有效避免隧洞突发地质灾害发生或降低地质灾害的影响程度,对于保障 TBM 快速、安全施工具有重要的指导意义。

（3）目前的 TBM 施工隧洞超前地质预报多在 TBM 设备维护时实施,有时在掘进时不得不停机占用掘进时间进行预报,不能实现地质条件的连续、实时、动态预报,这不符合TBM 快速掘进的目标。在以后的研究中,应重点研究 TBM 搭载物探设备及围岩的智能感知设备,实现超前地质预报及信息采集的实时化、信息化和智能化。

# 第 8 章　不同地质条件下 TBM 施工速度预测模型及应用

## 8.1　引　言

一般认为,TBM 具有施工速度快的技术特点,其掘进速度是传统钻爆法的 3~10 倍。但 TBM 对地质条件敏感,在适宜的地质条件下,TBM 能创造逾千米的月掘进速度;在不良地质条件下,可能发生 TBM 卡机、掘进受阻、被困等后果,造成数月无进尺的不良后果。

隧洞在 TBM 施工前及施工过程中,需要对施工速度进行预测,准确的预测可为工程投资预算、工期安排、施工组织等提供依据。针对 TBM 施工速度预测问题,国内外学者开展了相关问题的研究:文献[160]提出了基于 Monte Carlo-BP 神经网络的 TBM 掘进速度预测模型,着重考虑了一些重要输入参数的随机性,其中输水参数重要性的大小通过粗糙集进行计算排序;文献[161]基于吉林引松供水工程建立的 TBM 数据库,提出应用 RMR 岩体分类系统对 TBM 的掘进性能参数进行预测,通过回归分析的方法分别建立了 RMR 与 TBM 性能预测参数掘进速度(PR)、施工进度(AR)、利用率(U)及贯入度指数的经验公式;文献[162]以甘肃引洮一期工程 9# 隧洞为例,引入数量化理论 I 的建模原理和方法,建立了定性数据,包括围岩类别和地下水情况 2 个解释变量,定量数据包括单轴抗压强度、抗拉强度、泊松比和变形模量 4 个解释变量的预测模型。

文献[163]基于复杂地质条件下 TBM 掘进性能分级预测的研究工作,提出依托样本数据,建立在不同岩体可掘进性等级条件下,以特定岩体掘进指数为性能预测指标,融合地质、施工等领域参数的 TBM 性能预测模型;文献[164]在进行贯入度指数 $FPI$ 与主要地质因素间相关性分析的基础上,建立了贯入度指数 $FPI$ 与关键地质因素岩石单轴抗压强度 $UCS$ 和岩体完整性系数 $K_v$ 之间的多元回归关系式,进一步建立了 TBM 掘进贯入度 $P$ 与 $FPI$ 之间的拟合关系式,以及推进力 $F$ 与 $FPI$ 之间的拟合关系式;文献[165]以锦屏二级水电站 1#、3# 引水隧洞大直径开敞式 TBM 施工为背景,在获得隧洞沿线岩体参数及岩体所处环境参数的基础上,对 TBM 施工段的岩体进行分区分段,应用挪威科技大学(NTNU)TBM 施工预测模型、岩体特性 TBM 施工预测模型对各段 TBM 掘进速度进行预测;文献[166]分析了岩石隧道掘进机的破岩机制,介绍了自 20 世纪 70 年代以来发展的一系列施工预测模型,包括单因素预测模型、综合预测模型(CSM 模型和 NTNU 模型)、岩体分类预测模型(QTBM 模型)、概率模型、模糊神经网络模型等,并分析了各模型的优缺点;文献[167]对目前国内外常用的 TBM 性能预测模型进行了详细的介绍,并对 TBM 性能预测模型提出了建议。

以上研究所提出的预测模型各异,模型所采用的参数与差别较大,且未对不同类型 TBM 的掘进速度分别研究,预测结果的精度也有较大差异。本章以兰州市水源地建设工程输水隧洞双护盾 TBM 施工为背景,以《水利水电工程地质勘察规范》(GB 50487—2008)的围岩分类方法(HC 法)为基础,采用现场实测数据,建立双护盾 TBM 施工速度预测模型,并进行模型的有效性验证。

# 8.2　TBM 利用率

## 8.2.1　TBM 利用率影响因素

TBM 由近百套子系统组成,任一子系统出现故障,均会导致 TBM 停机无法掘进,因此 TBM 的故障率越低,TBM 利用率就越高,则其有效工作时间越长,在相同的地质条件下容易实现高的施工速度。因此,在国内外的研究中,多致力于提高 TBM 的利用率。

TBM 利用率一般定义为纯掘进时间与施工时间的比值。在相同的地质条件下,TBM 利用率越高,则掘进进尺越高。影响 TBM 利用率的因素较多,可分为地质条件和其他因素两大类。

### 8.2.1.1　地质条件

由于 TBM 主要设备如刀盘、推进系统等在投入使用后很难进行大规模改动,当 TBM 遇到不良地质条件时适用性较差。因此,地质条件及围岩性质对 TBM 利用率的影响也难以预测。在 TBM 停机的各项因素中,由地质条件所造成的停机主要有围岩支护、不良地质条件处理、刀盘刀具检查维修等。

(1)对于开敞式 TBM,如遇到Ⅳ类或Ⅴ类围岩,则岩石强度低,岩体节理裂隙发育,围岩自稳能力差。TBM 掘进时,当围岩出露护盾时,易发生掉块或塌方,为保证人员及设备的安全,需要停机进行锚杆、挂网、钢筋排、钢拱架及喷混凝土等初期支护,支护所需时间随围岩条件的变差而增加。对于双护盾 TBM,则在管片安装后采用豆砾石回填灌浆、围岩固结灌浆、堵水等措施,同样会占用一定的掘进时间。

(2)不良地质条件。不良地质条件主要包括断层破碎带、节理密集带围岩塌方、围岩大变形、涌水、岩爆、有害气体等,易造成 TBM 卡机、被困及掘进受阻等,对不良地质的超前处理或卡机脱困处理会占用大量的掘进时间,一般从数天到数月不等,最长的可达数年。

(3)刀盘、刀具维护。

刀盘与滚刀的磨损是 TBM 掘进与岩体相互作用的结果,是 TBM 的关键部件和易损部件。因为滚刀是最先与掘进面相接触的部分,对整个掘进机的掘进性能有着至关重要的作用。滚刀在对掌子面不断贯入切削的同时受到很大的反作用力,在破岩力的持续作用下滚刀逐渐磨损或失效。磨损的刀盘与滚刀不仅会大大降低 TBM 的掘进效率,还会对隧洞开挖的施工成本、设备利用率等产生不利影响。岩石的磨蚀性与抗压强度越大,刀具磨损越严重,同时掌子面岩体结构与地应力共同作用会加剧刀盘、刀具的磨损。因此,在 TBM 每个掘进班都必须检查刀盘与刀具的磨损情况,对达到磨损极限或异常破坏的部件进行维修或更换。刀具的更换与刀盘维修必须在 TBM 停机后进行,会占用一定的掘进时间。

### 8.2.1.2　其他因素

TBM 是集掘进、出渣、支护、导向于一体的成套设备,如此庞大的设备在隧洞环境下运行作业中很难保证其各部分不出问题,而且隧洞内狭窄的空间及环境影响给 TBM 的维护维修增加了难度。TBM 施工中,主要面临以下问题:①TBM 机械、电气、液压系统的维护及故障维修;②隧洞出渣运输采用连续皮带运输,连续皮带机长达数十千米,在 TBM 掘进出渣过程中经常出现皮带损坏、跑偏、卡死、漏渣、急停、无法复位及滚筒、刮渣板、渣斗等设备的故障;③在长距离隧洞开挖中,隧洞通风、水电系统的维护及故障维修增多;④TBM 施工各系统的正常运行、施工环节的有效衔接需要施工作业人员高效有序地工作,对施工人员和管理人员有很高要求。

从以上分析可以看出,地质条件属于客观因素,隧洞线路一旦确定,则地质条件无法改变,TBM 施工过程中,只有采取各种措施来适应地质条件;而设备、人员及施工管理等属于主观因素,可通过设备改造与优化、加强维保及人员培训等做到最优。因此,地质条件是 TBM 利用率的最主要影响因素。

## 8.2.2 兰州市水源地建设工程输水隧洞 TBM 利用率分析

### 8.2.2.1 整体利用率分析

图 8-1 为兰州市水源地建设工程输水隧洞 TBM1 施工期间 TBM 利用率统计。在整个施工期间 TBM 的平均利用率为 27.8%,在掘进初始阶段的两个月内,利用率分别为 16.7% 和 25.8%,低于平均利用率,这主要是因为设备处于调试及试掘进阶段,设备故障率较高。随着设备调试及试掘进的完成,利用率维持在 30% 以上,与国内外其他工程对比,这基本上处于正常水平。受硬岩段刀具大量更换及设备故障等的影响,在 2016 年 11 月至 2017 年 3 月,TBM 利用率降低到 30% 以下,特别是在 2017 年 4 月至 2017 年 5 月,发生了卡机及涌水,TBM 的掘进基本上处于停滞状态,因此利用率仅有 1.9% 和 16.7%。随后在 2017 年 6 月至 2017 年 12 月,利用率多在 30% 以上,最高达到了 40.2%,2018 年 1 月发生了两次卡机事件,利用率只有 19.3%。

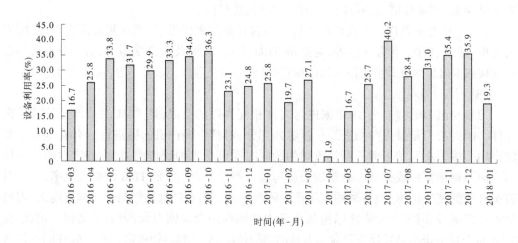

图 8-1 不同月份 TBM 利用率统计

### 8.2.2.2 不同地质条件下利用率分析

表 8-1 及图 8-2 为不同地质条件下 TBM 利用率统计。表 8-1 中,纯掘进时间是正常

掘进的时间;换步时间是双护盾模式下每掘进循环结束后,主推进油缸复位,支撑靴重新撑紧洞壁所需要的时间,一般为 5~10 min;刀具问题指的是刀具更换、刀盘内刀具维修所占用的时间;设备故障指的是推进油缸、导向系统、管片拼装机、豆砾石吹填系统等故障的停机时间;管片拼装主要有两方面:一是双护盾模式下,管片拼装和掘进同时进行,当管片每环拼装时间多于每环掘进时间后多出的拼装时间,二是单护盾模式下每环掘进停止后拼装管片所需要的时间;连续皮带机时间指的是皮带机跑偏、皮带割裂、托辊损坏所导致的停机时间;其他指的是皮带硫化、设备强制维保、设备部件更换及其他因素所导致的停机时间。

表 8-1　不同地质条件下 TBM 利用率统计

| 地层岩性 | 围岩类别 | | 纯掘进 | 换步 | 刀具问题 | 设备故障 | 管片拼装 | 连续皮带机 | 其他 |
|---|---|---|---|---|---|---|---|---|---|
| 石英闪长岩 | II类 | 时间(h) | 217.0 | 23.5 | 241.5 | 167.0 | 90.6 | 14.2 | 207.1 |
| | | 占比(%) | 22.6 | 2.4 | 25.1 | 17.4 | 9.4 | 1.5 | 21.6 |
| | III类 | 时间(h) | 50.3 | 9.2 | 32.6 | 22.1 | 13.7 | 1.4 | 38.8 |
| | | 占比(%) | 29.9 | 5.5 | 19.4 | 13.2 | 8.2 | 0.8 | 23.1 |
| 石英片岩 | II类 | 时间(h) | 1 544.6 | 785.1 | 849.7 | 1 185.4 | 236.1 | 64.6 | 1 103.5 |
| | | 占比(%) | 26.8 | 13.6 | 14.7 | 20.5 | 4.1 | 1.1 | 19.1 |
| | III类 | 时间(h) | 599.3 | 64.6 | 180.0 | 174.0 | 149.0 | 30.6 | 242.8 |
| | | 占比(%) | 41.6 | 4.5 | 12.5 | 12.1 | 10.3 | 2.1 | 16.9 |
| | IV类 | 时间(h) | 32.2 | 5.1 | 8.0 | 6.8 | 10.5 | 2.2 | 11.0 |
| | | 占比(%) | 42.5 | 6.7 | 10.6 | 9.0 | 13.9 | 2.9 | 14.5 |
| 花岗岩 | II类 | 时间(h) | 755.2 | 152.3 | 299.9 | 210.9 | 67.7 | 97.5 | 665.6 |
| | | 占比(%) | 33.6 | 6.8 | 13.3 | 9.4 | 3.0 | 4.3 | 29.6 |
| | III类 | 时间(h) | 134.2 | 25.6 | 31.2 | 28.3 | 11.9 | 21.9 | 92.0 |
| | | 占比(%) | 38.9 | 7.4 | 9.0 | 8.2 | 3.4 | 6.3 | 26.7 |
| | IV类 | 时间(h) | 27.3 | 5.6 | 4.8 | 4.1 | 2.6 | 0.2 | 19.0 |
| | | 占比(%) | 42.9 | 8.8 | 7.5 | 6.4 | 4.1 | 0.3 | 29.9 |
| | V类 | 时间(h) | 13.6 | 1.6 | 3.9 | 7.5 | 5.4 | 2.7 | 972.5 |
| | | 占比(%) | 1.4 | 0.2 | 0.4 | 0.7 | 0.5 | 0.3 | 96.6 |
| 砂岩、砂砾岩 | III类 | 时间(h) | 714.7 | 117.4 | 280.9 | 215.0 | 44.7 | 195.6 | 354.9 |
| | | 占比(%) | 37.2 | 6.1 | 14.6 | 11.2 | 2.3 | 10.2 | 18.5 |
| | IV类 | 时间(h) | 29.0 | 2.8 | 6.2 | 6.3 | 1.1 | 7.0 | 7.6 |
| | | 占比(%) | 48.3 | 4.7 | 10.3 | 10.5 | 1.8 | 11.7 | 12.7 |
| | V类 | 时间(h) | 29.8 | 5.5 | 18.9 | 5.4 | 0.3 | 1.4 | 490.4 |
| | | 占比(%) | 5.4 | 1.0 | 3.4 | 1.0 | 0.1 | 0.3 | 88.9 |

由表 8-1 及图 8-2 可以看出,地质条件对 TBM 利用率影响较大。对于 II、III、IV类围岩,TBM 利用率随着围岩类别的降低而提高,如 II类石英片岩的利用率为 26.8%,而 III类和 IV类分别提高至 41.6% 和 42.5%,石英闪长岩、花岗岩及泥质砂岩也有类似的规律。

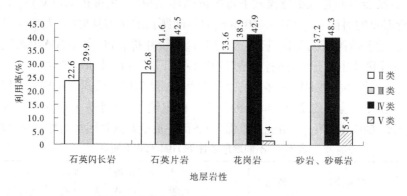

图 8-2　不同围岩条件下 TBM 利用率统计

　　其主要原因如下：①围岩类别越高，其岩石强度及岩体完整性越高，TBM 破岩掘进需要较高的推力，长时间在高负荷的条件下工作，TBM 的设备故障率明显升高。图 8-3 为不同地质条件下设备故障占总时间百分比的统计，可以看出随着围岩类别的降低，设备故障率逐渐下降。②围岩类别越高，刀具的损耗越大，刀具更换及维修所占用的时间越多，从而减少纯掘进时间。图 8-4 为不同地质条件下刀具问题占总时间百分比统计，随着围岩类别的降低，相同岩性条件下刀具时间亦降低。

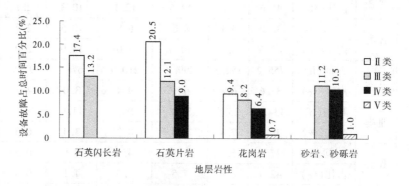

图 8-3　不同地质条件下 TBM 设备故障统计

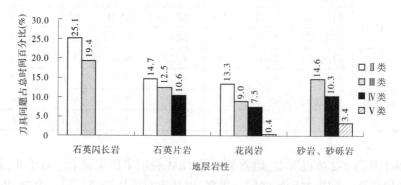

图 8-4　不同地质条件下 TBM 刀具问题统计

对于Ⅴ类花岗岩及泥质砂岩,TBM 设备利用率下降明显,分别为 1.4% 及 5.4%,主要是由于在Ⅴ类花岗岩洞发生了围岩挤压变形导致的卡机及破碎围岩涌水事故,不得不停机处理,时间长达两个月,在Ⅴ类泥质砂岩洞段发生了软岩收敛变形导致的卡机事故,需要数十天进行处理。

由以上分析可以看出,双护盾 TBM 设备利用率与开敞式 TBM 差别较大,开敞式 TBM 在围岩局部稳定性差和不稳定的Ⅲ、Ⅳ类围岩中施工时,为保证围岩的稳定及人员、设备的安全,需要停机进行钢筋排、锚杆、挂网、钢拱架、灌浆及喷混凝土等初期支护;同时为保证有足够的支撑反力,有时需要对撑靴部位围岩进行加固,这会大量占用掘进时间,导致设备利用率较低。而双护盾 TBM 施工时,受护盾的保护作用,少量的顶拱围岩坍塌不需要进行初期支护,也不影响管片的安装;在软弱破碎围岩洞段可采用辅助推进系统进行单护盾模式掘进,亦不需要加固撑靴处围岩。因此,在Ⅲ、Ⅳ类围岩中掘进时,双护盾 TBM 可保持较高的设备利用率,这也是双护盾 TBM 相对于开敞式 TBM 的优势所在。但在Ⅴ类围岩洞段,断层破碎带塌方、涌水、围岩收敛变形等不良地质问题较多,双护盾 TBM 超前处理手段较少,易发生卡机、TBM 掘进受阻等事故,其 TBM 利用率极低。在兰州水源地建设工程输水隧洞的花岗岩及泥质砂岩的Ⅴ类围岩洞段,发生了卡机及涌水等事故,TBM 利用率仅为 1.4% 及 5.4%,远低于正常掘进时的利用率水平。

### 8.2.2.3　TBM 利用率与围岩分类评分的关系

国内外的研究表明,TBM 利用率与围岩有直接的相关性。兰州市水源地建设工程输水隧洞属于水利工程,因此其围岩分类采用了《水利水电工程地质勘察规范》(GB 50487—2008)附录 N 的围岩分类方法(简称 HC 分类法),HC 分类法与 RMR、国标 BQ 分类法类似,其采用评分的方法,通过围岩的分值确定分类。通过拟合 TBM 利用率与 HC 评分的关系,可对 TBM 利用率进行预测。

在兰州市水源地建设工程输水隧洞双护盾 TBM 施工过程中,选择典型洞段的 TBM 利用率及围岩分类 HC 评分值等数据进行统计,如表 8-2 所示。数据选择中,为减少其他因素的影响,剔除非地质因素造成的 TBM 设备故障、连续皮带机故障等数据。

**表 8-2　围岩分类评分与 TBM 利用率统计**

| 序号 | 桩号 | 岩性 | 围岩类别 | 单轴抗压强度(MPa) | 岩体完整性系数 | HC 分类评分 | 利用率(%) |
|---|---|---|---|---|---|---|---|
| 1 | K0+732.9~K0+744.9 | 石英闪长岩 | Ⅱ | 165 | 0.75 | 78 | 31.25 |
| 2 | K0+671.4~K0+693.4 | 石英闪长岩 | Ⅲ | 78 | 0.52 | 57 | 46.35 |
| 3 | K0+744.9~K0+752.4 | 石英闪长岩 | Ⅱ | 178 | 0.80 | 83 | 30.85 |
| 4 | K1+097.8~K1+113.0 | 石英片岩 | Ⅱ | 145 | 0.70 | 74 | 37.40 |
| 5 | K1+138.0~K1+149.5 | 石英片岩 | Ⅱ | 140 | 0.72 | 75 | 39.10 |
| 6 | K0+908.8~K0+931.3 | 石英片岩 | Ⅲ | 68 | 0.55 | 54 | 53.60 |
| 7 | K0+931.3~K0+941.8 | 石英片岩 | Ⅲ | 80 | 0.48 | 55 | 45.75 |

续表 8-2

| 序号 | 桩号 | 岩性 | 围岩类别 | 单轴抗压强度（MPa） | 岩体完整性系数 | HC 分类评分 | 利用率（%） |
|------|------|------|----------|---------------------|----------------|-------------|-------------|
| 8 | K1+629.3~K1+649.2 | 石英片岩 | Ⅲ | 56 | 0.42 | 48 | 47.40 |
| 9 | K1+844.3~K1+868.3 | 石英片岩 | Ⅳ | 45 | 0.33 | 42 | 49.60 |
| 10 | K1+980.7~K1+991.5 | 石英片岩 | Ⅱ | 155 | 0.73 | 81 | 30.20 |
| 11 | K2+030.5~K2+048.5 | 石英片岩 | Ⅱ | 122 | 0.61 | 66 | 43.00 |
| 12 | K3+106.7~K3+128.3 | 石英闪长岩 | Ⅱ | 134 | 0.68 | 70 | 36.55 |
| 13 | K3+165.8~K3+198.8 | 石英闪长岩 | Ⅲ | 62 | 0.51 | 53 | 53.90 |
| 14 | K3+287.7~K3+308.3 | 石英片岩 | Ⅱ | 146 | 0.71 | 72 | 38.55 |
| 15 | K3+377.9~K3+402.0 | 石英片岩 | Ⅱ | 115 | 0.56 | 65 | 42.95 |
| 16 | T6+288.2~T6+310.8 | 石英片岩 | Ⅱ | 155 | 0.74 | 78 | 34.40 |
| 17 | T6+546.8~T6+579.8 | 石英片岩 | Ⅲ | 75 | 0.48 | 50 | 48.85 |
| 18 | T6+850.3~T6+877.3 | 石英片岩 | Ⅲ | 70 | 0.44 | 49 | 46.40 |
| 19 | T7+498.0~T7+516.0 | 石英片岩 | Ⅱ | 159 | 0.83 | 80 | 26.45 |
| 20 | T7+633.2~T7+672.7 | 石英片岩 | Ⅲ | 58 | 0.41 | 46 | 51.30 |
| 21 | T7+783.4~T7+801.0 | 石英片岩 | Ⅱ | 133 | 0.78 | 72 | 35.50 |
| 22 | T8+858.7~T8+875.3 | 花岗岩 | Ⅱ | 168 | 0.76 | 77 | 29.00 |
| 23 | T9+165.0~T9+196.4 | 花岗岩 | Ⅳ | 45 | 0.33 | 31 | 46.00 |
| 24 | T9+196.4~T9+199.5 | 花岗岩 | Ⅴ | 26 | 0.13 | 22 | 9.00 |
| 25 | T9+429.4~T9+453.4 | 花岗岩 | Ⅱ | 132 | 0.63 | 67 | 38.75 |
| 26 | T10+224.1~T10+254.6 | 花岗岩 | Ⅲ | 65 | 0.49 | 54 | 53.60 |
| 27 | T10+476.4~T10+517.0 | 花岗岩 | Ⅳ | 47 | 0.34 | 36 | 48.00 |
| 28 | T11+021.9~T11+044.4 | 花岗岩 | Ⅱ | 137 | 0.64 | 69 | 41.50 |
| 29 | T11+110.5~T11+144.6 | 花岗岩 | Ⅲ | 69 | 0.52 | 49 | 48.00 |
| 30 | T12+788.8~T12+821.5 | 泥质砂岩 | Ⅳ | 16 | 0.35 | 30 | 52.65 |
| 31 | T13+174.7~T13+204.7 | 泥质砂岩 | Ⅲ | 25 | 0.46 | 56 | 47.75 |
| 32 | T13+204.7~T13+230.2 | 泥质砂岩 | Ⅲ | 28 | 0.50 | 59 | 43.15 |
| 33 | T14+659.9~T14+662.9 | 泥质砂岩 | Ⅴ | 8 | 0.11 | 16 | 3.90 |
| 34 | T14+721.6~T14+753.2 | 泥质砂岩 | Ⅲ | 22 | 0.48 | 50 | 47.80 |
| 35 | T14+792.6~T14+798.6 | 泥质砂岩 | Ⅴ | 10 | 0.10 | 14 | 11.75 |
| 36 | T14+828.2~T14+856.7 | 泥质砂岩 | Ⅳ | 19 | 0.28 | 32 | 44.60 |
| 37 | T14+982.8~T15+020.4 | 泥质砂岩 | Ⅲ | 20 | 0.50 | 52 | 50.00 |

为研究 TBM 利用率与围岩 $HC$ 评分值的关系,选择了常用的线性函数、二项式函数、对数函数、幂函数、指数函数对数据进行了拟合,拟合结果见图 8-5~图 8-9。由图可以看出,线性函数、对数函数、幂函数、指数函数拟合的曲线数据相关系数低于 0.30,不适合作为 TBM 利用率与围岩 $HC$ 的拟合函数,而二项式函数拟合的相关系数达到了 0.80 以上,可作为 TBM 利用率与围岩 $HC$ 的拟合函数,这与文献[174]的研究结论基本一致。因此,本文选择二项式函数作为 TBM 利用率与围岩 HC 的拟合函数,如式(8-1)所示。

$$U = -0.028\ 3HC^2 + 2.951\ 9HC - 26.784 \tag{8-1}$$

式中:$U$ 为 TBM 利用率(%);$HC$ 为围岩评分值。

由二项式拟合曲线可以看出,TBM 利用率随着 $HC$ 分值的增加先增加后降低,在 $HC$ 分值为 52 时最高,最高利用率为 50%。主要原因如下:当 $HC$ 分值较低时,岩石强度低、岩体完整性差,易发生涌水、围岩大变形、掌子面及顶拱围岩塌方等事故,TBM 需要停机对不良地质条件进行处理,从而降低了 TBM 利用率;当 $HC$ 分值较高时,岩石强度高、岩体完整,为获得一定的掘进速度,TBM 需要在大推力的条件下工作,易造成刀具磨损过快及设备故障,刀具维修、更换及设备故障处理需要占用掘进时间,从而降低 TBM 设备利用率。

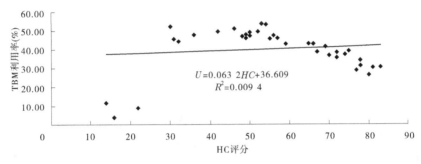

图 8-5 线性函数拟合

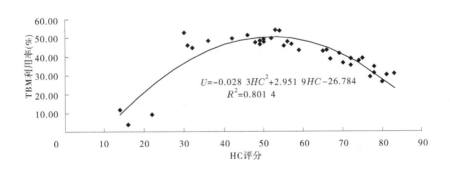

图 8-6 二项式函数拟合

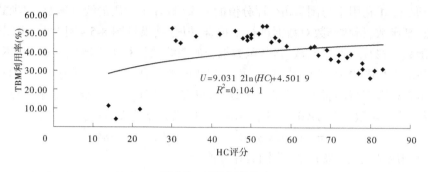

图 8-7　对数函数拟合

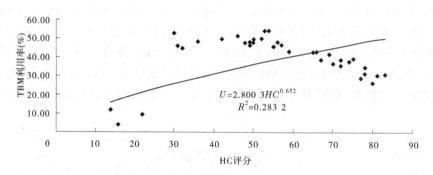

图 8-8　幂函数拟合

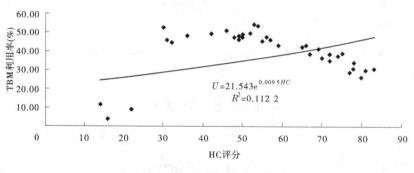

图 8-9　指数函数拟合

# 8.3　TBM 净掘进速度

## 8.3.1　TBM 净掘进速度影响因素

### 8.3.1.1　围岩地质条件对 TBM 净掘进速度的影响

净掘进速度又称贯入速度(Penetrate Rate,简写为 PR),指的是 TBM 掘进时单位时间的进尺,一般用 mm/min 或 m/h 表示,其主要影响因素为地质条件、设备性能等。国内外的研究表明,对于技术参数基本 TBM,地质条件对净掘进速度的影响是决定性的,主要体

现在以下几个方面:

(1)普遍认为岩体的不连续性(如节理间距和节理方向等)是影响 TBM 施工性能的最主要因素。岩体中的不同节理间距和节理方向,会导致滚刀作用下的裂纹起裂和扩展模式发生改变。随着节理间距的减小,净掘进速度显著增加,当节理间距处于 20~40 cm 时,净掘进速度达到最大值。当节理间距小于 20 cm 时,隧洞掌子面围岩出现不稳定情况,导致停机时间增加,同时围岩支护耗时也增加,从而施工速度大大减小。节理化岩体中的最大净掘进速度可达到完整岩石净掘进速度的数倍。

(2)节理面和隧洞轴向之间的夹角 α 也会显著影响 TBM 的施工性能。随着 α 的不断增加,净掘进速度逐渐增大,当 α 为 50°~65° 时,净掘进速度达到最大值,随着 α 的继续增加,净掘进速度逐渐减小。由于最优 α 角与节理间距有关,当研究最优 α 角对净掘进速度的影响时,必须指明对应的节理间距。

(3)岩石单轴抗压强度是另一个影响 TBM 施工性能的重要参数。基于滚刀破岩机制,滚刀破岩是滚刀下岩石拉破坏和剪破坏的综合结果,TBM 正是利用岩石抗拉强度和抗剪强度明显小于抗压强度这一特征设计的,且实验室普遍采用岩石单轴抗压强度来表征岩石的强度特征,故选取岩石单轴抗压强度来评价 TBM 施工性能。当岩石单轴抗压强度很高时,净掘进速度很低,但相应围岩无须支护,出渣顺利,TBM 利用率高,此时施工速度中等。当岩石单轴抗压强度中等时,净掘进速度高,围岩支护耗时较少,出渣顺利,TBM 利用率较高,施工速度很高。当岩石单轴抗压强度很低时,净掘进速度很高,围岩支护耗时极高,出渣不顺利,TBM 利用率和施工速度极低。

(4)隧洞直径也会显著影响 TBM 施工性能。因为不同直径隧洞需要不同直径 TBM 开挖,而大直径 TBM 开挖岩体时受到的破岩阻力更大,导致其每转进尺显著小于小直径 TBM 每转进尺。同时,大直径隧道的刀具检查和更换耗时更多。

(5)滚刀破岩时岩体中压碎区的形状和大小、裂纹扩展的模式和范围与岩石脆性密切相关。A. Bruland 等研究证实随着岩石脆性的增加,TBM 净掘进速度逐渐增大。

(6)岩石类型会影响 TBM 施工性能。因为不同类型岩石的不同结构(胶结方式、颗粒大小和形状等)会显著影响 TBM 净掘进速度。一般情况下,TBM 在沉积岩中获得的净掘进速度比在岩浆岩和变质岩中获得的净掘进速度大。

(7)地下水一般会降低岩石强度和岩石耐磨性,改变节理面条件,增加岩石蚀变性,但目前普遍认为地下水状况对 TBM 净掘进速度影响不大。然而,地下水状况会导致围岩稳定性下降,恶化 TBM 工作条件,降低 TBM 利用率,从而影响 TBM 施工进度。极端情况下甚至会发生突涌水,严重阻碍 TBM 施工。在已发生的 TBM 重大工程事故中,约有 35% 是突涌水引起。

(8)地应力对 TBM 施工性能影响的研究还不够深入,但可以肯定会影响 TBM 的净掘进速度和施工速度。高地应力条件下软弱岩体有可能发生围岩大变形,增加 TBM 卡机风险;高地应力条件下硬脆岩石有可能发生岩爆,危及施工人员和 TBM 安全,严重影响 TBM 施工。在已发生的 TBM 重大工程事故中,约有 37% 是围岩大变形引起,约有 14% 是岩爆引起。

#### 8.3.1.2　机器参数对 TBM 掘进性能的影响

(1)单刀推力 $F_n$(或 TBM 总推力)是影响 TBM 施工性能最重要的机器参数之一。随着单刀推力的增大,TBM 净掘进速度显著增大。从 NTNU 模型的发展历程来看,不考虑单刀推力影响的 TBM 性能预测模型,其预测结果存在明显的误差。为保证 TBM 性能预测结果的准确性,必须考虑单刀推力的影响。通常情况下,当开挖岩石强度较高时,TBM 额定推力是限制净掘进速度继续增大的主要控制因素。当开挖岩石强度较低时,皮带机出渣能力或 TBM 额定扭矩是限制净掘进速度继续增大的主要控制因素。

(2)刀盘转速也会显著影响 TBM 施工性能,因为 TBM 净掘进速度是刀盘每转进尺和刀盘转速的乘积。刀盘转速与 TBM 直径密切相关,TBM 直径越大,刀盘转速越低,并且大直径 TBM 的每转进尺比小直径 TBM 小,故大直径 TBM 的净掘进速度相对较低。

(3)刀具直径无疑会影响 TBM 施工性能。目前的发展趋势是,采用大直径滚刀(如 19 in 和 20 in 滚刀,1 in=2.54 cm),因为大直径滚刀的轴承负荷能力显著提升。采用大直径滚刀可以适当增加滚刀间距,减小刀盘刀具安装数量,增加等效单刀推力和开口率,从而提高滚刀破岩效率。同时,由于大直径滚刀允许磨损量较多,可以减少刀具更换次数,等效增加有效掘进时间,从而提高 TBM 施工速度。

(4)刀间距显著影响滚刀的切割效率,进而影响 TBM 施工性能。在贯入度一定的情况下,当刀间距过小时,滚刀破岩形成的岩片过度破碎,比能较高;当刀间距增大到某一值时,滚刀破岩形成的岩粉和岩片比例达到最优,比能最小;当刀间距过大时,滚刀之间的相互作用降低,比能再次增加。

(5)滚刀刀尖宽度 $T$ 与滚刀破岩时刀具下的应力场密切相关。对于常用的两种滚刀类型,由于 V 型滚刀磨损过快,刀具下的应力场变化频繁,不利于 TBM 操作;而常截面滚刀,其刀尖宽度基本不变,破岩效率波动不大,因此自 20 世纪 70 年以来逐渐替换了 V 型滚刀。

(6)滚刀岩石接触角 $\varphi$ 与滚刀半径 $R$ 和贯入度 $P$ 有关。滚刀岩石接触角影响滚刀与岩石表面的接触面积,进而影响滚刀受力分布状况。滚刀法向力(等效单刀推力)对 TBM 施工性能起决定性作用,故滚刀岩石接触角也会影响 TBM 施工性能。

#### 8.3.1.3　人为因素对 TBM 掘进性能的影响

除上述岩体参数和机器参数以外,人为因素也会影响 TBM 施工性能。

(1)施工单位的 TBM 隧洞施工经验、施工人员的训练水平和资质、现场有无 TBM 制造商服务人员、备用零件是否充足、处理问题的时间长短等因素,都会显著影响 TBM 施工性能。

(2)一般情况下,TBM 司机操纵 TBM 掘进一定距离后,当遇到类似地层时,根据"学习曲线"的影响,其对处理类似地层的适应性显著增加,施工速度将远远高于预期值。据资料显示,当 TBM 司机累计开挖距离达到 10 km 时,TBM 施工性能将提高 15%左右。

(3)此外,良好的施工环境和安全后勤保障也会显著影响 TBM 的施工性能。

### 8.3.2　兰州市水源地建设工程输水隧洞不同地质条件下净掘进速度分析

#### 8.3.2.1　不同地质条件下净掘进速度

净掘进速度是 TBM 设备与围岩相互作用的结果,其体现在不同地质条件下的 TBM

掘进参数,每种地质条件均有其对应的最优掘进参数。如在完整硬岩段,一般采用高推力、高转速、低扭矩掘进;而在软弱破碎围岩段,多采用低推力、低转速、高扭矩掘进。

兰州市水源地建设工程输水隧洞 TBM 施工段不同地质条件下所采用的掘进参数及净掘进速度如表 8-3 所示。可以看出,净掘进速度与地质条件和围岩类别关系较大,随着围岩强度及围岩类别的降低,净掘进速度逐渐提高。

表 8-3　围岩分类评分与净掘进速度统计

| 序号 | 桩号 | 岩性 | 围岩类别 | 单轴抗压强度(MPa) | 岩体完整性系数 | HC分类评分 | 净掘进速度(mm/min) |
|---|---|---|---|---|---|---|---|
| 1 | K0+732.9~K0+744.9 | 石英闪长岩 | II | 165 | 0.75 | 78 | 24.5 |
| 2 | K0+671.4~K0+693.4 | 石英闪长岩 | III | 78 | 0.52 | 57 | 54.4 |
| 3 | K0+744.9~K0+752.4 | 石英闪长岩 | II | 178 | 0.80 | 83 | 19.6 |
| 4 | K1+097.8~K1+113.0 | 石英片岩 | II | 145 | 0.70 | 74 | 30.8 |
| 5 | K1+138.0~K1+149.5 | 石英片岩 | II | 140 | 0.72 | 75 | 34.6 |
| 6 | K0+908.8~K0+931.3 | 石英片岩 | III | 68 | 0.55 | 54 | 52.7 |
| 7 | K0+931.3~K0+941.8 | 石英片岩 | III | 80 | 0.48 | 55 | 50.7 |
| 8 | K1+629.3~K1+649.2 | 石英片岩 | III | 56 | 0.42 | 48 | 58.3 |
| 9 | K1+844.3~K1+868.3 | 石英片岩 | IV | 45 | 0.33 | 42 | 72.5 |
| 10 | K1+980.7~K1+991.5 | 石英片岩 | II | 155 | 0.73 | 81 | 28.5 |
| 11 | K2+030.5~K2+048.5 | 石英片岩 | II | 122 | 0.61 | 66 | 33.0 |
| 12 | K3+106.7~K3+128.3 | 石英闪长岩 | II | 134 | 0.68 | 70 | 37.2 |
| 13 | K3+165.8~K3+198.8 | 石英闪长岩 | III | 62 | 0.51 | 53 | 60.0 |
| 14 | K3+287.7~K3+308.3 | 石英片岩 | II | 146 | 0.71 | 72 | 44.8 |
| 15 | K3+377.9~K3+402.0 | 石英片岩 | II | 115 | 0.56 | 65 | 43.4 |
| 16 | T6+288.2~T6+310.8 | 石英片岩 | II | 155 | 0.74 | 78 | 54.6 |
| 17 | T6+546.8~T6+579.8 | 石英片岩 | III | 75 | 0.48 | 50 | 63.8 |
| 18 | T6+850.3~T6+877.3 | 石英片岩 | III | 70 | 0.44 | 49 | 60.5 |
| 19 | T7+498.0~T7+516.0 | 石英片岩 | II | 159 | 0.83 | 80 | 25.7 |
| 20 | T7+633.2~T7+672.7 | 石英片岩 | III | 58 | 0.41 | 46 | 68.4 |
| 21 | T7+783.4~T7+801.0 | 石英片岩 | II | 133 | 0.78 | 72 | 42.5 |
| 22 | T8+858.7~T8+875.3 | 花岗岩 | II | 168 | 0.76 | 77 | 38.8 |

续表 8-3

| 序号 | 桩号 | 岩性 | 围岩类别 | 单轴抗压强度（MPa） | 岩体完整性系数 | HC分类评分 | 净掘进速度（mm/min） |
|---|---|---|---|---|---|---|---|
| 23 | T9+165.0 ~ T9+196.4 | 花岗岩 | IV | 45 | 0.33 | 31 | 72.8 |
| 24 | T9+196.4 ~ T9+199.5 | 花岗岩 | V | 26 | 0.13 | 22 | 81.0 |
| 25 | T9+429.4 ~ T9+453.4 | 花岗岩 | II | 132 | 0.63 | 67 | 35.9 |
| 26 | T10+224.1 ~ T10+254.6 | 花岗岩 | III | 65 | 0.49 | 54 | 64.3 |
| 27 | T10+476.4 ~ T10+517.0 | 花岗岩 | IV | 47 | 0.34 | 36 | 70.5 |
| 28 | T11+021.9 ~ T11+044.4 | 花岗岩 | II | 137 | 0.64 | 69 | 40.7 |
| 29 | T11+110.5 ~ T11+144.6 | 花岗岩 | III | 69 | 0.52 | 49 | 62.4 |
| 30 | T12+788.8 ~ T12+821.5 | 泥质砂岩 | IV | 16 | 0.35 | 30 | 66.0 |
| 31 | T13+174.7 ~ T13+204.7 | 泥质砂岩 | III | 25 | 0.46 | 56 | 57.6 |
| 32 | T13+204.7 ~ T13+230.2 | 泥质砂岩 | III | 28 | 0.50 | 59 | 60.6 |
| 33 | T14+659.9 ~ T14+662.9 | 泥质砂岩 | V | 8 | 0.11 | 16 | 76.0 |
| 34 | T14+721.6 ~ T14+753.2 | 泥质砂岩 | III | 22 | 0.48 | 50 | 65.5 |
| 35 | T14+792.6 ~ T14+798.6 | 泥质砂岩 | V | 10 | 0.10 | 14 | 72.0 |
| 36 | T14+828.2 ~ T14+856.7 | 泥质砂岩 | IV | 19 | 0.28 | 32 | 65.0 |
| 37 | T14+982.8 ~ T15+020.4 | 泥质砂岩 | III | 20 | 0.50 | 52 | 62.6 |

#### 8.3.2.2　TBM 净掘进速度与围岩分类评分的关系

在 HC 法围岩分类评分中,选取的围岩参数主要是岩石的单轴抗压强度、岩体完整性、节理性状、节理走向与洞轴线的关系、地下水条件、地应力条件等,基本上包含了会对 TBM 掘进效率产生影响的所有因素,因此可通过 HC 评分研究地质因素对 TBM 净掘进速度的影响。在兰州市水源地建设工程输水隧洞双护盾 TBM 施工中,选择典型洞段的围岩与净掘进速度等数据,见表 8-3。为研究 TBM 净掘进速度与围岩 HC 评分值的关系,选择了常用的线性函数、二项式函数、对数函数、幂函数、指数函数对数据进行了拟合,拟合结果如图 8-10 ~ 图 8-14 所示。由图可以看出,线性函数、二项式函数、对数函数、幂函数、指数函数拟合的曲线数据相关系数均大于 0.50,但二项式函数拟合的相关系数达到了 0.85 以上,拟合度更高,因此可作为 TBM 净掘进速度与围岩 HC 的拟合函数,见式(8-2)。

$$PR = -0.010\ 3HC^2 + 0.259\ 5HC + 73.647 \tag{8-2}$$

式中:PR 为净掘进速度,mm/min;HC 为围岩评分值。

由二项式拟合曲线可以看出,随着 HC 分值的降低,TBM 的净掘进速度逐渐提高,这主要是由于随着 HC 评分的降低,围岩力学参数中岩石单轴抗压强度降低,岩体完整性系数降低,TBM 在较低的推力条件下即可获得较高的贯入度,从而引起净掘进速度的提高。

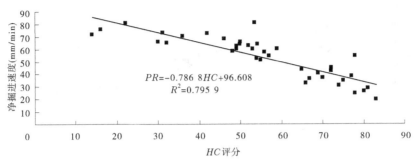

图 8-10　线性函数拟合

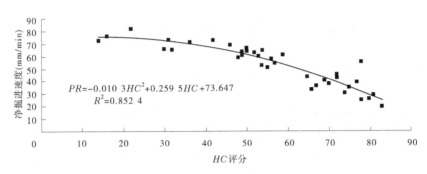

图 8-11　二项式函数拟合

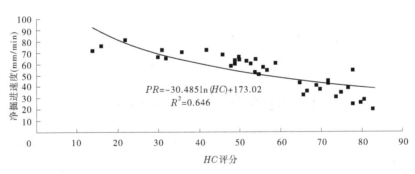

图 8-12　对数函数拟合

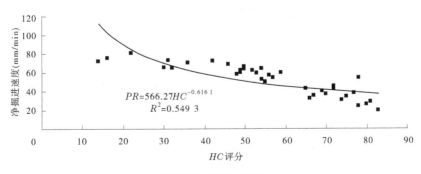

图 8-13　幂函数拟合

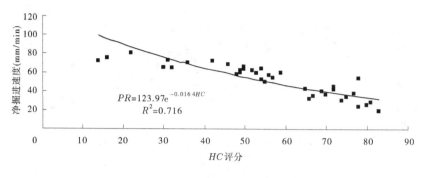

$$PR=123.97e^{-0.016\,4HC}$$
$$R^2=0.716$$

图 8-14　指数函数拟合

## 8.4　TBM 施工速度及预测模型

TBM 施工速度又称平均掘进速度(Advance Rate,简写为 AR),其指的是一段时间内(包括掘进时间和停机时间)的 TBM 进尺,一般用平均日进尺、平均周进尺、平均月进尺等表示。日施工速度为净掘进速度与 TBM 设备利用率的乘积,见式(8-3)。

$$AR = PR \times U \times 24 \times 60/1\,000 \tag{8-3}$$

式中:$AR$ 为 TBM 施工速度,m/d;$PR$ 为净掘进速度,mm/min;$U$ 为 TBM 设备利用率。

根据式(8-1)~式(8-3),则兰州市水源地建设工程输水隧洞双护盾 TBM 施工速度预测模型可表示为:

$$AR = (-0.010\,3HC^2 + 0.259\,5HC + 73.647) \times$$
$$(-0.028\,3HC^2 + 2.951\,9HC - 26.784) \times 24 \times 60/1\,000 \tag{8-4}$$

TBM 施工速度为围岩分类评分 $HC$ 值的函数,通过 $HC$ 值即可预测 TBM 的施工速度。

## 8.5　预测模型的有效性验证

在兰州市水源地建设工程输水隧洞的双护盾 TBM 施工数据中,选择不同岩性、不同围岩类别条件下围岩评分值,通过式(8-4)计算出施工速度,并与实际施工速度进行对比,对比结果如表 8-4 及图 8-15 所示。

表 8-4　预测施工速度与实际施工速度统计

| 序号 | 日期<br>(年-月-日) | 岩性 | 围岩<br>类别 | $HC$ 分类<br>评分 | 预测施工速度<br>(m/d) | 实际施工速度<br>(m/d) | 误差(%) |
|---|---|---|---|---|---|---|---|
| 1 | 2016-04-19 | 石英闪长岩 | Ⅱ | 80 | 11.6 | 11.0 | 5.3 |
| 2 | 2016-04-30 | 石英闪长岩 | Ⅱ | 79 | 12.8 | 12.4 | 3.3 |
| 3 | 2016-05-01 | 石英闪长岩 | Ⅱ | 77 | 15.3 | 15.0 | 2.3 |
| 4 | 2016-05-23 | 石英片岩 | Ⅱ | 68 | 27.1 | 26.0 | 4.2 |

续表 8-4

| 序号 | 日期<br>（年-月-日） | 岩性 | 围岩<br>类别 | HC 分类<br>评分 | 预测施工速度<br>（m/d） | 实际施工速度<br>（m/d） | 误差（%） |
|---|---|---|---|---|---|---|---|
| 5 | 2016-05-30 | 石英片岩 | II | 75 | 17.9 | 18.2 | -1.4 |
| 6 | 2016-06-01 | 石英片岩 | III | 64 | 32.0 | 29.8 | 7.4 |
| 7 | 2016-06-15 | 石英片岩 | III | 62 | 34.3 | 31.8 | 7.7 |
| 8 | 2016-07-07 | 石英片岩 | IV | 34 | 41.5 | 39.0 | 6.5 |
| 9 | 2016-07-12 | 石英片岩 | II | 81 | 10.4 | 9.6 | 8.3 |
| 10 | 2016-07-28 | 石英片岩 | III | 63 | 33.1 | 34.6 | -4.2 |
| 11 | 2016-10-11 | 石英片岩 | III | 52 | 42.9 | 40.5 | 5.8 |
| 12 | 2016-10-30 | 石英片岩 | III | 54 | 41.6 | 42.1 | -1.3 |
| 13 | 2016-11-22 | 石英片岩 | III | 64 | 32.0 | 33.2 | -3.6 |
| 14 | 2017-01-23 | 石英片岩 | IV | 43 | 45.3 | 42.7 | 6.1 |
| 15 | 2017-02-20 | 石英片岩 | II | 73 | 20.6 | 22.5 | -8.6 |
| 16 | 2017-03-18 | 花岗岩 | II | 75 | 17.9 | 18.0 | -0.3 |
| 17 | 2017-03-20 | 花岗岩 | IV | 31 | 38.8 | 36.5 | 6.3 |
| 18 | 2017-04-05 | 花岗岩 | V | 13 | 7.4 | 6.9 | 7.0 |
| 19 | 2017-04-21 | 花岗岩 | V | 15 | 12.1 | 11.8 | 2.1 |
| 20 | 2017-06-26 | 花岗岩 | III | 62 | 34.3 | 32.9 | 4.1 |
| 21 | 2017-07-22 | 花岗岩 | IV | 42 | 45.2 | 49.0 | -7.8 |
| 22 | 2017-11-11 | 泥质砂岩 | IV | 34 | 41.5 | 43.5 | -4.5 |
| 23 | 2017-11-12 | 泥质砂岩 | III | 59 | 37.4 | 34.5 | 8.3 |
| 24 | 2017-12-11 | 泥质砂岩 | III | 64 | 32.0 | 29.8 | 7.4 |
| 25 | 2017-12-25 | 泥质砂岩 | IV | 40 | 44.8 | 42.2 | 6.1 |

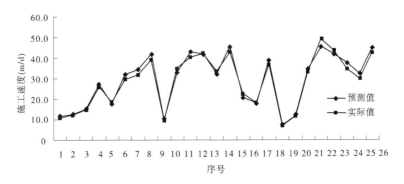

图 8-15　预测施工速度和实际施工速度对比

由表 8-4 及图 8-15 可以看出,预测施工速度与实际施工速度吻合较好,平均误差为 2.7%,最大误差小于 10%,说明预测模型正确,可用于 TBM 施工速度预测。

# 8.6 小 结

(1)影响 TBM 施工速度的主要因素有 TBM 利用率及净掘进速度,两者与地质条件密切相关;TBM 利用率与围岩 $HC$ 评分呈二项式关系,相关系数大于 0.85,当 $HC$ 值为 52 时,TBM 利用率达到最高值 50%;TBM 净掘进速度与 $HC$ 评分呈二项式关系,相关系数大于 0.85,随着 $HC$ 值的降低,TBM 净掘进速度呈现增加的趋势。

(2)基于 TBM 利用率与净掘进速度与 $HC$ 的关系,建立了 TBM 施工速度预测模型,实例验证表明:预测施工速度与实际施工速度吻合较好,平均误差为 2.7%,最大误差小于 10%,说明预测模型正确,可用于 TBM 施工速度预测。

# 第 9 章　TBM 施工隧洞地质灾害预防及快处理方法

## 9.1　引　言

TBM 施工隧洞一般洞线较长,穿越的地形地貌、地层岩性、地质构造、水文地质条件复杂,施工中可能遇到断层破碎带围岩失稳塌方、涌水突泥、软岩大变形、岩爆、高地温、有害气体、放射性等工程地质问题可能性较大,且由于 TBM 对不良地质条件的适应性较差,能采用的处理方法较少,如处理不当,易造成隧洞地质灾害,引起施工成本增加、工期延误等不良后果。因此,研究 TBM 施工条件下隧洞地质灾害的危害及致灾机制,并采取快速处理措施,对提高 TBM 的掘进效率具有重要意义。

## 9.2　软岩大变形双护盾 TBM 卡机判据及对策研究

### 9.2.1　软岩工程特性

软岩的基本特征是强度低、孔隙率高、容重小、渗水及吸水性好、易风化、易崩解,具有显著膨胀性和明显的时效性。

目前国内外尚未就软岩的定义产生共识,国际岩石力学学会(ISRM)采用强度指标作为依据,将软岩定义为单轴抗压强度小于 25 MPa 的松散、破碎、软弱及风化膨胀性一类岩体的总称;《水利水电工程地质勘察规范》(GB 50487—2008)定义岩石单轴抗压强度低于 30 MPa 的为软岩,其中 15~30 MPa 的为较软岩,低于 15 MPa 的为极软岩;《工程岩体分级标准》(GB/T 50218—2014)同样将岩石单轴抗压强度低于 30 MPa 的定义为软岩,但进一步进行了细化,其中 15~30 MPa 的为较软岩,5~15 MPa 的为软岩,低于 5 MPa 的为极软岩。

在软岩地层中修建隧洞时,在地应力的作用下,易发生软岩变形,当变形量较大时,会侵占隧洞断面、破坏初期支护及二次衬砌,严重时会造成整个洞室失稳,对隧洞施工方法、衬砌结构及施工安全等影响较大。影响软岩变形的因素主要有以下几个方面。

(1)岩石的强度及地应力量值和方向:当岩石强度低、地应力量值较高时,如果地应力主方向与隧洞轴线平行,则易发生掌子面的挤出变形;如果地应力主方向与隧洞轴线垂直,则易发生洞壁的收敛变形。

(2)地下水:当隧洞有水时,围岩变形量明显大于无水时。地下水的存在一般会软化岩石,降低岩石的强度,另外地下水造成的岩石的崩解、泥化等,会进一步降低围岩的稳定性。

(3)岩层产状:岩层产状与隧洞轴线夹角是影响变形量的一个次要因素。当岩层产状与隧道轴线夹角大时,岩体处于不利的受力状态,围岩变形大,反之,则围岩变形小。

(4)时间因素:软岩无明显的弹性特征,流变性强。在高地应力软岩条件下,隧洞变形与时间密切相关。

软岩变形的本质是剪应力导致岩体剪切变形,使得岩体发生错动、断裂等破坏,向隧洞临空面产生挤、压、推的变形,目前比较通行的方法是按照收敛率来判断是否发生了大变形破坏。《水力发电工程地质手册》根据锦屏二级水电站引水隧洞绿泥石片岩和丹巴水电站引水隧洞二云片岩的软岩研究提出,在前期勘察中,可按岩体强度与断面最大初始主应力比值($S$)的大小,对软岩的挤压变形程度进行初步预测评价,施工期则可按实测收敛应变($\varepsilon$)的大小进行评价,其判别标准见表 9-1。

表 9-1 《水力发电工程地质手册》软岩变形程度初步预测评价

| $S$ 值<br>(岩体强度应力比) | $S \geq 0.45$ | $0.30 \leq S < 0.45$ | $0.20 \leq S < 0.30$ | $0.15 \leq S < 0.20$ | $S < 0.15$ |
|---|---|---|---|---|---|
| 变形程度判别 | 基本稳定 | 轻微挤压变形 | 中等挤压变形 | 严重挤压变形 | 极严重挤压变形 |
| 围岩类别 | III₁ | III₂ | IV₁ | IV₂ | V |
| 围岩稳定性评价 | 围岩基本稳定,局部有轻微挤压变形 | 稳定性较差。应力集中部位可能发生轻微中等挤出变形,不支护可能产生塌方或变形破坏 | 稳定性差。围岩自稳时间很短,规模较大的各种变形和破坏都可能发生 | 不稳定。围岩稳定时间仅数小时或更短,不及时支护围岩很快变形失稳。破坏形式除整体塌落外,侧墙挤出、底鼓均可发生。明显流变,变形大,持续时间长 | 极不稳定。围岩不能自稳,变形破坏严重 |
| 施工期变形 $\varepsilon(\%)$ | $\varepsilon \leq 1$ | $1.0 < \varepsilon \leq 2.5$ | $2.5 < \varepsilon \leq 5.0$ | $5.0 < \varepsilon \leq 10.0$ | $\varepsilon > 10.0$ |

针对软岩隧洞的地质条件,进行软岩变形的机制研究,提出相关的施工对策,对于保障隧洞的安全施工具有重要的意义。

## 9.2.2 软岩对双护盾 TBM 施工的影响

双护盾 TBM 护盾较长,掘进过程中,受刀盘、护盾及管片的遮挡,基本无裸露的围岩,且主机内设备众多、空间狭窄,当软岩大变形时,易发生卡机事故。国内外的双护盾 TBM 施工实践表明,卡机已成为施工成本增加、工期延误等不良后果的主要因素之一,如青海引大济湟工程输水隧洞遭遇到 F4-F5 大断层带,TBM 累计受阻和卡机 10 次,TBM 掘进处于停滞状态达 6 年之久,造成工程进度严重滞后;云南昆明掌鸠河引水工程上公山隧洞受断层破碎带塌方、围岩大变形等地质灾害的作用,发生了多次卡机事故,设备受到严重的损坏,最长一次停机时间达 10 个月,最终不得不放弃 TBM 施工,将 TBM 拆除,改由钻爆法施工,造成了严重的经济损失。

　　通过室内试验,兰州市水源地建设工程输水隧洞TBM施工段泥质砂岩的平均单轴饱和抗压强度小于30 MPa,为软质岩。根据相关工程经验,在一定埋深条件下,软质岩易发生较大的塑性变形,双护盾TBM施工时,由于护盾与洞壁间隙较小,当围岩变形量大时,易发生抱死护盾的卡机事故。因此,为保障兰州市水源地建设工程输水隧洞双护盾TBM快速、安全地施工,在设备设计和施工之前,有必要对泥质砂岩洞段进行卡机风险分析和评判,并提出应对措施。

## 9.2.3　双护盾TBM卡机机制分析

　　双护盾TBM由前、后两节护盾组成(见图9-1),护盾的总长一般为11~12 m,护盾直径一般略小于设计开挖洞径5~10 cm(见图9-2)。为应对不同的地质条件,双护盾TBM设计有两种掘进模式,即双护盾模式和单护盾模式。当围岩稳定性较好时,使用位于后护盾上的支撑靴撑紧岩壁以提供掘进推力和扭矩,此时后护盾不动,在主推进油缸的作用下,前盾与主机一起向前移动。当围岩稳定性较差时,收回支撑靴,由辅助推进油缸支撑在已经安装好的管片上,以提供掘进推力和扭矩,此时前、后护盾一起向前移动。由于被护盾遮挡,护盾范围内的洞壁无法及时进行支护,如果围岩变形量大于护盾和洞壁之间的空隙,围岩与护盾发生接触,当接触压力与护盾产生的摩擦阻力加上掘进所需的推力之和大于辅助推进油缸的最大推力时,就会发生护盾被卡的卡机事故。

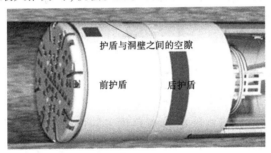

图 9-1　双护盾 TBM 结构示意图

图 9-2　双护盾 TBM 护盾与洞壁之间的关系示意图

### 9.2.4　双护盾 TBM 卡机判据

设双护盾 TBM 主机自重为 $W(\mathrm{kN})$,护盾与洞壁围岩的摩擦系数为 $\mu$,则正常情况下护盾滑动摩擦阻力 $F_1$ 为:

$$F_1 = W\mu \qquad (9\text{-}1)$$

假设前、后护盾总长度为 $L(\mathrm{m})$,护盾半径为 $R(\mathrm{m})$,围岩与护盾安全接触时的平均压力为 $P(\mathrm{MPa})$,则此时围岩压力产生的摩擦阻力 $F_2$ 为:

$$F_2 = 2\pi RLP\mu \qquad (9\text{-}2)$$

假设 TBM 正常掘进所需要的刀盘推力为 $F_3$,则此时所需要的总推力 $F$ 为:

$$F = F_1 + F_2 + F_3 = W\mu + 2\pi RLP\mu + F_3 \qquad (9\text{-}3)$$

每台 TBM 的最大推进力 $F_{\max}$ 都是一定的,当 $F \geqslant F_{\max}$ 时,TBM 无法前进,会发生卡机事故,当 $F < F_{\max}$ 时,则不会发生卡机,因此双护盾 TBM 是否发生卡机的判据可用下式表示:

$$\begin{cases} F \geqslant F_{\max} & \text{卡机} \\ F < F_{\max} & \text{不卡机} \end{cases} \qquad (9\text{-}4)$$

式中: $W$、$L$、$R$ 及 $F_{\max}$ 可以由 TBM 设计参数中获得,$\mu$ 一般取为 0.30。兰州市水源地建设工程输水隧洞的泥质砂岩主要分布在 TBM2 施工段,TBM2 的初步设计技术参数如下:开挖洞径 5.49 m,护盾直径 5.40 m,护盾总长 11.70 m,其中前护盾长度 4.50 m,后护盾长度 7.20 m,主机重量约 400 t,辅助推进油缸最大推力约 30 000 kN。护盾压力 $P$ 可由理论公式计算或数值计算的方法获得,本书采用数值计算的方法。

### 9.2.5　兰州市水源地建设工程输水隧洞双护盾 TBM 卡机风险分析

#### 9.2.5.1　泥质砂岩洞段围岩情况

兰州市水源地建设工程输水隧洞分布有较多的白垩系下统河口群($K_1 hk^1$)泥质砂岩,泥质砂岩段埋深为 150~600 m,岩体为层状结构,节理裂隙不发育,岩体完整,地下水不活跃,围岩以Ⅲ、Ⅳ类为主,局部洞段为Ⅴ类。根据室内试验并结合相关工程经验,泥质砂岩的力学参数如表 9-2 所示。计算本构模型采用摩尔-库仑模型。

表 9-2　泥质砂岩力学参数

| 围岩类别 | 岩石饱和抗压强度（MPa） | 抗拉强度（MPa） | 黏聚力 $c$（MPa） | 摩擦角 $\varphi(°)$ | 弹性模量（GPa） | 泊松比 $\mu$ |
|---|---|---|---|---|---|---|
| Ⅲ类 | 30 | 3 | 0.80 | 40 | 6 | 0.28 |
| Ⅳ类 | 20 | 2 | 0.45 | 30 | 4 | 0.31 |
| Ⅴ类 | 5 | 0.5 | 0.1 | 22 | 1 | 0.35 |

#### 9.2.5.2　数值计算模型

隧洞为线状地下建筑物,其纵向尺寸远大于横向尺寸,因此可采用平面模型进行计算。根据兰州市水源地建设工程输水隧洞的工程特点,分别考虑 200 m、300 m、400 m、500 m、600 m 五种埋深,每种埋深条件下分别计算Ⅲ、Ⅳ、Ⅴ类围岩,共计 15 个计算方案。

根据钻孔地应力测试结果,对区域地应力场进行拟合,得出水平主应力的方向及水平主应力与自重应力的比值,即侧压力系数,泥质砂岩段的侧压力系数如下:$K_x = \sigma_H/\sigma_V = 1.1$,$K_z = \sigma_h/\sigma_V = 0.9$。模型计算范围大于 5 倍开挖洞径。模型底部采用固定边界,侧面采用 $X$ 向约束,顶部为自由边界。

### 9.2.5.3　计算结果分析

　　隧洞开挖后,会引起洞周一定范围内的应力和位移重分布,图 9-3~图 9-32 分别为不同埋深及不同围岩条件下应力、位移分布情况,可以看出,洞周应力分布较为均匀,这主要是因为 TBM 施工采用机械破岩,对围岩扰动小,且开挖断面为圆形,受力条件好,不易产生应力集中。洞周围岩位移主要为径向位移,具体表现为,顶拱下沉,底板隆起,侧壁面向开挖临空面变形。

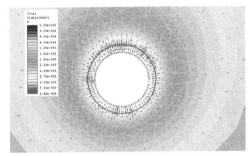

图 9-3　200 m 埋深Ⅲ类围岩位移分布

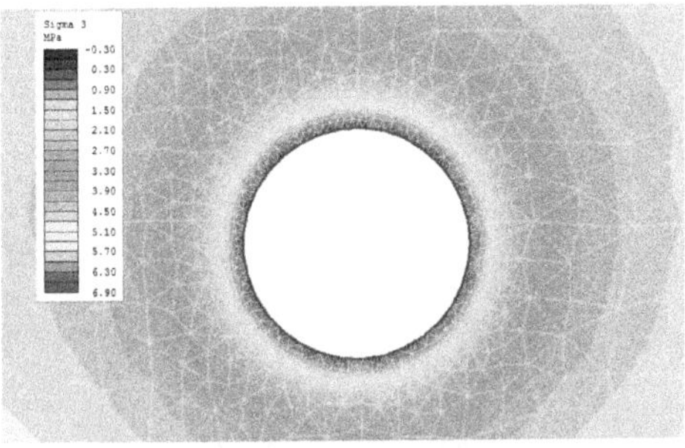

图 9-4　200 m 埋深Ⅲ类围岩应力分布

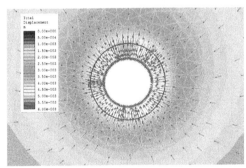

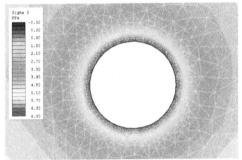

图 9-5　200 m 埋深Ⅳ类围岩位移分布

图 9-6　200 m 埋深Ⅳ类围岩应力分布

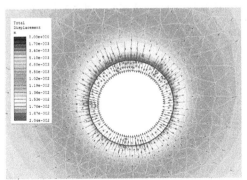

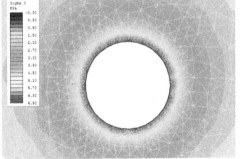

图 9-7　200 m 埋深Ⅴ类围岩位移分布

图 9-8　200 m 埋深Ⅴ类围岩应力分布

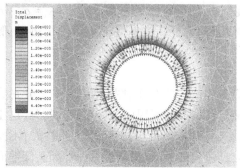

图 9-9　300 m 埋深Ⅲ类围岩位移分布

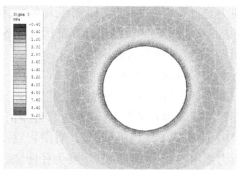

图 9-10　300 m 埋深Ⅲ类围岩应力分布

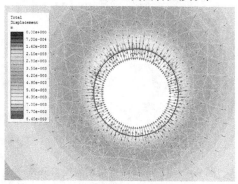

图 9-11　300 m 埋深Ⅳ类围岩位移分布

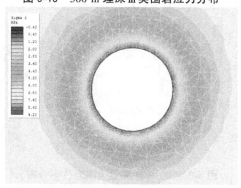

图 9-12　300 m 埋深Ⅳ类围岩应力分布

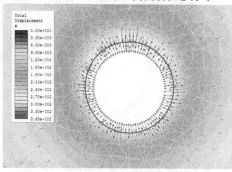

图 9-13　300 m 埋深Ⅴ类围岩位移分布

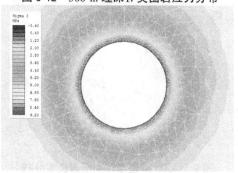

图 9-14　300 m 埋深Ⅴ类围岩应力分布

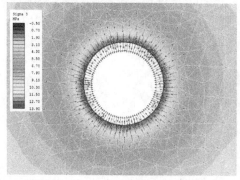

图 9-15　400 m 埋深Ⅲ类围岩位移分布

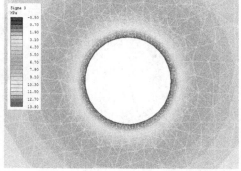

图 9-16　400 m 埋深Ⅲ类围岩应力分布

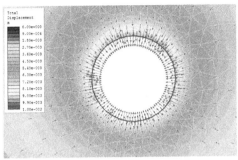

图 9-17 400 m 埋深Ⅳ类围岩位移分布

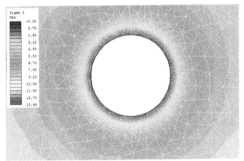

图 9-18 400 m 埋深Ⅳ类围岩应力分布

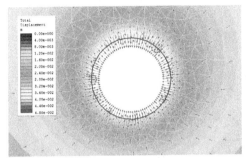

图 9-19 400 m 埋深Ⅴ类围岩位移分布

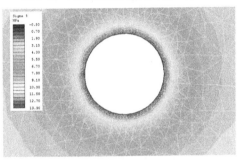

图 9-20 400 m 埋深Ⅴ类围岩应力分布

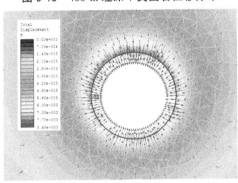

图 9-21 500 m 埋深Ⅲ类围岩位移分布

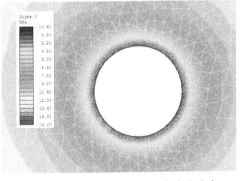

图 9-22 500 m 埋深Ⅲ类围岩应力分布

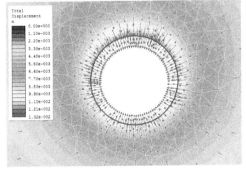

图 9-23 500 m 埋深Ⅳ类围岩位移分布

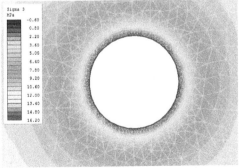

图 9-24 500 m 埋深Ⅳ类围岩应力分布

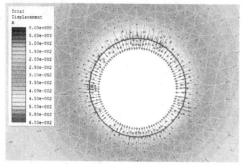

图 9-25　500 m 埋深 V 类围岩位移分布

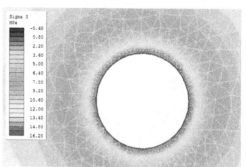

图 9-26　500 m 埋深 V 类围岩应力分布

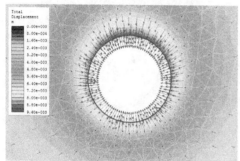

图 9-27　600 m 埋深 III 类围岩位移分布

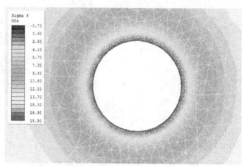

图 9-28　600 m 埋深 III 类围岩应力分布

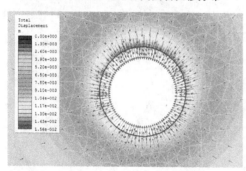

图 9-29　600 m 埋深 IV 类围岩位移分布

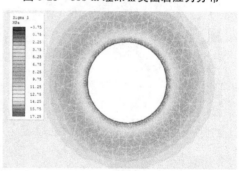

图 9-30　600 m 埋深 IV 类围岩应力分布

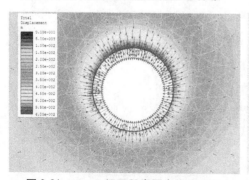

图 9-31　600 m 埋深 V 类围岩位移分布

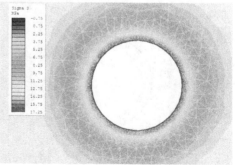

图 9-32　600 m 埋深 V 类围岩应力分布

表9-3为不同埋深、不同围岩类别条件下的隧洞顶拱—底板的相对位移及洞周径向的平均应力,图9-33、图9-34分别为不同围岩条件各埋深、不同埋深条件各类围岩的顶拱—底板相对位移对比图,可以看出,在相同的围岩类别条件下,随着埋深的增加,顶拱—底板相对位移逐渐增加,而在相同的埋深条件下,顶拱—底板相对位移随着围岩类别的降低而增加。

表9-3　不同计算条件下的洞周位移及应力统计

| 埋深(m) | 围岩类别 | 顶拱—底板相对位移(cm) | 洞周径向平均应力(MPa) |
|---|---|---|---|
| 200 | Ⅲ | 0.36 | 3.55 |
| | Ⅳ | 0.52 | 3.82 |
| | Ⅴ | 4.00 | 0.53 |
| 300 | Ⅲ | 0.94 | 0.87 |
| | Ⅳ | 1.44 | 0.69 |
| | Ⅴ | 5.94 | 0.74 |
| 400 | Ⅲ | 1.24 | 1.25 |
| | Ⅳ | 1.90 | 1.08 |
| | Ⅴ | 7.84 | 1.15 |
| 500 | Ⅲ | 1.52 | 0.79 |
| | Ⅳ | 2.42 | 1.12 |
| | Ⅴ | 9.90 | 1.58 |
| 600 | Ⅲ | 1.88 | 1.83 |
| | Ⅳ | 2.88 | 1.43 |
| | Ⅴ | 11.88 | 2.14 |

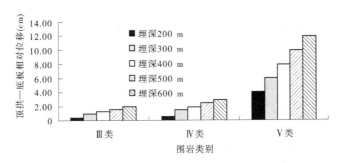

图9-33　不同围岩条件下各埋深顶拱—底板相对位移对比

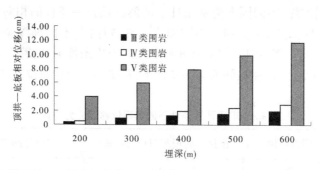

图 9-34　不同埋深条件下各类围岩顶拱—底板相对位移对比

#### 9.2.5.4　卡机风险分析

由式(9-3)、式(9-4)可以看出,围岩挤压变形或收敛变形造成卡机需要满足两个条件,第一是围岩与护盾完全接触,第二是围岩对护盾产生足够的压力。兰州市水源地建设工程输水隧洞 TBM 初步设计护盾直径 5.40 m,根据 TBM1 的开挖洞径 5.48 m,则护盾与洞壁之间的最大间隙为 8 cm,由表 9-3 可以看出,埋深 500 m、600 m 时 V 类围岩顶拱—底板的最大相对位移量为 9.90 cm、11.88 cm,超过了护盾与洞壁之间的预留间隙,此时护盾与围岩紧密贴合,有发生卡机的可能,需要进一步计算围岩对护盾的摩擦阻力。根据式(9-3)计算,式(9-3)中,压力 $P$ 的取值为表 9-3 中的洞周径向平均应力,TBM 正常掘进所需要的刀盘推力 $F$,根据掘进试验确定,V 类泥质砂岩取为 2 000 kN,则埋深 500 m、600 m 时 V 类围岩所需要的总推力分别为 97 235 kN、130 563 kN,远大于 TBM 辅助推进油缸的最大推力,此时会发生卡机事故。

### 9.2.6　软岩大变形卡机预防措施

根据上文的计算结果,正常情况下埋深 500 m、600 m 时 V 类围岩会发生卡机事故,为避免 TBM 掘进过程中卡机事故的发生,需要采取一定的对策。根据目前的双护盾 TBM 施工经验,结合兰州市水源地建设工程输水隧洞及 TBM 设计的技术特点,提出以下措施:

(1)增大开挖洞径,从而使护盾与洞壁的间隙扩大,避免围岩与护盾接触。目前,国内外研制的 TBM 一般具有扩挖功能,即通过边刀增加垫块及刀盘抬升相配合的方法,使隧洞洞径扩大 5~10 cm,从而降低卡机的风险。但使用 TBM 扩挖功能需要停机对设备进行一定程度的改造,需要 1~2 d 的时间,且扩挖掘进速度较慢,这与快速通过大变形洞段的掘进原则不相符。另外,使用扩挖功能的前提是事前预测到大变形围岩洞段,由于地质条件的复杂性,且受技术条件的限制,目前对大变形围岩的准确预测存在较大的困难。因此,虽然国内外研制的 TBM 均具备扩挖功能,但仍然不能完全避免卡机的发生。

(2)将护盾设计成阶梯状,即后护盾的直径小于前护盾,以减少围岩与护盾的接触范围。如图 9-35 所示,前盾直径 5.40 m,长度 4.50 m,后盾直径 5.30 m,长度 7.20 m,则前盾、后盾与洞壁的最大间隙分别为 8 cm、18 cm,根据表 9-3 的计算结果,在埋深 500 m、600 m V 类围岩条件下,顶拱—底板的最大相对位移量分别为 9.90 cm、11.88 cm,此时只有前盾与围岩完全接触,而后盾与围岩未完全接触,后盾上无围岩的变形压力。按照式(9-3)重新进行计算,所需的推力分别为 33 745 kN、44 584 kN,相对前后盾直径均为 5.40 m 时降低了 60%,虽然此时所需推力仍大于 TBM 的最大推力,但可配合其他措施,使得 TBM

脱困难度大为降低。

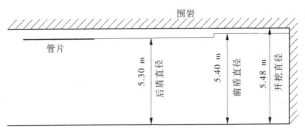

**图 9-35　护盾阶梯状设计示意图**

（3）向护盾与围岩之间注入油脂等润滑物质，降低护盾与围岩之间的摩擦系数，从而减小摩擦阻力。围岩与护盾之间的摩擦系数约为 0.30，注入油脂后，可使摩擦系数降低到 0.10 左右，根据式（9-3），在埋深 500 m、600 m V 类围岩条件下，所需要的推力分别为 14 456 kN、18 728 kN，小于 TBM 的最大推力，可使 TBM 脱困。

（4）发生卡机时，采用人工开挖导洞、旁洞的方法，释放围岩压力，使护盾与围岩脱离接触，从而使 TBM 脱困。此种方法一般在采取其他措施无效的情况下使用。此法所需时间长、费用较高，并且存在一定的安全问题，因此应慎用此方法。

（5）钻爆法提前全断面开挖大变形围岩洞段，TBM 滑行通过，避免卡机。此种方法在国内外 TBM 施工中采用较多，其前提是对长距离大变形洞段的准确预判，钻爆法开挖后，对围岩进行初期支护，保证围岩的稳定性，TBM 滑行通过时安装管片，既可避免发生 TBM 卡机，又可发挥 TBM 滑行速度快的优势，对于避免风险、缩短工期具有较大的意义。根据前期的勘察结果，兰州市水源地建设工程输水隧洞在长距离大埋深 V 类围岩洞段采用钻爆法开挖，对避免卡机，保障 TBM 快速、安全施工发挥了重要作用。

# 9.3　兰州市水源地建设工程钻爆法预处理技术

## 9.3.1　工程地质条件

根据初步设计阶段地质勘察成果，兰州市水源地建设工程隧洞洞线要穿过区域性断层 F3、F8 及加里东期花岗岩与白垩纪泥质砂岩接触带，其工程地质条件如下：

F3 断层：F3 断层又称马衔山北缘断裂带断层，该断层为正断层，与线路地表斜交于桩号 T24+050，断层产状 50°~70°∠55°~75°。断层带呈红褐色，物质以角砾岩为主，含少量断层泥。断层角砾粒径不均匀，最大粒径大于 15 cm，呈棱角状，角砾成分以红褐色砂岩为主夹，杂少量青灰色变质安山岩，角砾岩泥质胶结，稍密—中密状。为了解断层带的宽度和物性特征，在线路上布置钻孔和物探，桩号 T16+593 钻孔揭示 86~133.3 m 范围内为 F3 主断层，岩芯为紫红夹灰白、灰绿色断层角砾岩，岩芯破碎，少量呈柱状，夹有石英脉、糜棱岩、断层泥，灰黑色摩擦镜面显著发育。同时，结合物探成果，输水线路洞身段 F3 断层及影响带宽约 50 m，该断层规模大，断层带物质松散，隧洞在横穿该断裂时围岩稳定性极差，施工困难，而成为特殊洞段，须注意断裂（带）影响带的涌水、突泥问题及断裂活动对工程的影响。

F8 断层:F8 断层又称雾宿山南缘断裂断层,该断层为逆断层,断层产状 5°~20°∠55°~70°,与线路地表斜交于桩号 T16+700,地表被第四系黄土覆盖,未见明显断面出露,但在线路附近的庙儿沟和打柴沟之间地表见明显的断层带,主断层面接触带物质主要为紫红色断层泥和角砾岩。为了解断层带的宽度和物性特征,在线路上布置钻孔和物探,桩号 T16+593 的钻孔揭示 46.3~203 m 范围内为 F8 主断层带,岩芯为紫红、紫灰色断层角砾岩,岩石胶结差,遇水软化、崩解。同时结合物探成果可知线路附近断层及影响带宽度 160 m 左右,断层物质胶结较好、密实,但透水性比周围岩体强,容易发生涌水、突泥、塌方等地质灾害,隧洞围岩以 Ⅴ 类为主,成洞条件差。

接触带:洞段上部地层为白垩系砂砾岩,下部为加里东期花岗岩,岩体主要发育两组节理:①160°~190°∠70°~85°,张开度 0~2 mm,起伏粗糙,延伸长度 3~5 m,间距 0.5~1 m,泥质充填或无充填,潮湿;②280°~310°∠70°~85°,张开度 0~2 mm,延伸长度 3~10 m,间距 0.5~1.0 m,泥膜或碎屑充填,潮湿。隧洞处于白垩纪砂砾岩和加里东期花岗岩接触带,岩体较破碎。由钻孔可以看出:钻孔深度 298.5 m 为砂砾岩和花岗岩的交界线,298.5 m 以上的砂砾岩为浅紫红色,胶结差,遇水崩解;298.5 m 以下(318~323 m 为隧洞洞身段)的花岗岩为灰白色和浅肉红色,岩体破碎,风化蚀变较严重,分析主要原因是由于加里东期花岗岩中的云母、角闪石和辉石抗风化能力较差,风化速度快,可能形成深厚的风化壳,后期经过白垩纪成岩作用和后生构造作用,形成古风化壳。由大地电磁(EH-4)物探剖面(见图 9-36)可以看出,T11+650~ T12+650 两岩层分界线波状起伏,且隧洞轴线刚好处于分界线附近,围岩类别以 Ⅳ 类为主,局部为 Ⅴ 类。隧洞开挖时遇到软硬相间的围岩可能会出现涌水及塌方。

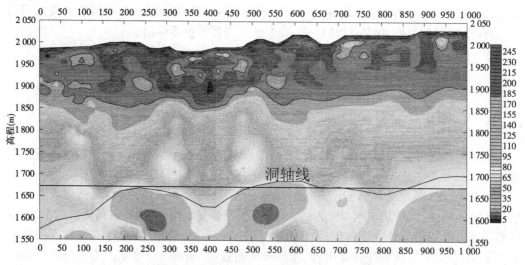

图 9-36　兰州市水源地建设工程输水隧洞接触带大地电磁物探成果

经过地质分析,认为 F3 断层、F8 及加里东期花岗岩与白垩纪泥质砂岩接触带围岩工程地质条件差,TBM 掘进时发生断层破碎带塌方、围岩塑性变形及涌水等地质灾害的可能性较大,TBM 掘进时易发生卡机事件,经多方论证,决定在此三处不良地质段采用钻爆法预处理,充分发挥钻爆法灵活、对不良地质条件适应强的优点,隧洞经初期支护保证围岩稳定后,TBM 滑行通过,并安装管片。

### 9.3.2　钻爆法预处理技术

针对花岗岩与泥质砂岩接触带,在主洞桩号 T11+837 处布置竖井一座,竖井深 334 m,到达主洞后向上、下游两侧同时开挖,并进行初期支护,不同围岩的支护形式如图 9-37 所示。Ⅳ类围岩洞段初期支护后,TBM 滑行通过时,安装管片并进行豆砾石回填灌浆;Ⅴ 类围岩洞段初期支护后进行现浇混凝土二次衬砌,衬砌后洞径 5.68 m,TBM 直接滑行通过。安装管片或二次衬砌后,对围岩进行固结灌浆,其中Ⅳ类围岩洞段灌浆入岩 4.5 m,灌浆压力 0.5~1.0 MPa,每孔分段进行加压,先采用 0.5 MPa 灌浆压力对围岩表层 1.5 m 厚度范围内固结灌浆、对管片与豆砾石、豆砾石层与围岩之间进行接触灌浆,再加压到 1.0 MPa,对围岩深层固结灌浆;Ⅴ类围岩洞段在现浇混凝土衬砌达到规定强度后进行全断面固结灌浆施工,固结灌浆分两序施工,Ⅰ、Ⅱ序灌浆孔分别为 6 个,排距 2 m,入岩深度 5 m,灌浆压力 1.0 MPa。

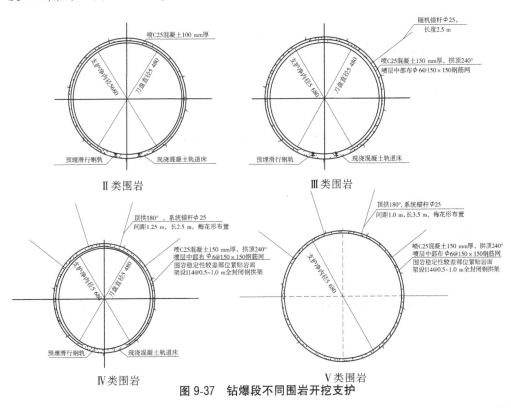

**图 9-37　钻爆段不同围岩开挖支护**

竖井两侧开挖长度视围岩情况而定,以进入稳定性较好的围岩为原则,最终向上游开挖至 T11+221,向下游开挖至 T12+717,共 1 496 m,初期支护保证围岩稳定后,TBM 滑行时安装管片,既规避了 TBM 掘进时的地质风险,又保证了工期。

针对 F3 断层,在主洞桩号 T24+430 处开设斜井,到达正洞后,向上、下游两侧同时开挖,开挖长度视围岩条件而定,以进入稳定性较好的围岩为原则,最终向上游开挖了 482 m,向下游开挖了 450 m,共 932 m,初期支护保证围岩稳定,支护形式与图 9-37 相同。采用钻爆法提前开挖了 F3 断层破碎带及其影响带,TBM 安全滑行通过,避免了 TBM 施工地质风险。

针对 F8 断层,在主洞桩号 T16+110 设竖井一座,井深 649 m,到达正洞后,向上、下游两侧同时开挖,开挖长度视围岩条件而定,以进入稳定性较好的围岩为原则,最终向上游开挖了 1 011 m,向下游开挖了 1 073 m,共 2 084 m,处理掉了 F8 断层破碎带及其影响带。F8 断层钻爆处理段初期支护后采用现浇混凝土二次衬砌,TBM 不再滑行通过,在两端 T15+099、T17+183 设 TBM 拆机扩大洞室,供两台 TBM 拆机使用。

通过对断层 F3、断层 F8 及加里东期花岗岩与白垩纪泥质砂岩接触带进行钻爆法预处理,有效地避免了 TBM 掘进中的地质风险,保证了工期,是输水隧洞 TBM 快速、安全施工的重要保证。

### 9.3.3 围岩稳定性监测

选择输水隧洞钻爆段 T11+700 断面进行监测,安装的主要监测仪器和设备有土压力计、渗压计、锚杆测力计及多点位移计等。各监测仪器的监测结果曲线如图 9-38~图 9-42 所示。

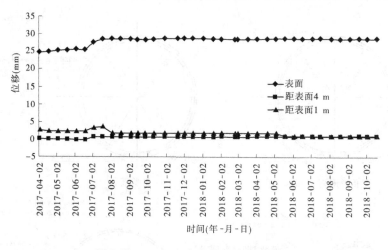

图 9-38　BX6-03 多点位移计监测曲线

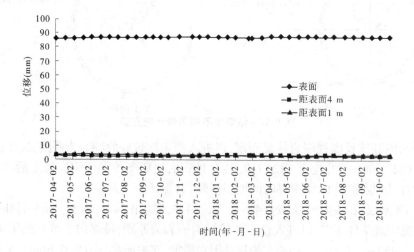

图 9-39　BX6-04 多点位移计监测曲线

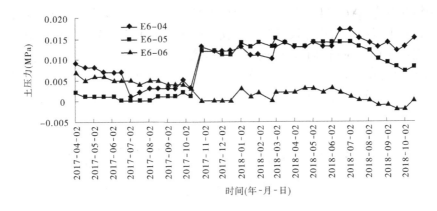

图 9-40　土压力计监测曲线

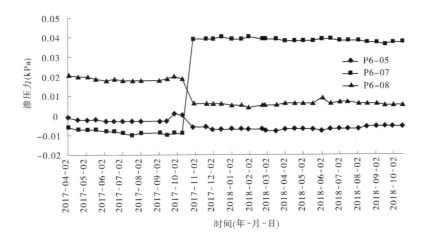

图 9-41　渗压计监测曲线

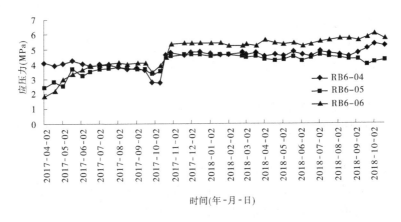

图 9-42　锚杆测力计监测曲线

　　监测数据表明:除位移计 BX6-04 表面位移测值较大外,其他监测仪器测值正常,表明工程渗流、变形及应力等各项性态指标正常,工程处于稳定状态。结合监测资料和当时现场巡视情况判定 BX6-04 表面位移测值较大是 2016 年 5 月 2 日断面处开挖排水沟施工扰动及拱角围岩遇水软化导致,该部位测值自 2016 年 9 月以来已逐步趋于收敛稳定,目前测值变化在 0.1 mm 以内,表明该部位围岩稳定,性态正常。土压力计测值 0 MPa 附近波动,表明该部位围岩稳定。渗压计孔隙水压力无明显变化,说明围岩孔隙水压力很小且稳定。锚杆测力计处于拉应力状态,测值稳定,说明支护结构荷载无突变且已趋于稳定。

# 9.4　兰州市水源地建设工程泥质砂岩洞段双护盾 TBM 卡机处理技术

## 9.4.1　卡机事件经过

2018 年 1 月 15 日 23:50,TBM1 掘进至掌子面桩号 T14+798.6 处,此时采用双护盾模式掘进,掘进过程中,刀盘推力逐渐增加,最大推力达到 12 000 kN,刀盘贯入度逐渐下降,刀盘扭矩降低与空转时基本相同,掘进速度逐渐降低到 0。因本段围岩为白垩系下统河口群($K_1hk^1$)泥质砂岩夹泥质粉砂岩、砂砾岩,岩石强度较低,正常掘进破岩时推力一般不超过 6 000 kN。随后收回支撑靴进行换步,发现后盾可正常前进或后退,而前盾无法移动。接着转换为单护盾模式,辅助推进油缸的最大推力达到了 23 000 kN,前盾仍然无法前进,无法前进的原因为围岩挤压护盾。

## 9.4.2　工程地质条件及卡机原因分析

本段隧洞埋深约 550 m,地层岩性为白垩系河口群($K_1hk^1$)泥质粉砂岩夹砂砾岩,无区域性断层经过,根据区域地应力场分布规律,本段隧洞最大主应力量值为 15~20 MPa,方向与洞轴线小角度相交。

在本段掘进期间 TBM 姿态正常,36#、37# 边刀磨损值为 5 mm,可以排除由 TBM 姿态异常或边刀磨损量过大引起的卡机事故。

进入刀盘查看掌子面,发现掌子面较完整,未发生掉块或塌方,掌子面上滚刀切割岩石的同心圆沟槽较清晰。掌子面的岩性为泥质粉砂岩夹砂砾岩,节理裂隙不发育,围岩干燥,未见地下水出露。

从切口环向伸展盾方向观察(掘进方向),顶部 11 点至 2 点方向岩壁与前盾约有 1 cm 间隙;从拉开的伸缩盾看,围岩整体相对完整,掘进方向左侧腰部及腰部以下约有 1 cm 间隙。

伸缩盾部位拉开 40 cm 观察情况:顶部 2 点至 12 点方向泥质砂岩有碎石掉块现象,泥质细砂岩、砂砾岩呈互层接触,接触面解理发育,沿接触面有明显的断口,岩壁凹凸不平,围岩相对破碎,顶部围岩与尾盾有明显擦痕,受到挤压摩擦。

两侧围岩完整,且局部伴有擦痕;左侧(掘进方向)围岩潮湿,且腰部及腰部以下约有 1 cm 间隙,整体基本与围岩全部贴住。

围岩与护盾的接触情况见图 9-43～图 9-46。由于本段岩石强度较低,一般低于 20

MPa,隧洞埋深大,在高地应力的条件下,围岩发生了向隧洞临空面的收敛变形,变形的量值超过了围岩与护盾的间隙,围岩与护盾发生了接触,围岩中的应力进一步传递到了护盾,围岩与护盾的摩擦阻力超过了辅助推进油缸的最大推力。综合判断,本次卡机事故是由软弱围岩收敛变形导致 TBM 前盾被卡的卡机事故。

图 9-43　顶部 12 点方向围岩破碎有掉块现象

图 9-44　顶部 2 点方向围岩与外盾有明显擦痕

图 9-45　左侧腰线围岩与外盾有明显
　　　　擦痕且有微小间隙

图 9-46　右侧腰线围岩完整且与外盾有明显擦痕

## 9.4.3　脱困处理技术

### 9.4.3.1　伸缩盾区域内施工平台搭设

为了保证 TBM 设备防护、危岩清理、围岩支护、掘渣清理足够的施工空间,在所有工作开展前,在伸缩盾区域内搭设好施工平台。

施工平台采用脚手架+木板的基本形式,脚手架利用主机皮带机或者在伸缩盾内部结构件上焊接,进行横纵布置,脚手架结构要求紧凑,横纵间距不大于 1 m×1 m。脚手架形成支撑并稳固后铺设木板,同时将木板固定在脚手架上,主要受力区加厚铺设木板,木板要求铺设紧密。

### 9.4.3.2　TBM 设备防护

在伸缩内盾回缩缝隙内进行围岩开挖前,需要对附近油缸、管路及电缆等设备进行防护,防护材料选用厚 50 mm 木板、皮带及钢筋网。当伸缩盾打开 400 mm 时,除底拱 90°范围做钢筋网防护外,伸缩护盾与支撑盾之间其他部位焊接扁铁,以防止裸露石块掉落砸伤设备和砸伤施工人员。在伸缩护盾底部 180°范围铺设皮带和木板,已搭好的清渣平台上部铺设木板,以保证平台附近的施工人员和设备的安全。

### 9.4.3.3　围岩清理

通过调整油缸行程,将外伸缩盾与支撑盾之间的切口环处拉开,露出围岩。先拉开 200 mm,观察围岩的完整性,如果围岩比较松散,先将顶部的松散岩石掏出,直至能看见节理发育完整的岩石,在清理完破碎岩石后,用风镐进行包裹盾体围岩的清除,后继清理两侧岩渣。

将外伸缩盾与支撑盾边拉开边清理,直至拉开至 400 mm 时,在裸露岩石 400 mm 范围内,进行支护后,顺着掘进方向边支护边开挖,直至脱困。

围岩清理由人工持钢钎及风镐自上而下进行,清理渣料由人工从盾体上用吊桶装运至施工平台上,再将吊桶里的渣料倒至主机皮带上,输送至洞外渣场。

### 9.4.3.4　围岩开挖

围岩开挖采取扩挖的方式实施。当伸缩内盾拉开至 400 mm 时,对裸露的围岩进行支护工作。挑口前,依托主机皮带处搭设简易台架,为后续上半断面施工提供作业平台。人工手持风镐自下而上分部开挖。首先在伸缩内盾缝隙口,进行洞门挑口施工;再对 1 点至 2 点、10 点至 11 点两侧圆弧段范围同时进行扩挖。开挖大小以满足作业面施工为宜,采用 200 mm×200 mm 方木、14# 工字钢、50 mm 厚木板进行支护,搭设平台作为临时支撑落脚点。平台要求铺设紧密、平顺、稳固,方木与方木、方木与木板之间采用扒钉连接固定方式。然后人工进入伸缩外盾与岩壁之间向掌子面方向进行开挖。边开挖边支护,每开挖 50 cm 进行一次支护,枕木一端支撑应垂直盾体中心,另一端应与岩石凹面可靠紧密镶嵌,固定可靠。根据现场开挖实际情况,最少支撑四道枕木或工字钢,尽量多支撑枕木,防止围岩坍塌,直至挖通。开挖位置见图 9-47。

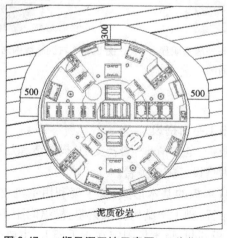

图 9-47　一期导洞开挖示意图　(单位:mm)

开挖过程中安排专人监测掏渣区周边围岩收敛变形的变化,发生异常情况时立即撤离至安全地带。

处理过程中,对大体积岩块进行破碎,破碎成小块,清理至皮带机上,运出洞外。破碎石时优先找岩块节理、裂隙,提高破碎速度。

### 9.4.3.5　掏渣清理

1.掏渣清理范围和基本方式

掏渣清理纵向范围按伸缩盾(2.75 m)+前盾(1.73 m)进行(先进行伸缩盾范围 2.75 m 清理,以实现 TBM 脱困,伸缩盾范围清理完成后仍然无法脱困时,再进行前盾范围清理),掏渣清理环向断面范围按 TBM 掘进断面从上到下进行。

掏渣清理采用边开挖边支护的方式进行,支护采用 20 cm×20 cm 方木进行支撑,纵向间距 50 cm,必要时采用 14# 工字钢支撑。

2.施工工艺(循环)

施工通风→ 围岩破碎→出渣→支护→围岩破碎→出渣→支护。

### 9.4.3.6　支护施工

开挖过程中必须跟进临时支护,支护采用 20 cm×20 cm 方木进行支撑,纵向间距 50 cm,必要时采用 14# 工字钢支撑。方木支撑施工工艺:直接随开挖进行,现场配置电锯、电焊,按照所需规格进行现场裁截。

### 9.4.3.7　施工排水

施工排水采用集水坑法抽排至尾盾或伸缩盾底部处,利用 TBM 配套水泵通过后配套排水钢管抽排。施工所用水、电等均由 TBM 设备提供。

### 9.4.3.8　施工通风

在卡机段处理阶段,主洞内通风系统要保持运转正常。由于卡机段空间狭小,在该部位通风利用鼓风机送风,置换狭小环境中的污浊空气。鼓风机放置在前梁行走平台上,鼓风机选用 $p=250$ W,配套蛇皮软管送风管。

### 9.4.3.9　塌方段后期处理

在 TBM 脱困后,针对该区域的塌方空腔问题,采用回填灌浆施工进行空腔回填。

### 9.4.3.10　TBM 脱困、恢复掘进

导洞开挖完毕后,为减小刀盘转动时对围岩的扰动,确保上半断面支护体系的整体稳定性,TBM 刀盘驱动采用变频器模式,刀盘转速取 2~3 r/min。同时掘进以单护盾模式为主,减少撑靴油缸对围岩的扰动。掘进参数按照"低转速、低推力、低贯入度、连续掘进"的原则,结合皮带机出渣情况及时调整。

由于本次卡机事故原因清楚,采取的措施得当,仅历时 7 d 后 TBM 即顺利脱困,创造了国内外同等直径及相同卡机原因的脱困处理最短时间纪录,相关的处理经验可以为类似工程提供参考。

# 9.5　兰州市水源地建设工程双护盾 TBM 穿越破碎带处理技术

## 9.5.1　TBM 掘进受阻事故经过

2017 年 9 月 13 日凌晨 05:50,TBM2 掘进至 T19+749.2 附近,连续皮带机发生故障,自动急停,由于系统联锁,刀盘随即自动停止转动。经过约 1.5 h 的处理,连续皮带成功启动,随即尝试启动刀盘继续掘进,发现刀盘无法启动。尝试将刀盘后退亦未能成功。经对岩渣、掘进参数等分析,以及对尾盾洞壁、伸缩盾洞壁及掌子面等部位岩石情况观察,综合判断目前刀盘进入破碎带区域 3～4 m,掌子面及顶拱发生塌方,沿塌方带有地下水流出,塌方体将刀盘及前盾顶部压住。

2017 年 9 月 14 日下午,采取了调整设备参数、增大主推油缸压力和驱动电机扭矩的措施,尝试后退刀盘和启动刀盘,但均未成功。

2017 年 9 月 15 日上午决定目前主要工作以清理刀盘前部积渣为主,拆除部分刀具,清理刀盘积渣。同时打开伸缩盾各窗口,进行清渣。通过窗口检查围岩状况,待刀盘积渣清理完成后再尝试启动刀盘。

2017 年 9 月 19 日,经过连续多天的不间断清渣,刀盘前部积渣基本清理完成,尝试启动刀盘,17:33 刀盘成功启动,但各项掘进数据均不正常。掘进至 9 月 20 日早上 07:05,完成掘进 1.2 m,但出渣量达到约 700 m³,约为正常出渣量的 20 倍,判断掌子面上方形成塌腔。在掘进速度基本为零及封闭部分出渣口的情况下,刀盘仍然大量出渣,超过主机皮带的出渣能力,主机皮带无法正常运行,考虑继续掘进无法取得进尺,且会导致塌腔进一步扩大,经研究决定暂停施工,论证后续的处理方案。

## 9.5.2　工程地质条件

结合前期勘察资料,经洞内观察、TBM 掘进参数和渣料形态分析,T19+752～T19+747.8 段隧洞埋深约 680 m,地层岩性为奥陶系上中统雾宿山群中段($O_{2-3}wx^2$)安山质凝灰岩、变质安山岩,颜色为黑灰色—青灰色,浅—中变质,新鲜—微风化,岩石强度低;受构造影响,该段岩体节理裂隙密集发育,呈碎裂—散体结构,掌子面上前部出现较大范围塌方。掌子面及洞壁存在多处出水点,呈线流状态,总出水量约 80 m³/h。该段岩渣以岩屑与粉末状居多,约占 70%,碎块状岩渣约占 30%。TBM 掘进该段的推力为 1 600～3 000 kN,贯入度为 14～18 mm/r。综合判断,该段围岩极不稳定,为 V 类围岩。

在 TBM 掘进过程中,受刀盘的扰动,隧洞掌子面及顶拱破碎围岩产生小规模塌落,塌落的散状岩体被刀盘铲斗铲起后,形成的空间为掌子面和顶拱的进一步塌方提供了空间,随着塌落体不断被刀盘出渣,空间进一步扩大,导致塌方加剧,处于一种随挖随塌的状态,最终造成 TBM 刀盘不断出渣却无法前进,TBM 掘进受阻。同时,塌方形成的空腔也为后续处理工作带来难度,空腔越大,处理难度越大。

为进一步查明掌子面前方围岩地质条件,采用三维地震法及超前钻探对掌子面前方进行探测,三维地震法预测结果见表 9-4,主视图见图 9-48。超前钻探为冲击钻,无法采取原状岩芯,在钻进过程中,根据钻进力、转速、钻进速度及钻具振动情况等对围岩进行综合判断。

表 9-4　三维地震法超前地质预报结果

| 桩号 | 长度(m) | 预测结果 |
|---|---|---|
| T19+744~<br>T19+724 | 20 | 该段波速平均 4 000 m/s 左右,波速较平稳,推断该段落与掌子面类似,围岩较破碎,节理裂隙发育,软硬交替,易发生掉块或塌腔 |
| T19+724~<br>T19+684 | 40 | 平均波速在 3 200 m/s 左右,出现明显的正负反射,局部平稳,推断该段落围岩完整性差,局部较破碎,易发生掉块或塌腔 |
| T19+684~<br>T19+644 | 40 | 平均波速在 3 300 m/s 左右,出现零星的正负反射,推断该段落围岩较破碎,节理裂隙发育,易发生掉块或塌腔 |

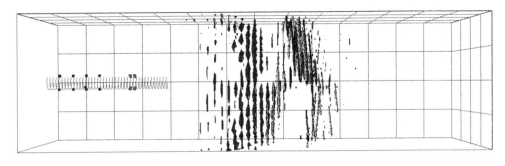

图 9-48　三维地震法预报主视图

综合三维地震及超前钻探预报结果,判断掌子面前方 60 m 范围为破碎带(见图 9-49),围岩地质条件与掌子面类似,岩体破碎—极破碎,岩石强度低,富含地下水,TBM 掘进过程中出现塌方的风险仍较大,因此决定停机研究处理措施。

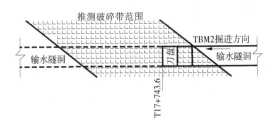

图 9-49　推测破碎带发育情况

## 9.5.3　处理技术

### 9.5.3.1　第 1 阶段

9 月 22~29 日,拆除部分边刀后,通过刀盘顶部铲斗和边刀孔,采用锤击法沿斜上方打入灌浆管,进行化学灌浆固结塌方的围岩,共灌注化学浆液约 2.15 t。9 月 30 日至 10

月 4 日,在对部分铲斗进行封堵后,启动刀盘掘进,共掘进 3 m,出渣量约 500 m³,仍远远大于正常出渣量,其间主机皮带多次超载急停,大量岩渣溢出皮带,且刀盘内积渣过多,被迫再次停机,本阶段处理未成功。

经分析,认为采用锤击的方式灌浆管进入岩体深度低于 3 m,且掌子面渗水严重,化学浆液凝结时间过长,造成大量化学浆液被水流冲出,未起到对塌方岩体的固结作用。

### 9.5.3.2　第 2 阶段

10 月 5 日至 12 月 3 日,拆除部分正滚刀及边刀,利用 13#、15#、21#、25#、29#、31#、33# 及 1#、6# 铲斗的空间,在刀盘内通过手持风钻向掌子面前方钻孔,进行化学灌浆,在刀盘前方及周边形成 3~5 m 止浆墙;止浆墙形成后利用超前钻机及手持风钻向掌子面前方及斜上方钻孔,灌注化学浆液及水泥浆液,共完成钻孔 20 余孔,钻孔深度 5~30 m,钻孔布置见图 9-50。共灌注化学浆液 35 t、水泥 38 t。灌浆完成后,地下水渗出量明显减少。

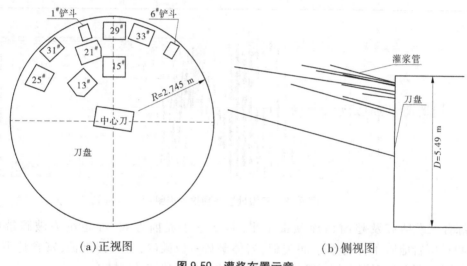

（a）正视图　　　　　　　　　　　　　（b）侧视图

**图 9-50　灌浆布置示意**

在钻孔灌浆期间,每隔 3~5 d,启动一次刀盘,防止塌方围岩将刀盘压死或浆液回流将围岩与刀盘固结。

### 9.5.3.3　第 3 阶段

12 月 4~9 日,启动刀盘恢复掘进,此时出渣量与掘进量基本匹配,说明围岩未产生新塌方,掘进参数亦恢复正常。为减少对破碎围岩的扰动,采取了降低刀盘的转速和贯入度、慢速掘进的方法。

### 9.5.3.4　第 4 阶段

制订了在破碎带内的掘进方案,即:①如果出渣量大于掘进量的 2 倍,则停机采用前述方法进行灌浆加固围岩;②安装重型管片,并及时对顶拱围岩灌浆;③TBM 通过破碎带后,对塌方段进行系统的围岩固结灌浆处理。

经过近 90 d 的处理,TBM2 成功穿越了断层破碎带。

双护盾 TBM 设备布置多,洞内及刀盘内空间极其有限,且围岩处于封闭状态,洞内采用超前灌浆技术固结围岩更为困难,穿越断层带所需的时间更长。但当散落的岩体堆积在盾体上时,只要其量不至于卡住护盾,TBM 仍可向前掘进,在尾盾内直接拼装管片,节省了初期支护的时间。因此,在本次穿越断层破碎带的处理过程中,仅固结了掌子面前方的围岩,而无须对护盾顶部的围岩进行处理。

# 9.6 龙岩市万安溪引水工程开敞式 TBM 穿越破碎带处理技术

## 9.6.1 开敞式 TBM 掘进受阻事件经过

2020 年 4 月 17 日凌晨 01:48~01:54,TBM 掘进至隧洞掌子面桩号 D27+038.73 时突然出现大量涌水,伴随大量的砂粒、泥状物及石块涌出,掘进被迫暂停。现场发现在刀盘前左上方最先喷出黄色泥水,喷射距离达 7~8 m,停机后喷水逐渐稳定,早上 7 时水流逐渐变清,在 17 日上午 10 时观测时,流量约 40 m³/h。随后采用物探方法对掌子面前方进行了超前地质预报,初步掌握前方地质条件后,实施掌子面及顶拱围岩先化学灌浆固结后 TBM 低速掘进的工程措施进行处理。

## 9.6.2 地质条件分析

### 9.6.2.1 洞内地质条件

桩号 D27+050~D27+045 洞段隧洞埋深约 210 m,地层岩性为泥盆系上统桃子坑组上段(D₃tᵇ)灰黄色—棕黄色石英砂岩、砂砾岩,弱风化夹强风化,中硬岩为主,节理裂隙一般发育,局部裂隙密集,围岩一般为中厚层结构,局部碎裂结构,层间少量渗水,围岩属于ⅢB~Ⅳ类围岩。隧洞自桩号 D27+041.2 进入断层破碎带,断层带内主要组成物质为石英砾岩碎块、碎屑、石英脉碎块、断层角砾、砾砂,夹有棕红色粉质黏土,岩体呈碎裂—散体结构,围岩强富水,揭露的多个涌水点总流量约 40 m³/h。掌子面及左侧洞壁出现坍塌,断层带围岩类别为 V 类,稳定性为不稳定—极不稳定。部分围岩情况见图 9-51。

(a)岩体强风化　　　　　　　(b)围岩出现塌腔

图 9-51　洞内已开挖段地质情况

(c)洞外岩渣 (d)岩体涌水

续图 9-51

### 9.6.2.2 地表地质条件

随后地质人员共进行了 3 次地表地质调查复核,地表植被覆盖率高,断层带正上方地表发育一条冲沟,沟内季节性流水,局部的基岩露头。通过地质调查,区域内优势节理主要有三组,陡倾角均较陡:①走向 0°;②走向 150°,一般延伸长度 3~10 m;③走向 30°,延伸长度 30~40 m。以上三组节理与 TBM 开挖洞内发育节理特性基本一致。3 次地表地质调查均未发现断层迹象。

### 9.6.2.3 洞内超前地质预报

**1. 地震波法预报**

通过对地震数据进行处理分析,从接收点桩号 D27+104.7→掌子面方向划分出 4 个异常界面,如图 9-52 所示。其中,界面 1 对应的桩号为 D27+062.5,界面 2 对应的桩号为 D27+052.0,界面 3 对应的桩号为 D27+041.2,界面 4 对应的桩号为 D27+030.0。

结合现场地质情况及预报成果,初步推测界面 3 与界面 4 之间的洞段,即推测 D27+041.2~D27+030.0 为断层破碎带范围,如图 9-53 所示。

由于岩体较破碎,大锤激发能量有限,本次地震波法探测距离较近,只到掌子面前方 20 余 m。

**2. CFC(复频电导)法**

通过对 CFC 法的数据进行处理分析,本次预报范围 TBM 隧洞 D27+039.0~D26+959.0 之间,围岩平均相对介电常数为 11.622,总体上呈中等—强富水状态(见图 9-54)。其中:

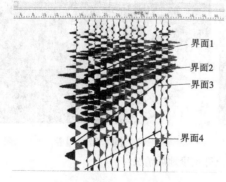 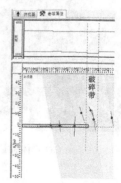

图 9-52 P-S 波分离成果 图 9-53 岩石属性成果

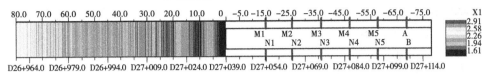

图 9-54　CFC 偏移成果

0~20 m(D27+039.0~D27+019.0)图像以蓝绿色为主,反射波较弱,推断此段围岩节理裂隙发育,推断该段围岩富水情况与目前掌子面附近基本一致。

20~45 m(D27+019.0 ~D26+994.0)图像以蓝色为主,反射波弱,推断此段围岩节理裂隙一般发育,含水量较少,多以滴水为主。

45~80 m(D26+994.0~D26+959.0)图像以黄绿色为主,反射波稍强。推断该段围岩节理裂隙发育,地下水含量稍多,多以线状流水为主,局部有涌水可能,开挖过程中要做好防水排水准备。

#### 9.6.2.4　洞内地质条件综合分析

根据最终开挖揭露的地质情况,隧洞桩号 D27+021 ~ D27+041 段为断层破碎带及其影响带,断层近南北走向,与洞轴向夹角 0° ~ 10°(产状 240° ∠ 70° ~ 80°),主断层宽度 1~2 m,断层组成物质有碎裂岩块、角砾岩、中粗砂、断层泥等,多处出现线状水流,单点最大可达 40 m³/h。本段掘进过程中在 TBM 刀盘的扰动下,掌子面及洞壁围岩出现坍塌,围岩极不稳定,造成 TBM 掘进受阻,综合判定本段为 V 类围岩。从 D27+021 开始围岩工程地质条件逐渐好转,围岩类别为 IV 类及 III 类,对 TBM 掘进影响较小。

### 9.6.3　开敞式 TBM 穿越断层破碎带处理技术

#### 9.6.3.1　超前支护

超前支护采用双层 $\phi$ 32 自进式中空锚杆,长杆与短杆结合,长杆 8 m、外插角 15°,短杆 6 m、外插角 10° ~ 15°。首环打设位置在护盾后面,范围 135° ~ 180°,环向间距 40 cm,纵向每 1 m 打设一环,见图 9-55。

单根锚杆组成(8 m/6 m):$\phi$38 钻头、杆体(1 m×8/6)、连接套(7/5 个)、止浆塞、注浆嘴。

#### 9.6.3.2　化学预注浆

利用超前中空锚杆注浆,注浆以化学(聚氨酯)注浆堵水为主,配合环氧注浆固结方案。化学预注浆在内层超前中空锚杆中注浆。

化学(聚氨酯)灌浆法就是利用机械的高压动力(高压灌注机),将化学灌浆材料注入松散、破碎带及岩体裂隙中,浆液遇到裂隙中的水分会迅速分散、乳化、膨胀、固结,形成胶凝体达到堵水的目的。

注浆材料 1:聚氨酯材料为双组分聚氨酯材料,组分 A 为专用树脂,组分 B 为硬化剂。两种材料的体积配比暂定为 1:1,具体以现场情况进行调整。

注浆材料 2:水泥-水玻璃双液浆,采用 P·O 42.5 早强水泥,水灰比 0.8:1 ~ 1:1;水玻璃模数 2.6~2.8,波美度 35 Be;掺配比 CS=0.6~1.0(体积比)。

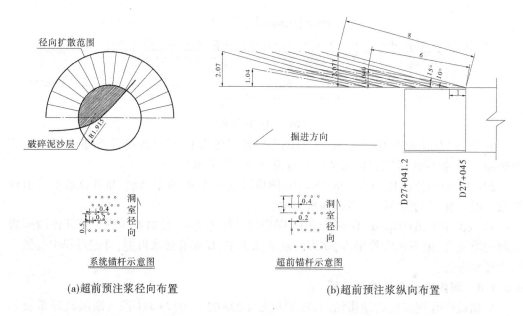

径向扩散范围

破碎泥沙层

系统锚杆示意图

超前锚杆示意图

掘进方向

(a)超前预注浆径向布置

(b)超前预注浆纵向布置

**图 9-55　超前预注浆布置**　（单位:mm）

### 9.6.3.3　环氧预注浆固结

因聚氨酯化学预注浆以堵水为目的,凝结强度低,对软弱、破碎、松散地质起不到固结作用,所以在进行超前化学预注浆后,再进行环氧浆液注浆,以达到固结的目的。

环氧预注浆在外层超前中空锚杆中注浆。环氧预注浆采用水性环氧浆液,由水性环氧树脂和水性环氧固化剂组成。配合比:水性环氧树脂:水性环氧固化剂:水:水泥 = 2:3:5:10。

### 9.6.3.4　径向注浆固结

掘进完成后在 L1 区采用径向注浆固结,原设计 $\phi25$ 径向系统锚杆改为 $\phi32$ 自进式中空锚杆,长度 3 m,环向间距 40 cm,纵向间距 50 cm,注浆范围 240°,根据现场揭露围岩情况进行调整。采用水泥-水玻璃双液浆,P·O 42.5 早强水泥,水灰比 0.8:1～1:1;水玻璃模数 2.6～2.8,波美度 35 Be;掺配比 CS = 0.6～1.0(体积比)。

### 9.6.3.5　加强支护

加强支护措施主要为加密钢拱架间距,扩大 $\phi16$ 钢筋排布置范围,局部坍塌部位采用浇筑 C30 混凝土临时支护,厚度 20 cm,撑靴位置浇筑 C30 钢筋混凝土。

(1)钢拱架:局部松散、破碎地段钢拱架间距由原设计 50 cm 加密为 30 cm,钢拱架型号仍采用 HW125 工字钢,全断面布置。

(2)钢筋排:拱架外钢筋排布置范围根据现场确定,松散、破碎范围均布置。

(3)C30 混凝土临时支护:局部松散、破碎及易坍塌部位采用人工浇筑 C30 混凝土,厚度 20 cm,防止局部坍塌扩大。

(4)撑靴位置加固:在撑靴位置浇筑 C30 钢筋混凝土,混凝土内设 $\phi25$ 双层钢筋网。

#### 9.6.3.6　断层处理工艺

**1. 工艺流程**

断层处理工艺流程如图 9-56 所示。

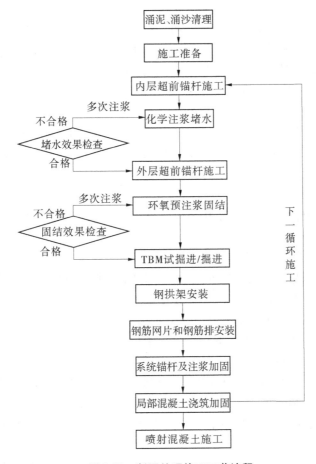

**图 9-56　断层处理施工工艺流程**

**2. 涌泥涌沙清理**

处理施工前应将涌出刀盘的泥沙分次清理,并做好观察,尽量等待涌水量减小且不再增加后方可实施处理措施,以防止涌水突泥增大造成事故。

**3. 施工准备**

(1)技术准备:做好地质补勘,尽量了解该段地质情况和地下水丰富情况;做好涌水、涌沙量记录,判断分析坍塌范围和空腔大小、范围、位置等;根据地质和涌水情况,制订专项处治方案,经建设各方审批后方可实施;处理过程实行动态设计、动态施工,发现异常情况,及时上报处理。

(2)材料准备:按审批的方案采购所需的材料、机具,满足现场施工需要、进度需要;进场材料必须提供技术质量证明资料,需要检测的材料按规范要求进行抽检、送检。

(3)机械设备准备:按审批的方案组织所需的机械、设备,并准备好配件、维修工具。

(4)施工现场准备:对作业区域进行清理、满足作业空间需要;积水较大时进行抽水、排水;操作平台、人员行走通道搭设钢管支架平台,确保周边安全。

4.超前锚杆施工

1)超前锚杆结构

超前锚杆采用 $\phi$ 32 自进式中空注浆锚杆,每环双层布置:内层为短杆,单根长 6 m、外插角不小于 10°,注浆材料为聚氨酯,主要以堵水为目的;外层为长杆,单根长 8 m、外插角不小于 15°,注浆材料为环氧浆液,主要以固结松散破碎层为目的。

布置范围:首环位置在护盾后面 D27+045 开始,布置在上部 180°范围,环向间距 40 cm,纵向每 1 m 打设一环。

单根锚杆结构:因本引水隧洞尺寸空间小,钻孔作业空间有限,将锚杆切割成 1.0 m 长短杆,再通过连接套接长,单根锚杆由 $\phi$ 38 钻头 1 个、杆体(1 m×8/6)、连接套(7/5 个)、止浆塞、注浆嘴组成。

2)超前锚杆施工

超前中空注浆锚杆施工步骤:布孔→风钻就位→首节钻进→套筒接长第 2~$n$ 节→安装止浆塞→注浆。

施工前用 $\phi$ 48 钢管搭设临时操作平台,铺设 5 cm 厚木板,钻孔平台就位后,检查岩面有无松动石块、开裂现象,若有,需经处理后方能开钻。测量放样,在设计孔位上用红喷漆做标记。提前将锚杆加工好,将首节锚杆钻头和杆体组装好,并备好接长套筒和连接钎套,采用人工手持 Y28 型风钻直接钻进,首节钻入后接长下一节再钻进,直至设计各节全部钻入岩体,最后安装止浆塞,准备下一步注浆作业。

3)锚杆组装、安装及注浆

杆体安装锚头、止浆塞、套筒,利用手持风钻振动顶进就位,调整好止浆塞位置,不密封处用锚固剂堵塞;安装垫板、螺帽、注浆嘴;连接注浆管到注浆机,检查注浆线路,备好浆液进行注浆,然后拧紧螺母使垫板与围岩表面贴紧。围岩表面必须平整,使其与垫板紧密贴合。

钻进顺序:自两边边墙向拱部进行,用 2 台钻机同时作业,每成孔 2 个,立即注浆,注浆完成后再钻下一对孔。

5.化学注浆堵水

1)化学注浆堵水方法

采用化学(聚氨酯)灌浆法,适用于节理、裂隙较发育,已揭露岩石有明显线状流水、股状流水的洞段(含掌子面较大涌水),采用化学(聚氨酯)灌浆,进行临时封堵,等 TBM 后配套完全通过该洞段后再进行系统堵水灌浆或为超前预注浆提供注浆条件。

2)化学(聚氨酯)灌浆堵水机制

采用化学(聚氨酯)灌浆法,就是利用机械的高压动力(高压灌注机),将化学灌浆材料注入岩体裂隙中。浆液遇到裂隙中的水分会迅速分散、乳化、膨胀、固结,形成胶凝体,达到堵水的目的。

3)施工工艺

化学(聚氨酯)灌浆堵水施工由受过专业培训的人员且有专业施工设备的队伍进行

施工。化学(聚氨酯)灌浆施工工艺表示如下:

裂隙分析→锚杆钻进→安装注浆机、管路和注浆嘴→注浆→结束注浆(裂隙不出水)→清理→进入下一孔灌注。

(1)灌浆通过输料管道分别把 A 及 B 两类聚合物材料输送到专用混合器,通过专用封孔器的中心管,输送到裂隙及渗漏处,并发生化学反应,材料由液体变为固体,体积迅速膨胀填充到墙体中的空隙处,达到填充空洞和缝隙以及封堵渗水的目的。

(2)施工区域作业完成后,注意观察注浆封堵情况,如在注浆处附近出现新的渗漏点,及时进行钻孔补注,直到无明显渗漏。

(3)清扫环境:对施工作业区进行清扫,进行下一孔灌注。

4)技术要求

(1)注浆压力:注浆最高压力为 10 MPa。聚氨酯注浆技术与传统水泥注浆不同,聚氨酯注浆技术采用一定的注浆压力,只是将双组分高聚物材料高压输送到注浆孔中,然后聚氨酯材料快速发生反应,体积膨胀固化,自行填充脱空和渗漏水病害区域,压实周围松散介质,达到治理脱空或渗漏水病害的目的;而传统注浆技术则是要注浆压力将浆液压入脱空中,然后等其固结硬化,时间较长。

(2)材料配比:聚氨酯材料为双组分聚氨酯材料,组分 A 为专用树脂,组分 B 为硬化剂。两种材料的体积配比为 1:1。

(3)注浆闭浆条件:实施聚氨酯注浆时,压力达到 10 MPa 不吸浆或施工部位不再发生漏水现象即可结束。

5)特殊部位封堵方法

在掌子面遇到大涌水、裂隙发育、密集时,采用聚氨酯封堵法进行表层封堵,封堵前在裂隙发育部位设置泄压导水孔,完成泄压导水孔后,对裂隙进行表面封堵处理。一般情况下,处理采用钢筋格栅结合复合土工布对表面封堵,或者 5 mm 钢板结合复合土工布进行表面封堵,表面封堵处理完毕后,再进行该部位浅层灌浆。灌浆孔和导水引流孔径均采用 4 mm,孔深 $L$ 为 2~4 m。聚氨酯堵水止浆塞选用 $\phi$ 80 mm 消防水管制作 1.5 m 长双导管膜袋,将膜袋安装至泄水孔后,向膜袋内注入双组分材料,材料在膜袋内迅速膨胀,形成注浆塞,从而快速封堵涌水通道出口,稳固后向长管内注浆,材料向渗水通道延伸,在裂隙内发生反应后体积迅速膨胀固化,达到封堵涌水通道的效果。

6)注意事项

(1)工作面跑浆的处理:工作面跑浆是浆液在自身膨胀作用下,通过注浆帽的裂隙或注浆孔的间隙流出。采用间歇注浆或限制进浆量进行处理即可。

(2)串浆:注浆过程中,浆液从其他钻孔内流出,其主要原因是浆液通过岩层裂隙与其他钻孔导通。当发生串浆时,可继续加大对原注浆孔注浆,使串浆孔进行有效灌注填充,也可用阀门或塞子将串浆孔暂时封闭,待灌注孔结束后,再对串浆孔进行扫孔或清洗,进行补注。

(3)注浆量异常变大:注浆孔穿透了大的导水裂隙所致,为防止浆液扩散过远,应采用减小注浆反应时间或间歇灌注的措施。

(4)注浆时应经常观察洞身变化、围岩动态,发现异常情况,应立即停止注浆或调整注浆压力。

（5）注浆量应根据现场确定,注意做好施工记录。

（6）注浆结束后,拆卸各注浆器件,全部清洗干净,并对注浆泵进行检查保养。

6. 环氧注浆固结

1）调配灌浆料

采用水性环氧树脂,灌浆料由水性环氧树脂和水性环氧固化剂组成,配合比由厂家指导进行,并在现场试验后实施。

2）灌浆

采用高压灌浆机,配套设备由搅拌机、胶管、注浆嘴等组成。施工时将环氧树脂浆液搅拌均匀后,连接好注浆管路,开启注浆机,正常注浆,注浆压力 1~2 MPa,注浆量按杆体周边扩散半径 0.5 m 计算。注浆顺序每打 2 根进行一次,防止串浆漏浆。

3）清洗灌浆机

灌浆机在连续使用 2 h 或者灌浆工作完成后要进行清洗,避免残留灌浆料在灌浆机内部固化堵塞机器。清洗方法为往灌浆机中倒入约 500 mL 丙酮,开动灌浆机,使得残留在机器内部的灌浆料随着丙酮一并打出;直到灌浆机内部没有残留灌浆料后,再往灌浆机里倒入小量机油,开动灌浆机用机油润滑灌浆机各个部位,防止生锈等。

7. TBM 掘进

超前中空锚杆注浆完成后,停止 24 h 以后,TBM 机试低速低压掘进,经观察确认无异常情况后,正常掘进施工,每循环掘进进尺为 1 m,然后进行超前支护,并顺序进行后方立架、挂网、系统中空锚杆及注浆加固,前后支护均完成后方可进入下一循环掘进施工。

8. 钢拱架安装

1）钢拱架结构

钢拱架型号按原设计 HW125 工字钢,全断面布置。局部松散、破碎地段钢拱架间距由原设计 50 cm 加密为 30 cm,一般地段按原设计 50 cm 每榀布置。

拱架由弯曲机制作,每榀分 4 个单元,洞内支护时用螺丝连接,拱架要与系统锚杆焊接在一起。

2）钢拱架安装

拱架安装步骤:测量定位→拱架分单元加工成型→洞内拼装→定位钢筋固定→纵向钢筋排→打锁脚锚杆→锚固。

拱架安装在护盾后 L1 区进行,拱架尽量与岩面之间紧贴。拱架加工好并编号后,运至现场用螺栓连接成榀,根据分段安装固定,固定时打设定位钢筋,定位钢筋设在拱顶、拱腰和拱脚处。

3）施工注意事项

（1）在安装之前,应清理淤泥、松渣。

（2）定位测量:首先测定出线路中线,测定其横向位置,安设方向与线路中线垂直;每榀的位置定位准确,纵向间距偏差小于±10 cm,上下高程偏差小于±5 cm,斜度<2°。

（3）安设:由人工配合 TBM 机立拱器架立拱架,在安设过程中,当拱架与围岩之间有较大间隙时用 C30 混凝土临时浇筑填充密实,不得用木枋架空。在洞内拼装时人工进行,从两侧向拱部拼装,栓接后不拧紧螺丝,先进行检查调整,根据测量的控制点位,调整好弧度、倾斜度,检查合格后再拧紧螺丝。

9. 钢筋网片和钢筋排安装

1）钢筋网片

挂网钢筋采用 $\phi$ 8 钢筋，网格间距为 15 cm×15 cm；钢筋网可预先加工成 1 m×2 m 网片，使用时利用锚杆绑扎固定，也可将加工好的钢筋材料运至现场后，由人工现场绑扎，利用锚杆头绑扎固定。

2）纵向钢筋排

拱架外设置纵向钢筋排，为 $\phi$ 16 钢筋，环向间距 10 cm，一般地质段布置范围为拱顶 180°，根据现场地质情况，松散、破碎范围均需布置。

10. 系统锚杆及注浆加固

1）系统锚杆

该断层破碎带系统锚杆采用 $\phi$ 32 自进式中空锚杆，长度 3 m，环向间距 40 cm，纵向间距 50 cm，呈梅花形布置，注浆范围 360°。

单根锚杆结构：因本引水隧洞尺寸空间小，钻孔作业空间有限，将锚杆切割成 1.0 m 长短杆，再通过连接套接长，单根锚杆由 $\phi$ 38 钻头 1 个、杆体（1 m×3）、连接套（2 个）、止浆塞、注浆嘴组成。

2）系统锚杆钻进

系统锚杆施工由 TBM 机自带锚杆机钻进，分节进行，每节 1 m，共 3 节。先将长锚杆用砂轮机切割为 1 m 每节，将钻头、首节杆体连接好，再用专用钎套将首节与钻机连接，将首节钻入岩体，再用套筒连接第二节后断续钻进，最后用套筒连接第三节后断续钻进，安装止浆塞，方可进行下一步注浆作业。

3）注浆

采用水泥-水玻璃双液浆，P·O 42.5 早强水泥，水灰比 0.8∶1～1∶1；水玻璃模数 2.6～2.8，波美度 35 Be；掺配比 CS=0.6～1.0（体积比）。注浆压力 1～2 MPa。

注浆采用注浆泵，施工前调试好注浆机，配制浆液，进行压水试验，检查机械设备工作是否正常，管路连接是否正确。

检查正常后即可进行注浆，注浆管连接好后，将配制好的水泥浆液倒入注浆泵储浆筒内，开动注浆泵，通过中空锚杆向周边围岩压注水泥浆。

注浆按照由低到高隔孔预注或群孔注浆的方法进行。单孔注浆时，首先以初压注浆，然后在终压下进行注浆并保持 1～2 min 终压再卸荷，保证注浆量及扩散半径达到设计要求，达到超前加固的目的。注浆过程中，对浆液应不停搅动，避免沉淀分层，影响浆液浓度。

注浆过程中，严格控制注浆压力，终压必须达到设计强度要求，并稳压，保证浆液的渗透范围，防止出现变形、串浆等异常现象。当出现异常现象时，采取降低注浆压力或采用间隙注浆；改变注浆材料或缩短浆液凝胶时间；调整注浆实施方案。

注浆过程中专人记录，完成后检验注浆效果，不合格者进行补注。注浆达到设计强度后方可进行开挖作业。

11. 局部混凝土浇筑加固

对于局部小的坍塌或表面松散破碎溜塌部分，清理后用 C30 混凝土填充；对于较大的坍塌，立模浇筑混凝土回填，因 TBM 机前方没有运输空间，采用人工浇筑混凝土。

对于撑靴位置软弱部分，局部安装双层钢筋网片，采用 $\phi$ 22 钢筋，网格间距为 20 cm×

20 cm,人工浇筑 C30 混凝土。

　　12.喷射混凝土施工

　　喷射混凝土为 C25 混凝土,厚度 15 cm。利用 TBM 机自带喷浆系统进行喷射施工,因 TBM 机前方无法进行喷混凝土作业,待 TBM 掘进推进后适当位置,应尽早进行喷混凝土封闭。

### 9.6.3.7　断层处理效果

　　龙岩市万安溪引水工程 TBM 隧洞自从遭遇断层破碎带掘进受阻以来,采用上述处理技术,共历时约 50 d,克服了围岩失稳塌方、涌水、涌泥、涌沙等不良地质条件,成功穿越了不良地质段,说明开敞式 TBM 只要应对措施得当,具备通过断层破碎带等不良地质段的能力。

# 9.7　龙岩市万安溪引水工程开敞式 TBM 遭遇突涌水处理技术

## 9.7.1　突涌水事件经过

　　2020 年 12 月 3 日凌晨 2 时左右,TBM 掘进至桩号 D25+532.3 时出现了刀盘扭矩过大的现象,扭矩达 1 300 kN·m,此时刀盘转速 0.3 r/min,刀盘推力约 6 000 kN,初步判断刀盘被卡。停机后人员进入刀盘,检查刀盘及掌子面围岩情况。经检查,发现掌子面无破碎岩体,仅有少量渗水。在此情况下采取了后退刀盘约 10 cm,降低刀盘转速、加大刀盘扭矩、提升推力的脱困措施,经多次尝试推进、后退操作后,TBM 仍无法进入正常的操作与掘进状态。凌晨 03:50,准备再次进刀盘检查卡机情况,退 1# 主机皮带机时发现皮带机有被动退出现象且被卡死,现场尝试倒链辅助退出皮带架时,前部护盾处突现涌水及围岩塌方,推动 TBM 整机后退约 3 m(12 月 8 日检查,确认 TBM 整体后退约 5 m),设备桥下已安装轨道被反推挤压变形严重(见图 9-57、图 9-58),为避免发生人员及设备安全事故,TBM 紧急停机,切断洞内高压电源,撤离作业人员。

图 9-57　撑靴在洞壁上留下的擦痕　　　　图 9-58　轨道扭曲变形

　　初期瞬间突水量近千立方米每小时,半天后水量在 600~700 m³/h,40 d 后水量在 400~500 m³/h(见图 9-59、图 9-60)。由于本隧洞 TBM 施工段为逆坡掘进,地下水通过隧洞底部顺坡自流排到洞外。

图 9-59　初期涌水量大,TBM 广场被淹　　　　图 9-60　初期涌水洞内水位高

## 9.7.2　地质条件分析

### 9.7.2.1　地形地貌条件

涌水段隧洞掌子面桩号为 D25+532.3,地表高程约 1 050 m,洞底高程 395 m,埋深约 655 m。地表地形陡峻,正上方为一分水岭,两侧发育有溪沟,分别流向两座水库,村美水库位于涌水段隧洞西南方直线距离 1.6 km 处,水库正常蓄水位 495 m,库容 900 万 m³,富溪三级水库位于涌水段隧洞东北方直线距离 1.7 km 处,水库正常蓄水位 550 m,库容 400 万 m³(见图 9-61)。

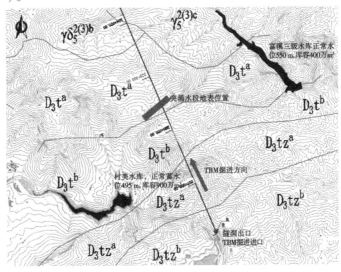

图 9-61　地表地形条件

### 9.7.2.2　地层岩性条件

岩性为灰黑色奥陶—志留系(O—S)变质砂岩,岩质新鲜(见图 9-62),单轴饱和抗压强度约 100 MPa,为坚硬岩。岩体结构为整体块状结构,局部可见石英岩脉。突涌水前围岩类别为Ⅱ类,围岩基本稳定(见图 9-63)。

图 9-62　岩质新鲜坚硬

图 9-63　突涌水之前围岩完整,围岩类别为 Ⅱ 类

### 9.7.2.3　地质构造条件

本段 TBM 掘进时未见断层等地质构造发育特征,主要结构面为岩层面及层理,层面产状为 170°~200° ∠5°~20°,节理面主要有 4 组:J1:15°~30° ∠75°~85°;J2:230°~250° ∠70°~80°;J3:330°~350° ∠75°~85°;J4:120°~140° ∠75°~85°。节理面多平直粗糙,未见风化、蚀变现象,未见浸染铁锈等物质,未见泥质等充填物。

### 9.7.2.4　地下水条件

突涌水前围岩干燥,未见地下水发育迹象。初期瞬间突水量近千立方米,水呈青灰色,为围岩本身颜色,约 1 h 后,水量稳定在 600~700 m³/h,水流清澈,水温约 25 ℃,近 50 d 内水量及水压未见明显衰减。图 9-64 为洞口流量监测曲线,洞口所测的流量为 2.4 km 隧洞的总涌水、渗水之和,在本次突涌水之前,洞口流量约 300 m³/h。

### 9.7.2.5　掌子面前方围岩探测

为了解掌子面前方围岩的地质条件,采用地震波反射法进行了探测(见图 9-65),探测结果如下(见图 9-66):

(1)0~10.0 m(D25+532.5~D25+522.5)段:该段波速、密度降低,泊松比上升,推测裂隙较发育,局部岩体破碎。

(2)10.0~27.0 m(D25+522.5~D25+505.5)段:该段波速整体相对较稳定,推测岩体完整性较好。

(3)27.0~36.0 m(D25+505.5~D25+496.5)段:该段波速、密度降低,推测裂隙较发育,局部岩体破碎。

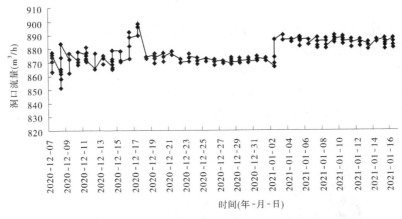

图 9-64　隧洞洞口地下水流量监测

图 9-65　洞内超前地质预报

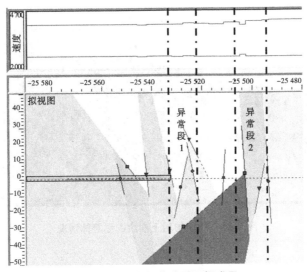

图 9-66　洞内超前地质预报成果

(4)36.0~50.0 m(D25+496.5~D25+482.5)段:该段波速整体相对较稳定,推测岩体完整性较好。

从波速上看,突水段与已掘进的Ⅱ类围岩洞段无明显差异。

#### 9.7.2.6　掌子面前方揭示地质条件

突涌水量稳定后,为查看掌子面及塌腔地质条件,TBM 主动后退刀盘至完整坚硬的Ⅱ类围岩处,在保证安全的条件下人员从刀盘人孔进入掌子面。查看后发现,掌子面发育一条与洞轴线大角度相交的陡倾角裂隙,裂隙张开度不明,地下水从裂隙处涌出,裂隙两侧岩质新鲜,为灰黑色奥陶—志留系(O—S)变质砂岩,岩石强度高,岩体较破碎,地下水从裂隙处涌出,在一定的水压力下,涌水处的岩体表面被铁锈浸染(见图 9-67)。

图 9-67　掌子面岩体及涌水情况

在隧洞左上侧顶拱位置形成塌腔,塌腔体洞轴线方向长度约 4.50 m,宽度约 2.50 m,高度约 3.00 m,塌腔体内沿裂隙有地下水流出,顶部及两侧岩体基本稳定(见图 9-68、图 9-69)。

图 9-68　TBM 护盾上观察的塌腔体情况

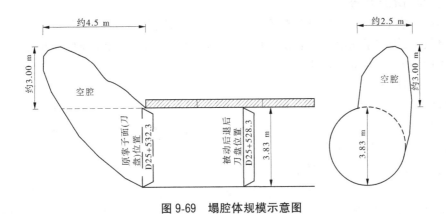

图 9-69　塌腔体规模示意图

### 9.7.2.7　突涌水及围岩坍塌机制分析

TBM 掘进至 D25+532.5 时,TBM 刀盘紧贴掌子面,对掌子面有一定的支撑力,同时掌子面的隔水岩体具有一定的抗剪强度,两者共同作用力与地下水压力处于平衡状态。在处理卡机过程中,主动后退刀盘,刀盘与掌子面围岩脱离接触,掌子面围岩失去了刀盘支撑力,地下水击穿掌子面隔水层,同时造成掌子面与顶拱围岩塌方,塌方体立即堵塞住刀盘,地下水压力无处泄压,推动 TBM 刀盘,造成 TBM 整机后退。

### 9.7.2.8　突涌水段隧洞地质条件综合分析

突涌水段隧洞埋深约 650 m,埋深大,山体雄厚,地表及洞内均未见断层构造特征;岩性为变质砂岩,不具备发育溶洞、地下暗河的岩性条件;地表山体陡峻,地表径流较少,隧洞两侧分布两座水库,未见隧洞突水与地表水库的水力联系。

初步判断突涌水来源于坚硬的地层中形成的大构造张性裂隙带,裂隙带连通性较好,估计储水量超过 150 万 m³;塌方段围岩在地下水的作用下,稳定性较差,围岩类别为Ⅳ类,其他洞段预判围岩为Ⅱ～Ⅲ类。

在前期的地质勘察中,按照相关规范的要求,采用了区域地质分析及地表地质测绘的方法,地表未发现断层等地质构造特征;施工前及突水发生后的地表地质复核,仍未见明显断层及构造带发育迹象;突涌水前洞内围岩为Ⅱ类,稳定性好,围岩干燥,地质条件未见异常;突涌水后的物探测试表明突涌水段与已掘进完整围岩洞段差异不明显;因此本次涌水具有突发性、难以预见性及难以防范性的特点。

## 9.7.3　突涌水段处理技术

### 9.7.3.1　洞内供电

发生突涌水后,为保证人员及设备的安全,人员撤出洞内后,切断了洞内高压及低压供电。12 月 8 日,经过 5 d 的连续水量观察,发现水量稳定,为便于人员进洞查看情况,恢复了洞内的低压照明供电。为排查 TBM 受损及洞内水泵抽水,需恢复洞内高压供电,由于高压接头被击穿,两次供电均未成功,更换相关受损电路、接头及设备后,12 月 11 日,洞内高压供电成功。

#### 9.7.3.2　超前地质预报

洞内高压供电恢复后,TBM 后配套空压机启动,为地震法超前地质预报的震源–气动冲击锤供气,开展掌子面前方围岩情况的探测。12 月 12 日,洞内超前地质预报结束,探测了掌子面前方约 50 m 的地质条件。

#### 9.7.3.3　设备排查

洞内突发涌水,TBM 主机受到地下水的冲淋、浸泡,TBM 整机设备被动推移后退,因此 TBM 部分系统可能受到损坏,如刀盘轴承、撑靴机构、驱动电机等,需要对 TBM 设备进行排查,对故障部件进行维修、更换。

洞内高压供电恢复后,主要排查了 TBM 的刀盘驱动系统、支撑系统、油路系统、电路系统等。经排查发现以下问题并处理:密封油管及油脂分配阀门损坏,全部更换;顶部呼吸器进水至主轴承内,齿轮油油位增高,更换全部齿轮油;盾体左侧底部刀盘本地控制盒泡水,拆除后烤干;盾体左侧下方配电箱进水受潮,拆除烤干后重新安装;主机皮带架变形无法抽出,皮带架及皮带全部割除更换;钢轨严重扭曲变形,附属轨枕及拉杆变形损坏,拆除后更换;高压分线箱爆掉、接头被击穿,全部更换。

其他 TBM 主要部件主轴承、撑靴机构及驱动电机等未发生较大的故障或损坏。

#### 9.7.3.4　后退刀盘

为加快泄水速度,在 TBM 设备排查完毕后,操作 TBM 后退 3 m。由于主机皮带机卡死,无法人工退出,皮带上堆集了大量的岩渣,堵塞了刀盘泄水孔,因此需要割除皮带机托架及皮带。割除后,刀盘内大量岩渣涌出,泄水量随之加大。涌渣进入洞内后,散落在主机部位的洞底,为便于后续施工处理,需要人工清渣,岩渣由后配套皮带机转至出渣矿车后运出洞外(见图 9-70)。为便于洞底清渣、设备排查及维修,需降低洞内的水位,采用 3 台流量 200 m³/h 的污水潜水泵在 TBM 主机下部及设备桥处进行抽水并排到后配套以后(见图 9-71)。

图 9-70　洞底清渣及运输

#### 9.7.3.5　推进刀盘,出塌方体的渣

洞底岩渣出完后,安装主机皮带机,启动 TBM 空推前进,同时转动刀盘,刀盘前方洞底散落的岩块由刀盘出渣。由于洞内积水较深、水流量大、流速快,部分岩渣从皮带机上漏出,漏出的岩渣通过人工清渣的方法出渣。

图 9-71　洞内抽排水

### 9.7.3.6　初期支护

为保证围岩的稳定,TBM 在空推过程中,对围岩进行了钢拱架、钢筋排及锚杆支护。钢拱架为 HW125 型,间距 0.30~0.50 m,为提高钢拱架的整体性,在横向上采用槽钢通过焊接的方式连接。钢筋排采用 3 根 Φ25 螺纹钢筋绑扎在一起,密排布置。顶拱 180°范围内布设涨壳式锚杆,梅花形布置,锚杆长度 2.50 m,间距 1.20 m×1.20 m。为避免顶拱的涌水喷淋 TBM 设备,在顶拱钢拱架及钢筋排内铺设薄铁皮,将地下水引流至洞壁。初期支护如图 9-72 所示。

图 9-72　钢拱架、钢筋排及锚杆初期支护

#### 9.7.3.7　灌浆及加固围岩

由于掌子面出现了塌腔,后续掘进及处理过程中,易再次出现掉块及小规模坍塌,为保证人员及设备的安全,对塌腔进行回填,同时对围岩中的裂隙进行注浆以提高围岩的整体性,进而提高围岩的稳定性。

采用化学(聚氨酯)灌浆法。灌浆通过输料管道分别把 A 及 B 两类聚合物材料输送到专用混合器,通过专用封孔器的中心管,输送到裂隙及渗漏处,并发生化学反应,材料由液体变为固体,体积迅速膨胀填充到墙体中的空隙处,达到填充空洞和缝隙以及封堵部分渗水的目的(见图 9-73、图 9-74)。聚氨酯材料为双组分聚氨酯材料,组分 A 为专用树脂,组分 B 为硬化剂。两种材料的体积配比为 1:1。

图 9-73　化学灌浆材料　　　　　　　　　图 9-74　灌浆泵

#### 9.7.3.8　TBM 掘进通过

塌腔回填及围岩注浆完毕后,启动 TBM 缓慢掘进通过,掘进过程中,采用低推力、低贯入度、低刀盘转速的掘进参数,围岩出护盾后,及时采用钢拱架、钢筋排及锚杆等初期支护。当出水点后移至喷混凝土台车位置时,采用围岩注浆的方法对地下水进行封堵。

### 9.7.4　对本次突涌水及处理的认识

本次突涌水之前围岩以Ⅱ类为主,岩质新鲜干燥,围岩完整,突涌水的前兆标志不明显,具有突发性的特点。突涌水后揭露的围岩条件表明,围岩本身稳定性较好,坍塌主要是地下水压力引起的。突涌水后,水量长时间不明显衰减,说明岩体内储水构造复杂,储水量大。隧洞 TBM 为逆坡掘进,纵坡为 0.240 3%,为实现顺坡自流排水,有效防止了TBM 设备及洞内设施被淹没的风险,并降低了排水的费用。TBM 通过突涌水段共用时90 d,延长了工期,增加了施工成本,说明高压、大流量的突涌水对 TBM 施工影响巨大,需要专门研究针对隧洞突涌水的快速处理技术。

# 9.8　小　结

(1)TBM 施工隧洞可能遭受的地质灾害类型与钻爆法隧洞基本相同,主要有围岩失稳塌方、软岩大变形、岩爆、涌水、高地温及有害气体等,但由于 TBM 设备庞大、灵活性差,其对不良地质条件的适应性差,相同的隧洞地质灾害对 TBM 的危害程度远大于钻爆法。

(2)详细、准确的地质资料是 TBM 快速、安全施工的重要保证。当在没有预警的情况下遭遇不良地质条件时,发生隧洞地质灾害的可能性大。在前期的地质勘察中,应查明施工可能遇到的地质灾害类型及其分布范围、发生的可能性和对 TBM 施工的影响程度,为 TBM 施工的可行性研究、TBM 设备选型及施工预案提供基础地质资料。在施工期间,应充分利用各种地质资料和超前地质预报成果,建立工程地质模型,及时对可能遇到的工程地质问题及不良地质条件做出预判和评估。

(3)断层破碎围岩失稳塌方、软岩大变形、涌水等隧洞地质灾害是造成 TBM 卡机、掘进受阻及掘进效率低下的主要原因,发生卡机事件后,不要急于脱困,要首先查明地质条件,分析卡机原因,然后采取有针对性的措施。对于地质条件极差的洞段,尽量采用钻爆法处理后 TBM 步进通过。

(4)应根据 TBM 隧洞施工的技术特点,针对不同类型的地质灾害采取相应的超前地质预报方法和防治措施,注重新技术和新方法的应用。同时应加强隧洞施工信息和经验交流,减少类似条件下地质灾害发生频率及危害程度。

# 第 10 章　结论与展望

## 10.1　结　论

（1）深埋长隧洞埋深大、洞线长,穿越的地质单元多,地质条件复杂,勘察难度大。目前常用的勘察方法主要有工程地质测绘、工程地质钻探、工程地质物探、工程地质坑探、工程地质遥感、现场试验、室内试验等,各种方法都有一定的优缺点及适用条件。深埋长隧洞的综合勘察,要始终坚持以地质为基础,充分发挥遥感在区域地质研究和地质选线中的宏观作用,利用航片进行大面积地质调绘,在此基础上开展以大地电磁法等先进物探技术为主导的综合物探,发挥其信息丰富、数据连续及对地质钻探的指导作用,对重大物探异常和关键地质部位进行必要的钻探验证,并加强对各种资料的综合分析研究。综合勘察技术合理应用,使各种勘察方法取长补短、相互印证、对比复解、融汇贯通,从而取得显著的勘察效果。

（2）地质条件是影响 TBM 掘进效率的主要因素,主要包括岩石单轴抗压强度、岩体完整性系数、围岩强度应力比、岩石的石英含量及地下水渗流量等指标,隧洞围岩具有复杂多变性,各地质因素的指标变化较大,存在不同指标对应不同 TBM 地质适宜性等级的情况,地质因素与地质适宜性具有一定的模糊性质,无法采用精确的关系式来表达。采用模糊综合评价方法,建立地质适宜性的多因素评价模型,通过最大隶属度计算,对地质适宜性进行定量评价,可以得到较为合理的结果。目前,常用的岩石隧洞 TBM 主要有开敞式 TBM、双护盾 TBM、单护盾 TBM,三种类型 TBM 的技术特点及适应的地质条件均有所差别,实际选型时,应在地质条件研究的基础上进行多因素综合论证后确定。选定 TBM 类型后,应根据隧洞的设计特点及不良地质条件,进行 TBM 性能设计及设备配置研究。

（3）双护盾 TBM 施工时,受刀盘、护盾及安装好的管片的遮挡,暴露的围岩非常少,传统的地质素描方法无法采用,现场试验及室内试验取样也较为困难,无法采用传统的方法获得围岩分类指标。根据 TBM 施工的技术特点,可选择与围岩类别直接或间接相关的岩石回弹值、围岩完整性、岩体 RQD、刀盘推力、刀盘扭矩、片状岩渣含量、地下水渗流量等指标建立围岩分类指标体系。但不同工程的隧洞设计情况、围岩地质条件、TBM 设备性能情况均不相同,各个指标应根据工程的不同进行相应的取值。

（4）隧洞施工过程中由不良地质条件引起的突发隧洞地质灾害正成为人员伤亡、施工成本增加及工期延误等严重后果的主要影响因素之一。TBM 设备庞大,占据了隧洞内的大部分空间,且电磁环境复杂,部分在钻爆法隧洞使用的超前地质预报方法难以实施。基于多源信息的综合超前地质预报方法实现了地面与洞内相结合、地质分析与物探相结合、物探与钻探相结合、长距离与短距离相结合、定性与定量相结合的预报目标,具有较高的预报精度。根据超前地质预报结果提前采取不良地质条件的应对措施,可有效地避免隧洞突发地质灾害发生或降低地质灾害的影响程度,对于保障 TBM 快速、安全施工具有重要的指导意义。

(5)TBM 施工速度主要受 TBM 利用率和 TBM 净掘进速度的影响,两者均与地质条件直接相关。根据《水利水电工程地质勘察规范》(GB 50487—2008)的围岩分类方法,建立不同围岩条件下 TBM 施工速度预测模型,结果表明:TBM 利用率与围岩 HC 评分呈二项式关系,相关性系数大于 0.85,当 HC 值为 52 时,TBM 利用率达到最高值 50%;TBM 净掘进速度与 HC 评分呈二项式关系,相关性系数大于 0.85,随着 HC 值的降低,TBM 净掘进速度呈现增加的趋势。

(6)TBM 施工条件下隧洞地质灾害类型主要有断层破碎带围岩失稳塌方、涌水突泥、软岩大变形、岩爆、高地温、有害气体、放射性等,这与钻爆法隧洞的地质灾害基本相同,但 TBM 对不良地质条件的适应性差,相同的不良地质条件对其影响远大于钻爆法。应根据 TBM 隧洞施工的技术特点,针对不同类型的地质灾害采取相应的超前地质预报方法和防治措施,注重新技术和新方法的应用。同时应加强隧洞施工信息和经验交流,减少类似条件下地质灾害的发生频率及危害程度。

## 10.2　展　望

(1)断层破碎带是深埋长隧洞最主要的不良地质条件,施工过程中易发生围岩失稳塌方、软岩变形、涌水突泥、有害气体等隧洞地质灾害。由于隧洞埋深大,对洞身段的断层破碎带的位置、规模及性质的勘察存在较大的难度。目前,对断层带的勘察主要以物探及钻探为主,但垂直钻孔往往难以准确确定断层的位置及规模。在以后的研究中,可重点考虑采用遥感、区域地质分析、工程地质测绘先行,大致确定断层在地表出露的位置,然后采用水平定向钻孔的方式对洞身段的围岩进行水平钻探的勘察方式,以提高对断层带的勘察精度。

(2)TBM 在适宜的地质条件下可取得月进尺 1 000 m 的超高掘进速度,但在断层破碎带、软岩大变形、涌水突泥等不良地质条件下,往往寸步难行,数月至数年无进尺,严重延误工期及增加投资。在以后的研究中,可在分析不良地质条件致灾机制的基础上,研究不良地质条件下施工技术及 TBM 设备突破不良地质段的能力,以提高 TBM 的施工效率。

(3)完整性高、单轴抗压强度高的超硬围岩近年来成为隧洞 TBM 施工的一大障碍,在超硬围岩条件下,采用传统的 TBM 破岩方式,会导致 TBM 净掘进速度低、刀具磨损快、刀盘轴承等寿命缩短等严重后果,会延误工期增加施工成本。针对超硬围岩,可研究高压水破岩、微波破岩等新技术,以提高 TBM 对超硬岩的适应能力。

(4)目前我国已完成及在建的 TBM 隧洞项目众多,施工中积累了很多宝贵的经验和教训,但这些经验和教训并没有得到很好的总结与研究。在以后的研究中,建议在使用 TBM 较多的水利水电、铁路、城市轨道交通、公路等领域联合起来,建立 TBM 施工数据库及云平台,将不同 TBM 隧洞的地质条件、TBM 选型、掘进参数、不良地质条件处理等进行归纳和整合,实现资源的共享,对施工中遇到的问题进行大数据分析以得到最优解决方案,从而提高我国的 TBM 施工技术水平。

# 参 考 文 献

[1] 王学潮.南水北调西线工程若干工程地质问题研究[J].岩石力学与工程学报,2009,28(9):1745-1756.

[2] 吴世勇,王鸽,徐劲松,等.锦屏二级水电站 TBM 选型及施工关键技术研究[J].岩石力学与工程学报,2008,27(10):2000-2009.

[3] 张军伟,梅志荣,高菊茹,等.大伙房输水工程特长隧洞 TBM 选型及施工关键技术研究[J].现代隧道技术,2010,47(5):1-10.

[4] 高乃东,陈中竹,宁鹏飞.敞开式 TBM 在吉林省中部城市引松供水工程的应用[J].黑龙江水利科技,2012,40(10):83-85.

[5] 赵毅.在建国家重点水利标志性工程之首——滇中引水工程[J].隧道建设(中英文),2019,39(3):511-522.

[6] 李立民.引汉济渭工程秦岭隧洞主要工程地质问题分析研究[J].铁道建筑,2013(4):68-70.

[7] 邓铭江.深埋超特长输水隧洞 TBM 集群施工关键技术探析[J].岩土工程学报,2016,38(4):577-587.

[8] 薛继洪.隧洞掘进机在引大入秦工程中的应用[J].四川水力发电,1998,17(3):4-10.

[9] 徐丽.甘肃省引洮供水一期工程总干渠 7 号隧洞 TBM 前盾延伸改造及工作洞室施工方式研究[J].农业科技信息,2010(22):57-58.

[10] 曹催晨,孟晋忠,樊安顺,等.TBM 在国内外的发展及其在万家寨引黄工程中的应用[J].水利水电技术,2001,32(4):27-30.

[11] 底青云,伍法权,王光杰,等.地球物理综合勘探技术在南水北调西线工程深埋长隧洞勘察中的应用[J].岩石力学与工程学报,2005,24(20):3631-3638.

[12] 司富安,贾国臣,高玉生.深埋长隧洞工程地质问题与勘察[C].大坝安全与新技术应用,2013.

[13] 王希友,杨殿臣,寇成,等.深埋特长隧洞地质勘察技术及主要工程地质问题[C].调水工程应用技术研究与实践,2009.

[14] 宋嶽,贾国臣.深埋长隧洞主要工程地质问题与勘察[C].第七届全国工程地质大会,2004.

[15] 尚彦军,杨志法,曾庆利,等.TBM 施工遇险工程地质问题分析和失误的反思[J].岩石力学与工程学报,2007,26(12):2404-2411.

[16] 琚时轩.全断面隧道岩石掘进机(TBM)选型的探讨[J].隧道建设,2007,27(16):22-23.

[17] 叶定海,李仕森,贾寒飞.南水北调西线工程的 TBM 选型探讨[J].水利水电技术,2009,40(7):80-83.

[18] 毛拥政,张民仙,宋永军.引红济石工程长隧洞 TBM 选型探讨[J].水利与建筑工程学报,2009,7(1):65-67.

[19] 中华人民共和国水利部.引调水线路工程地质勘察规范:SL 629—2014[S].北京:中国水利水电出版社,2014.

[20] 中华人民共和国交通运输部.铁路隧道全断面岩石掘进机法技术指南(铁建设〔2007〕106 号)[S].北京:中国铁道出版社,2007.

[21] Barton N. Some new Q-value correlations to assist in site characterization and tunnel design[J]. Interna-

tional Journal of Rock Mechanics & Mining Sciences, 2002, 39:185-216.

[22] Barton N, Lien R, Lunde J. Engineering classification of rock masses for the design of tunnel support [J]. Rock Mechanics, 1974, 6(4):189-236.

[23] Bieniaski Z T. Classification of Rock Masses for Engineering [M]. New York: Wiley, 1993.

[24] 齐三红,杨继华,郭卫新,等.修正RMR法在地下洞室围岩分类中的应用研究[J].地下空间与工程学报,2013, 9(增刊2):1922-1925.

[25] 中华人民共和国国家标准.工程岩体分级标准:GB/T 50218—2014[S].北京:中国计划出版社, 2014.

[26] 中华人民共和国国家标准.水利水电工程地质勘察规范:GB 50487—2008[S].北京:中国计划出版社,2009.

[27] 靳永久,许建业,桑文才.TBM施工中节理的编录[J].山西水利科技,2001(3):72-74.

[28] 陈恩瑜,邓思文,陈方明,等.一种基于TBM掘进参数的现场岩石强度快速估算模型[J].山东大学学报(工学版),2017,47(2):7-13.

[29] 刘跃丽,郭峰,田满义.双护盾TBM开挖隧道围岩类型判别[J].同煤科技,2003(1):27-28.

[30] 刘冀山,苗挨发.隧洞TBM地质编录软件系统的建立和开发[J].水利技术监督,2003(5):58-60.

[31] 许建业,梁晋平,靳永久,等.隧洞TBM施工过程中的地质编录[J].水文地质工程地质,2000(6):35-38.

[32] 黄祥志.基于渣料和TBM掘进参数的围岩稳定分类方法的研究[D].武汉:武汉大学,2005.

[33] 孙金山,卢文波,苏利军,等.基于TBM掘进参数和渣料特征的岩体质量指标辨识[J].岩土工程学报,2008,30(12):1847-1854.

[34] Blindheim O T. A critique of Q TBM[J]. Tunnels and Tunnelling International, 2005, 37(6):32-35.

[35] Yagiz S. Utilizing rock mass properties for predicting TBM performance in hard rock condition[J]. Tunnelling and Underground Space Technology,2008,23(3):326-339.

[36] Macias F J, Jakobsen P D, Seo Y, et al. Influence of rock mass fracturing on the net penetration rates of hard rock TBMs[J]. Tunnelling and Underground Space Technology, 2014, 44:108-120.

[37] Paltrinieri E, Sandrone F, Zhao J, et al. Analysis and estimation of gripper TBM performances in highly fractured and faulted rocks[J]. Tunnelling and Underground Space Technology, 2016, 52:44-61.

[38] 叶智彰.HSP声波反射法地质超前预报在西秦岭特长隧道TBM施工中的应用[J].铁道建筑技术,2011(7):94-98.

[39] 刘斌,李卫兵.TBM隧洞施工超前地质预报方法对比分析[J].矿山机械,2008,36(21):1-6.

[40] 周振广,张美多,赵吉祥.TST技术在TBM掘进隧洞超前地质预报中的应用[J].水利水电工程设计,2017,36(4):38-41.

[41] 程怀舟.基于钻机的TBM隧洞施工超前地质预报系统开发研究[D].武汉:武汉大学,2005.

[42] 高振宅.Beam地质超前预报系统在锦屏引水隧洞TBM施工中的应用[J].铁道建筑技术,2009(11):65-67.

[43] 杨智国.地质超前预报在桃花铺一号隧道TBM施工中的应用[J].铁道工程学报,2004(1):65-68.

[44] 喻伟,王利明,周建军,等.基于断层影响双护盾TBM隧道稳定性分析[J].河南科学,2018,36(6):870-879.

[45] 徐虎城.断层破碎带敞开式TBM卡机处理与脱困技术探析[J].隧道建设(中英文),2018,38(增刊1):156-160.

[46] 陈方明,邢秦智,白现军,等.N-J水电站某TBM开挖洞段岩爆倾向性判定分析[J].人民长江,2018,48(增刊1):173-175.

[47] 王梦恕,李典璜,张镜剑,等.岩石隧道掘进机(TBM)施工及工程实例[M].北京:中国铁道出版社,2004.

[48] 宋嶽,高玉生,贾国臣,等.水利水电工程深埋长隧洞工程地质研究[M].北京:中国水利水电出版社,2014.

[49] 齐三红,畅建成,冯连.引大济湟调水总干高埋深隧洞围岩工程地质分类[J].华北水利水电学院学报,2004,25(4):58-60.

[50] 周小松.TBM 法与钻爆法经济对比分析[D].西安:西安理工大学,2010.

[51] 水利部科技推广中心.全断面岩石掘进机[M].北京:石油工业出版社,2005.

[52] 张镜剑.TBM 的应用及其有关问题和展望[J].岩石力学与工程学报,1999,18(3):363-367.

[53] 张镜剑.长隧道中隧道掘进机的应用[J].华北水利水电学院学报,2001,22(3):40-49.

[54] 中华人民共和国交通运输部.铁路工程地质勘察规范:TB 10012—2007/J124—2007[S].北京:中国铁道出版社,2007.

[55] 中华人民共和国交通运输部.公路工程地质勘察规范:JTG C20—2011[S].北京:人民交通出版社,2011.

[56] 中华人民共和国水利部.水力发电工程地质勘察规范:GB 50287—2006[S].北京:中国计划出版社,2008.

[57] 中华人民共和国水利部.水利水电工程水文地质勘察规范:SL 373—2007[S].北京:中国水利水电出版社,2008.

[58] 中华人民共和国水利部.中小型水利水电工程地质勘察规范:SL 55—2005[S].北京:中国水利水电出版社,2005.

[59] 中华人民共和国水利部.水利水电工程地质测绘规程:SL 299—2004[S].北京:中国水利水电出版社,2004.

[60] 工程地质手册编委会.工程地质手册[M].5 版.北京:中国建筑工业出版社,2018.

[61] 中华人民共和国住房和城乡建设部.岩土工程勘察规范:GB 50021—2001(2009 年版)[S].北京:中国建筑工业出版社,2009.

[62] 彭土标,袁建新,王惠民,等.水力发电工程地质手册[M].北京:中国水利水电出版社,2011.

[63] 中华人民共和国水利部.水利水电工程钻孔压水试验规程:SL 31—2003[S].北京:中国水利水电出版社,2003.

[64] 陈坤.影响钻孔波速测试质量的因素分析[J].甘肃地质,2007,16(2):90-92.

[65] 方大德.推广回弹仪测试在水电工程中的应用[J].云南水力发电,1991(10):31-36.

[66] 中华人民共和国水利部.水利水电工程岩石试验规程:SL/T 264—2020[S].北京:中国水利水电出版社,2020.

[67] 黄河勘测规划设计研究院有限公司.青海省引黄济宁工程可行性研究阶段设计报告[R].郑州:黄河勘测规划设计研究院有限公司,2019.

[68] 中华人民共和国住房和城乡建设部.中国地震动参数区划图:GB 18306—2015[S].北京:中国标准出版社,2015.

[69] 薛云峰,张继锋.基于南水北调西线工程岩性特征的 CSAMT 法有限元三维数值模拟研究[J].地球物理学报,2011,54(8):2160-2168.

[70] 黄河勘测规划设计研究院有限公司.龙岩市万安溪引水工程初步设计阶段设计报告[R].郑州:黄河勘测规划设计研究院有限公司,2019.

[71] 郭彦朋.大伙房输水工程特长隧洞施工 TBM 选型研究[J].路基工程,2010(5):120-123.

[72] 叶定海,李仕森,贾寒飞.南水北调西线工程的 TBM 选型探讨[J].水利水电技术,2009,40(7):80-

83.

[73] 王旭,李晓,李守定.关于用岩体分类预测TBM掘进效率AR的讨论[J].工程地质学报,2008,16(4):470-475.

[74] 何发亮,谷明成,王石春.TBM施工隧道围岩分级方法研究[J].岩石力学与工程学报,2002,21(19):1350-1354.

[75] 吴煜宇,吴湘滨,尹俊涛.关于TBM施工隧洞围岩分类方法的研究[J].水文地质工程地质,2006,33(5):120-122.

[76] 闫长斌,闫思泉,刘振红.南水北调西线工程岩石中石英含量变化及其对TBM施工的影响[J].工程地质学报,2013,21(4):657-663.

[77] 廖建明.锦屏二级水电站引水隧洞TBM应对高压大流量地下涌水施工方案[J].河北交通职业技术学院学报,2016,13(2):36-39.

[78] 薛亚东,李兴,刁振兴,等.基于掘进性能的TBM施工围岩综合分级方法[J].岩石力学与工程学报,2018,37(增刊1):3382-3391.

[79] 李厚峰.复杂地质环境对TBM掘进速度的影响[J].人民黄河,2018,40(11):119-121.

[80] 段世委,许仙娥.岩体完整性系数确定及应用中的几个问题探讨[J].工程地质学报,2013,21(4):548-553.

[81] 刘通,赵维.强度应力比在软质岩围岩分类中的应用[J].安徽理工大学学报(自然科学版),2012,32(4):18-22.

[82] 李金霖.隧洞高磨蚀性硬岩地段TBM法施工刀具消耗分析[J].陕西水利,2018(5):127-130.

[83] 孙振川,杨延栋,陈馈,等.引汉济渭岭南TBM工程二长花岗岩地层滚刀磨损研究[J].隧道建设,2017,37(9):1167-1172.

[84] 龚秋明,佘祺锐,丁宁.大理岩摩擦试验及隧道掘进机刀具磨损分析——锦屏二级水电站引水隧洞工程[J].北京工业大学学报,2012,38(8):1196-1201.

[85] 魏南珍,沙明元.秦岭隧道全断面掘进机刀具磨损规律分析[J].石家庄铁道学院学报,1999,12(2):86-89.

[86] 张珂,王贺,吴玉厚,等.全断面硬岩TBM滚刀磨损关键技术分析[J].沈阳建筑大学学报(自然科学版),2009,25(3):351-354.

[87] 许传华,任青文.地下工程围岩稳定性的模糊综合评判法[J].岩石力学与工程学报,2004,23(11),1852-1855.

[88] 盛继亮.地下工程围岩稳定模糊综合评价模型研究[J].岩石力学与工程学报,2003,22(增刊1):2418-2421.

[89] 段瑜.地下采空区灾害危险度的模糊综合评价[D].长沙:中南大学,2005.

[90] 彭祖赠,孙韫玉.模糊数学及其应用[M].武汉:武汉大学出版社,2002.

[91] 卢有杰,卢家仪.项目风险管理[M].北京:清华大学出版社,1998.

[92] 杨继华,景来红,李清波,等.TBM施工隧洞工程地质研究与实践[M].北京:中国水利水电出版社,2018.

[93] 杨继华,梁国辉,曹建锋,等.兰州市水源地建设工程输水隧洞TBM1施工段关键技术研究[J].现代隧道技术,2019,56(2):10-17.

[94] 闫长斌,姜晓迪,杨继华,等.考虑地质适宜性和滚刀直径的TBM刀具消耗预测[J].隧道建设(中英文),2018,38(7):1243-1250.

[95] 杨风威,房敬年,杨继华,等.兰州水源地工程超长输水隧洞初始地应力反演研究[J].水电能源科学,2018,36(8):94-97.

[96] 石怡安,苏凯,王美斋,等.TBM 引水隧洞衬砌管片形式研究[J].水电能源科学,2016,34(4):103-106.

[97] 黄河勘测规划设计有限公司.兰州市水源地建设工程工程地质勘察报告(初步设计阶段)[R].郑州:黄河勘测规划设计有限公司,2016.

[98] 水利部科技推广中心.全断面岩石掘进机[M].北京:石油工业出版社,2005.

[99] 高海宏.敞开式硬岩掘进机在软弱围岩中的施工技术[J].隧道建设,2002,22(2):9-12.

[100] 王梦恕.开敞式 TBM 在铁路长隧道特硬岩、软岩地层的施工技术[J].土木工程学报,2005,38(5):54-58.

[101] 茅承觉,叶定海,董苏华,等.支撑式全断面岩石掘进机——全断面岩石掘进机讲座之三[J].建筑机械,1998(11):32-36.

[102] 吴世勇,周济芳.锦屏二级水电站长引水隧洞高地应力下开敞式硬岩隧道掘进机安全快速掘进技术研究[J].岩石力学与工程学报,2012,31(8):1657-1665.

[103] 李艳明.中天山隧道敞开式 TBM 施工技术[J].铁道建筑,2009(11):49-50.

[104] 孙孟莉,张照煌.连续掘进敞开式全断面岩石掘进机控制系统的研究[J].建筑机械技术与管理,2006(12):84-88.

[105] 齐梦学,邓勇,王雁军,等.敞开式 TBM 施工出渣方式对比分析[J].工程机械,2009,40(9):52-57.

[106] 李建斌,陈馈.双护盾 TBM 的技术特点及工程应用[J].建筑机械化,2006(3):46-50.

[107] 李建斌.双护盾 TBM 的地质适应性及相关计算[J].隧道建设,2006,26(2):76-78,86.

[108] 蒙先君.长距离双护盾 TBM 施工探讨[J].隧道建设,2008,28(4):429-433.

[109] 谢明,赵晋友.双护盾隧道掘进机(TBM)技术浅谈[J].现代隧道技术,2006,43(5):23-30.

[110] 殷耀章.一种新型通用的双护盾岩石掘进机(DS-TBM)[J].工程机械,2007,38(2):7-12.

[111] 孙金山,卢文波,苏利军.双护盾 TBM 在软弱地层中的掘进模式选择[J].岩石力学与工程学报,2007,26(增刊2):3668-3673.

[112] 文镕,李世新,范以田.达坂岩石隧洞全断面掘进机(TBM)施工技术[M].北京:中国水利水电出版社,2013.

[113] 洪行远.双护盾隧洞掘进机的原理及其应用[J].四川水力发电,1995(2):61-66.

[114] 李仕森,茅承觉,叶定海.护盾式全断面岩石掘进机——全断面岩石掘进机讲座之四[J].建筑机械,1998(12):29-33.

[115] 张照煌,李福田.全断面隧道掘进机施工技术[M].北京:中国水利水电出版社,2006.

[116] 卜武华,田娟娟.软岩洞段单护盾隧洞掘进机(TBM)主要施工问题及对策[J].山西水利科技,2011(3):41-43.

[117] 齐梦学.基于单护盾的复合式 TBM 在重庆铜锣山隧道的研究与开发[J].国防交通工程与技术,2012(1):68-71.

[118] 高琨.单护盾 TBM 在突泥涌砂地质段施工探讨[J].隧道建设,2012,32(1):94-98.

[119] 张志英.甘肃引洮工程 7 号隧洞 TBM 通过特殊砂岩段所采取的措施[J].山西水利科技,2014(4):63-64.

[120] 张利民.引洮单护盾 TBM 掘进通过不良地质洞段施工技术[J].甘肃农业,2012(17):101-102.

[121] 杨继华,齐三红,郭卫新,等.CCS 水电站引水隧洞双护盾 TBM 施工围岩分类研究[J].隧道建设,2017,37(7):788-793.

[122] 张军伟,陈云尧,陈拓,等.2006—2016 年我国隧道施工事故发生规律与特征分析[J].现代隧道技术,2018,55(3):10-17.

[123] 杨继华,杨风威,苗栋,等.TBM 施工隧洞常见地质灾害及其预测与防治措施[J].资源环境与工程,2014,28(4):418-422.

[124] 李生杰,谢永利,朱小明.高速公路乌鞘岭隧道穿越 F4 断层破碎带涌水塌方工程对策研究[J].岩石力学与工程学报,2013,32(增刊2):3602-3609.

[125] 王庆武,巨能攀,杜玲丽,等.深埋长大隧道岩爆预测与工程防治研究[J].水文地质工程地质,2016,43(6):88-94.

[126] 李苍松,何发亮,丁建芳.武隆隧道岩溶地质超前预报综合技术[J].水文地质工程地质,2005,(2):96-100.

[127] 薛云峰,何继善,郭玉松.南水北调西线工程深埋长隧道地质超前预报系统研究的思考[J].地球物理学进展,2006,21(3):993-997.

[128] 薛云峰,张继锋,郭玉松.深埋长隧洞探测技术研究[M].郑州:黄河水利出版社,2010.

[129] 李术才,刘斌,孙怀凤,等.隧道施工超前地质预报研究现状及发展趋势[J].岩石力学与工程学报,2014,33(6):1090-1114.

[130] 曲海锋,刘志刚,朱合华.隧道信息化施工中综合超前地质预报技术[J].岩石力学与工程学报,2006,25(6):1246-1251.

[131] 魏志宏,王培琳.高风险铁路隧道超前地质预报影响隧道建设成本分析[J].隧道建设,2011,31(2):181-185.

[132] 刘新荣,刘永权,杨忠平,等.基于地质雷达的隧道综合超前预报技术[J].岩土工程学报,2015,37(增刊2):51-56.

[133] 席锦州,周捷.TRT6000 超前地质预报系统在新铜锣山隧道中的应用[J].现代隧道技术,2012,49(5):137-141.

[134] 刘阳飞,李天斌,孟陆波,等.提高 TSP 预报准确率及资料快速分析方法研究[J].水文地质工程地质,2016,43(2):159-166.

[135] 周波,范洪梅.基于 HSP 声波反射法的隧道超前地质预报[J].现代隧道技术,2011,48(1):133-136.

[136] 王焕明,陈方明.复杂地质区 TBM 卡机成因及脱困技术[J].人民长江,2014,45(3):66-69.

[137] 李光波,李楠,林长杰.大伙房特长隧洞 TBM 施工中 TSP 超前地质预报[J].路基工程,2012(1):138-140.

[138] 陈东,吴庆鸣,程怀舟,等.基于多源数据融合的钻机超前地质探测系统[J].金属矿山,2007(4):49-52.

[139] 周小宏.TBM 施工隧洞中超前地质预报研究[D].武汉:武汉大学,2005.

[140] 谢平,秦敏,李艳丽.TSP203 地质超前预报系统在隧道工程中的应用[J].中外建筑,2008(6):135-137.

[141] 路好成.TSP203 超前地质预报技术及其在金子山隧道中的应用[J].水利与建筑工程学报,2008,6(2):55-58.

[142] 蒋辉,贾超,赵永贵.TST 隧道超前预报技术及应用[J].公路隧道,2013(3):59-62.

[143] 李盼,黄仁东,杨光,等.地质雷达在隧道施工超前地质预报中的应用[J].西部探矿工程,2011(4):140-143.

[144] 崔芳,高永涛,吴顺川.基于地质雷达的隧道掌子面前方地质预报研究[J].中国矿业,2011,20(3):115-118.

[145] 朱劲,李天斌,李永林,等.Beam 超前地质预报技术在铜锣山隧道中的应用[J].工程地质学报,2007,15(2):258-262.

[146] 杨继华,闫长斌,苗栋,等.双护盾 TBM 施工隧洞综合超前地质预报方法研究[J].工程地质学报,2019,27(2):250-259.

[147] 何俊男.城市轨道交通双护盾 TBM 施工掘进参数研究[D].成都:西南交通大学,2018.

[148] 赵文华.TB880E 掘进机在各类围岩中掘进参数选择[J].铁道建筑技术,2003(5):16-18.

[149] 刘瑞庆.不同地质情况下掘进参数的选择标准及经验[J].建筑机械,2000(7):40-42.

[150] 孙金山,卢文波,苏利军,等.基于 TBM 掘进参数和渣料特征的岩体质量指标辨识[J].岩土工程学报,2008,30(12):1847-1854.

[151] 山东大学.兰州市水源地工程双护盾 TBM 不良地质超前预报研究结题报告[R].济南:山东大学,2018.

[152] 刘斌,李术才,李建斌,等.TBM 掘进前方不良地质与岩体参数的综合获取方法[J].山东大学学报(工学版),2016,46(6):105-112.

[153] 宋杰.隧道施工不良地质三维地震超前探测方法及其工程应用[D].济南:山东大学,2016.

[154] 刘斌,李术才,李树忱,等.基于不等式约束的最小二乘法三维电阻率反演及其算法优化[J].地球物理学报,2012,55(1):260-268.

[155] 刘斌,李术才,李树忱,等.电阻率层析成像法监测系统在矿井突水模型试验中的应用研究[J].岩石力学与工程学报,2010,29(2):297-307.

[156] 宛新林,席道瑛,高尔根,等.用改进的光滑约束最小二乘正交分解法实现电阻率三维反演[J].地球物理学报,2005,48(2):439-444.

[157] 张红耀.超前钻机在 TBM 施工中的应用[J].建筑机械,2002(6):45-46.

[158] 刘志春,朱永全,李文江,等.挤压性围岩隧道大变形机理及分级标准研究[J].岩土工程学报,2008,30(5):690-697.

[159] 李准,吴刘忠球.TBM(隧道掘进机)的硬岩掘进速度分析及其对项目经济的影响[J].高速铁路技术,2014,5(1):11-14.

[160] 温森,赵延喜,杨圣奇.基于 Monte Carlo-BP 神经网络 TBM 掘进速度预测[J].岩土力学,2009,30(10):3127-3132.

[161] 王健,王瑞睿,张欣欣,等.基于 RMR 岩体分级系统的 TBM 掘进性能参数预测[J].隧道建设,2017,37(6):700-707.

[162] 延艳彬,许健,陈剑,等.基于数量化理论 I 的双护盾 TBM 掘进速度预测研究[J].水资源与水工程学报,2015,26(4):200-205.

[163] 朱殿华,宋立玮,郭伟.硬岩掘进机可掘进性分级性能预测模型的建立及实施[J].机械设计,2018,35(1):22-28.

[164] 杜立杰,齐志冲,韩小亮.基于现场数据的 TBM 可掘性和掘进性能预测方法[J].煤炭学报,2015,40(6):1284-1289.

[165] 龚秋明,王继敏,佘祺锐.锦屏二级水电站 1#、3# 引水隧洞 TBM 施工预测与施工效果对比分析[J].岩石力学与工程学报,2011,30(8):1652-1662.

[166] 龚秋明,赵坚,张喜虎.岩石隧道掘进机的施工预测模型[J].岩石力学与工程学报,2004,23(增刊2):4709-4714.

[167] 刘泉声,刘建平,潘玉丛,等.硬岩隧道掘进机性能预测模型研究进展[J].岩石力学与工程学报,2016,35(增刊1):2766-2786.

[168] 刁振兴,薛亚东,王建伟.引汉济渭工程岭北隧洞 TBM 利用率分析[J].隧道建设,2015,35(增刊2):1361-1368.

[169] 龚秋明,卢建炜,魏军政,等.基于岩体分级系统(RMR)评估预测 TBM 利用率研究[J].施工技术,

2018,47(5):92-98.

[170] 李森.高海拔西藏旁多水利枢纽工程 TBM 掘进性能研究[D].石家庄:石家庄铁道大学,2014.

[171] 赵文松.重庆地铁单护盾 TBM 掘进性能研究[D].石家庄:石家庄铁道大学,2013.

[172] 张厚美.TBM 的掘进性能数值仿真研究[J].隧道建设,2006,26(增刊 2):1-7.

[173] 许健,延艳彬,胡晓琳,等.双护盾 TBM 掘进速度的影响因素分析[J].水力发电学报,2016,35(4):108-116.

[174] 马洪素,纪洪广.节理倾向与 TBM 滚刀破岩模式及掘进速率影响的试验研究[J].岩石力学与工程学报,2011,30(1):155-163.

[175] 吴继敏,卢瑾.节理走向对 TBM 掘进速度的影响分析[J].水电能源科学,2010,28(8):103-105.

[176] 卢瑾,高捷,梅稚平.岩石力学参数对 TBM 掘进速度的影响分析[J].水电能源科学,2010,28(7):44-46.

[177] 王旭,李晓,廖秋林.岩石可掘进性研究的试验方法述评[J].地下空间与工程学报,2009,5(1):67-63.

[178] 王旭,李晓,苏鹏程.预测 TBM 掘进速率的难点及对策研究[J].现代隧道技术,2009,46(4):71-76.

[179] 宋克志,孙谋.复杂岩石地层盾构掘进效能影响因素分析[J].岩石力学与工程学报,2007,26(10):2092-2096.

[180] 刘明月,杜彦良,麻士琦.地质因素对 TBM 掘进效率的影响[J].石家庄铁道学院学报,2002,15(4):40-43.

[181] 王石春.隧道掘进机与地质因素关系综述[J].世界隧道,1998(2):39-43.

[182] Yagizs. Utilizing rock mass properties for predicting TBM performance in hard rock condition[J]. Tunnelling and Underground Space Technology,2008,23(3):326-339.

[183] Bruland A. Hard rock tunnel boring[Ph. D. Thesis][D]. Trondheim: Norwegian University of Science and Technology,1998.

[184] Yagiz S. Development of rock fracture and brittleness indices to quantify the effects of rockmass features and toughness in the CSM model basic penetration for hard rock tunneling machines [D]. Golden: Colorado School of Mines,2002.

[185] Gong Q M, Zhao J. Influence of rock brittleness on TBM penetration rate in Singapore granite[J]. Tunnelling and Underground Space Technology, 2007, 22(3): 317-324.

[186] Bieniawsiki Z T,Celada B,Galera J M, et al. New applications of the excavability index for selection of TBM types and predicting their performance[C]// ITA-AITES World Tunnel Congress and 34th ITA General Assembly. Agra:[s. n. ],2008:1618-1629.

[187] Bieniawski Z T, Celada B, Galera J M. TBM Excavability: prediction and machine-rock interaction [C]// Proceedings of RETC, Toronto:[s. n. ],2007:1118-1130.

[188] 杨继华,杨风威,姚阳,等.CCS 水电站引水隧洞 TBM 断层带卡机脱困技术[J].水利水电科技进展,2017,37(5):89-94.

[189] 杨继华,齐三红,杨风威,等.CCS 水电站输水隧洞工程地质条件分析与处理[J].人民黄河,2019,41(6):94-99.

[190] 张超.青海"引大济湟"工程 TBM 卡机段围岩大变形特性及扩挖洞室支护方案研究[D].成都:成都理工大学,2012.

[191] 宋天田,肖正学,苏华友,等.上公山 TBM 施工 2.22 卡机事故工程地质分析[J].岩石力学与工程学报,2004,23(增刊 1):4544-4546.

[192] 任国青. 双护盾 TBM 不良地质施工问题及对策[J]. 隧道建设,2007,27(3):108-111.

[193] 杨继华,景来红,齐三红,等. 双护盾 TBM 隧洞施工卡机判据与对策研究[J]. 三峡大学学报(自然科学版),2019,41(增刊):1-69.

[194] 程永亮,钟掘,暨智勇,等. TBM 刀盘地质适应性设计方法及其应用[J]. 机械工程学报,2017,53(10):1-9.

[195] 袁海平,王金安,黄晖. 基于 Mohr-Coulomb 破坏准则的开采过程岩体稳定性分析[J]. 矿业研究与开发,2009,29(6):11-13.

[196] 贾善坡,陈卫忠,杨建平,等. 基于修正 Mohr-Coulomb 准则的弹塑性本构模型及其数值实施[J]. 岩土力学,2010,31(7):2051-2058.

[197] 王红才,赵卫华,孙东生,等. 岩石塑性变形条件下的 Mohr-Coulomb 屈服准则[J]. 地球物理学报,2012,55(12):4231-4238.